KB244257

# 슈퍼 가쿠로 SPECIAL

The Kakuro Challenge
First published in Great Britain in 2006
under the title The Kakuro Challenge
by Hamlyn, a division of Octopus Publishing Group Ltd
2-4 Heron Quays, Docklands, London E14 4JP

Korean Translation Copyright © 2009 BONUS Publishing Co.
Korean edition is published by arrangement with Octopus Publishing Group Ltd
through Duran Kim Agency, Seoul

IQ148을 위한 논리게임

# 슈퍼 가쿠로
## SPECIAL

퍼즐러 미디어 리미티드 지음

**보누스**

# 슈퍼 가쿠로 스페셜

1판 1쇄 펴낸날 | 2009년 2월 23일
1판 6쇄 펴낸날 | 2015년 3월 10일

지은이 | 퍼즐러 미디어 리미티드

펴낸이 | 박윤태
펴낸곳 | 보누스
등 록 | 2001년 8월 17일 제313-2002-179호
주 소 | 서울시 마포구 동교로12안길 31(서교동 481-13)
전 화 | 02-333-3114
팩 스 | 02-3143-3254
E-mail | bonusbook@naver.com

ISBN 978-89-91360-73-0 14410
978-89-91360-11-2 (세트)

# CONTENTS

# SUPER
# **KAKURO**
# GUIDE

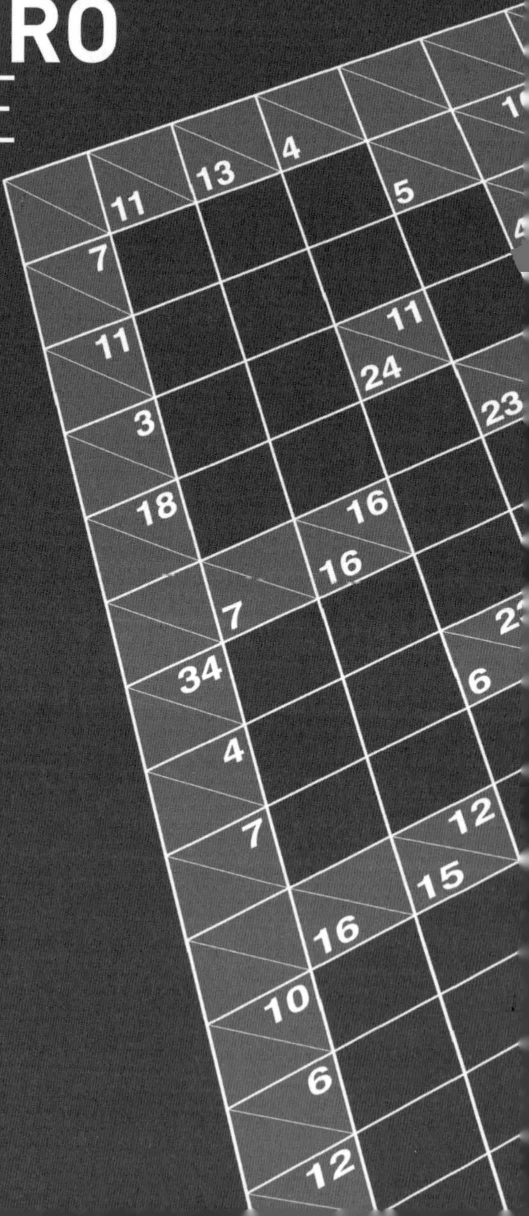

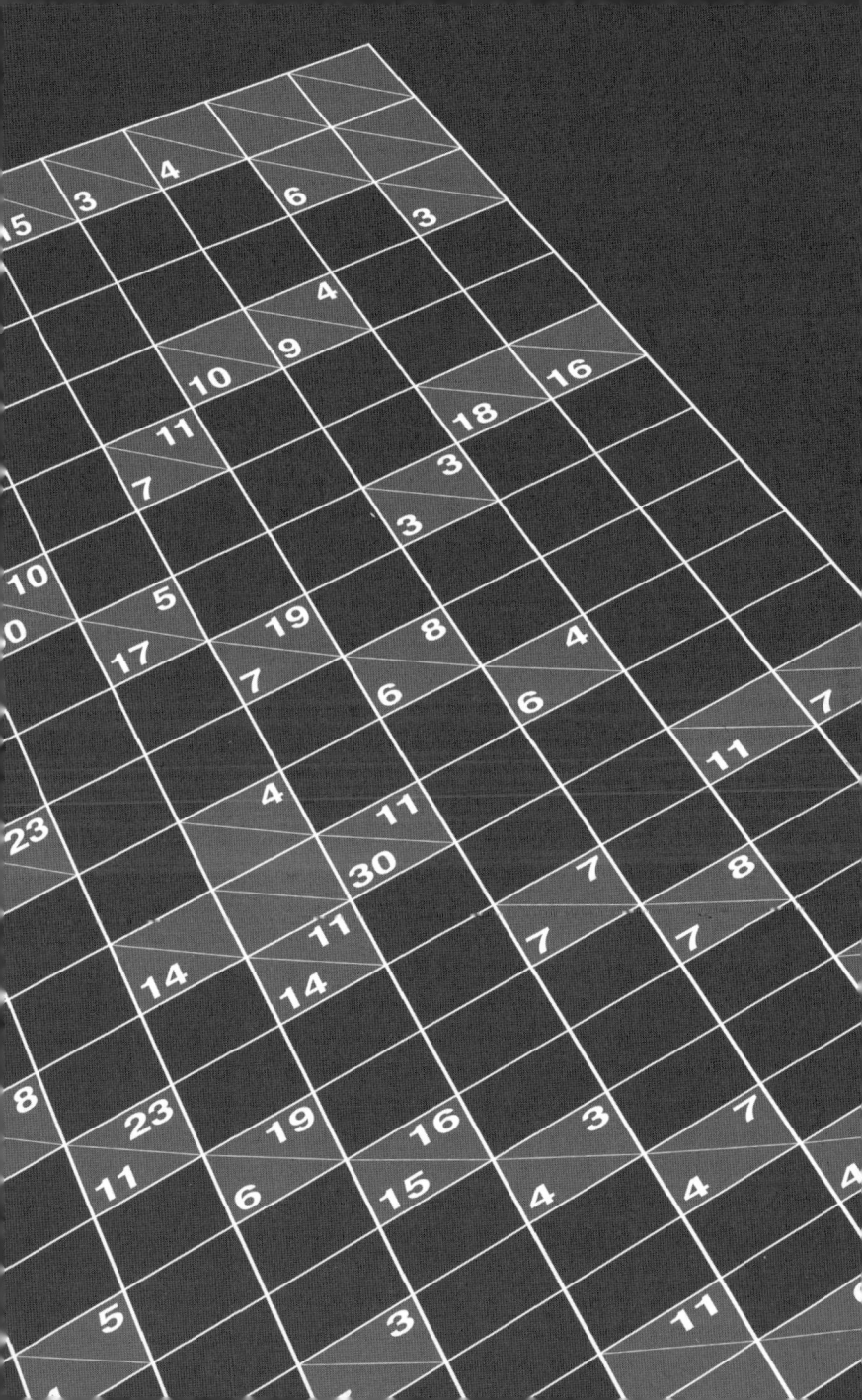

# 가쿠로란 무엇인가

　간단하게 설명하자면, 가쿠로는 낱말 대신 숫자를 사용해서 푸는 크로스워드 퍼즐이다. 가쿠로가 종종 스도쿠와 비교되는 것에서도 알 수 있듯이 둘 사이에는 여러 유사점을 찾을 수 있다. 물론 가쿠로와 스도쿠는 형태에서부터 차이가 있을 뿐 아니라 게임 규칙도 다르다. 숫자가 서로 겹치지 않게 하나하나 채워 넣는 스도쿠와는 달리 가쿠로는 숫자의 합을 구해 해당 칸에 집어넣는다. 하지만 스도쿠와 마찬가지로 가쿠로도 칸 하나에 단 하나의 답만 가능하며, 논리를 이용해 풀어야 하는 퍼즐이다.

## 가쿠로의 역사

　가쿠로는 '더하다' 라는 뜻의 일본어 '가산加算' 과 영어 단어 '크로스cross' 를 조합한 '가산 크로스' 를 줄인 말로서, '크로스 섬스 Cross Sums' 라는 미국의 숫자퍼즐 게임에 기원을 두고 있다. 일본에서 크로스 섬스의 기본 골격을 변형하여 소개된 이래 폭발적인 인기를 얻었으며, 스도쿠와 마찬가지로 전세계에 엄청난 속도로 퍼져나가 퍼즐 게임의 판도를 바꿔놓았다.

## 게임 규칙

가쿠로의 규칙은 매우 간단하다. 이 몇 가지 규칙만 숙지해두면, (적어도 이론적으로는) 어떤 문제라도 해결할 수 있다.

- 1에서 9까지의 숫자만 사용할 수 있다.
- 각각의 런에서 숫자는 한 번씩만 사용할 수 있다.
- 각각의 런에 들어 있는 숫자의 합은 힌트로 제시된 숫자와 반드시 일치해야 한다.

## 가쿠로의 구조

가쿠로는 네모 모양의 셀들이 모여 하나의 퍼즐 판을 이룬다. 퍼즐 판의 크기에 따라 문제의 난이도가 결정되는데, 예를 들어 $11 \times 15$ 퍼즐은 $9 \times 11$ 퍼즐보다 한층 어렵다. 퍼즐 판에는 검게 칠해진 셀, 검은 바탕에 힌트가 되는 숫자가 씌어 있는 셀, 아무것도 씌어 있지 않은 흰색 셀들이 있는데, 그중 흰색 셀에 정답을 적어 넣으면 된다. 흰색 셀들이 모여 하나의 구역인 '런run'을 이루는

데, 같은 런의 숫자를 모두 더하면 힌트로 제시된 숫자와 일치하게 된다. 런은 가로세로 모두 가능하다.

아래 그림에서 흰색 셀 주변에 작은 글씨로 씌어 있는 숫자들이 해당 런을 결정할 힌트다. 식은 죽 먹기처럼 들린다고? 그렇지 않다고 해도 걱정하지 마라. 일단 한번 풀어보면 쉽게 이해할 수 있을 것이다.

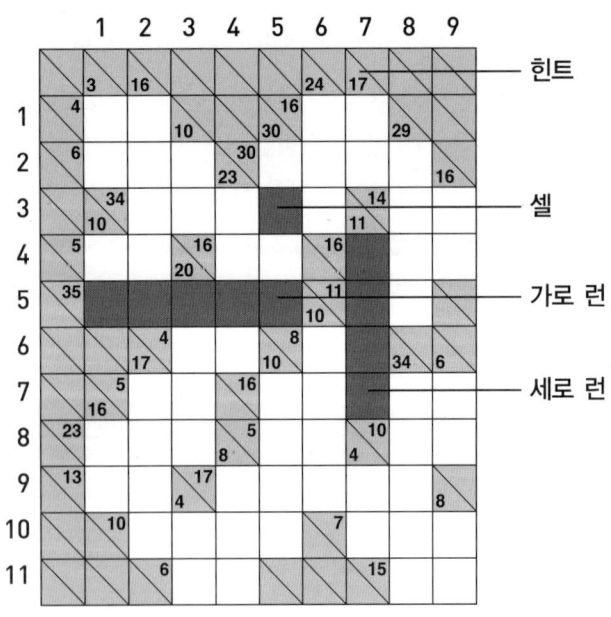

# 가쿠로 풀이 요령

다른 퍼즐이나 게임과 마찬가지로, 가쿠로를 배우는 가장 좋은 방법은 일단 한번 풀어보는 것이다. 셀을 채우는 요령을 몇 가지 제시해주겠다.

다음 네 가지 요령을 잘 익혀두면 가쿠로를 푸는 데 큰 도움이 될 것이다.

### 길이가 짧은 런부터 풀어라

가쿠로를 푸는 가장 좋은 방법은 셀의 수가 가장 적은 런부터 시작하는 것이다.

### 특정 숫자들의 조합을 기억하라

특정 숫자들이 답이 될 수밖에 없는 경우에 주의하라. 총합이 단 한 가지 조합만 가능한 숫자들이 있다. 다음 쪽의 표를 참고하라.

### 제거하기를 이용하라

한 가지 이상의 조합이 가능한 힌트 숫자의 경우에는, 후보 숫자들을 제거해나가는 방법을 통해 해답을 구할 수 있다.

숫자가 중복되는 런을 찾아라

퍼즐을 전체적으로 훑어보면서 숫자를 공유하고 있는 런이 없
는지 살펴본다.

## 특정 숫자 조합

특정 숫자가 어떤 숫자 조합으로 이루어져 있는지 알아두면 가
쿠로를 푸는 데 큰 도움이 된다. 가쿠를 풀다 보면 자주 등장하는
조합이 몇 가지 있는데, 이것에 익숙해지는 것도 좋은 방법이다.

| 총합 | 숫자 | 총합 | 숫자 |
|---|---|---|---|
| 셀이 2개인 경우 | | 셀이 3개인 경우 | |
| 3 | 1, 2 | 6 | 1, 2, 3 |
| 4 | 1, 3 | 7 | 1, 2, 4 |
| 16 | 7, 9 | 23 | 6, 8, 9 |
| 17 | 8, 9 | 24 | 7, 8, 9 |
| 셀이 4개인 경우 | | 셀이 5개인 경우 | |
| 10 | 1, 2, 3, 4 | 15 | 1, 2, 3, 4, 5 |
| 11 | 1, 2, 3, 5 | 16 | 1, 2, 3, 4, 6 |
| 29 | 5, 7, 8, 9 | 34 | 4, 6, 7, 8, 9 |
| 30 | 6, 7, 8, 9 | 35 | 5, 6, 7, 8, 9 |
| 셀이 6개인 경우 | | 셀이 7개인 경우 | |
| 21 | 1, 2, 3, 4, 5, 6 | 28 | 1, 2, 3, 4, 5, 6, 7 |
| 22 | 1, 2, 3, 4, 5, 7 | 29 | 1, 2, 3, 4, 5, 6, 8 |

| 38 | 3, 5, 6, 7, 8, 9 | 41 | 2, 4, 5, 6, 7, 8, 9 |
| 39 | 4, 5, 6, 7, 8, 9 | 42 | 3, 4, 5, 6, 7, 8, 9 |

| 셀이 8개인 경우 | |
|:---:|:---:|
| 36 | 1, 2, 3, 4, 5, 6, 7, 8 |
| 37 | 1, 2, 3, 4, 5, 6, 7, 9 |
| 38 | 1, 2, 3, 4, 5, 6, 8, 9 |
| 39 | 1, 2, 3, 4, 5, 7, 8, 9 |
| 40 | 1, 2, 3, 4, 6, 7, 8, 9 |
| 41 | 1, 2, 3, 5, 6, 7, 8, 9 |
| 42 | 1, 2, 4, 5, 6, 7, 8, 9 |
| 43 | 1, 3, 4, 5, 6, 7, 8, 9 |
| 44 | 2, 3, 4, 5, 6, 7, 8, 9 |

| 셀이 9개인 경우 | |
|:---:|:---:|
| 45 | 1, 2, 3, 4, 5, 6, 7, 8, 9 |

# 가쿠로에 도전한다

앞에서 소개한 요령에 주의하며 다음 다섯 단계를 밟아나가면 가쿠로에 본격적으로 도전해볼 수 있다. 10쪽의 예제를 가지고 단계별로 살펴보겠다.

## Step 1

먼저 맨 위 왼쪽 셀부터 시작해보자. 가로세로 모두 셀 2개가 런을 이루고 있다. 세로 1번 줄과 가로 1번 줄이 교차하는 부분, 즉 셀1-1에서 시작하는 가로 런은 두 셀을 더해 4가 되어야 한다. 12쪽의 숫자 목록을 보면 더해서 4가 되는 조합은 1과 3뿐이다. 같은 원리가 세로 런에도 적용된다. 세로 런은 합이 3이 되어야 하는데, 가능한 조합은 1, 2뿐이다. 여기에서 1은 가로 런과 세로 런을 완성하기 위해 반드시 필요한 숫자이다.

같은 원리를 셀3-10과 3-11에서 시작하는 런에도 적용할 수 있다. 4를 이루는 조합은 1과 3뿐이므로, 6을 이루는 조합은 반드시 1과 5가 되어야 한다. 셀3-11에는 두 런이 공유하는 숫자인 1이 들어가야 하기 때문이다.

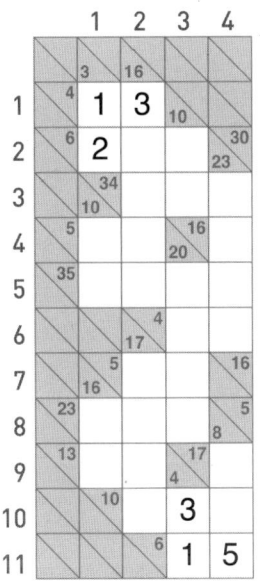

## Step 2

특정 숫자들의 조합에 주의하면서 셀1-8의 세로 런을 살펴보자. 두 셀의 숫자를 더해서 16이 되어야만 한다. 가능한 조합은 7, 9이다. 가로 런은 셀 3개를 더해 23이 되어야 하므로, 6, 8, 9가 들어가게 된다. 즉 가로 런과 세로 런이 공유하고 있는 숫자는 9이다. 그러므로 셀1-8에 9가 들어가고, 9와 더해서 16을 이루는 숫자는 7이므로 셀1-9에 7이 들어가게 된다.

또한 셀1-9의 가로 런이 더해서 13이 되려면 셀2-9에 6을 채워 넣어야 한다. 이로써 합이 23인 가로 런에서 8과 6을 어디에 집어 넣어야 하는지 자연스럽게 알게 되었다. 덧붙여 셀2-8에 6이 들어가지 못하는 것은 바로 그 아래 셀에 6이 있기 때문이다.

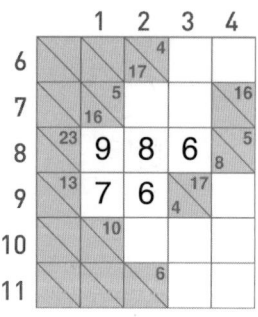

## Step 3

앞의 원리를 퍼즐의 오른쪽 하단에 적용해보면, 더해서 7이 되는 런(셀7-10의 가로 런)의 답을 채워 넣을 수 있다. 합이 8이 되는 셀9-10의 세로 런과 합이 4가 되는 셀7-9의 세로 런도 같은 방식으로 채울 수 있다. 셀9-10에는 4가 들어갈 수 없다는 것을 알 것이다. 4를 채워 넣으면 셀9-10의 세로 런에 4, 4가 들어가야 하기 때문이다. 셀7-9나 셀7-10도 마찬가지이다. 더해서 4가 되어야 하는

데, 어느 셀이든 4가 들어가면 나머지 셀에는 0이 들어가야 한다. 가쿠로 퍼즐에서 0을 사용할 수 없다는 점은 이미 잘 알고 있을 것이다. 그렇게 되면 이 구역에서 4를 넣을 수 있는 셀은 셀8-10 하나만 남게 된다. 그리고 셀8-11에 9를 집어넣어 합이 15인 런을 완성할 수 있게 된다.

셀6-1의 16, 셀7-1의 17에도 같은 방법을 쓴다. 셀9-3의 16과 셀 8-3의 14도 마찬가지이다. 합이 14인 런에 7, 7을 쓸 수 없으므로 셀9-3에는 9가 들어가야 한다.

## Step 4

이제 셀6-1에서 합이 24인 세로 런을 완성할 수 있다. 8은 가로 런에 이미 들어 있으므로 셀6-2에는 들어갈 수 없다. 그러므로 8은 셀6-3으로 가야 한다. 이로써 합이 30인 가로 런도 채울 수 있다. 6이 셀8-2에 들어갈 가능성은 없다. 합이 29인 세로 런의 숫자 조합이 5, 7, 8, 9이기 때문이다. 이 조합 중에 6은 들어 있지 않으므로, 6은 셀5-2에 들어가야 한다.

한편 합이 29인 세로 런을 완성하려면 셀7-4와 셀8-4가 있는 가로 런에 반드시 1과 8이 들어가야 한다는 것을 감안해야 한다. 29의 숫자 조합에는 1이 없기 때문에 8은 셀8-4로 가야 한다.

이제 셀7-5를 채워보자. 위에서 채워진 셀들의 상관관계를 보았을 때 2가 들어가야 11이 완성될 수 있다.

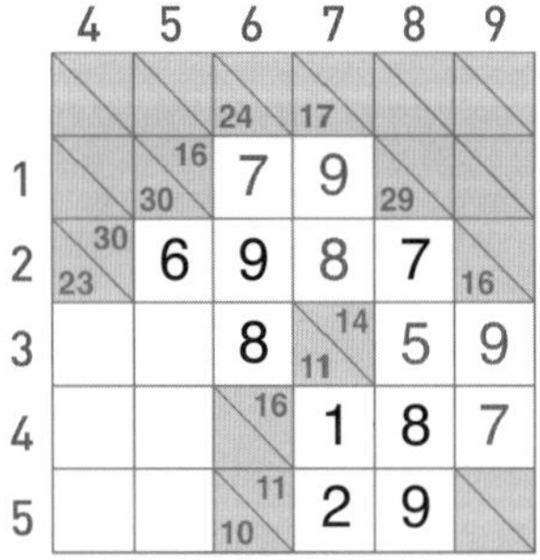

# Step 5

때로는 각각의 숫자들이 어디에 들어가는지 유추해보는 것이 가능하다. 예를 들어 셀2-10에서 시작하는 합이 10인 가로 런을 살펴보라. 첫번째와 세번째 셀은 반드시 1 또는 2가 들어가야 한다.

합이 17인 세로 런(셀2-7에서 시작하는 런)과 합이 8인 세로 런(셀 4-9에서 시작하는 런)은 합을 채우려면 아직 3이 남아 있기 때문이다. 어떤 순서로 들어가야 하는지는 아직 알 수 없지만 1과 2가 각각의 셀에 들어가야 한다는 것은 확실하다. 그리고 이를 통해 셀 5-10에는 4가 들어가야 한다는 것을 자연스럽게 알게 된다.

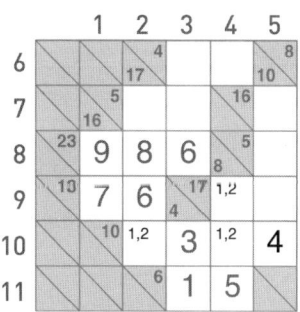

## Step 6

셀8-8의 가로 런에서 제거하기를 사용해보자. 일단 6, 4나 2, 8의 조합은 배제할 수 있다. 합이 34인 세로 런에 들어갈 숫자는 4, 6, 7, 8, 9가 되어야 하기 때문이다. 1, 9의 조합도 마찬가지이다. 1은 34의 숫자 조합에 포함되어 있지 않고, 9는 이미 사용되었기 때문이다.

7과 3도 배제할 수 있는데, 셀9-8에는 두 숫자 모두 들어갈 수 없기 때문이다. 셀9-7의 세로 런에 3과 3이라는 같은 숫자가 나란히 들어갈 수 없고, 7은 합인 6보다 크므로 당연한 일이다. 5, 5가 될 수 없는 것도 불을 보듯 뻔하다. 똑같은 숫자는 같은 런 안에 함께 들어갈 수 없기 때문이다.

이렇게 확실한 셀들을 하나하나 채워가다 보면, 퍼즐이 점점 모양새를 갖추게 된다.

이 책은 가장 기본적인 레벨부터 전문가 수준이라 할 수 있는 최고 레벨까지 모두 다섯 가지 레벨로 이루어져 있다. 만약 가쿠로를 처음 접해보는 사람이라면 해결하기 간단한 문제부터 도전하는 것이 좋다. 기본적인 레벨을 마스터하고 나면 좀더 어려운 문제도 풀어낼 수 있을 것이다.

행운을 빈다!

# SUPER
# **KAKURO**
# STANDARD

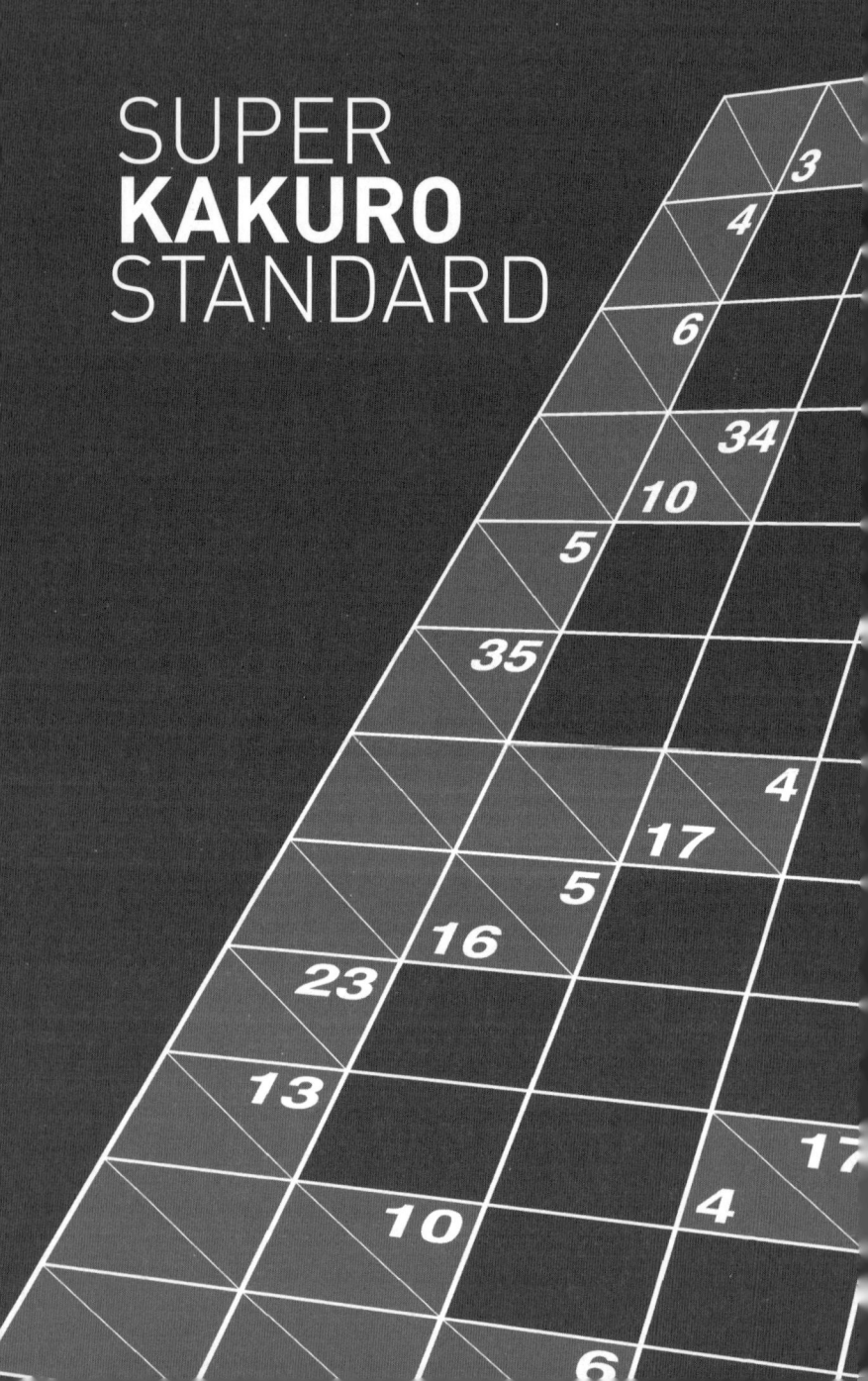

# Super **Kakuro**

## 001

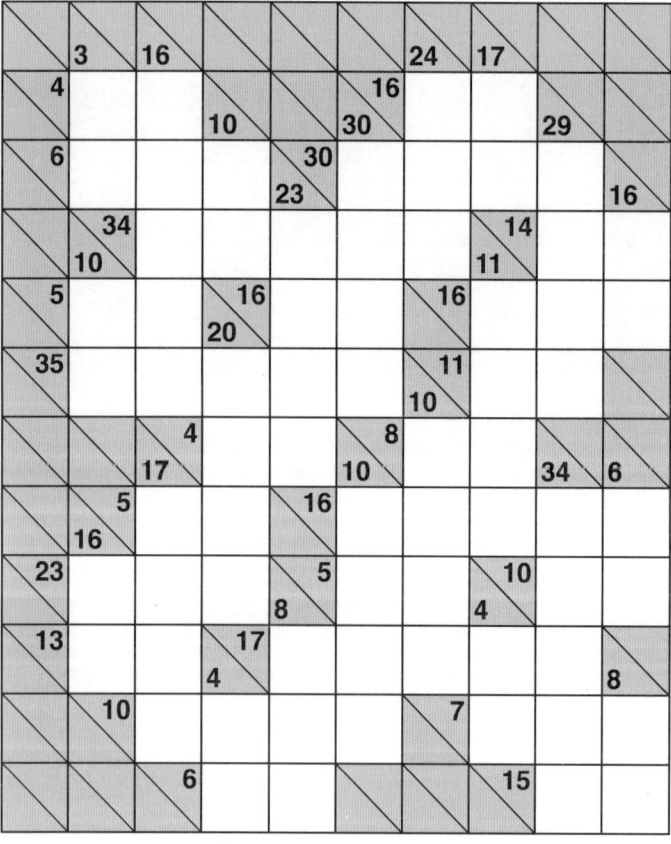

# Super **Kakuro**

**002**

| | | | | | | | | | |
|---|---|---|---|---|---|---|---|---|---|
| \ | \ | 35\ | 17\ | \ | 11\ | 7\ | 6\ | \ | \ |
| \ | 10\16 | | | \10 | | | | 10\ | 3\ |
| \24 | | | | 11\15 | | | | | |
| \7 | | | 15\7 | | | | 15\4 | | |
| \12 | | | | | 6\ | \3 | | | \ |
| \ | \19 | | | | | 10\4 | | | \ |
| \ | \ | 11\15 | | | | | | 16\ | \ |
| \ | \4 | | | \10 | | | | | 7\ |
| \ | 10\3 | | | 24\ | 23\12 | | | | |
| \7 | | | 16\18 | | | | 5\4 | | |
| \35 | | | | | | \12 | | | |
| \ | \ | \23 | | | | \4 | | | \ |

STANDARD_9×11

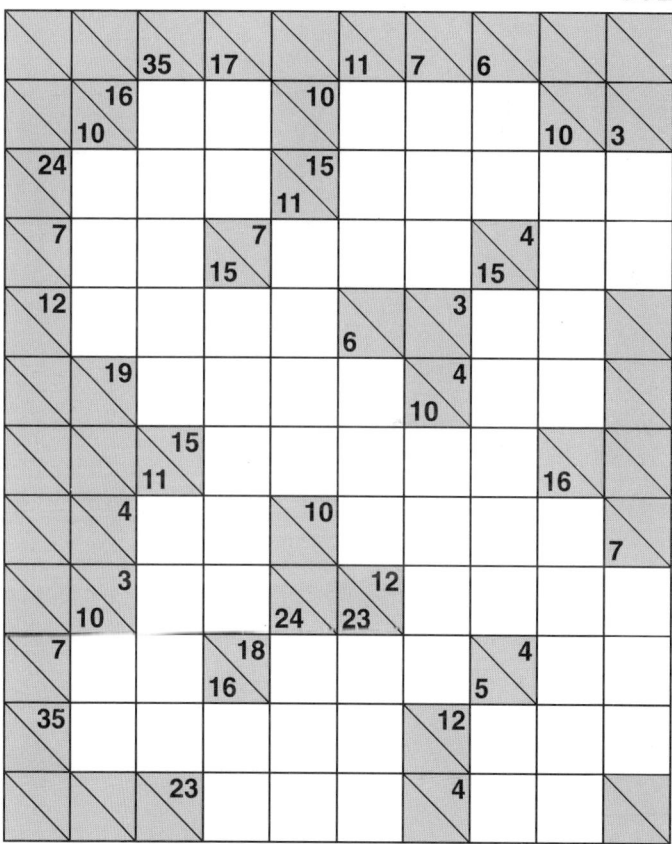

# Super **Kakuro**

## 003

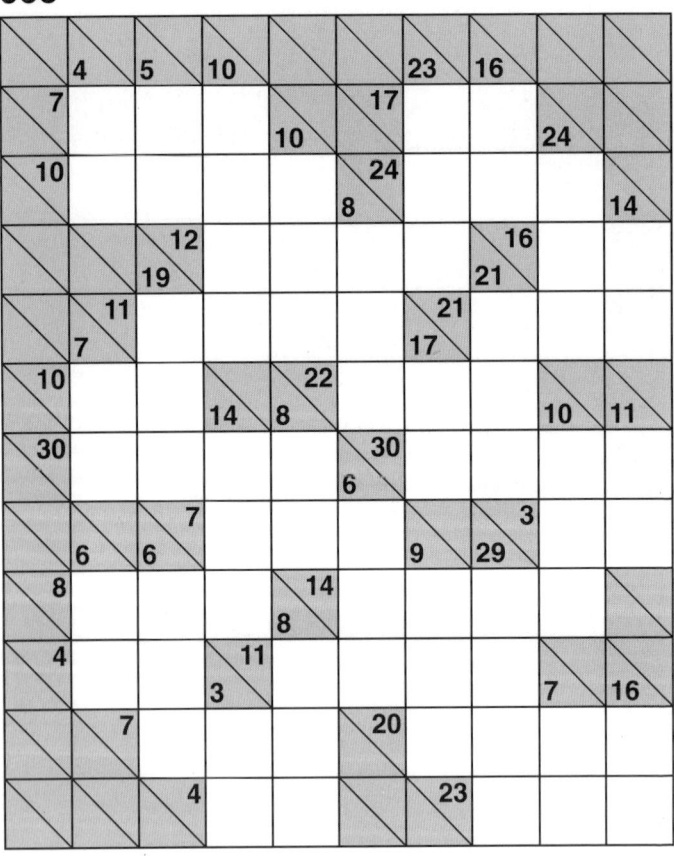

# Super **Kakuro**

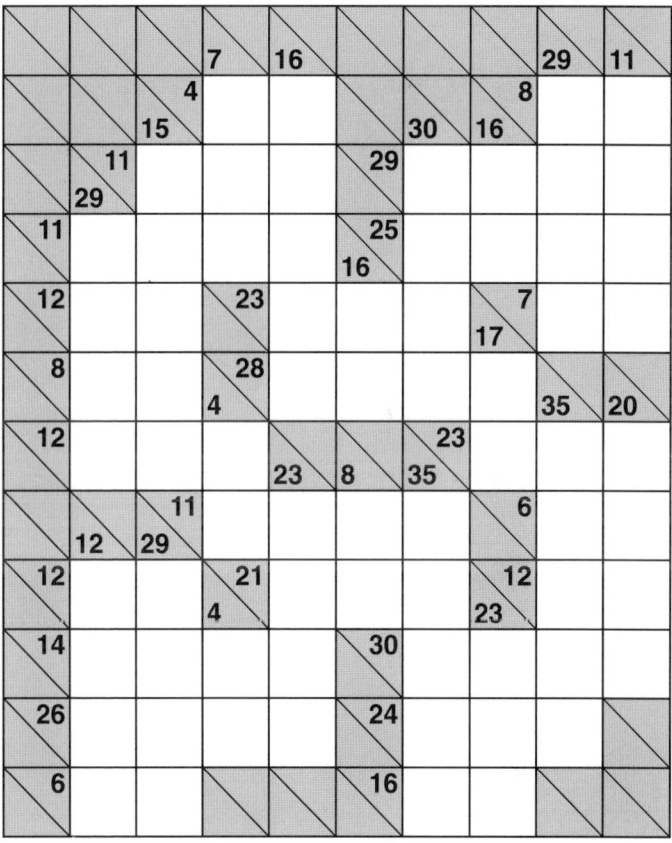

# Super **Kakuro**

## 005

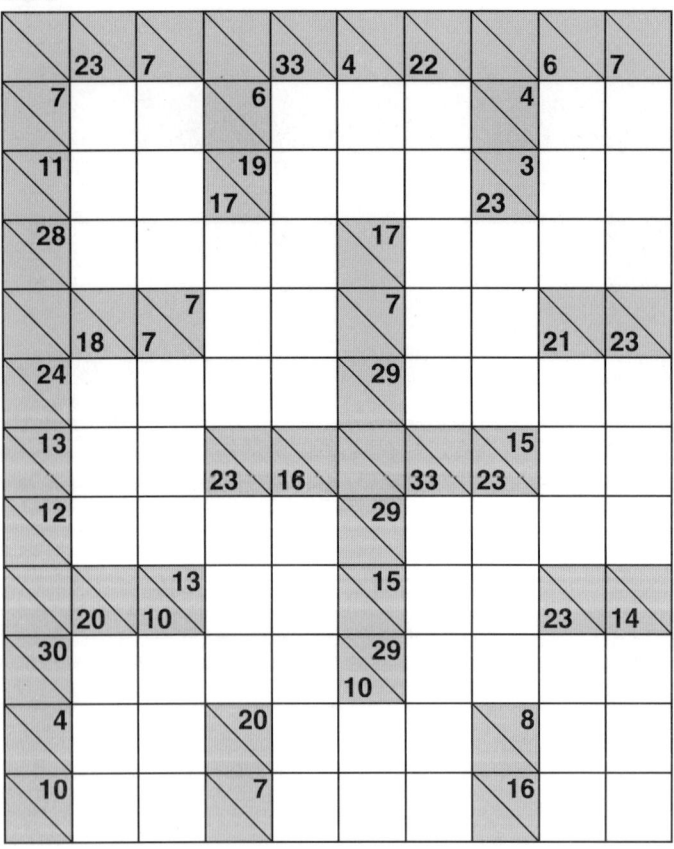

# Super **Kakuro**

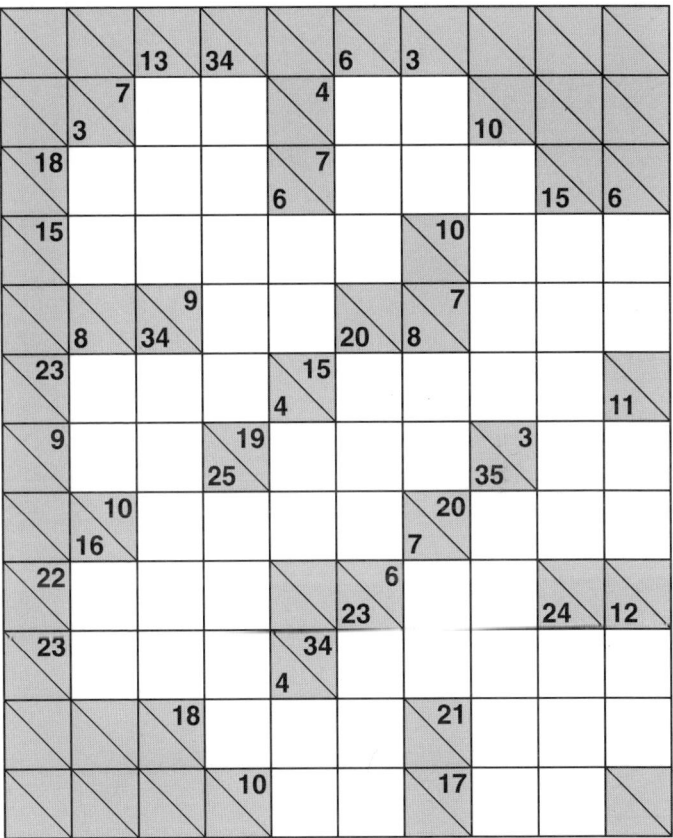

# Super **Kakuro**

## 007

| | | | | | | | | | |
|---|---|---|---|---|---|---|---|---|---|
| ■ | ■ | ■ | ↓3 | ↓8 | ■ | ■ | ↓12 | ↓16 | ■ |
| ■ | ■ | ↓11 →4 | | | ■ | ↓15 →11 | | | ↓13 |
| ■ | ↓21 →6 | | | | ↓6 →11 | | | | |
| →10 | | | ↓16 →7 | | | | ↓15 →12 | | |
| →7 | | | | →14 | | | | | ■ |
| →17 | | | | ↓33 →11 | | | | | ■ |
| ■ | ■ | ↓34 →4 | | | ↓24 →8 | | | ↓11 | ↓10 |
| ■ | →27 | | | | | →9 | | | |
| ■ | ↓6 →30 | | | | | ↓24 →7 | | | |
| →5 | | | ↓17 →23 | | | | ↓14 →10 | | |
| →29 | | | | | →15 | | | | ■ |
| ■ | →16 | | | ■ | →16 | | | ■ | ■ |

STANDARD_9×11

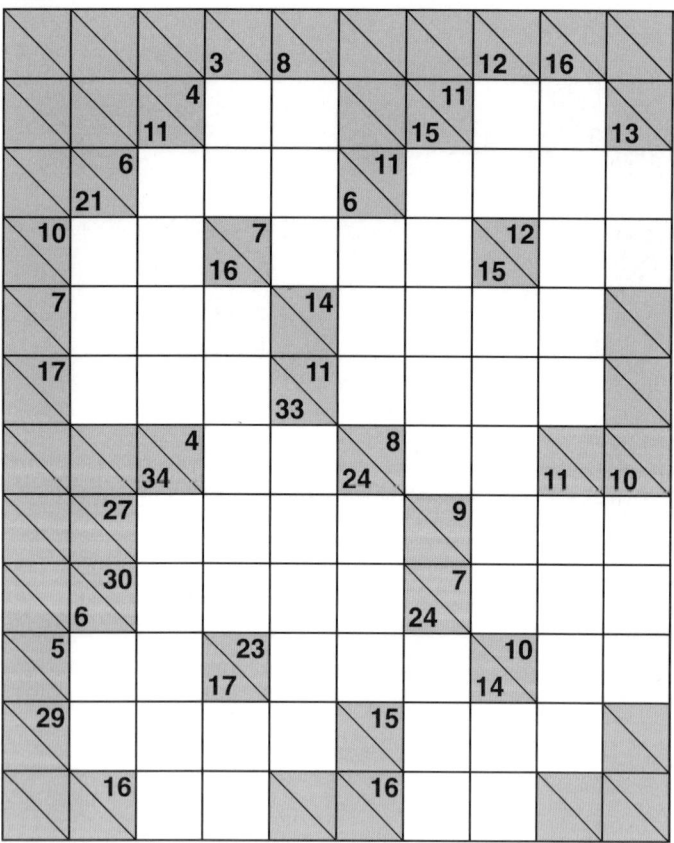

# Super **Kakuro**

**008**

| | | | | | | | | | |
|---|---|---|---|---|---|---|---|---|---|
| \ | \ | 22\ | 11\ | \ | \ | 7\ | 6\ | 10\ | \ |
| \ | 4\10 | | | \ | 11\6 | | | | 6\ |
| \7 | | | | 16\15 | | | | | |
| \21 | | | | | | | 6\6 | | |
| \ | 4\11 | | | | | 16\6 | | | |
| \3 | | | 7\10 | | | | | 21\ | 3\ |
| \10 | | | | | 11\10 | | | | |
| \ | 7\ | 11\11 | | | | | 10\4 | | |
| \7 | | | | 7\11 | | | | | 8\ |
| \5 | | | 5\21 | | | | | | |
| \15 | | | | | | \6 | | | |
| \ | \6 | | | | \ | \8 | | | \ |

STANDARD_9×11

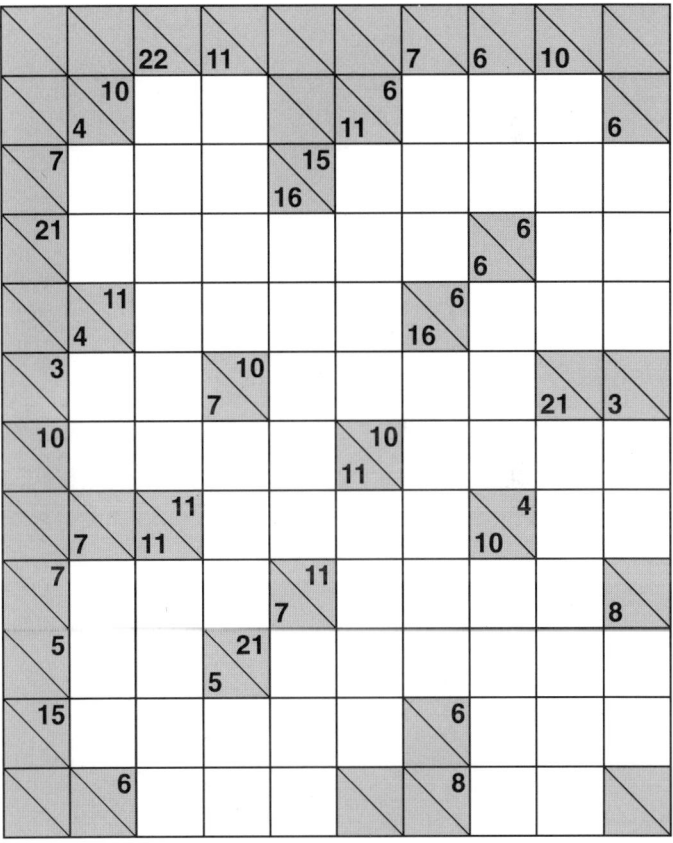

# Super **Kakuro**

## 009

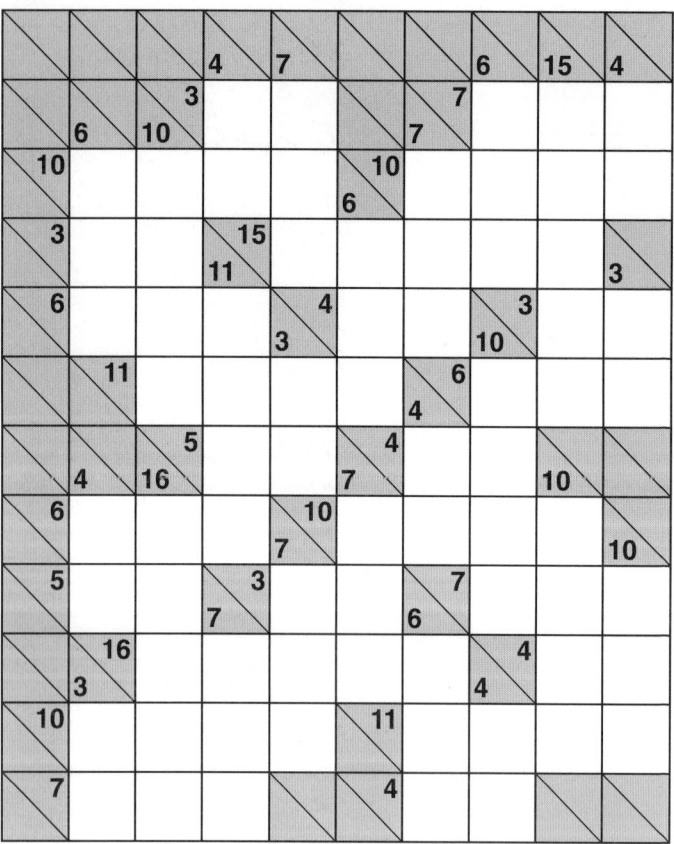

# Super **Kakuro**

**010**

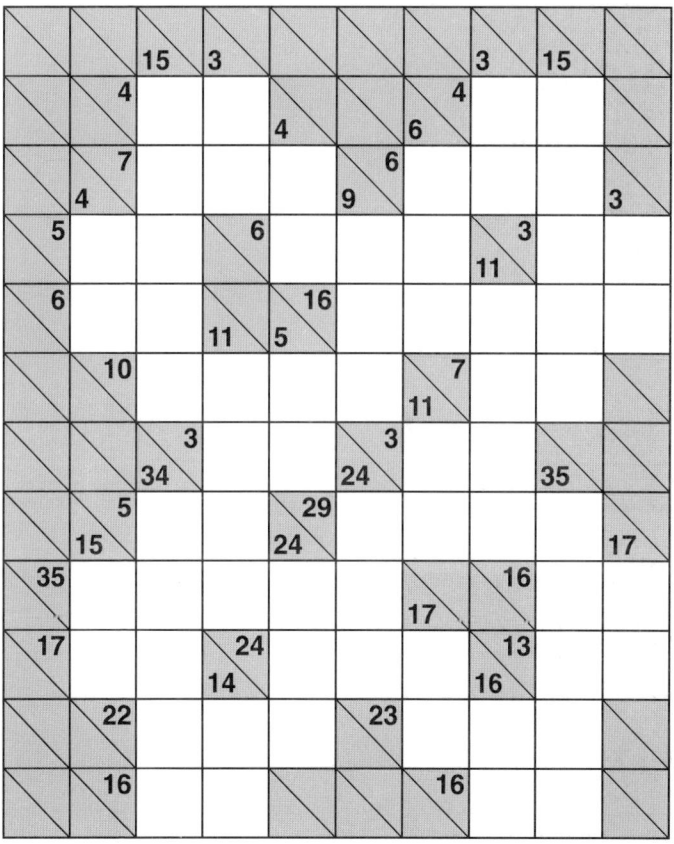

# Super **Kakuro**

## 011

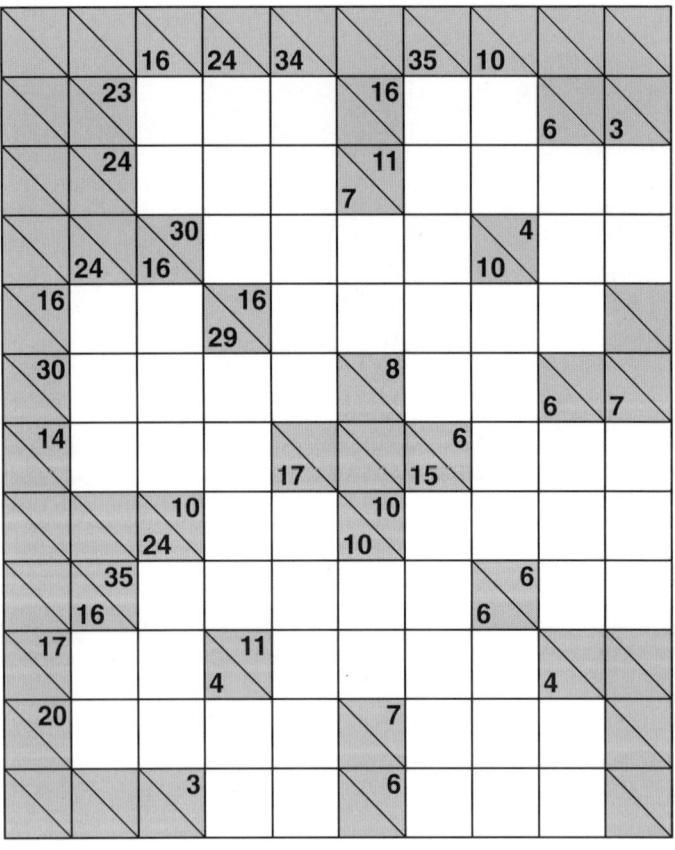

# Super **Kakuro**

**012**

| | | | | | | | | | |
|---|---|---|---|---|---|---|---|---|---|
| \ | \ | \ | 4\ | 7\ | \ | 30\ | 16\ | \ | \ |
| \ | \ | 6\5 | | | \17 | | | 35\ | \ |
| \ | 6\7 | | | | 24\24 | | | | 15\ |
| \6 | | | 16\16 | | | | 34\17 | | |
| \6 | | | | 3\35 | | | | | |
| \ | \ | 15\14 | | | | 9\10 | | | \ |
| \ | \7 | | | | 6\24 | | | | \ |
| \ | 3\3 | | | 10\11 | | | | 8\ | 5\ |
| \15 | | | | | | 6\12 | | | |
| \6 | | | 4\6 | | | | 3\4 | | |
| \ | \6 | | | | \6 | | | | \ |
| \ | \ | \4 | | | \4 | | | \ | \ |

**STANDARD**_9×11

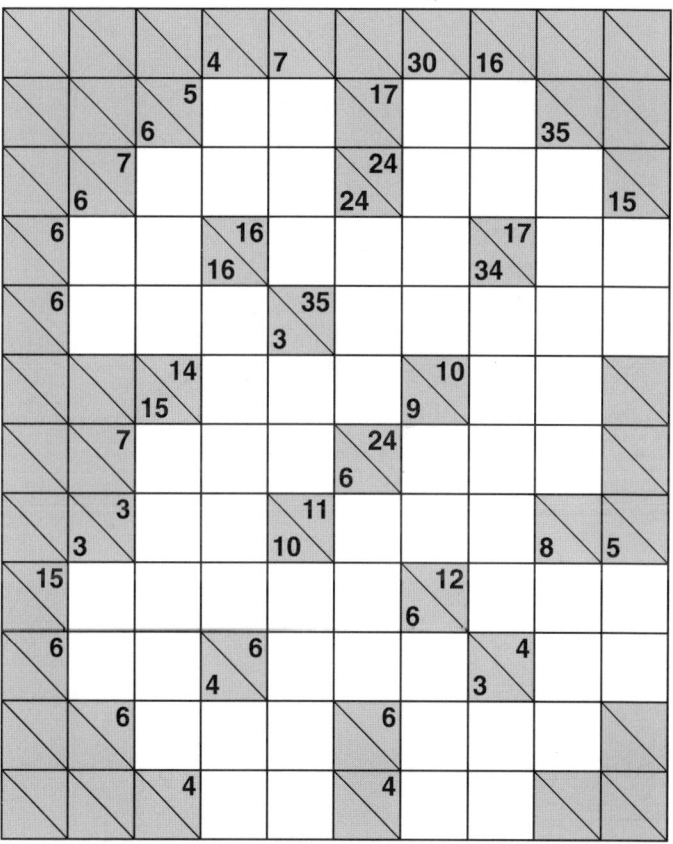

# Super **Kakuro**

## 013

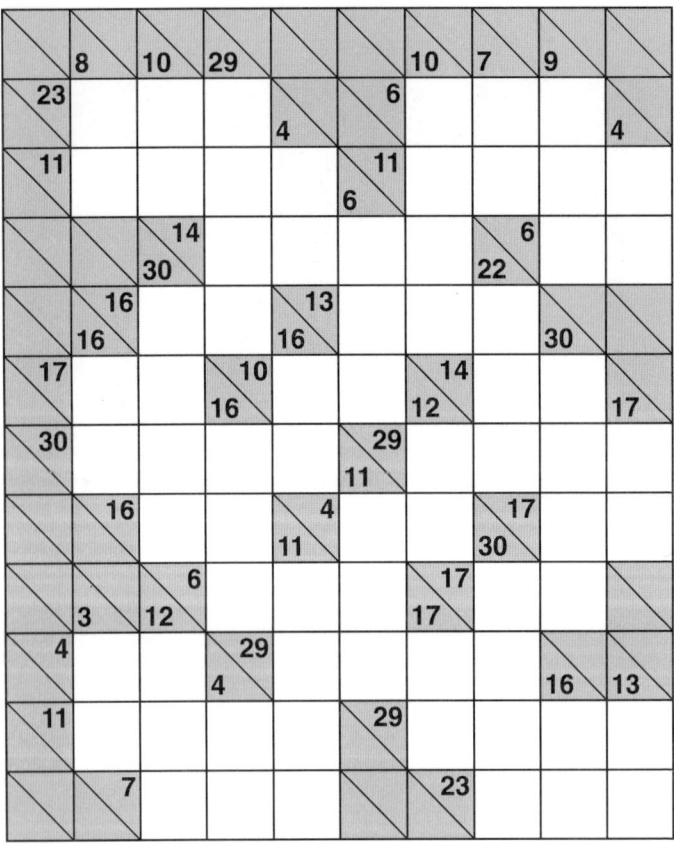

# Super **Kakuro**

## 014

| | | | | | | | | | |
|---|---|---|---|---|---|---|---|---|---|
| \ | 7\ | 6\ | \ | 10\ | 4\ | \ | \ | 6\ | 7\ |
| \4 | | | \4 | | | 15\ | \4 | | |
| \3 | | | 11\6 | | | | 4\3 | | |
| \10 | | | | | 4\10 | | | | |
| \ | 6\ | 7\15 | | | | | | 24\ | 23\ |
| \6 | | | | 18\3 | | | 30\16 | | |
| \12 | | | | | 4\28 | | | | |
| \4 | | | 4\4 | | | 28\23 | | | |
| \ | 6\ | 7\16 | | | | | | 17\ | 23\ |
| \10 | | | | | 16\30 | | | | |
| \4 | | | \24 | | | | \9 | | |
| \6 | | | \ | \17 | | | \16 | | |

STANDARD_9×11

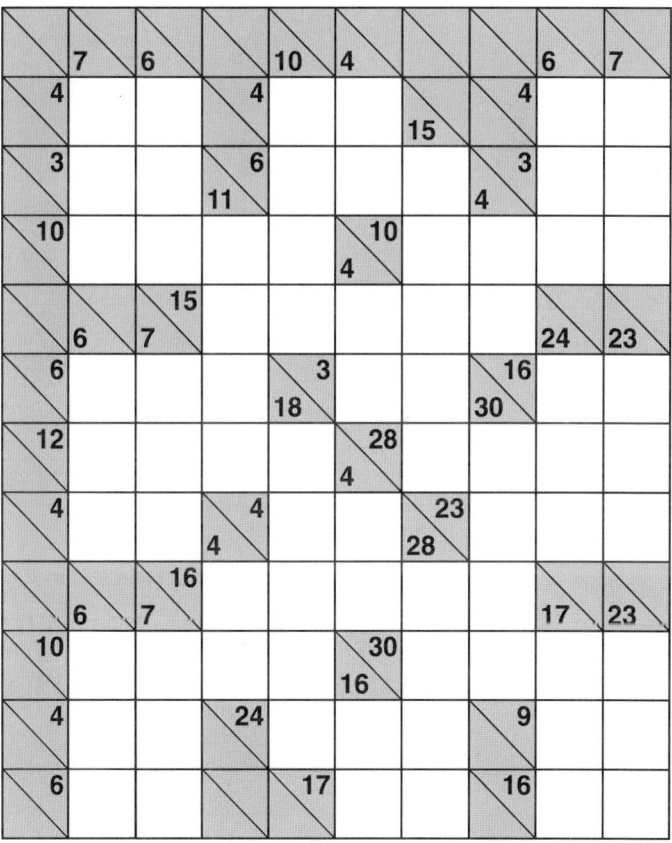

# Super **Kakuro**

## 015

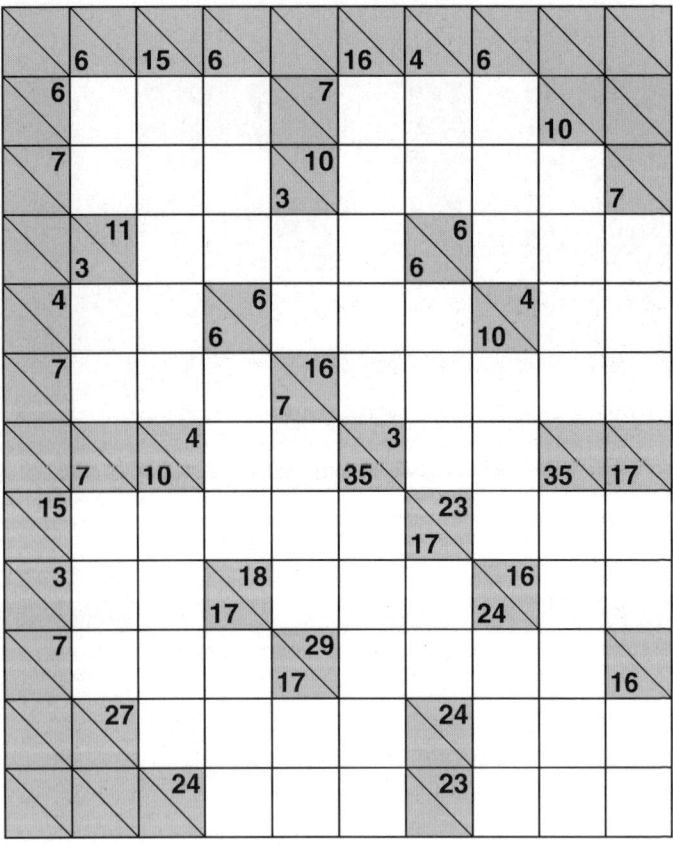

# Super **Kakuro**

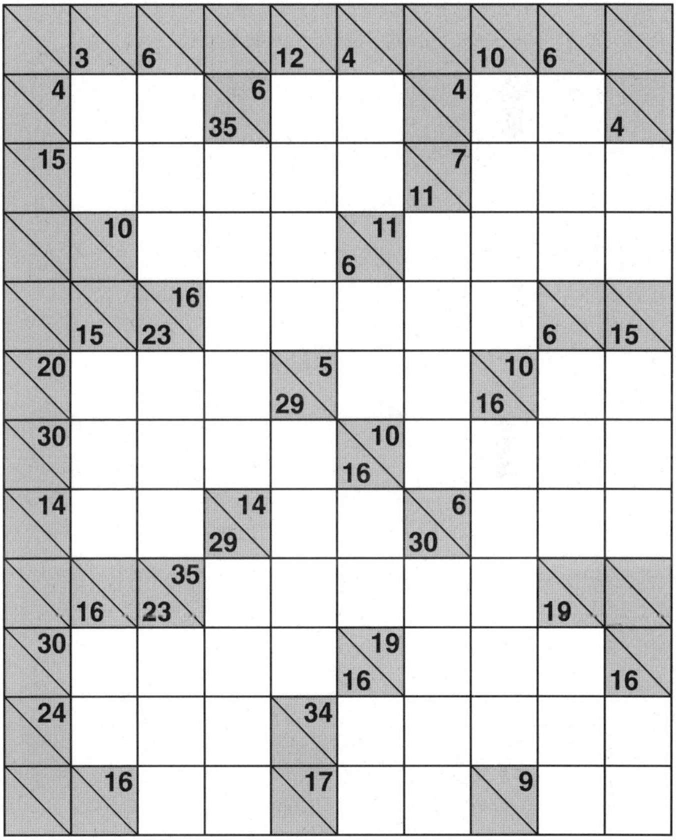

# Super **Kakuro**

## 017

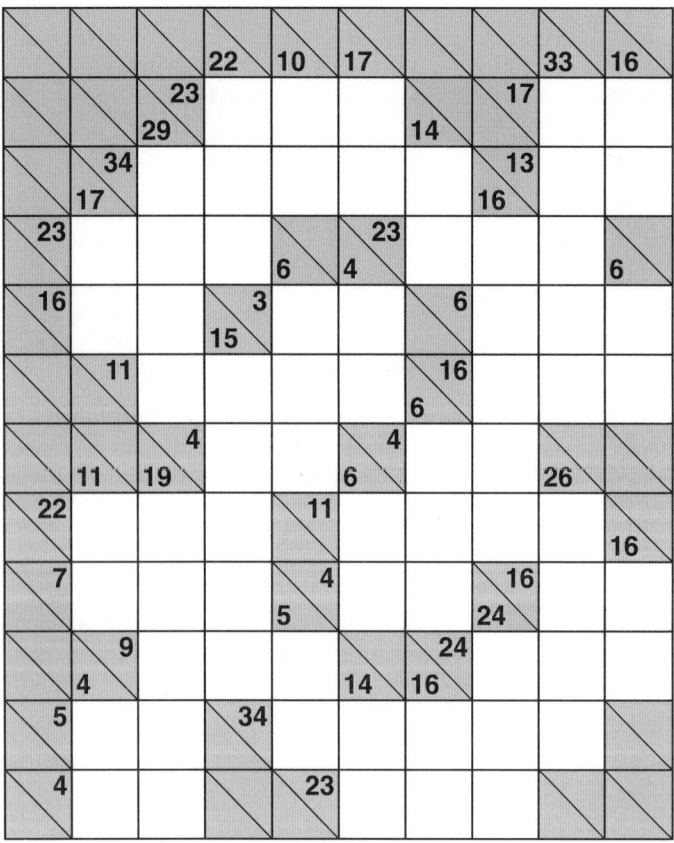

# Super **Kakuro**

**018**

| | | | | | | | | | |
|---|---|---|---|---|---|---|---|---|---|
| ■ | 6\ | 7\ | ■ | ■ | 8\ | 11\ | 11\ | ■ | ■ |
| \4 | | | ■ | 20\6 | | | | ■ | ■ |
| \3 | | | 12\29 | | | | | 35\ | 14\ |
| \10 | | | | | 16\13 | | | | |
| ■ | ■ | 16\23 | | | | 6\8 | | | |
| ■ | 13\4 | | | 14\8 | | | 27\7 | | |
| \11 | | | | | 17\29 | | | | |
| \6 | | | 21\17 | | | 17\17 | | | ■ |
| \6 | | | | 24\24 | | | | 10\ | 7\ |
| \30 | | | | | 17\11 | | | | |
| ■ | ■ | \29 | | | | | \6 | | |
| ■ | ■ | \24 | | | | ■ | \4 | | |

**STANDARD**_9×11

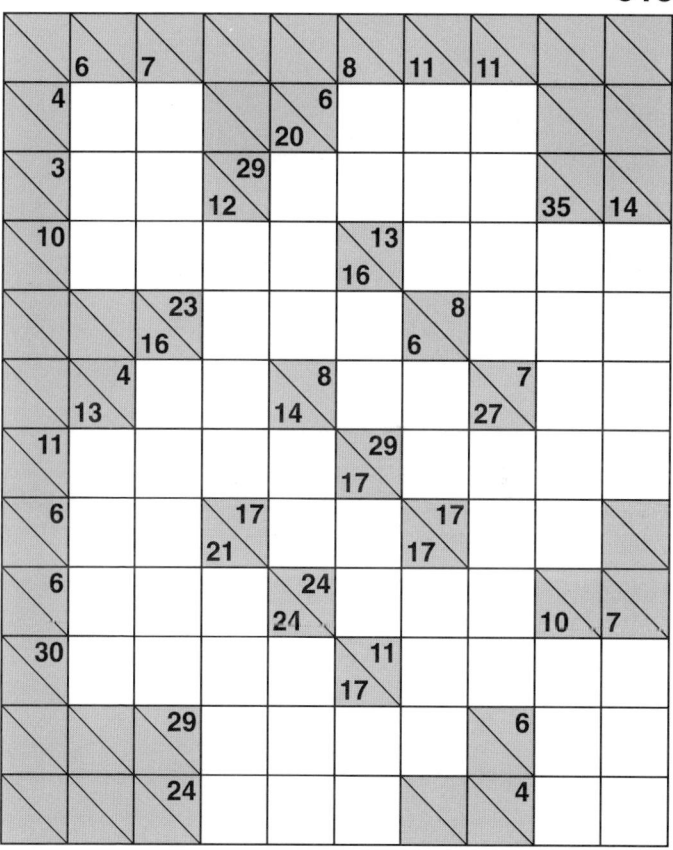

# Super **Kakuro**

## 019

## Super **Kakuro**

**020**

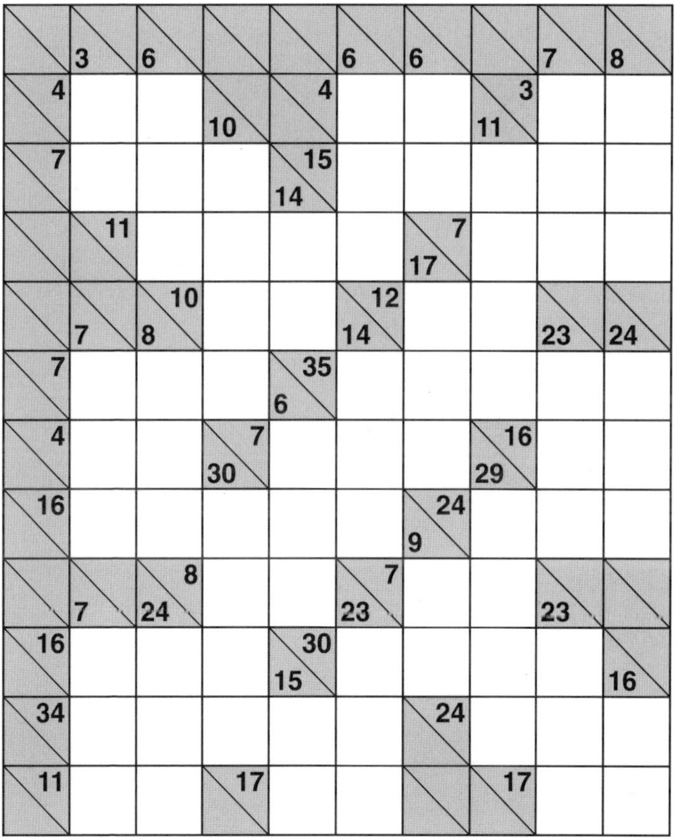

# Super **Kakuro**

## 021

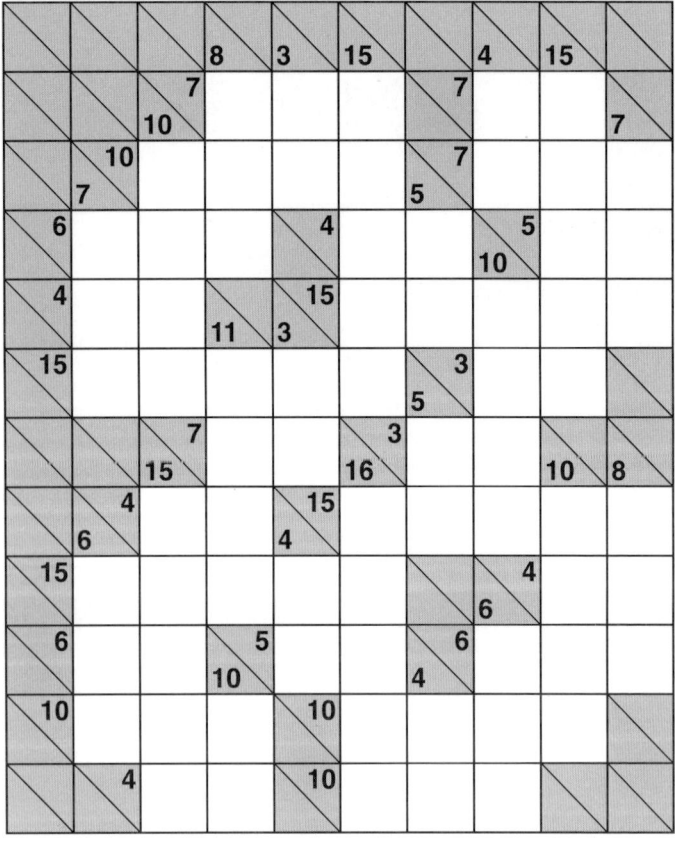

Super **Kakuro**

| | | | | | | | | | |
|---|---|---|---|---|---|---|---|---|---|
| \ | 4\ | 34\ | 12\ | \ | 16\ | 30\ | \ | 35\ | 16\ |
| \20 | | | | \17 | | | 17\16 | | |
| \7 | | | | 29\35 | | | | | |
| \ | 17\15 | | | | 35\24 | | | | 17\ |
| \17 | | | 24\24 | | | | 23\16 | | |
| \35 | | | | | | 30\23 | | | |
| \ | 4\ | 16\35 | | | | | | 16\ | 4\ |
| \12 | | | | 30\33 | | | | | |
| \4 | | | 17\22 | | | | 7\3 | | |
| \ | 10\22 | | | | 16\13 | | | | 4\ |
| \34 | | | | | | \8 | | | |
| \4 | | | \17 | | | \7 | | | |

# Super **Kakuro**

## 023

| | | | | | | | | | |
|---|---|---|---|---|---|---|---|---|---|
| | ↓20 | ↓7 | | ↓33 | ↓4 | ↓35 | | ↓7 | ↓12 |
| →9 | | | →10 | | | | →12 | | |
| →13 | | | ↓9 →20 | | | | ↓20 →4 | | |
| →12 | | | | | →11 | | | | |
| | ↓18 | ↓19 →9 | | | →16 | | | ↓24 | ↓8 |
| →30 | | | | | →29 | | | | |
| →4 | | | ↓11 | ↓34 | | ↓16 | ↓24 →11 | | |
| →26 | | | | | →18 | | | | |
| | ↓20 | ↓7 →17 | | | →13 | | | ↓20 | ↓10 |
| →10 | | | | | ↓16 →27 | | | | |
| →9 | | | →14 | | | | →4 | | |
| →13 | | | →23 | | | | →10 | | |

# Super **Kakuro**

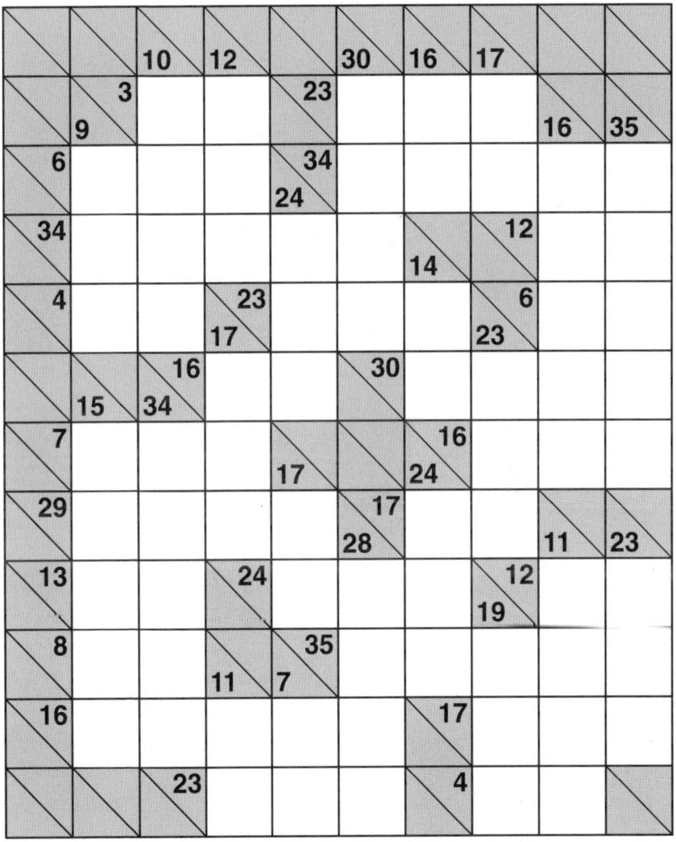

# Super **Kakuro**

## 025

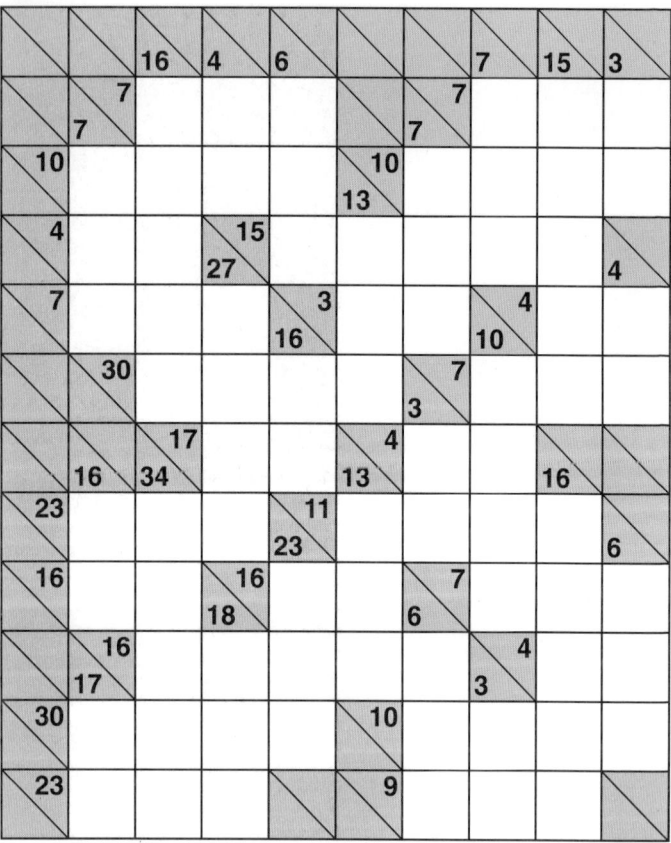

# SUPER
# **KAKURO**
# ADVANCED

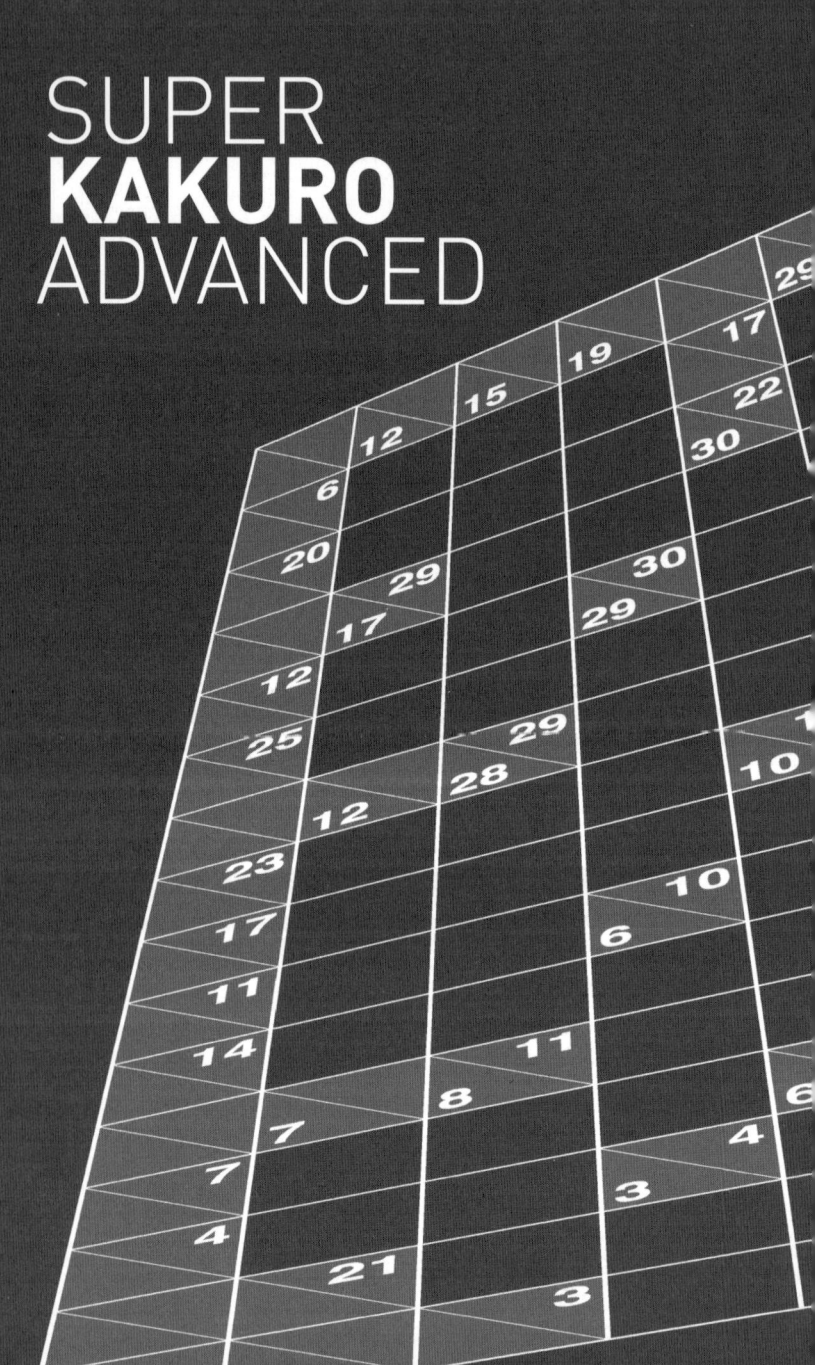

# Super **Kakuro**

## 026

# Super **Kakuro**

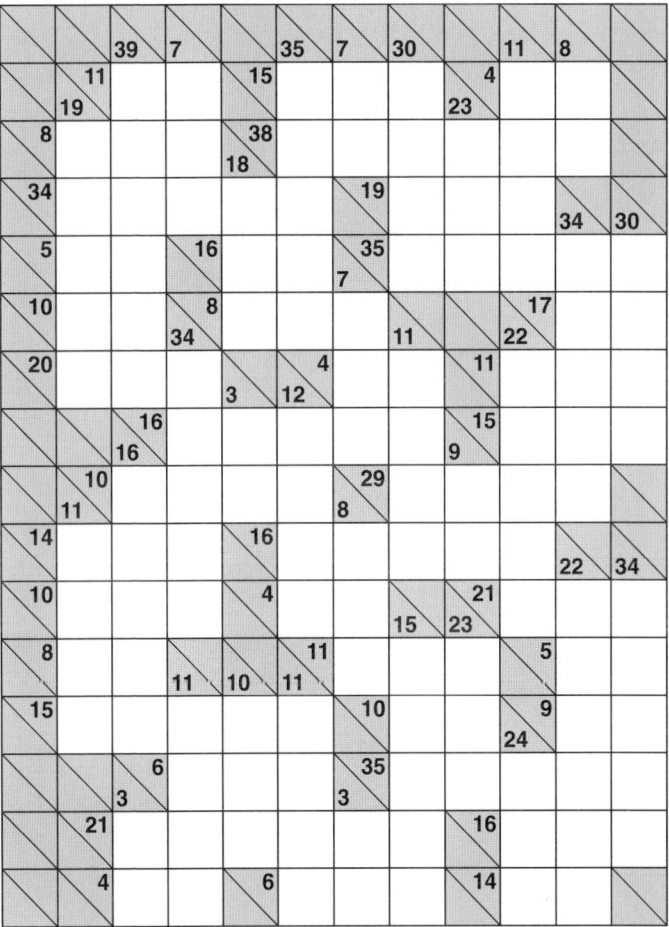

# Super **Kakuro**

## 028

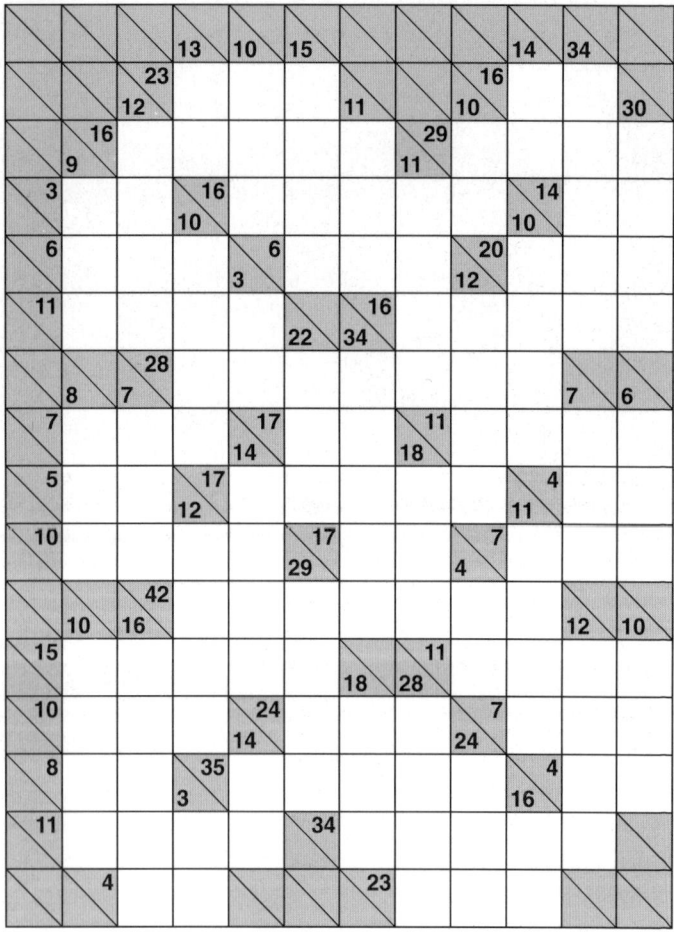

# Super **Kakuro**

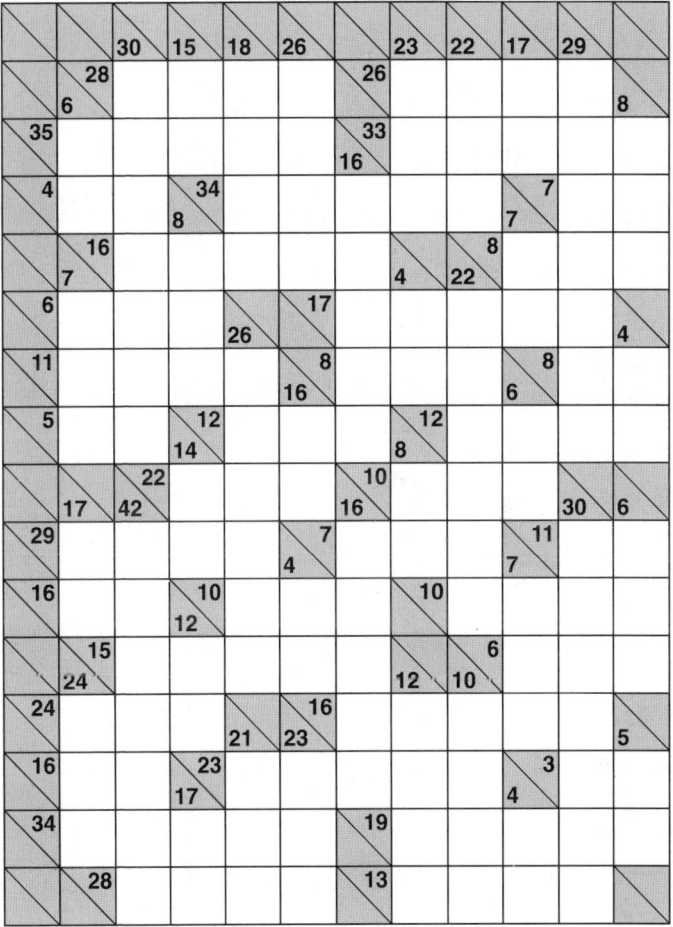

# Super **Kakuro**

## 030

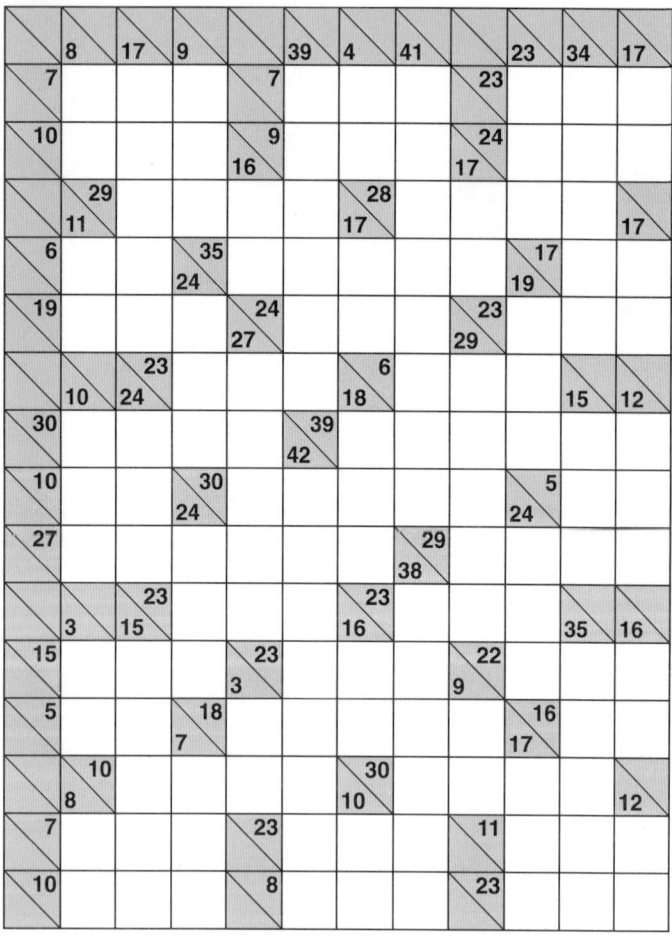

# Super **Kakuro**

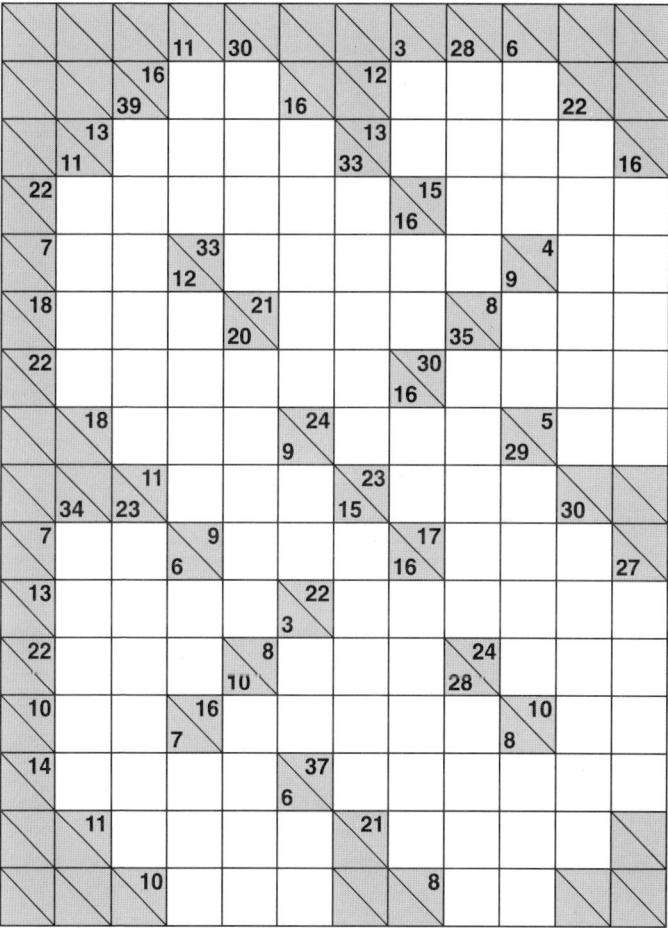

# Super **Kakuro**

## 032

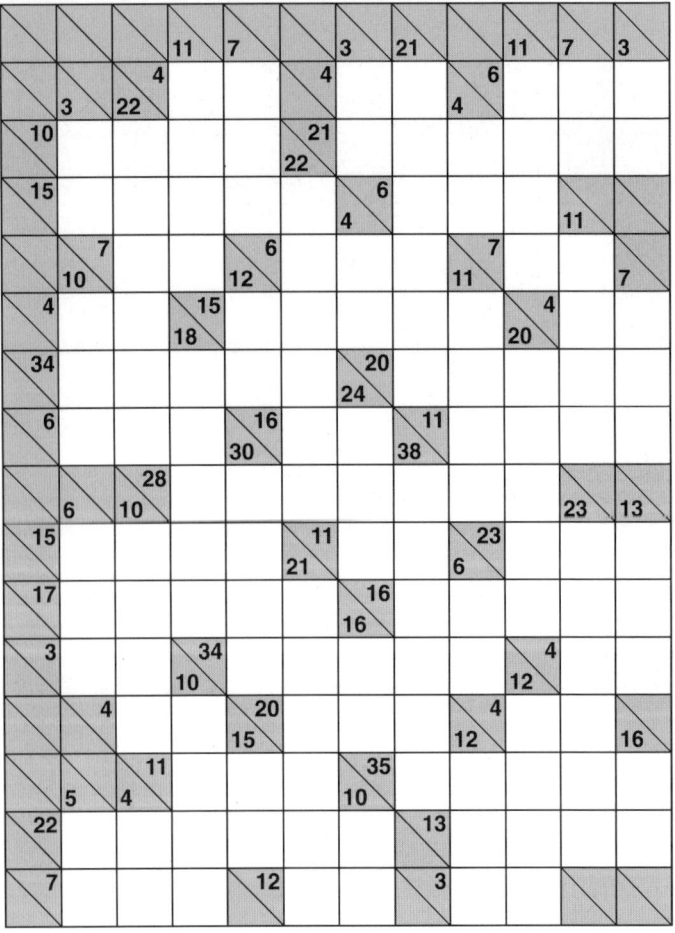

# Super **Kakuro**

## 033

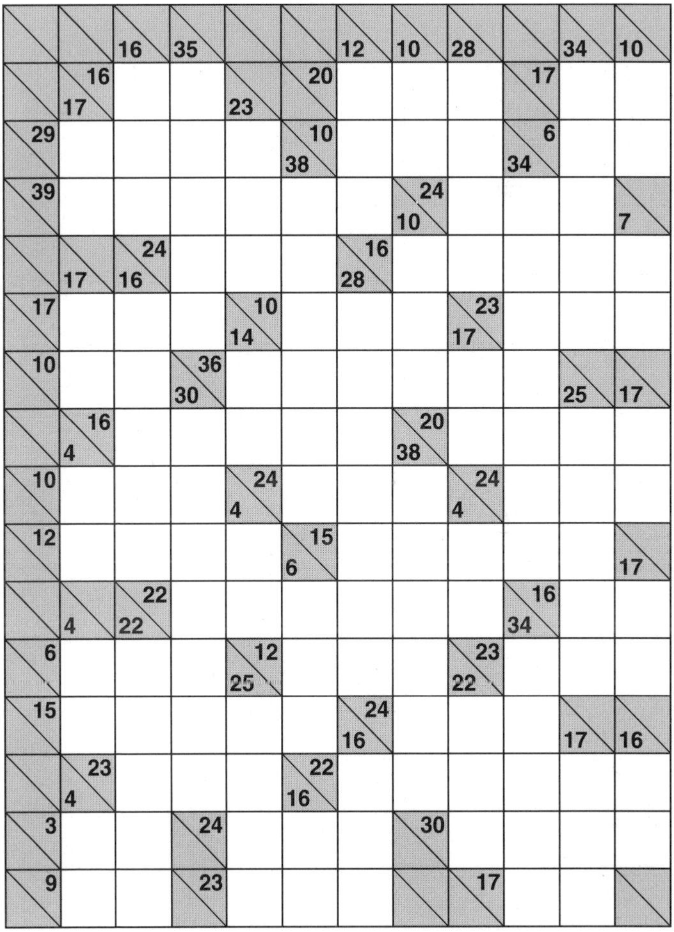

# Super **Kakuro**

## 034

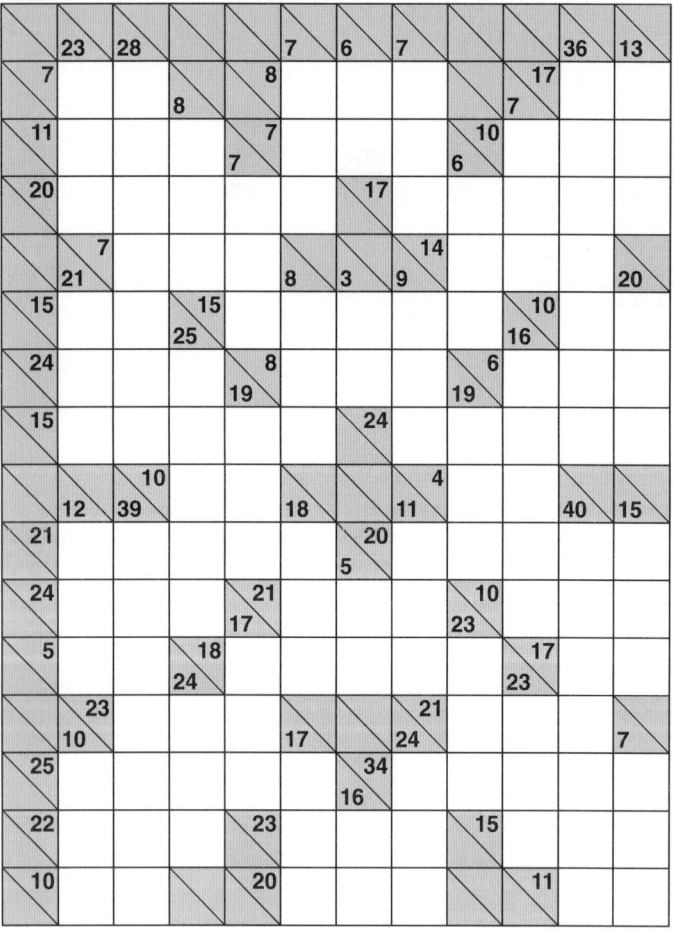

# Super **Kakuro**

**035**

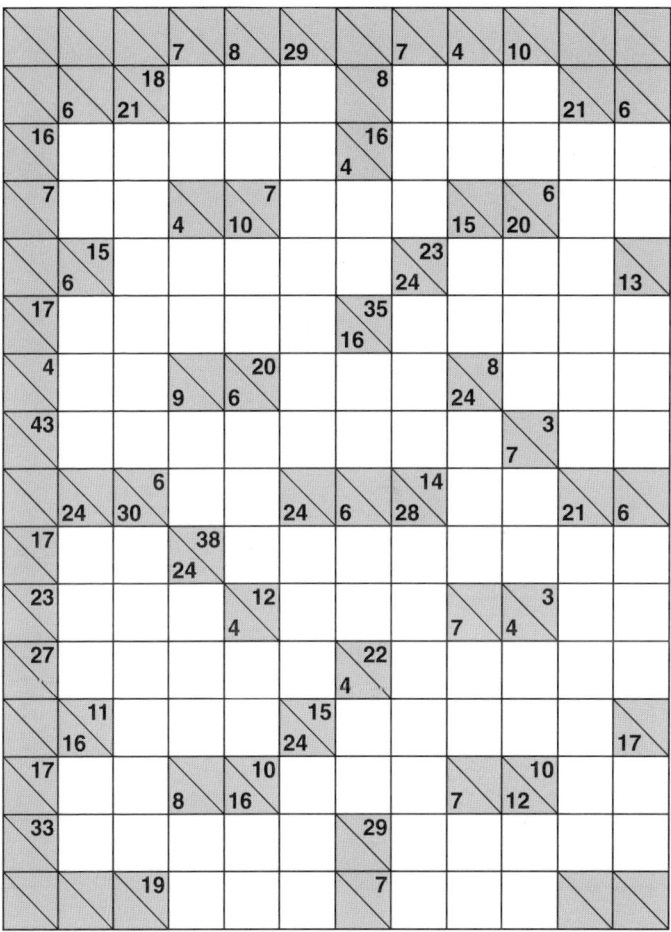

# Super **Kakuro**

## 036

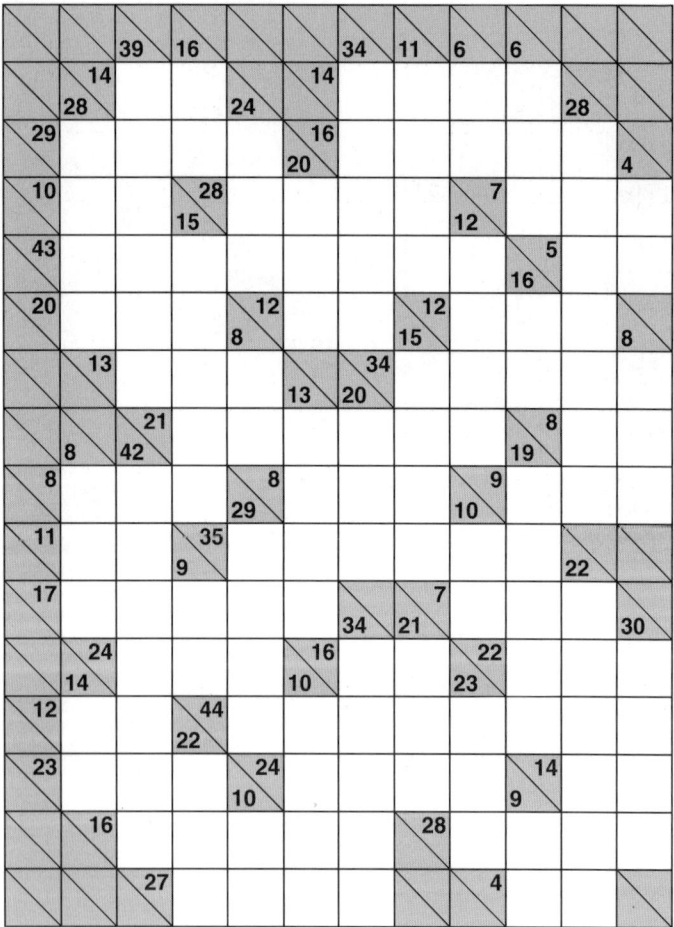

# Super **Kakuro**

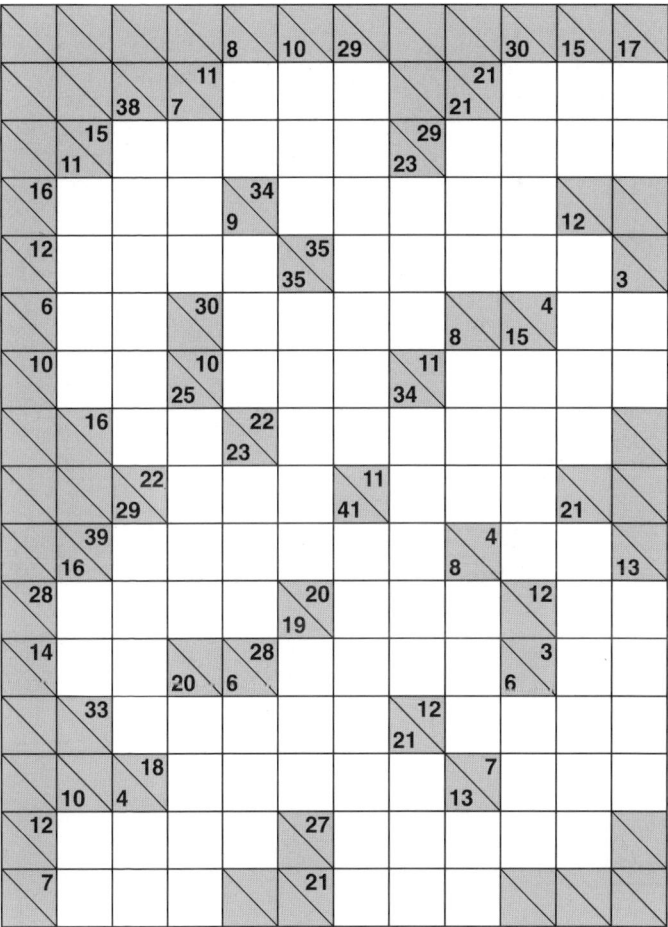

# Super **Kakuro**

## 038

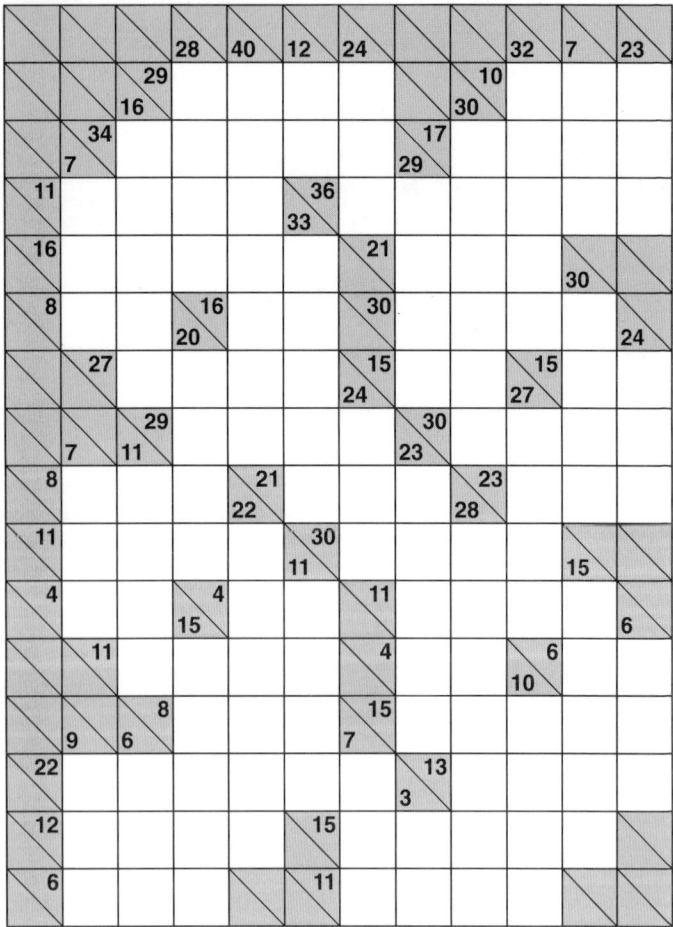

# Super **Kakuro**

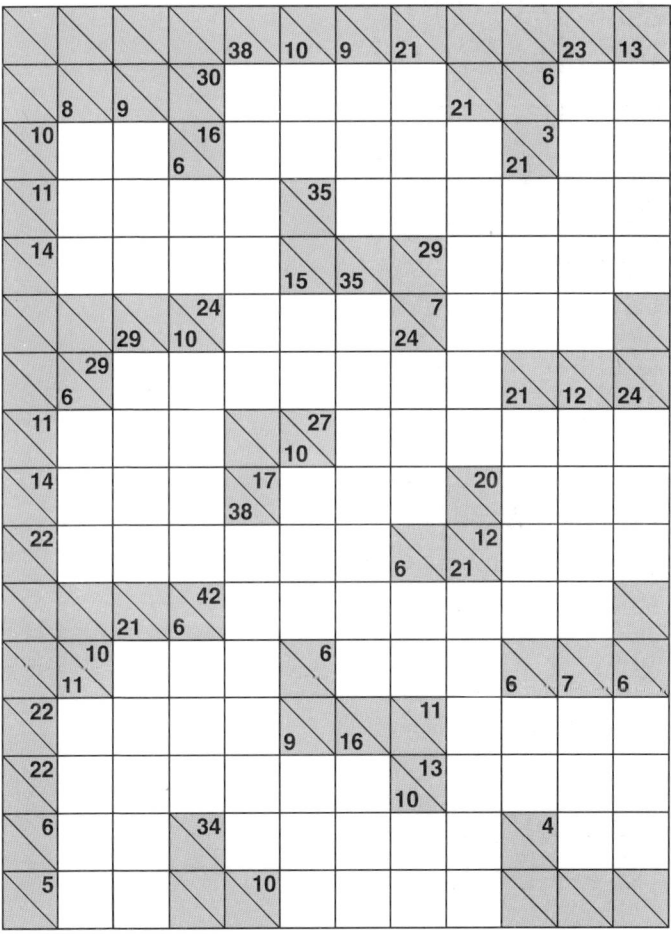

# Super **Kakuro**

## 040

| | | | | | | | | | | | |
|---|---|---|---|---|---|---|---|---|---|---|---|
| ■ | ■ | 23\ | 14\ | ■ | ■ | 34\ | 16\ | 14\ | ■ | 10\ | 9\ |
| ■ | 16\9 | | | 19\ | \20 | | | | 36\3 | | |
| \29 | | | | | 29\33 | | | | | | |
| \37 | | | | | | | \24 | | | | ■ |
| ■ | ■ | 35\ | 8\12 | | | | 12\6 | | | 42\ | ■ |
| ■ | \22 | | | | | | | 10\4 | | | ■ |
| ■ | 6\29 | | | | | 23\30 | | | | | 9\ |
| \6 | | | | 12\ | 10\35 | | | | | | |
| \12 | | | 39\17 | | | | | | 14\6 | | |
| \23 | | | | | | | 30\ | 15\7 | | | |
| ■ | \13 | | | | | 15\29 | | | | | ■ |
| ■ | \17 | | | 28\23 | | | | | | | ■ |
| ■ | ■ | 18\16 | | | \13 | | | | 7\ | 9\ | 8\ |
| ■ | 10\22 | | | | 14\24 | | | | | | |
| \21 | | | | | | | \10 | | | | |
| \16 | | | \21 | | | | ■ | \5 | | | ■ |

ADVANCED_ 11×15

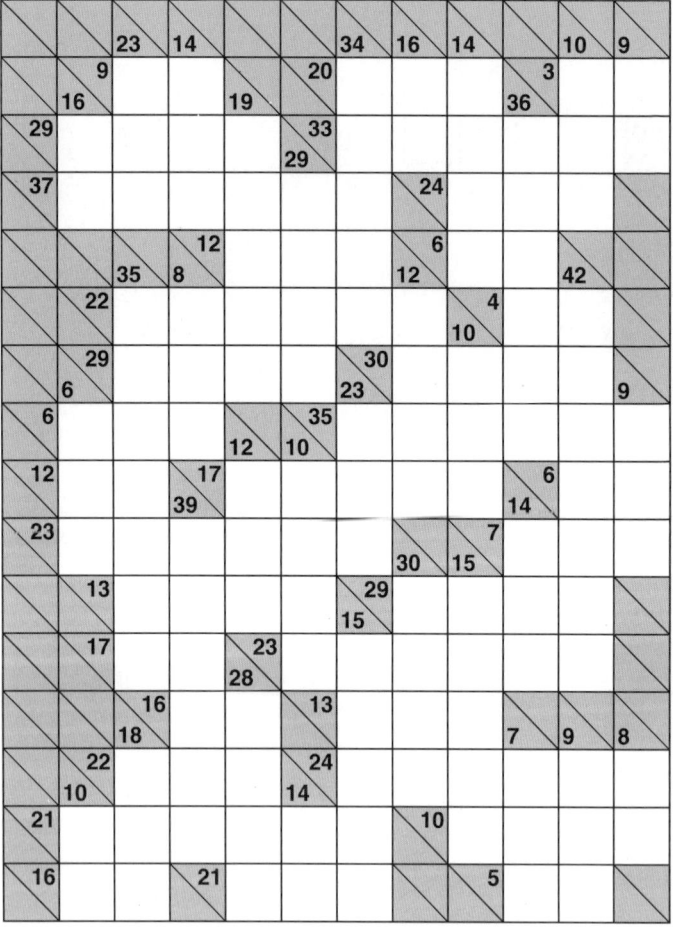

# Super **Kakuro**

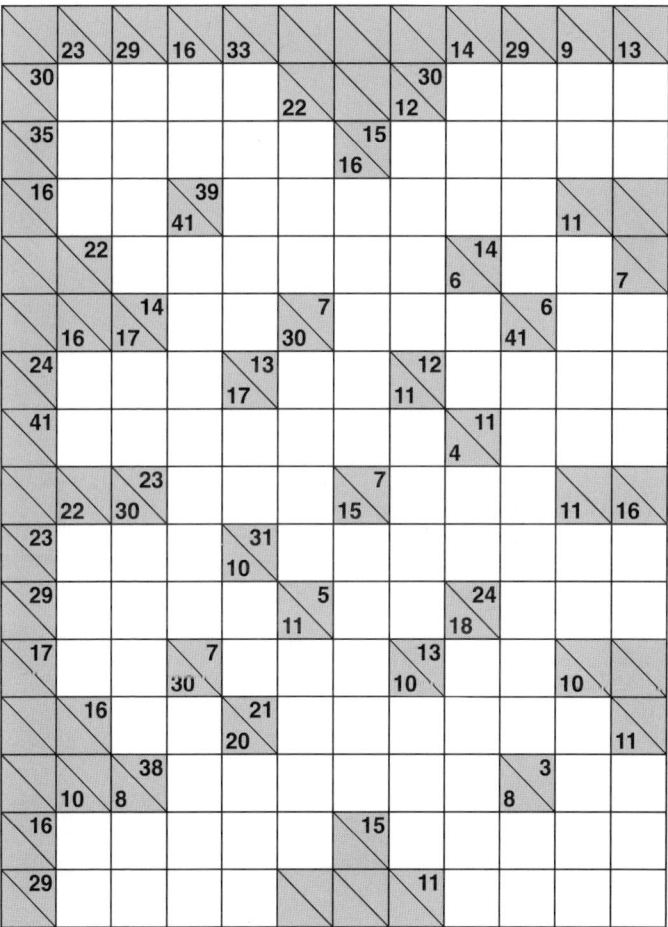

# Super **Kakuro**

## 042

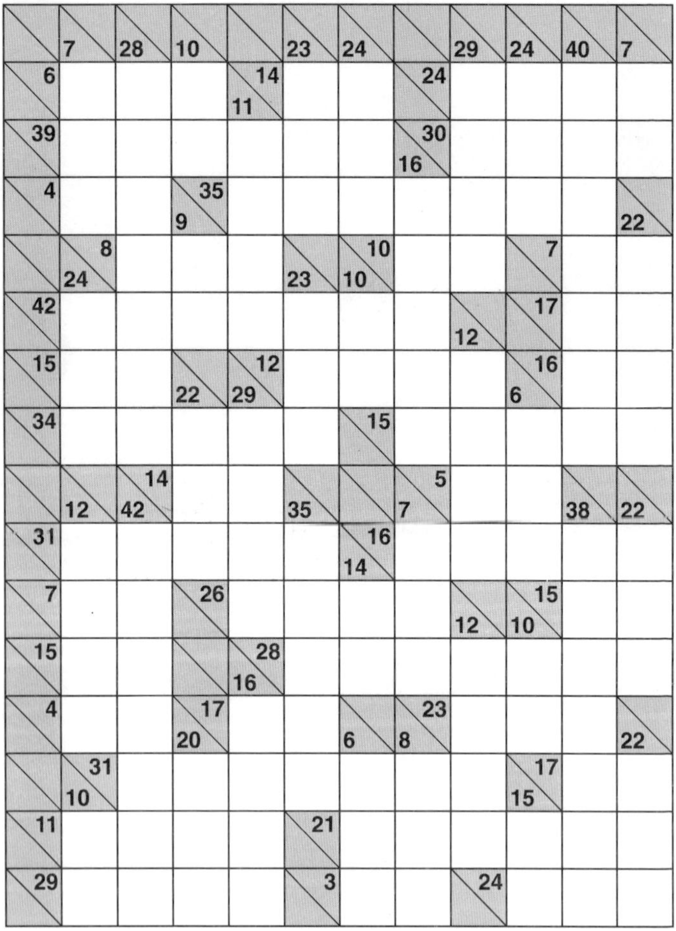

# Super **Kakuro**

**043**

| | | | | | | | | | | | |
|---|---|---|---|---|---|---|---|---|---|---|---|
| ■ | 6\ | 43\ | ■ | 21\ | 10\ | 34\ | ■ | 3\ | 12\ | ■ | ■ |
| \6 | | | \23 | | | | 15\4 | | | 18\ | ■ |
| \9 | | | 4\28 | | | | | | | | 30\ |
| \10 | | | | | \17 | | | 21\9 | | | |
| ■ | 11\7 | | | | 33\22 | | | | | | |
| \11 | | | 34\16 | | | | | | 32\11 | | |
| \15 | | | | | | 23\ | 24\29 | | | | |
| \17 | | | | \34 | | | | | | 40\ | 13\ |
| \22 | | | | 28\16 | | | | \6 | | | |
| ■ | 12\ | 19\33 | | | | | | 38\23 | | | |
| \29 | | | | | 10\ | 35\30 | | | | | |
| \6 | | | 29\32 | | | | | | 16\7 | | |
| \22 | | | | | | | \11 | | | | 23\ |
| \12 | | | | 11\7 | | | 9\30 | | | | |
| ■ | \41 | | | | | | | | \15 | | |
| ■ | ■ | \7 | | | \24 | | | | \16 | | |

ADVANCED_11×15

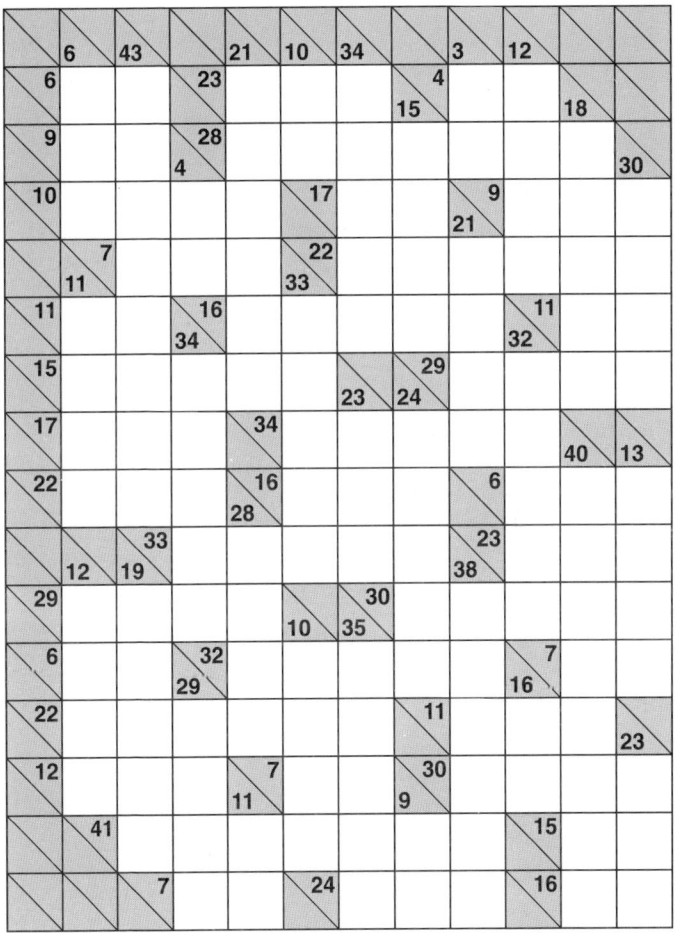

# Super **Kakuro**

## 044

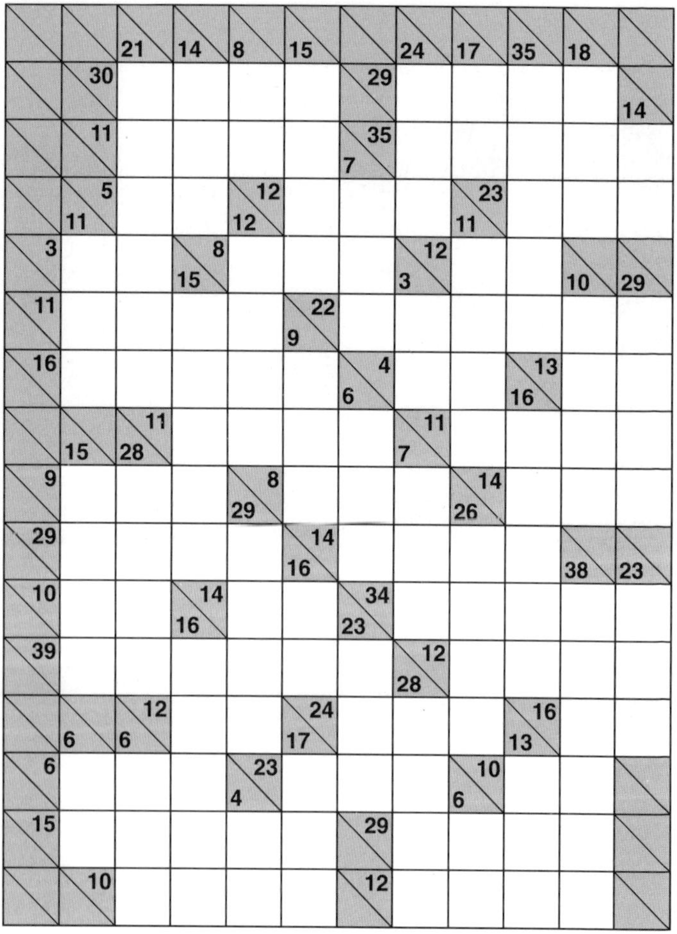

# Super **Kakuro**

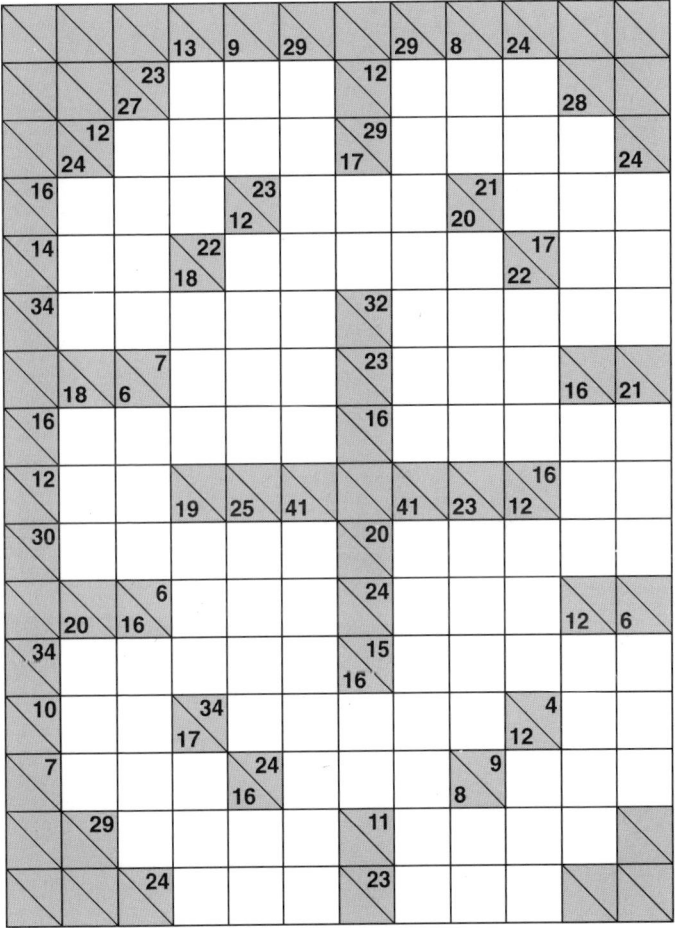

# Super **Kakuro**

## 046

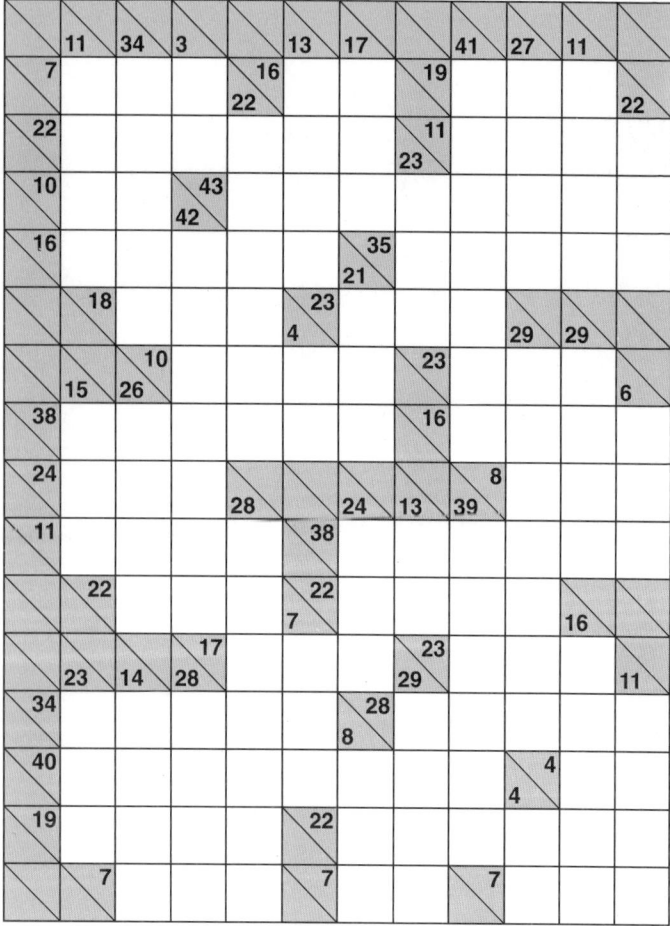

# Super **Kakuro**

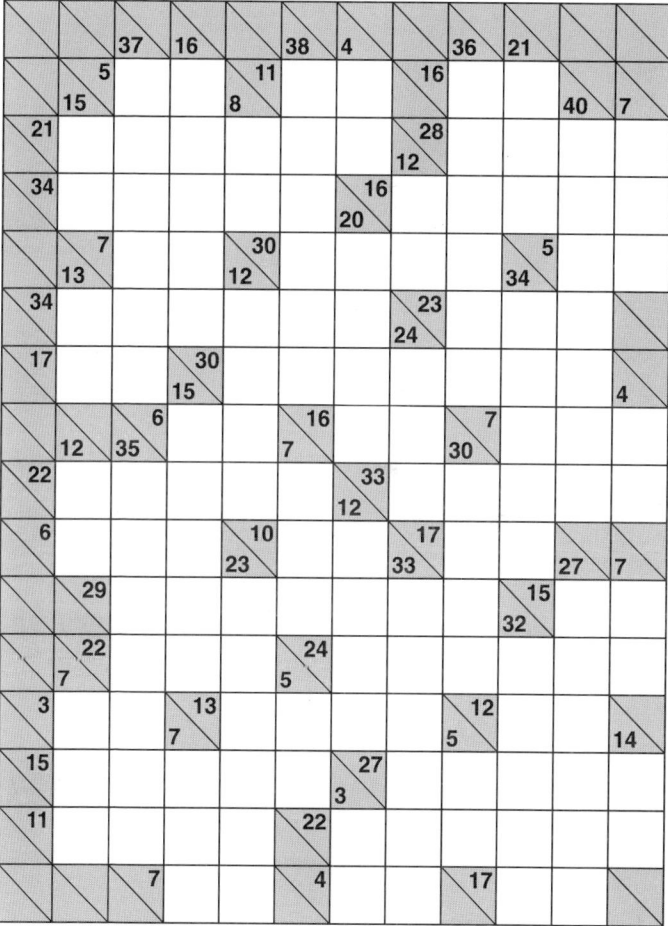

# Super **Kakuro**

## 048

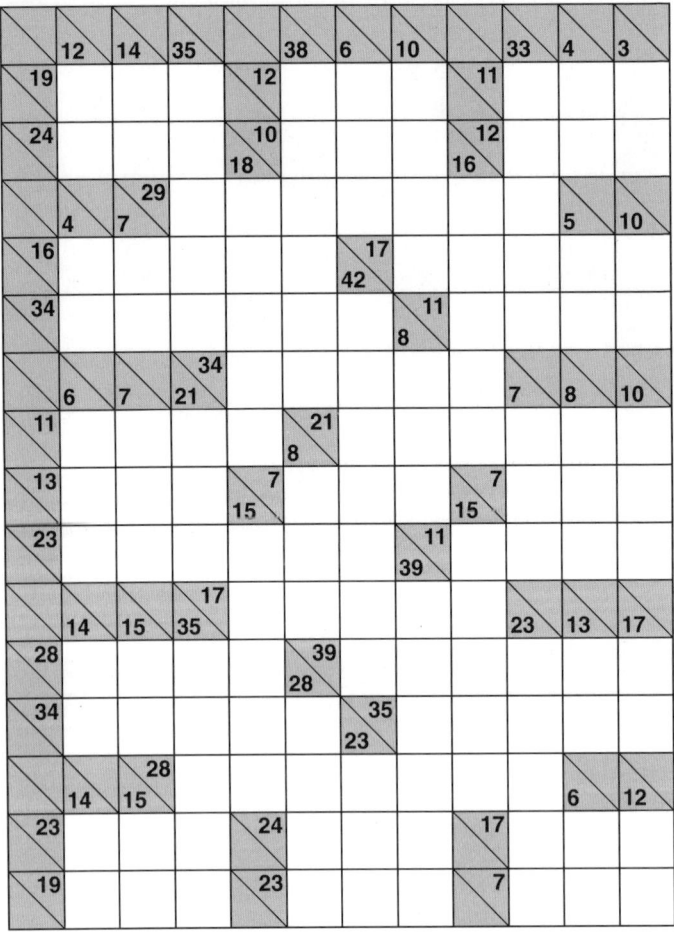

# Super **Kakuro**

## 049

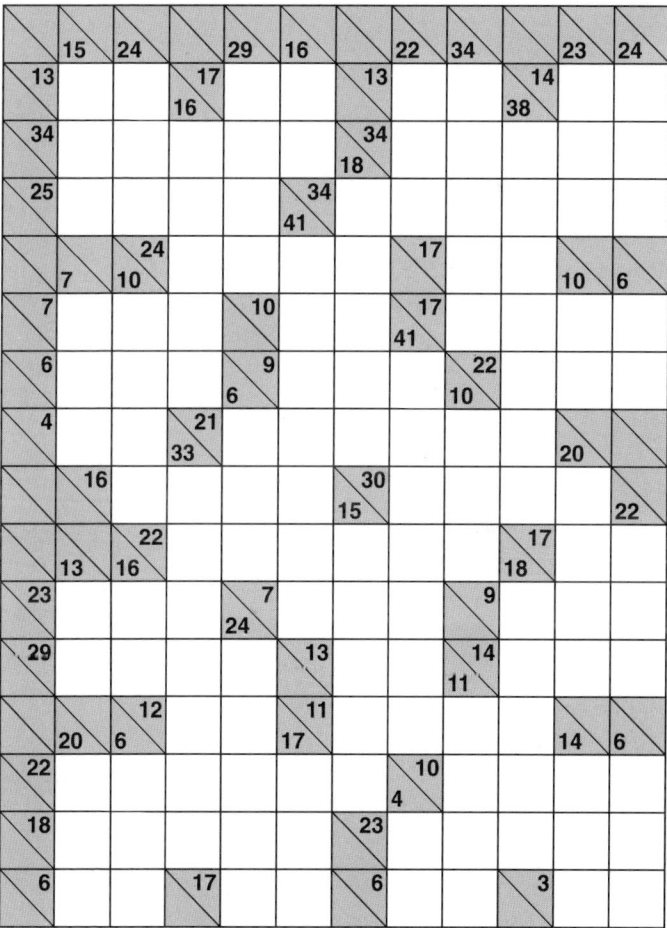

# Super **Kakuro**

## 050

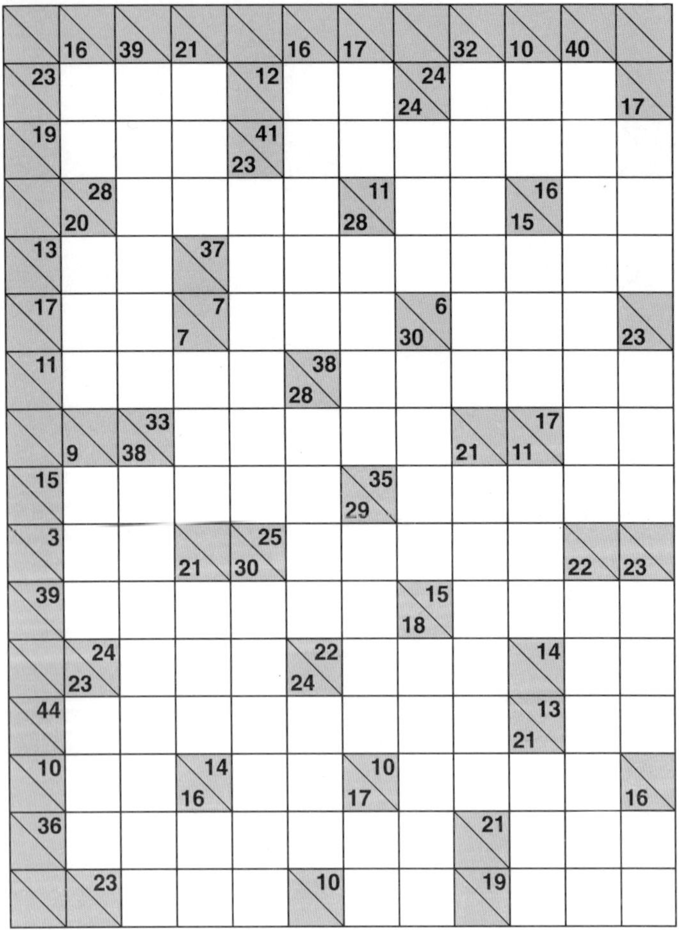

# SUPER
# **KAKURO**
# HARD

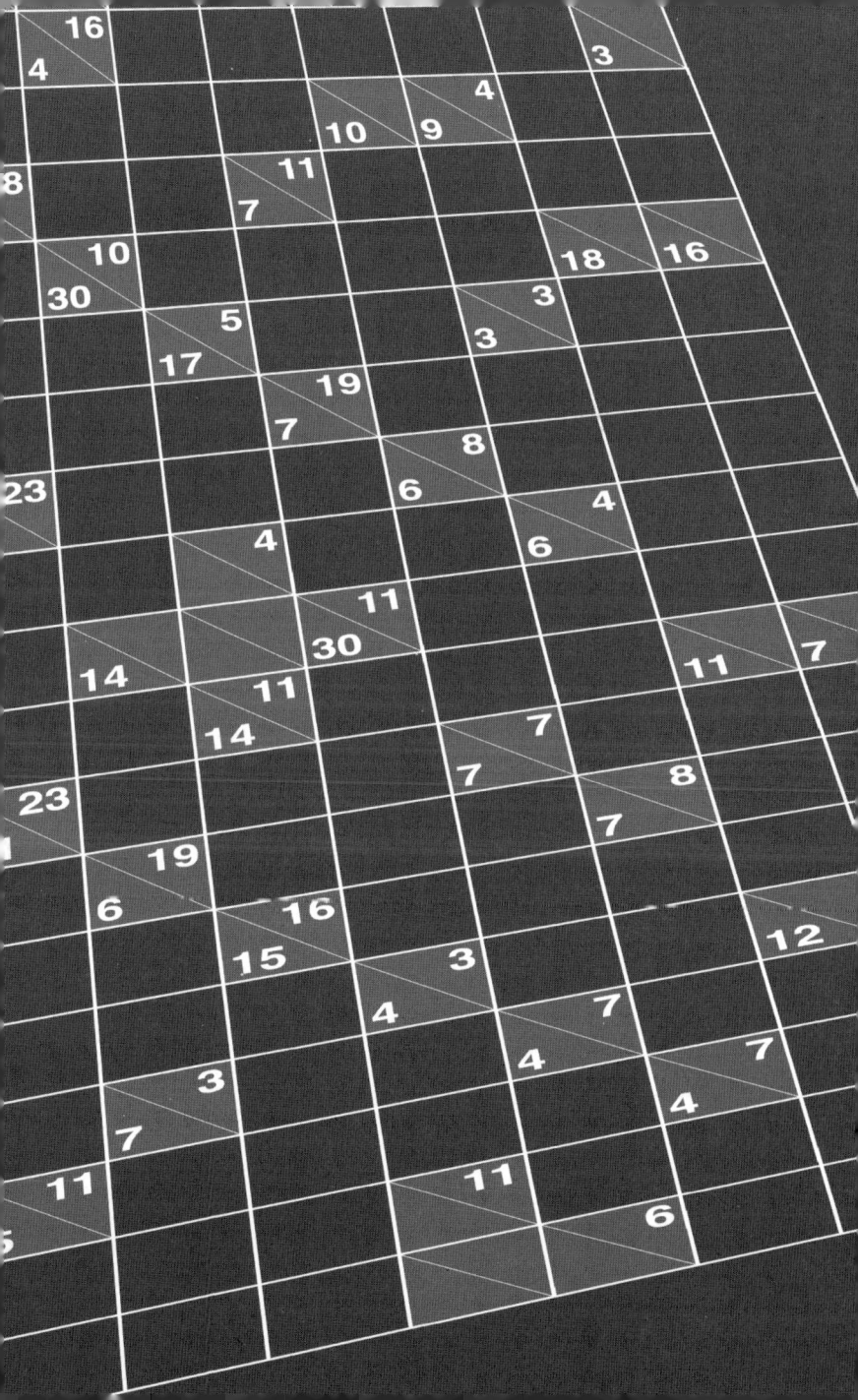

# Super **Kakuro**

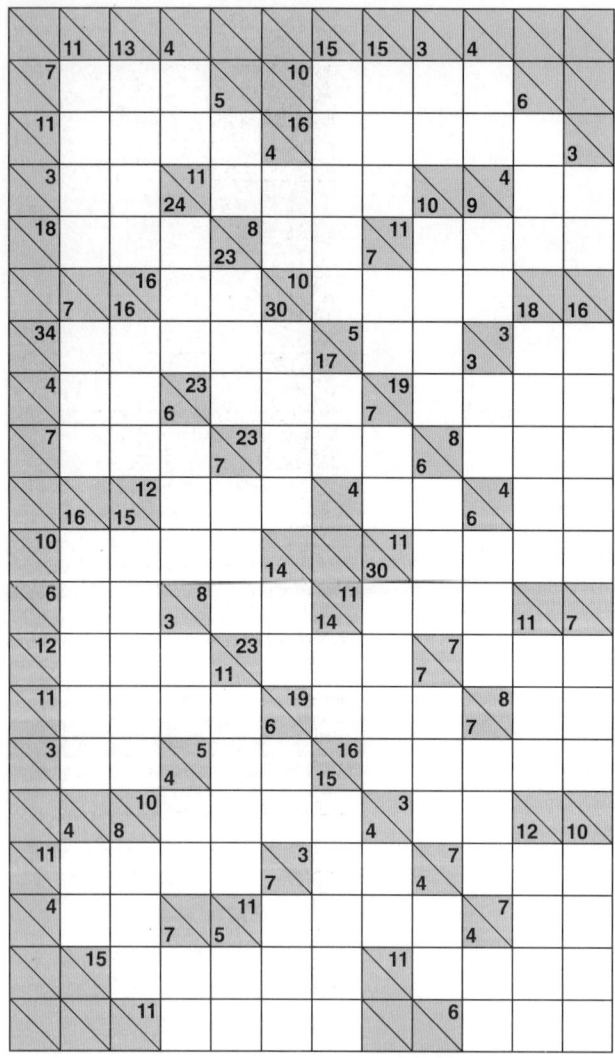

## 051

**HARD**_11×19

# Super **Kakuro**

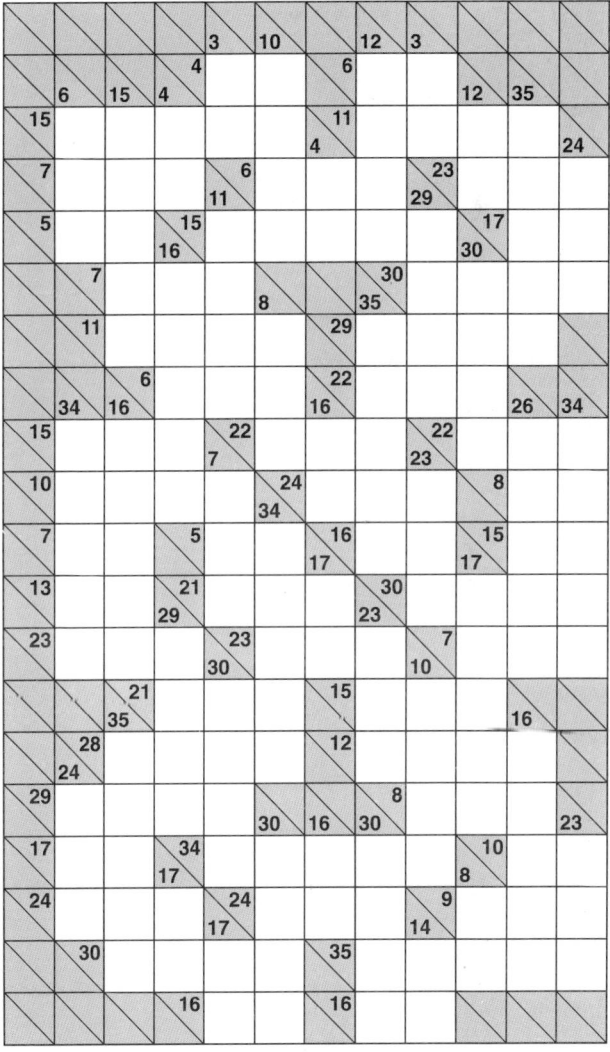

## 052

**HARD**_11×19

## Super **Kakuro**

# 053

**HARD**_11×19

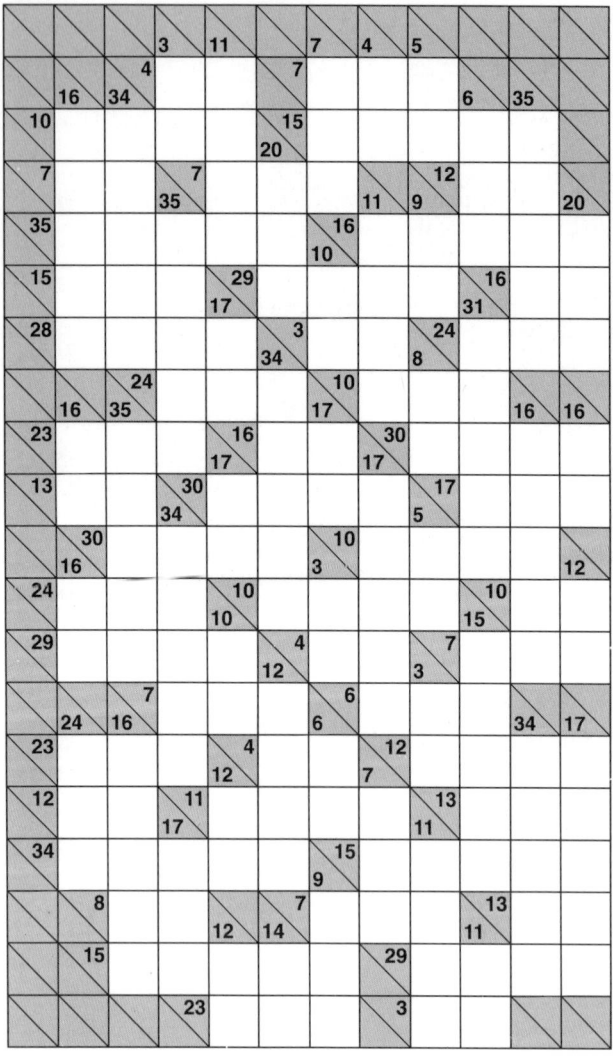

# Super **Kakuro**

**054**

**HARD**_11×19

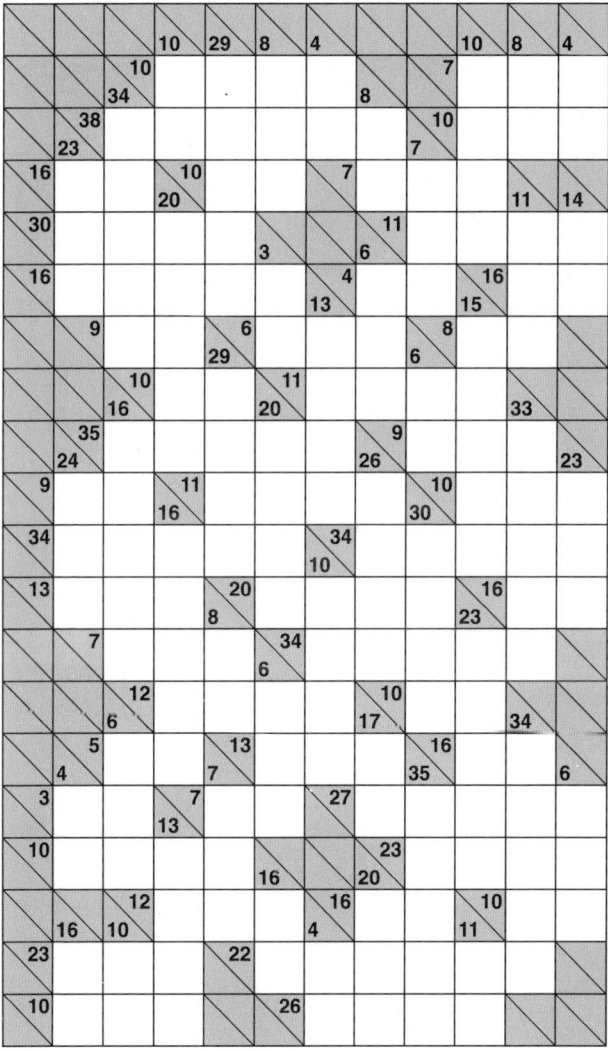

# Super **Kakuro**

## 055

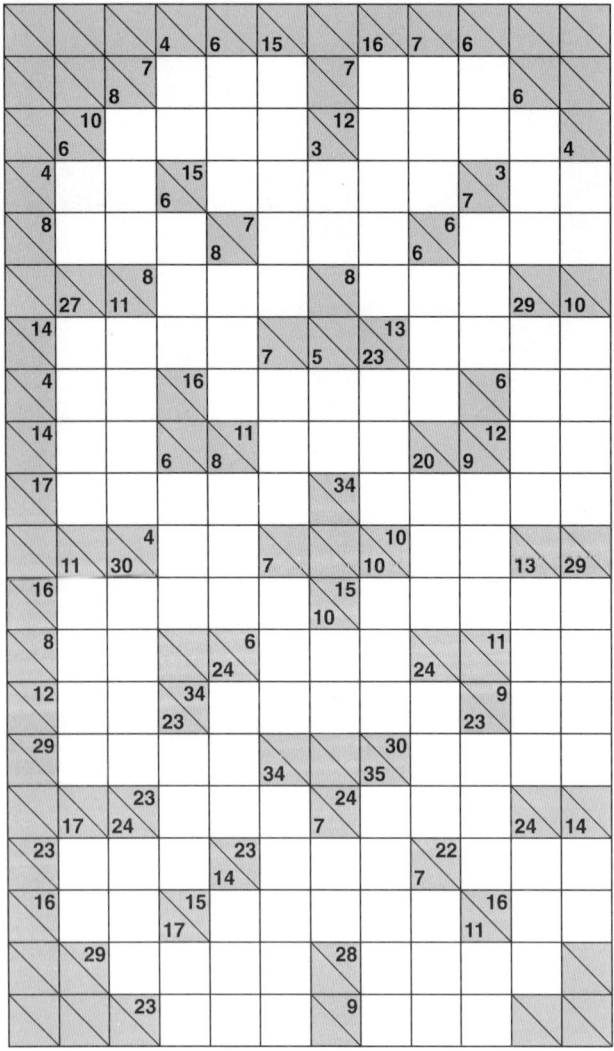

# Super **Kakuro**

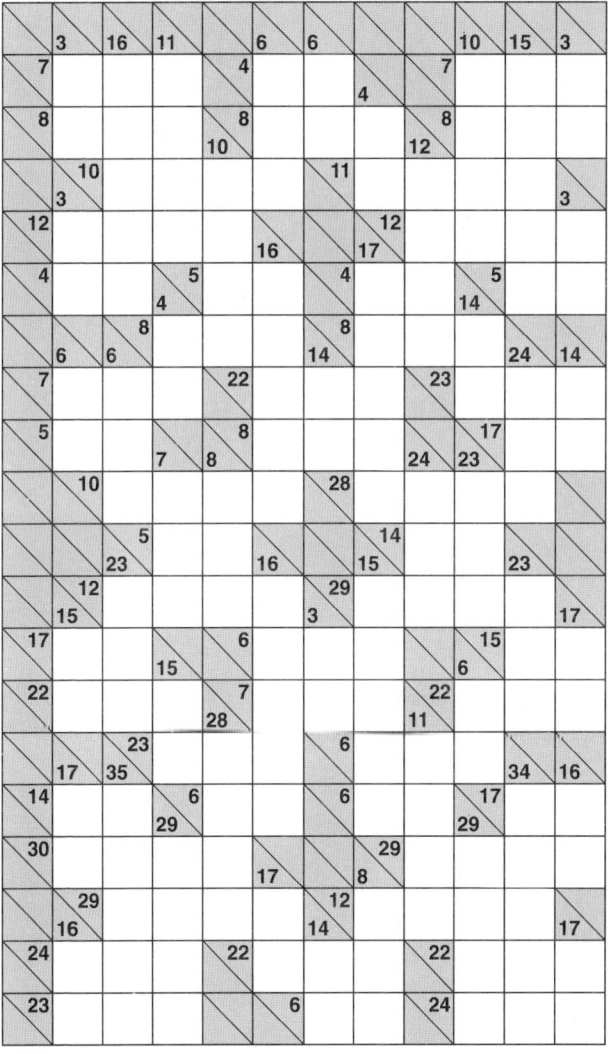

**056**

**HARD**_11×19

# Super **Kakuro**

## 057

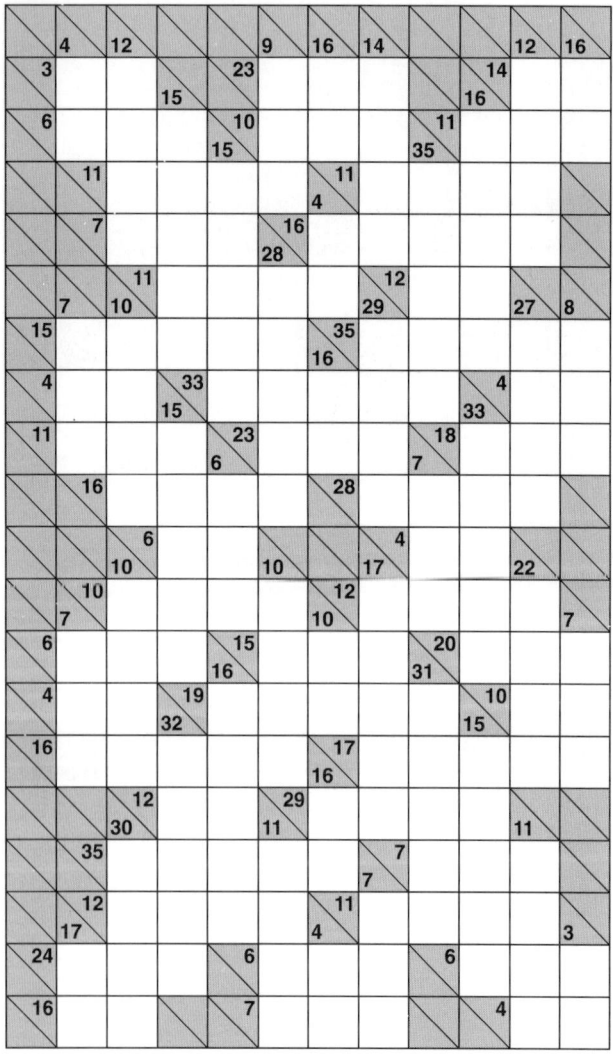

| | | | | | | | | | | | |
|---|---|---|---|---|---|---|---|---|---|---|---|
| \ | 4\ | 12\ | \ | \ | 9\ | 16\ | 14\ | \ | \ | 12\ | 16\ |
| \3 | | | 15\ | \23 | | | | \ | 16\14 | | |
| \6 | | | | 15\10 | | | | 35\11 | | | |
| \ | \11 | | | | | 4\11 | | | | | \ |
| \ | \7 | | | | 28\16 | | | | | | \ |
| \ | 7\ | 10\11 | | | | | 29\12 | | | 27\ | 8\ |
| \15 | | | | | | 16\35 | | | | | |
| \4 | | | 15\33 | | | | | | 33\4 | | |
| \11 | | | | 6\23 | | | | 7\18 | | | |
| \ | \16 | | | | | \28 | | | | | \ |
| \ | \ | 10\6 | | | 10\ | \ | 17\4 | | | 22\ | \ |
| \ | 7\10 | | | | | 10\12 | | | | | 7\ |
| \6 | | | | 16\15 | | | | 31\20 | | | |
| \4 | | | 32\19 | | | | | | 15\10 | | |
| \16 | | | | | | 16\17 | | | | | |
| \ | \ | 30\12 | | | 11\29 | | | | | 11\ | \ |
| \ | \35 | | | | | | 7\7 | | | | \ |
| \ | 17\12 | | | | | 4\11 | | | | | 3\ |
| \24 | | | | \6 | | | | \6 | | | |
| \16 | | | \ | \7 | | | | \ | \4 | | |

HARD_11×19

# Super **Kakuro**

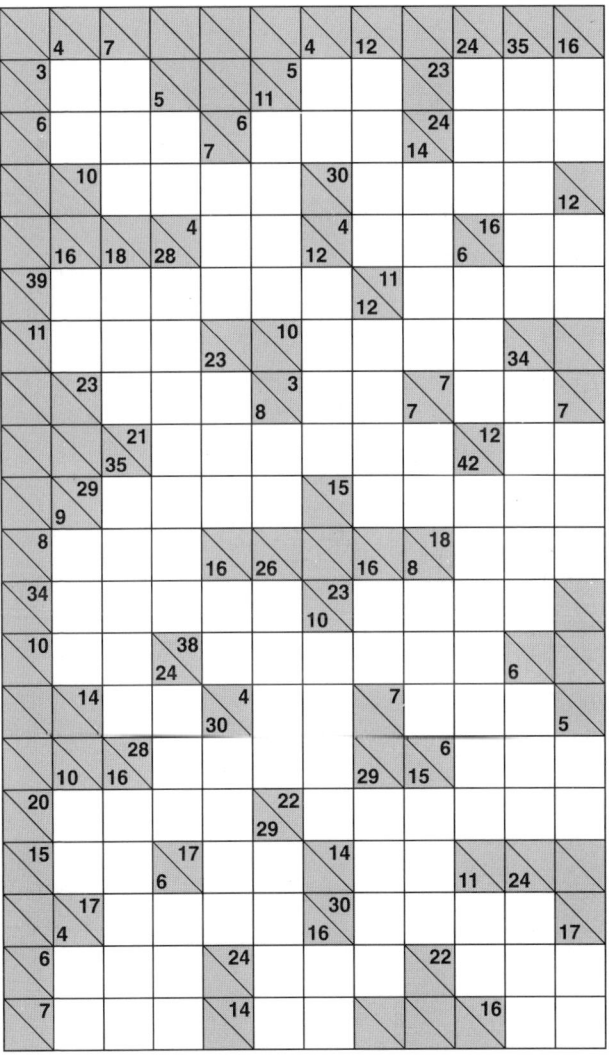

## 058

**HARD**_11×19

# Super **Kakuro**

## 059

| | | | | | | | | | | | |
|---|---|---|---|---|---|---|---|---|---|---|---|
| \ | \ | 21\ | 8\ | 15\ | 14\ | \ | 11\ | 4\ | \ | 13\ | 11\ |
| \ | 4\15 | | | | | \6 | | | 10\5 | | |
| \15 | | | | | | 29\16 | | | | | |
| \3 | | | 10\21 | | | | | 11\6 | | | |
| \ | 4\7 | | | | 11\22 | | | | | | |
| \21 | | | | | | | 15\6 | | | 6\ | 7\ |
| \7 | | | | 15\17 | | | | | 15\4 | | |
| \ | 23\ | 11\6 | | | | 4\15 | | | | | |
| \16 | | | 34\10 | | | | | 16\6 | | | |
| \25 | | | | | 15\10 | | | | | 12\ | 23\ |
| \16 | | | | | | 17\28 | | | | | |
| \ | 23\ | 21\18 | | | | | 29\14 | | | | |
| \23 | | | | 30\20 | | | | | 30\12 | | |
| \34 | | | | | | 30\23 | | | | 39\ | 15\ |
| \12 | | | 30\29 | | | | | 35\24 | | | |
| \ | 29\ | 26\16 | | | 30\39 | | | | | | |
| \39 | | | | | | | 24\24 | | | | 17\ |
| \23 | | | | 16\30 | | | | | 17\16 | | |
| \35 | | | | | | \35 | | | | | |
| \15 | | | \17 | | | \29 | | | | | \ |

HARD_ 11×19

# Super **Kakuro**

## 060

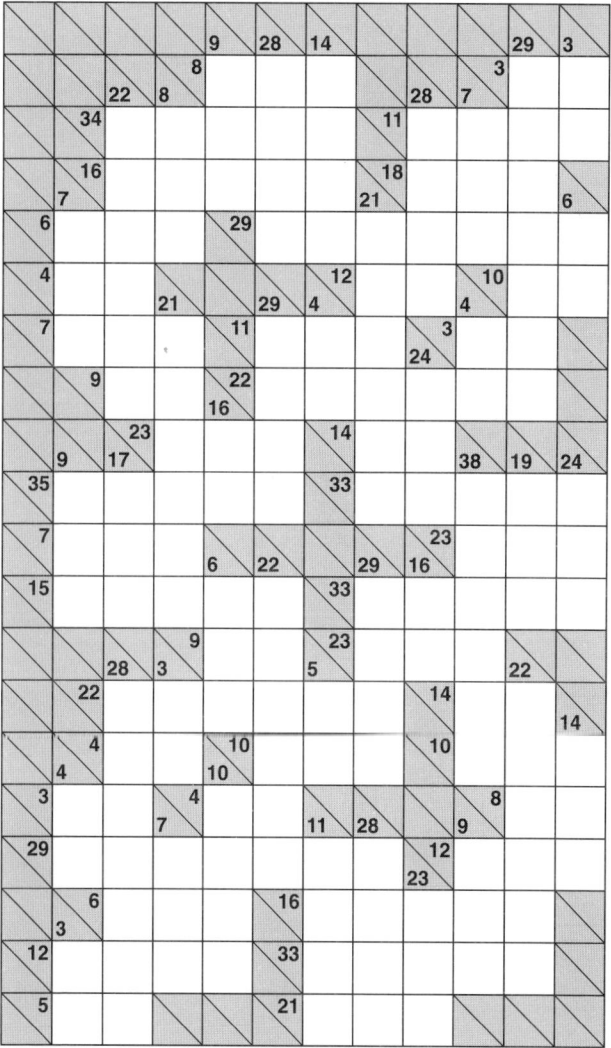

# Super **Kakuro**

## 061

**HARD**_ 11×19

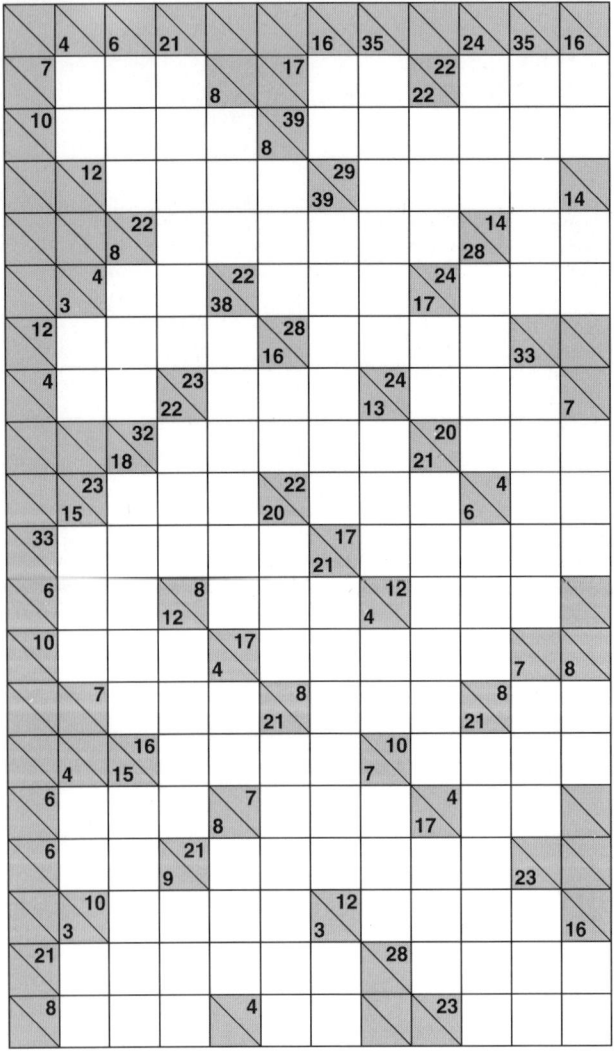

# Super **Kakuro**

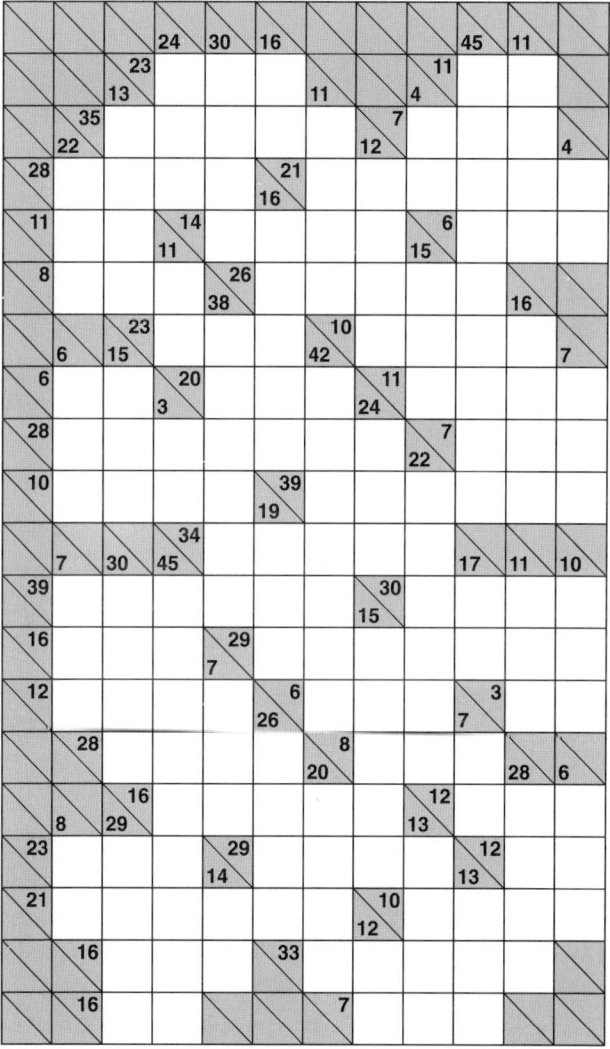

**062**

**HARD**_11×19

# Super **Kakuro**

**063**

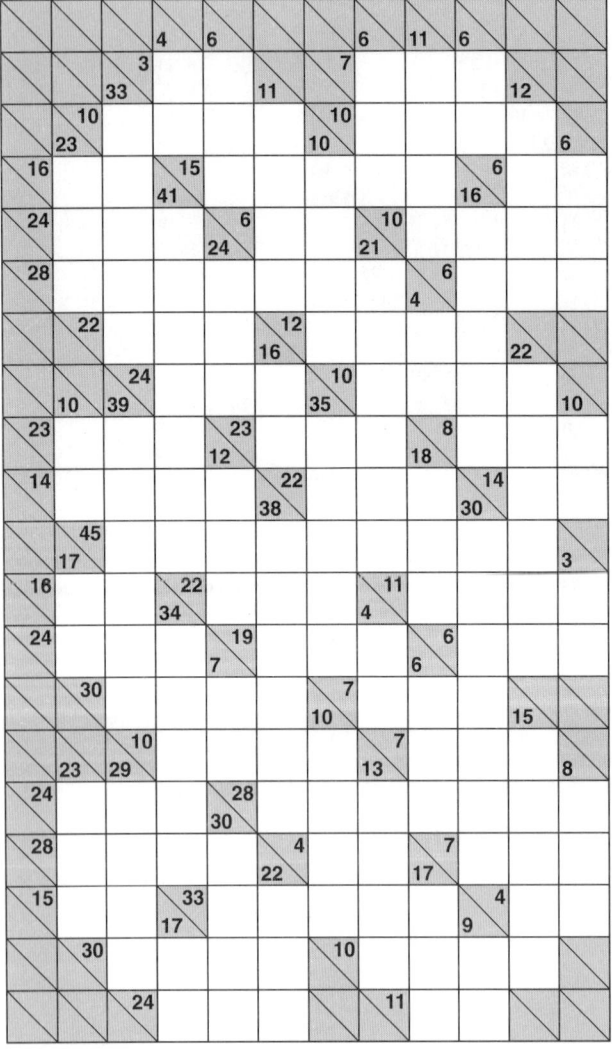

HARD_11×19

# Super **Kakuro**

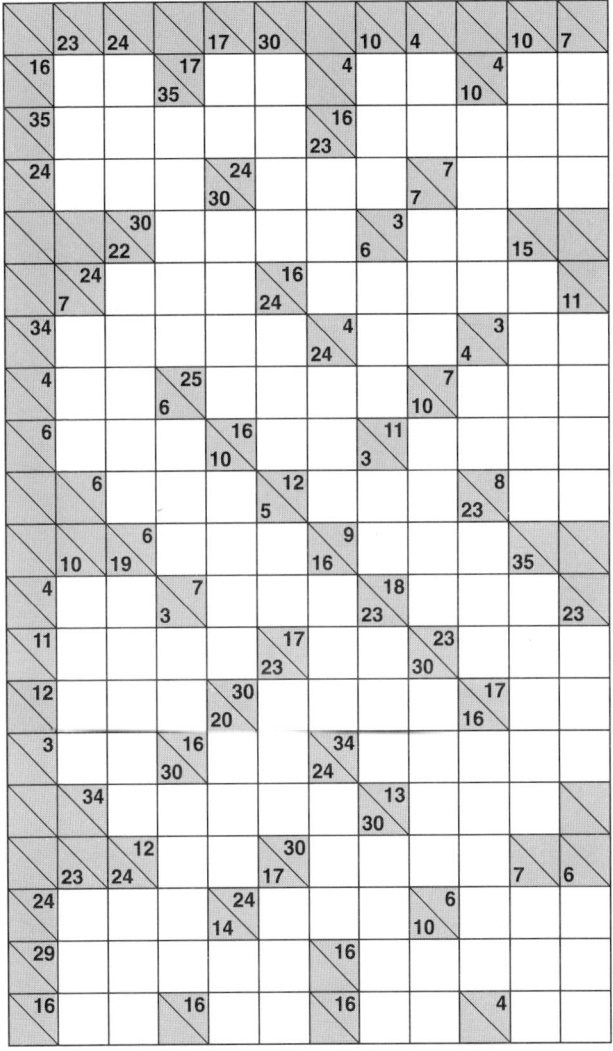

## 064

**HARD**_11×19

# Super **Kakuro**

## 065

**HARD**_11×19

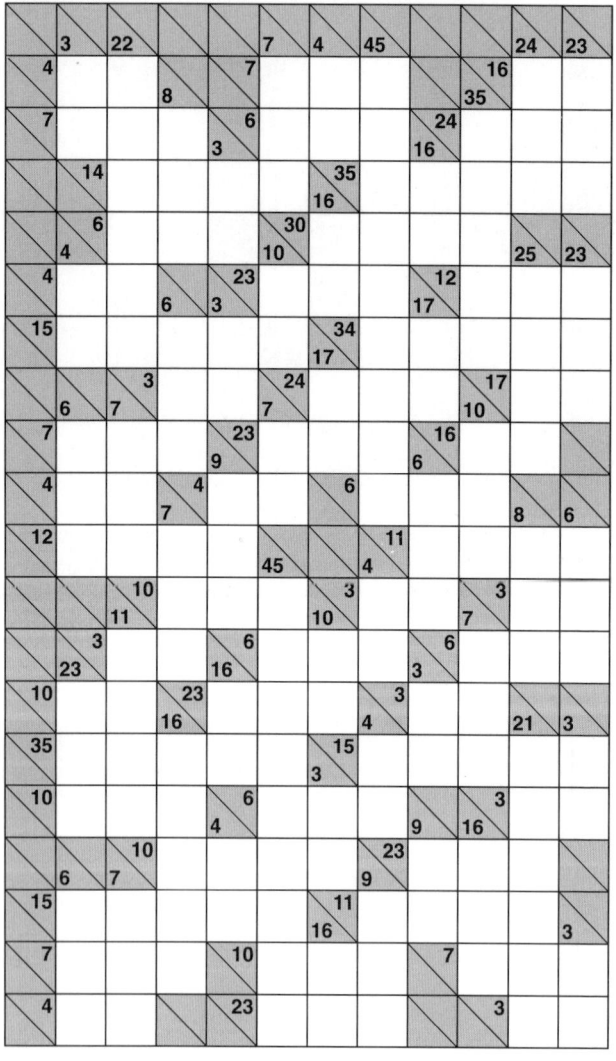

# Super **Kakuro**

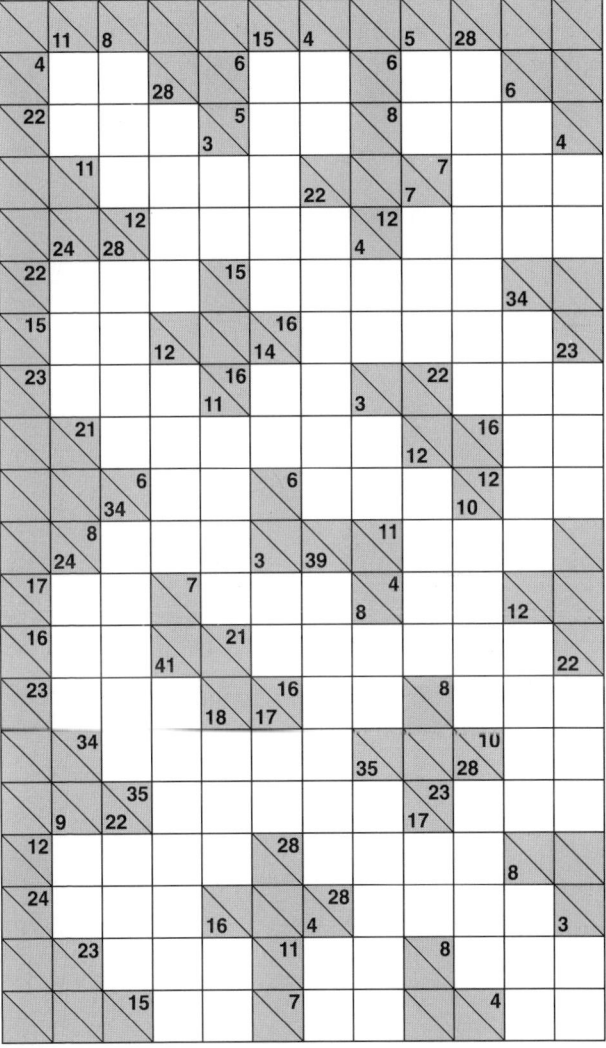

**066**

| | | | | | | | | | | | |
|---|---|---|---|---|---|---|---|---|---|---|---|
| \ | 11\ | 8\ | \ | \ | 15\ | 4\ | \ | 5\ | 28\ | \ | \ |
| \4 | | | 28\ | \6 | | | \6 | | | 6\ | \ |
| \22 | | | | 3\5 | | | \8 | | | | 4\ |
| \ | \11 | | | | | 22\ | \ | 7\7 | | | |
| \ | 24\ | 28\12 | | | | | 4\12 | | | | |
| \22 | | | | \15 | | | | | | 34\ | \ |
| \15 | | | 12\ | \ | 14\16 | | | | | | 23\ |
| \23 | | | | 11\16 | | | 3\ | \22 | | | |
| \ | \21 | | | | | | | 12\ | \16 | | |
| \ | \ | 34\6 | | | \6 | | | | 10\12 | | |
| \ | 24\8 | | | | 3\ | 39\ | \11 | | | | \ |
| \17 | | | \7 | | | | 8\4 | | | 12\ | \ |
| \16 | | | 41\ | \21 | | | | | | | 22\ |
| \23 | | | | 18\ | 17\16 | | | \8 | | | |
| \ | \34 | | | | | | 35\ | \ | 28\10 | | |
| \ | 9\ | 22\35 | | | | | | 17\23 | | | |
| \12 | | | | | \28 | | | | | 8\ | \ |
| \24 | | | | 16\ | \ | 4\28 | | | | | 3\ |
| \ | \23 | | | | \11 | | | \8 | | | |
| \ | \ | \15 | | | \7 | | | \ | \4 | | |

**HARD**_11×19

## Super **Kakuro**

# 067

**HARD**_ 11×19

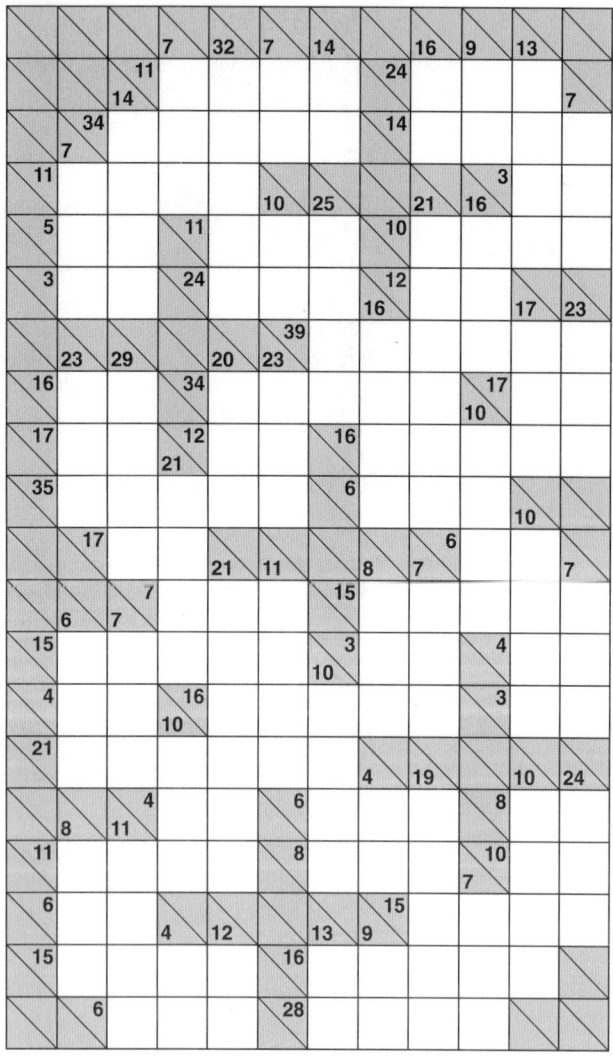

# Super **Kakuro**

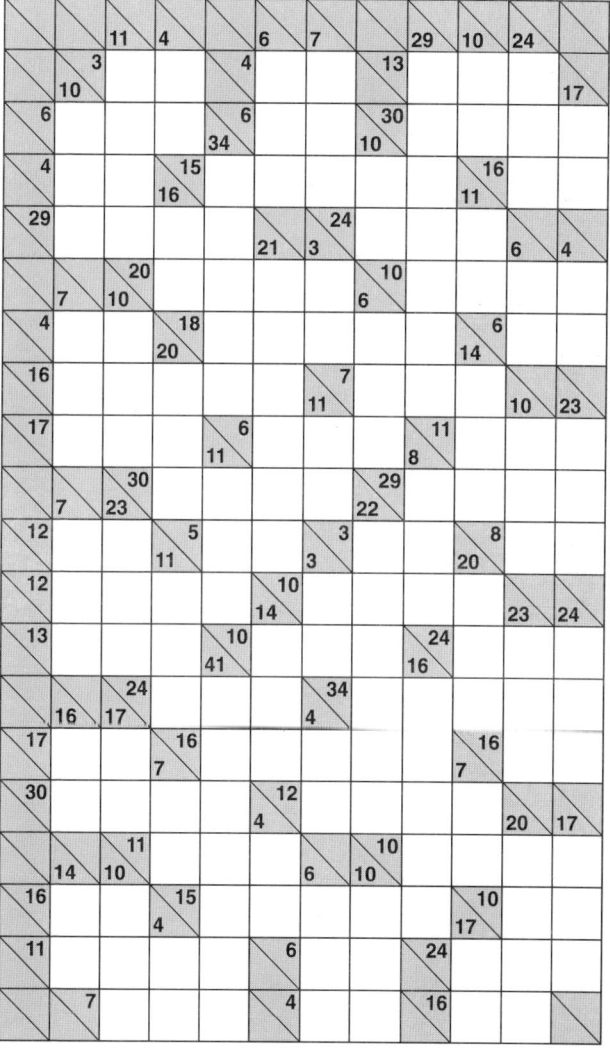

**068**

| | | | | | | | | | | | |
|---|---|---|---|---|---|---|---|---|---|---|---|
| \ | \ | 11\ | 4\ | \ | 6\ | 7\ | \ | 29\ | 10\ | 24\ | \ |
| \ | 10\3 | | | \4 | | | \13 | | | | 17\ |
| \6 | | | | 34\6 | | | 10\30 | | | | |
| \4 | | | 16\15 | | | | | | 11\16 | | |
| \29 | | | | | 21\ | 3\24 | | | | 6\ | 4\ |
| \ | 7\ | 10\20 | | | | | 6\10 | | | | |
| \4 | | | 20\18 | | | | | | 14\6 | | |
| \16 | | | | | | 11\7 | | | | 10\ | 23\ |
| \17 | | | | 11\6 | | | | 8\11 | | | |
| \ | 7\ | 23\30 | | | | | 22\29 | | | | |
| \12 | | | 11\5 | | | 3\3 | | | 20\8 | | |
| \12 | | | | | 14\10 | | | | | 23\ | 24\ |
| \13 | | | | 41\10 | | | | 16\24 | | | |
| \ | 16\ | 17\24 | | | | 4\34 | | | | | |
| \17 | | | 7\16 | | | | | | 7\16 | | |
| \30 | | | | | 4\12 | | | | | 20\ | 17\ |
| \ | 14\ | 10\11 | | | | 6\ | 10\10 | | | | |
| \16 | | | 4\15 | | | | | | 17\10 | | |
| \11 | | | | | \6 | | | \24 | | | |
| \ | \7 | | | | \4 | | | \16 | | | \ |

HARD_11×19

# Super **Kakuro**

## 069

**HARD**_ 11×19

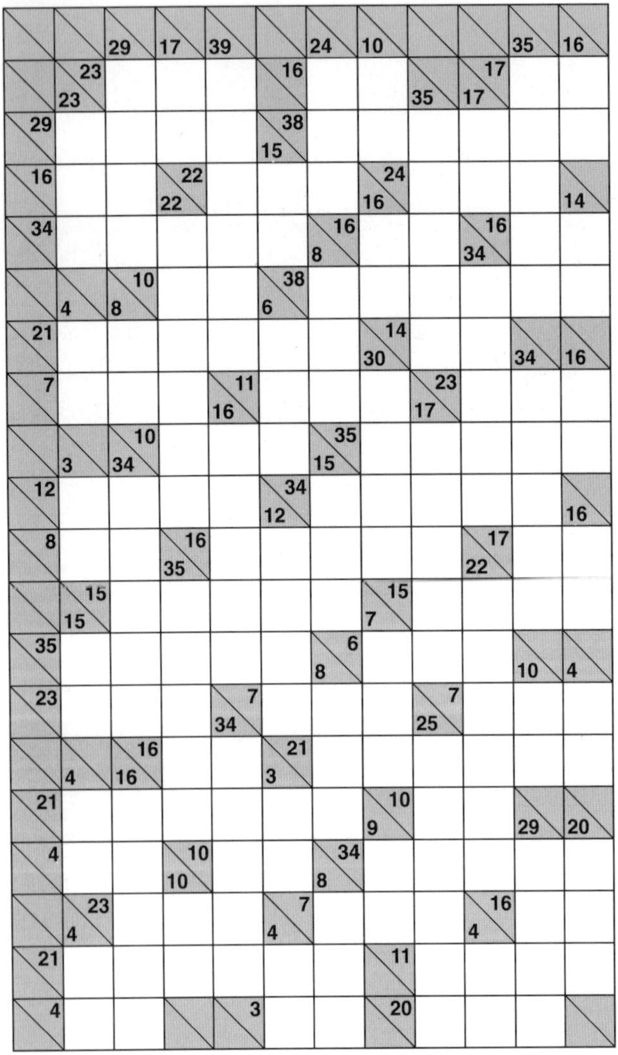

# Super **Kakuro**

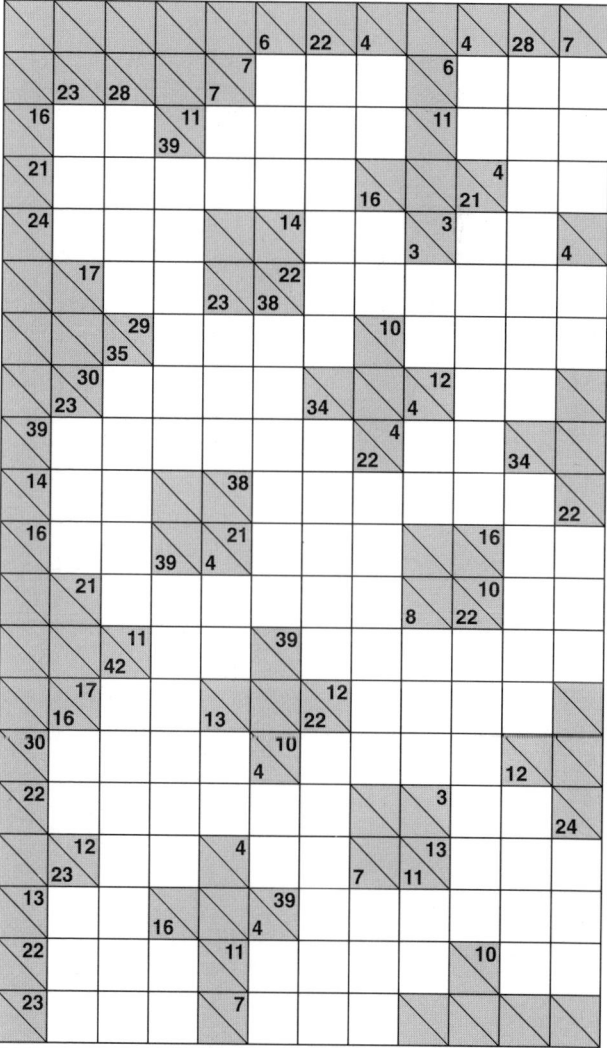

## 070

**HARD**_11×19

# Super **Kakuro**

## 071

**HARD**_11×19

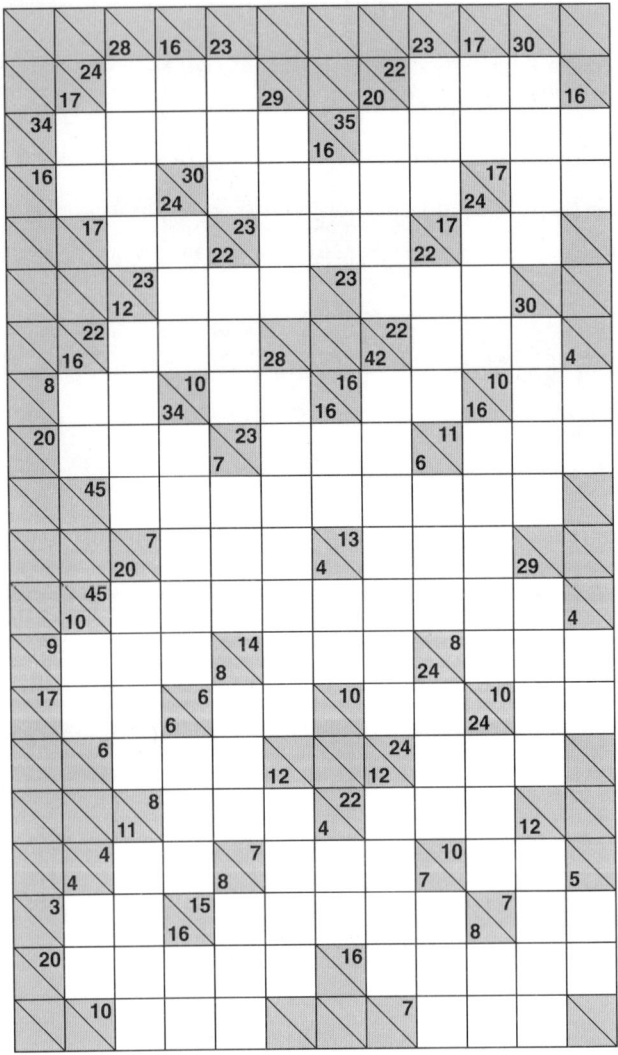

# Super **Kakuro**

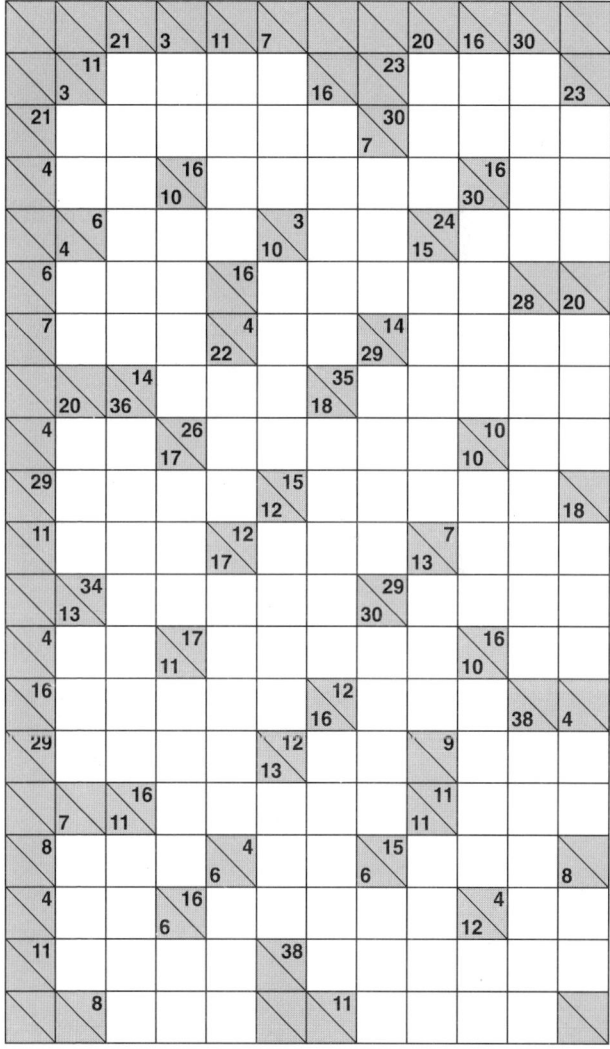

## 072

**HARD**_11×19

# Super **Kakuro**

## 073

**HARD**_11×19

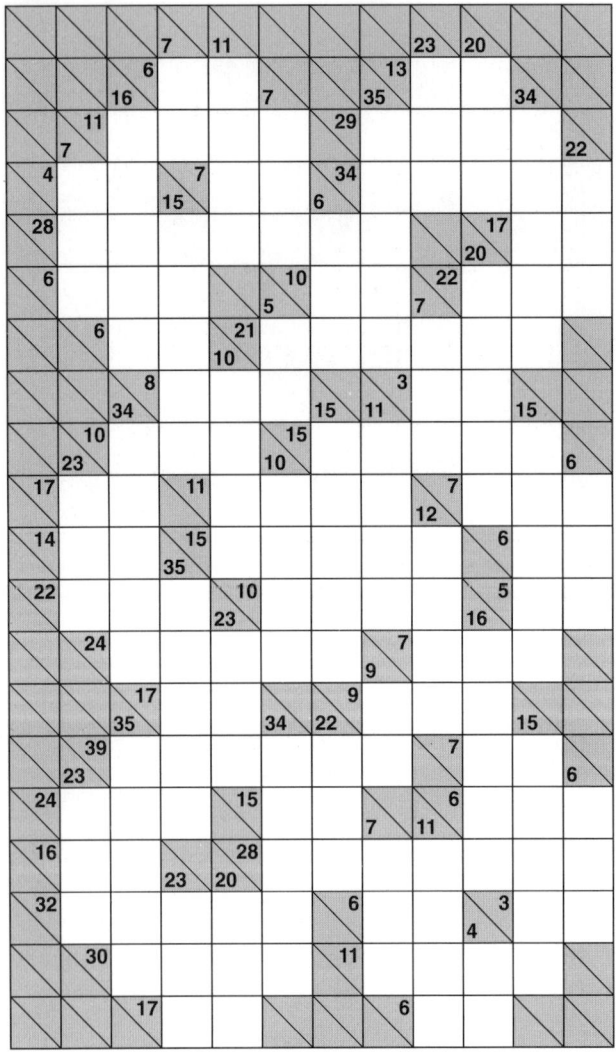

# Super **Kakuro**

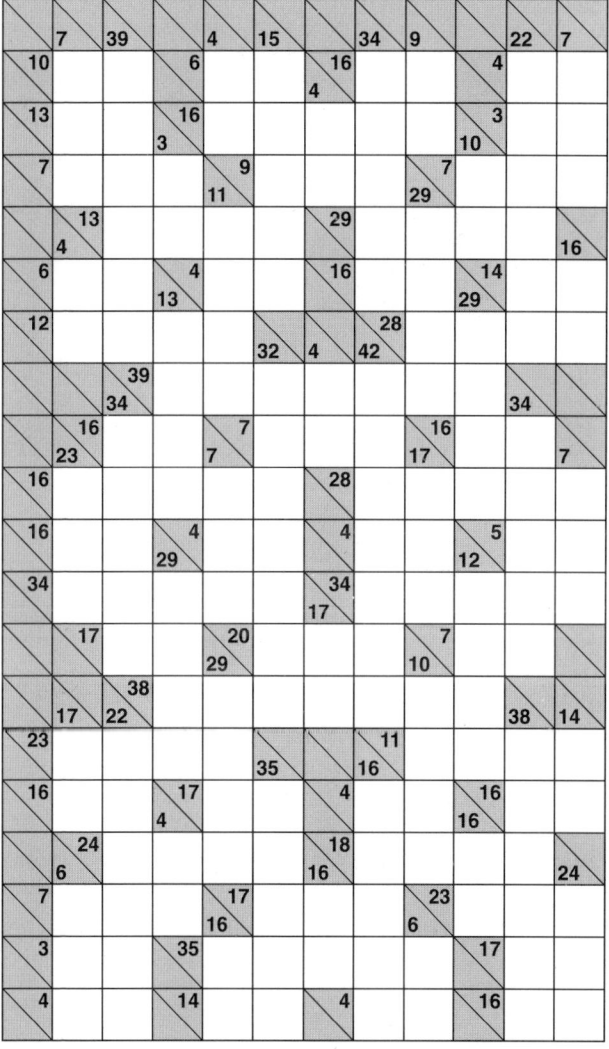

**074**

**HARD**_ 11×19

# Super **Kakuro**

## 075

| | | | | | | | | | | | |
|---|---|---|---|---|---|---|---|---|---|---|---|
| \ | \ | \ | 23\ | 29\ | 16\ | \ | 15\ | 7\ | 6\ | 10\ | \ |
| \ | \ | 34\23 | | | | \12 | | | | | 7\ |
| \ | 11\30 | | | | | 6\15 | | | | | |
| \29 | | | | | 12\8 | | | | 8\4 | | |
| \8 | | | 16\12 | | | | | 6\6 | | | |
| \15 | | | | 10\15 | | | | | | 41\ | 4\ |
| \16 | | | | | | 7\ | 15\11 | | | | |
| \ | 13\ | 28\21 | | | | | | | 16\10 | | |
| \12 | | | | | 34\5 | | | 14\17 | | | 29\ |
| \6 | | | | 4\28 | | | | | | | |
| \4 | | | 3\7 | | | 6\10 | | | 16\12 | | |
| \29 | | | | | | | | 8\22 | | | |
| \ | 10\4 | | | 6\10 | | | 10\16 | | | | |
| \16 | | | 11\24 | | | | | | | 16\ | 11\ |
| \10 | | | | | 16\ | 7\15 | | | | | |
| \ | 23\ | 30\16 | | | | | | 11\6 | | | |
| \24 | | | | 23\11 | | | | | 8\7 | | |
| \16 | | | 16\10 | | | | 8\12 | | | | |
| \34 | | | | | | \11 | | | | | \ |
| \ | \25 | | | | | \6 | | | | \ | \ |

HARD_11×19

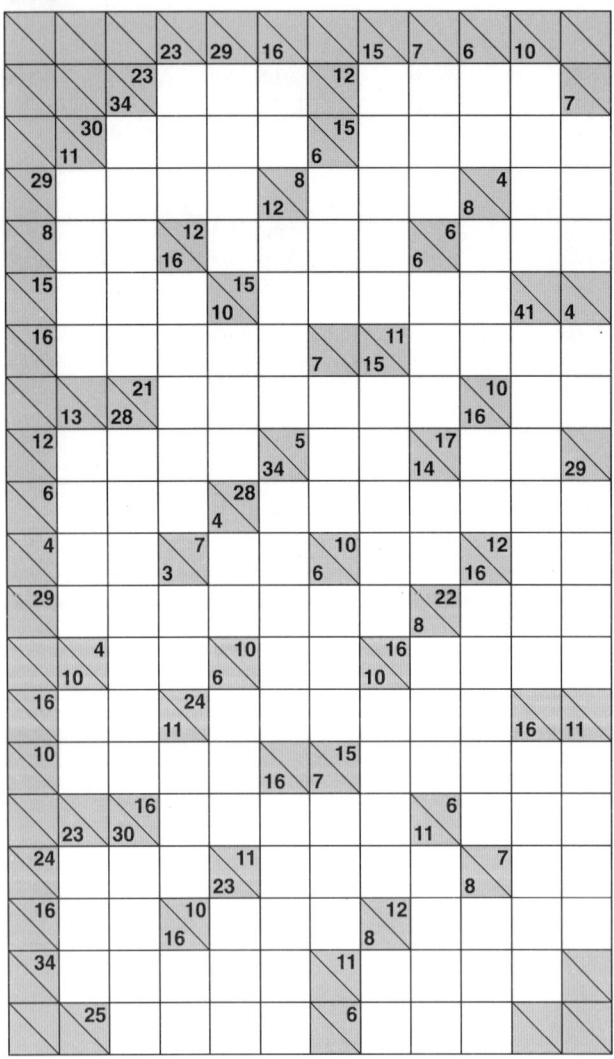

# Super **Kakuro**

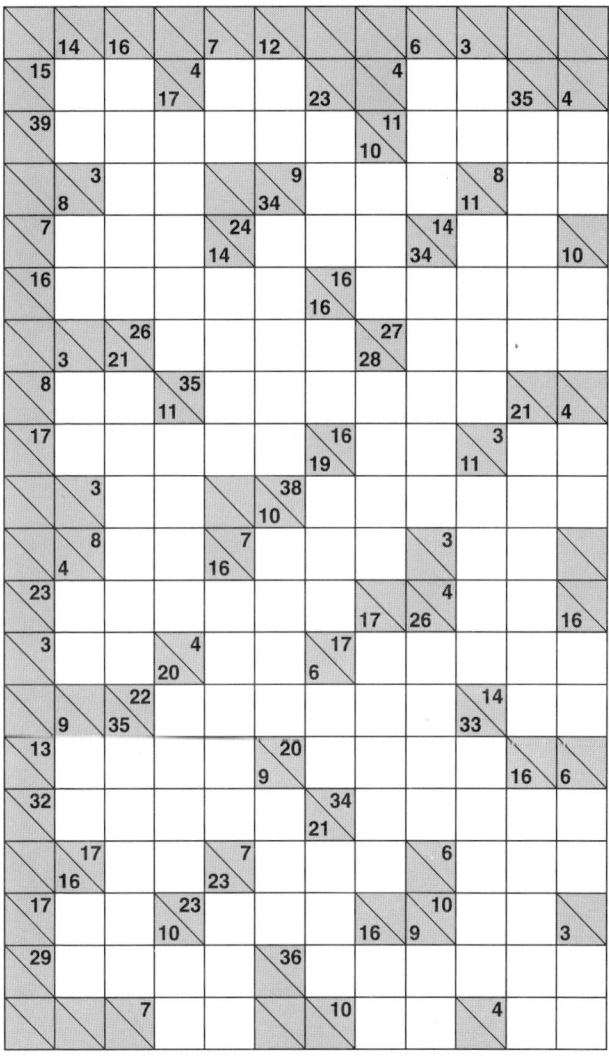

## 076

**HARD**_11×19

# Super **Kakuro**

## 077

**HARD**_11×19

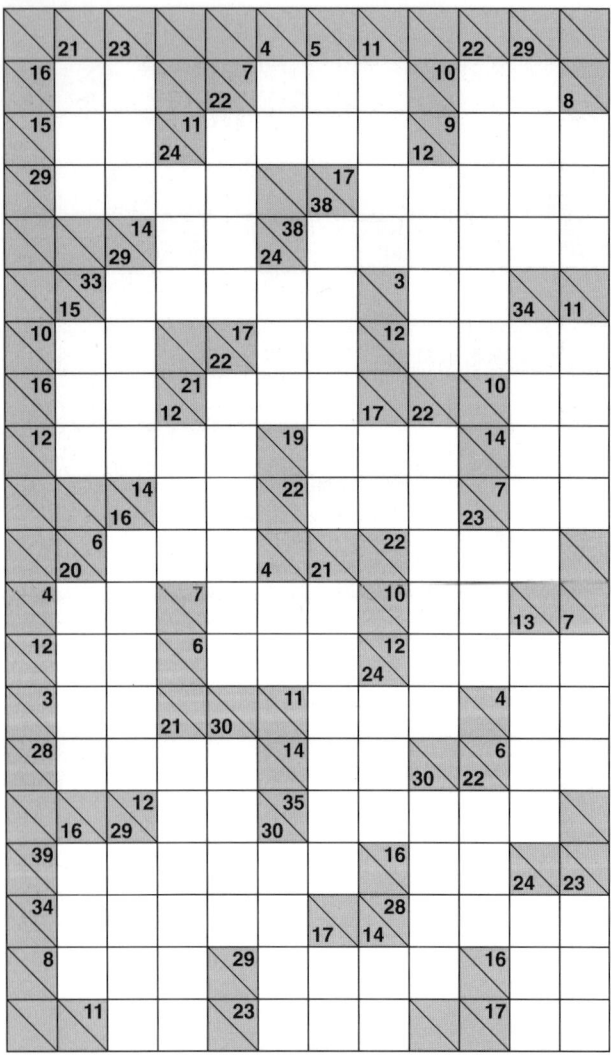

# Super **Kakuro**

**078**

**HARD**_11×19

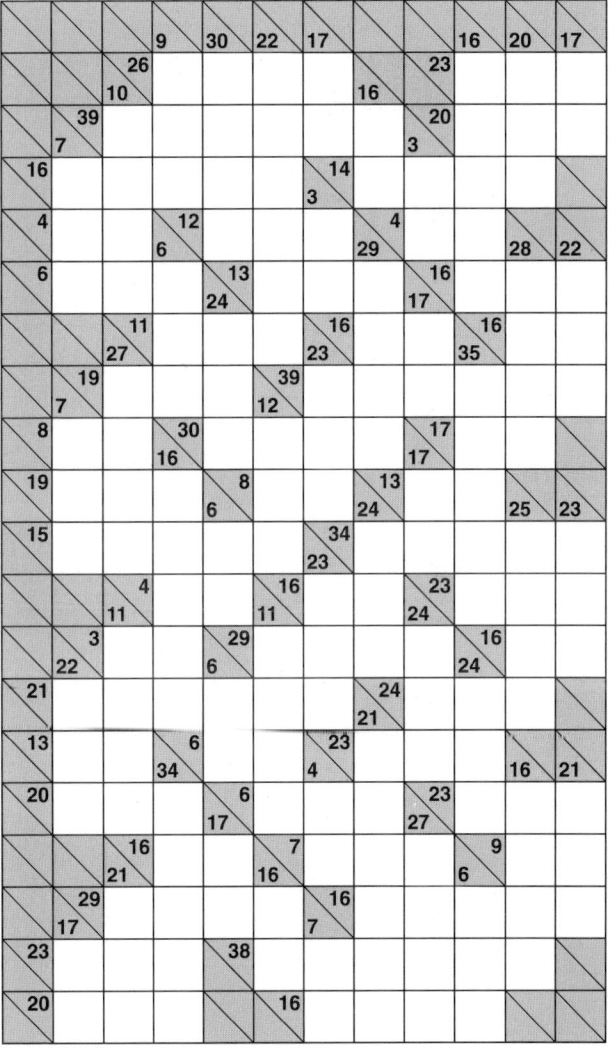

# Super **Kakuro**

## 079

**HARD**_ 11×19

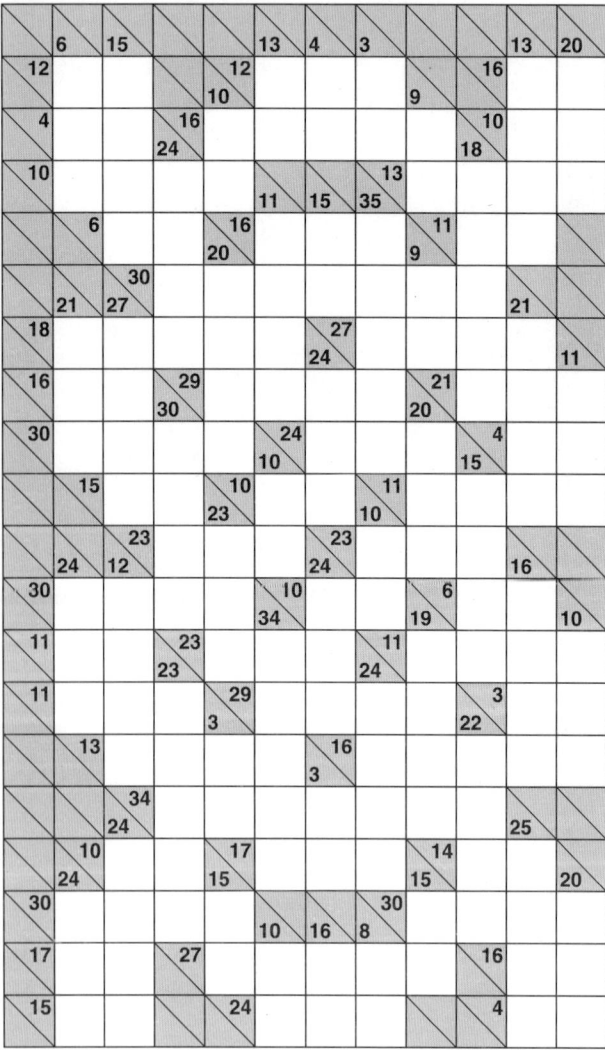

# Super **Kakuro**

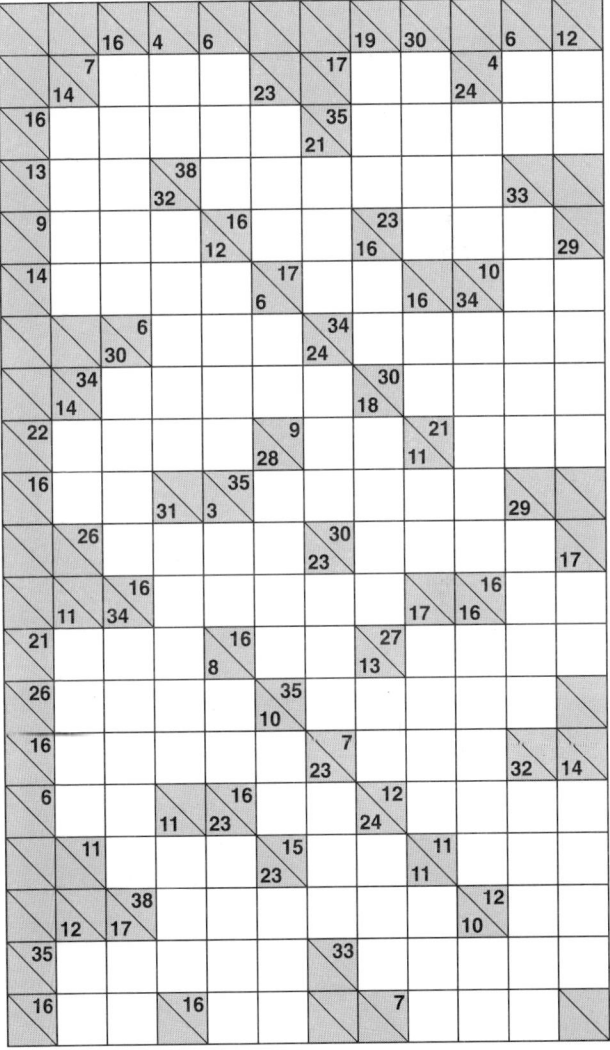

## 080

**HARD**_11×19

# Super **Kakuro**

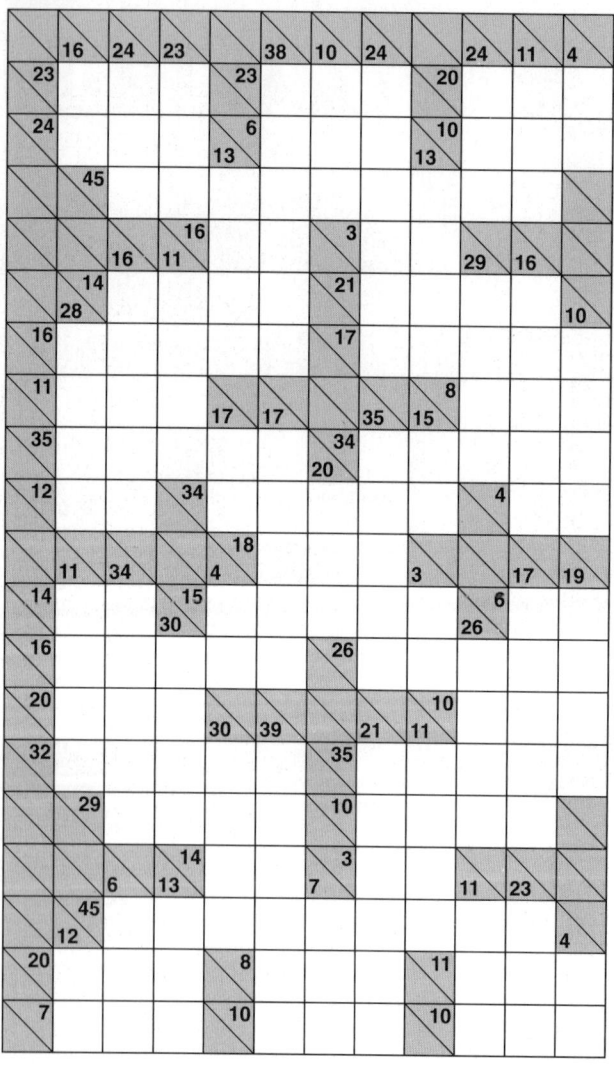

## 081

**HARD**_11×19

# Super **Kakuro**

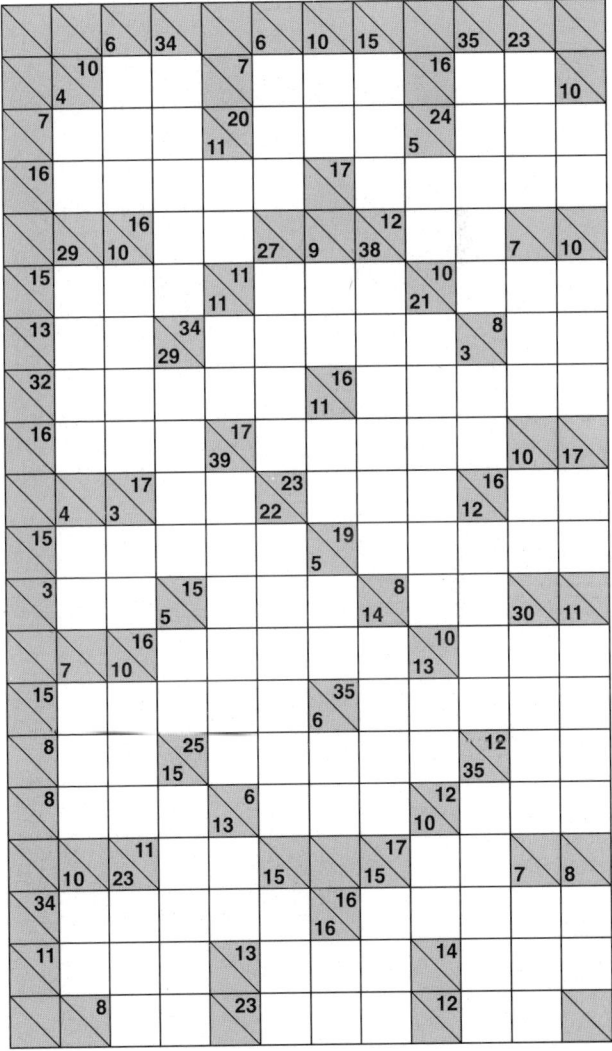

## 082

**HARD**_11×19

# Super **Kakuro**

## 083

**HARD**_ 11×19

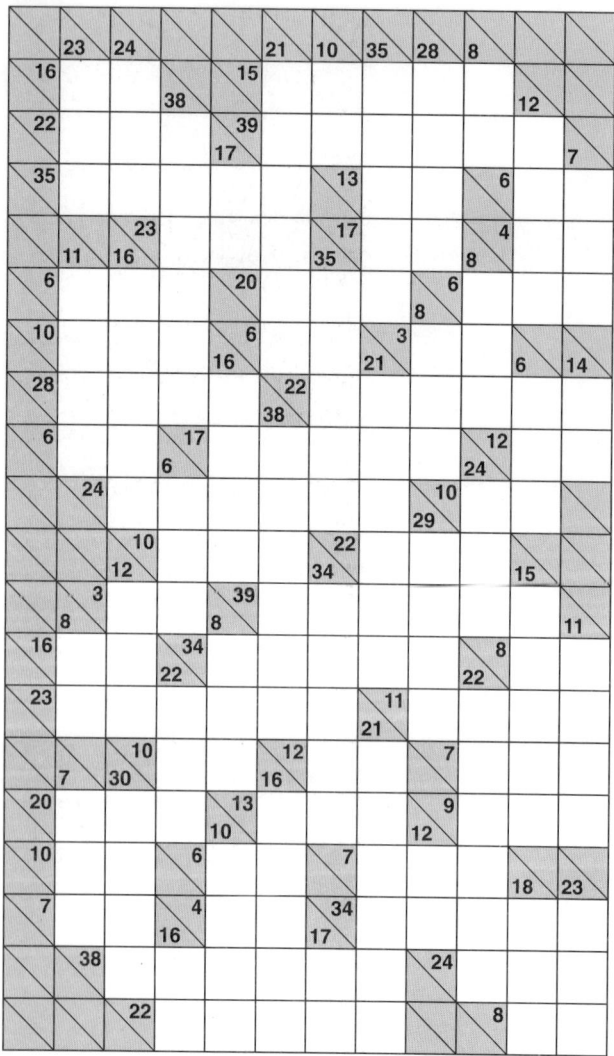

# Super **Kakuro**

## 084

**HARD**_11×19

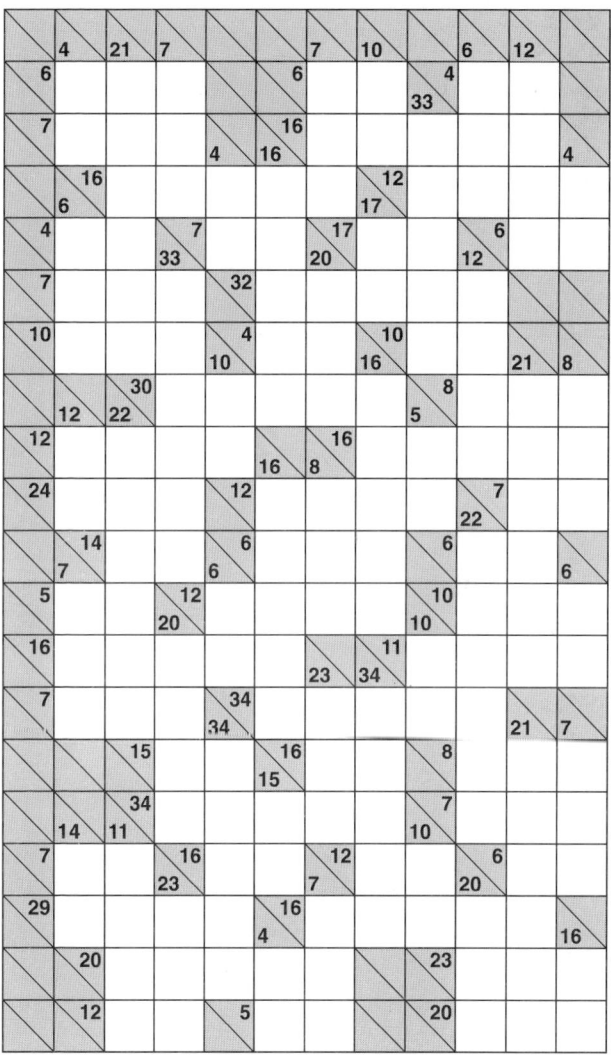

# Super **Kakuro**

## 085

**HARD**_ 11×19

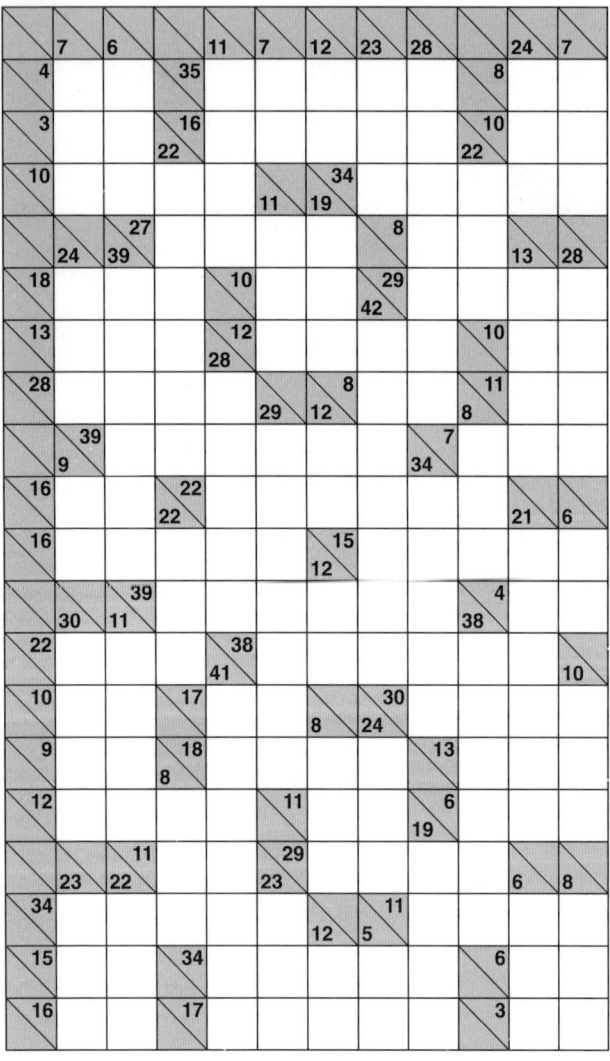

# Super **Kakuro**

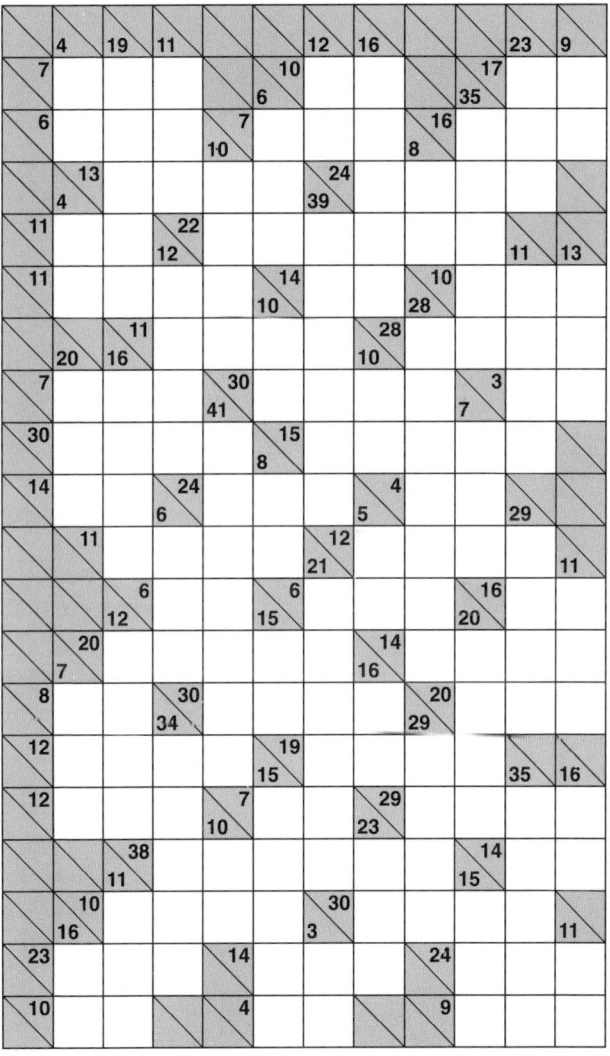

## 086

| | | | | | | | | | | | |
|---|---|---|---|---|---|---|---|---|---|---|---|
| ■ | ↓4 | ↓19 | ↓11 | ■ | ■ | ↓12 | ↓16 | ■ | ■ | ↓23 | ↓9 |
| →7 | | | | ■ | ↓6 →10 | | | ■ | ↓35 →17 | | |
| →6 | | | | ↓10 →7 | | | | ↓8 →16 | | | |
| ■ | ↓4 →13 | | | | | ↓39 →24 | | | | | ■ |
| →11 | | | ↓12 →22 | | | | | | | ↓11 | ↓13 |
| →11 | | | | | ↓10 →14 | | | ↓28 →10 | | | |
| ■ | ↓20 | ↓16 →11 | | | | | ↓10 →28 | | | | |
| →7 | | | | ↓41 →30 | | | | | ↓7 →3 | | |
| →30 | | | | | ↓8 →15 | | | | | | ■ |
| →14 | | | ↓6 →24 | | | | ↓5 →4 | | | ↓29 | ■ |
| ■ | →11 | | | | | ↓21 →12 | | | | | ↓11 |
| ■ | ■ | ↓12 →6 | | | ↓15 →6 | | | | ↓20 →16 | | |
| ■ | ↓7 →20 | | | | | | ↓16 →14 | | | | |
| →8 | | | ↓34 →30 | | | | | ↓29 →20 | | | |
| →12 | | | | | ↓15 →19 | | | | | ↓35 | ↓16 |
| →12 | | | | ↓10 →7 | | | ↓23 →29 | | | | |
| ■ | ■ | ↓11 →38 | | | | | | | ↓15 →14 | | |
| ■ | ↓16 →10 | | | | | ↓3 →30 | | | | | ↓11 |
| →23 | | | | →14 | | | | →24 | | | |
| →10 | | | ■ | →4 | | | ■ | →9 | | | |

HARD_ 11×19

# Super **Kakuro**

## 087

**HARD**_11×19

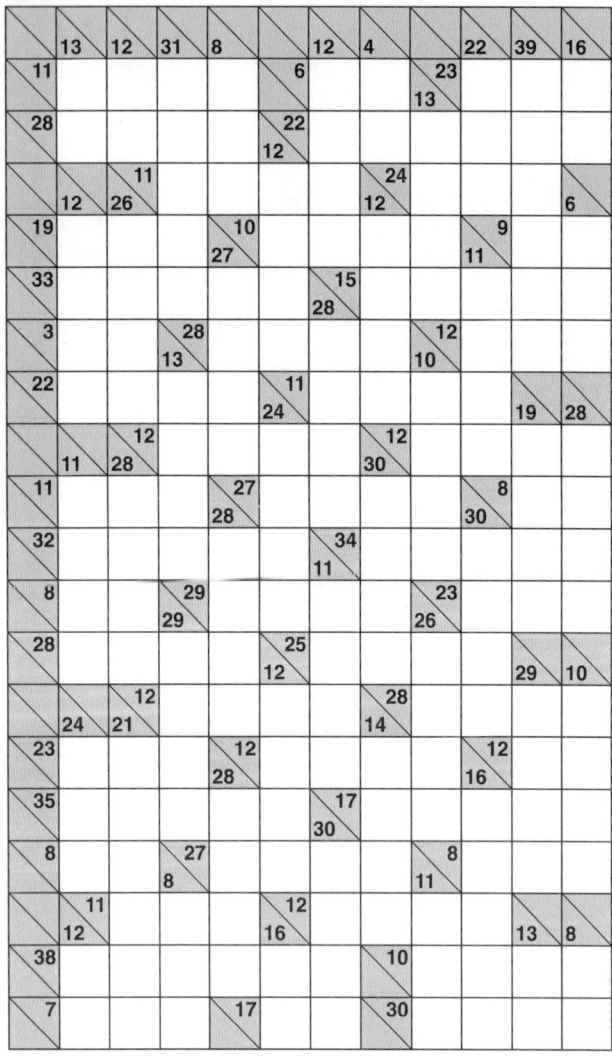

# Super **Kakuro**

## 088

**HARD**_11×19

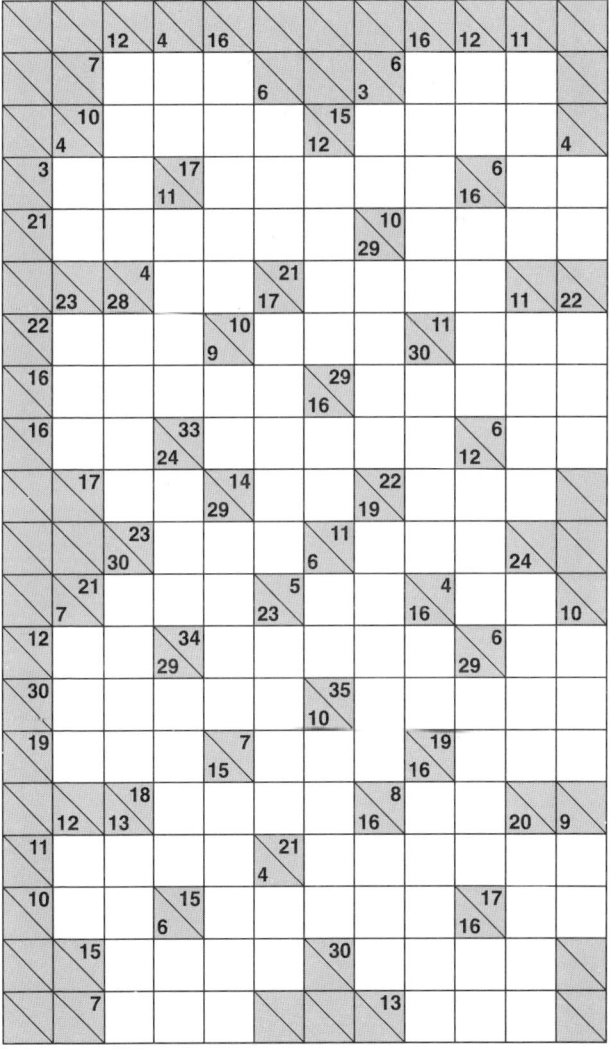

# Super **Kakuro**

## 089

**HARD**_11×19

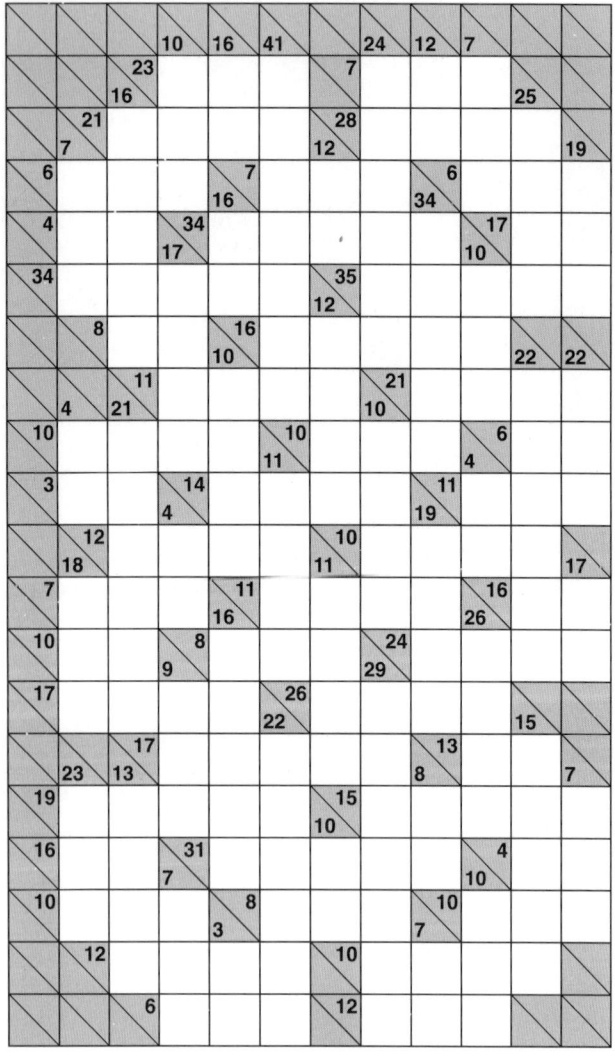

# Super **Kakuro**

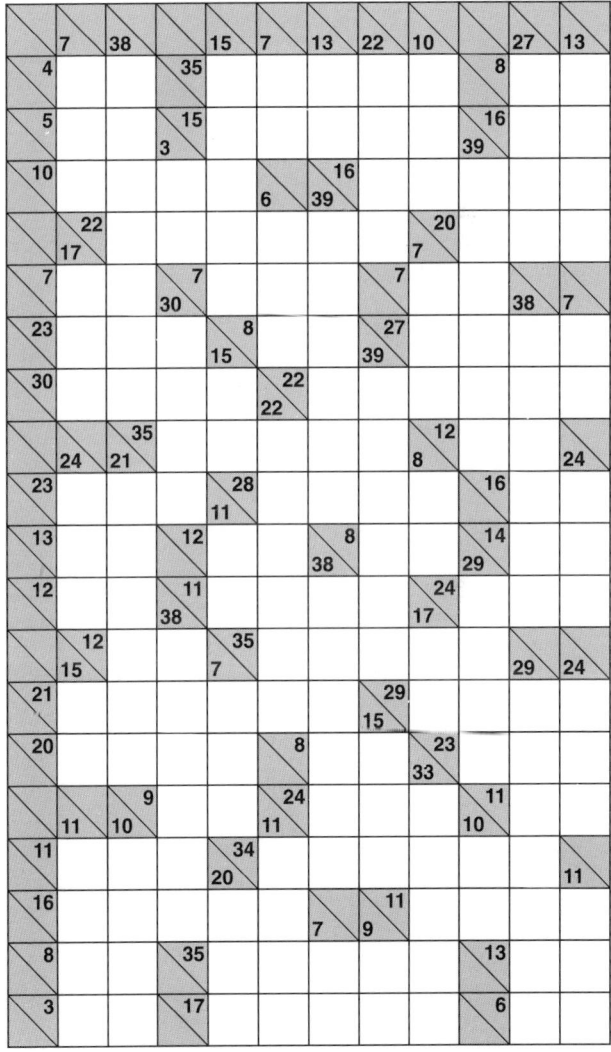

**090**

| | | | | | | | | | | | |
|---|---|---|---|---|---|---|---|---|---|---|---|
| \ | 7\ | 38\ | \ | 15\ | 7\ | 13\ | 22\ | 10\ | \ | 27\ | 13\ |
| \4 | | | \35 | | | | | | \8 | | |
| \5 | | | 3\15 | | | | | | 39\16 | | |
| \10 | | | | | 6\ | 39\16 | | | | | |
| \ | 17\22 | | | | | | | 7\20 | | | |
| \7 | | | 30\7 | | | | \7 | | | 38\ | 7\ |
| \23 | | | | 15\8 | | | 39\27 | | | | |
| \30 | | | | | 22\22 | | | | | | |
| \ | 24\ | 21\35 | | | | | | 8\12 | | | 24\ |
| \23 | | | | 11\28 | | | | | \16 | | |
| \13 | | | \12 | | | 38\8 | | | 29\14 | | |
| \12 | | | 38\11 | | | | | 17\24 | | | |
| \ | 15\12 | | | 7\35 | | | | | | 29\ | 24\ |
| \21 | | | | | | | 15\29 | | | | |
| \20 | | | | | \8 | | | 33\23 | | | |
| \ | 11\ | 10\9 | | | 11\24 | | | | 10\11 | | |
| \11 | | | | 20\34 | | | | | | | 11\ |
| \16 | | | | | | 7\ | 9\11 | | | | |
| \8 | | | \35 | | | | | | \13 | | |
| \3 | | | \17 | | | | | | \6 | | |

**HARD**_11×19

# Super **Kakuro**

## 091

| | | | | | | | | | | | |
|---|---|---|---|---|---|---|---|---|---|---|---|
| \ | 35\ | 18\ | \ | \ | 8\ | 3\ | 10\ | \ | \ | 15\ | 20\ |
| \7 | | | \ | 18\9 | | | | 35\ | \3 | | |
| \9 | | | 10\15 | | | | | | 4\4 | | |
| \15 | | | | | | \16 | | | | | |
| \29 | | | | | 15\ | \ | 7\18 | | | | |
| \16 | | | 6\3 | | | 22\8 | | | 17\14 | | |
| \ | 7\ | 41\41 | | | | | | | | 42\ | 24\ |
| \10 | | | | 17\9 | | | 17\ | 35\23 | | | |
| \8 | | | \30 | | | | | | 10\13 | | |
| \11 | | | 3\11 | | | \35 | | | | | |
| \ | 17\6 | | | | 15\ | \ | 35\20 | | | | 8\ |
| \27 | | | | | | 22\15 | | | \14 | | |
| \16 | | | 7\32 | | | | | | 7\6 | | |
| \10 | | | | 27\ | 13\15 | | | 32\6 | | | |
| \ | 33\ | 22\29 | | | | | | | | 16\ | 33\ |
| \6 | | | 4\12 | | | \12 | | | 10\10 | | |
| \13 | | | | | 11\ | \ | 13\28 | | | | |
| \32 | | | | | | 11\21 | | | | | |
| \10 | | | \34 | | | | | | \12 | | |
| \17 | | | \ | \8 | | | | \ | \7 | | |

HARD_11×19

# Super **Kakuro**

## 092

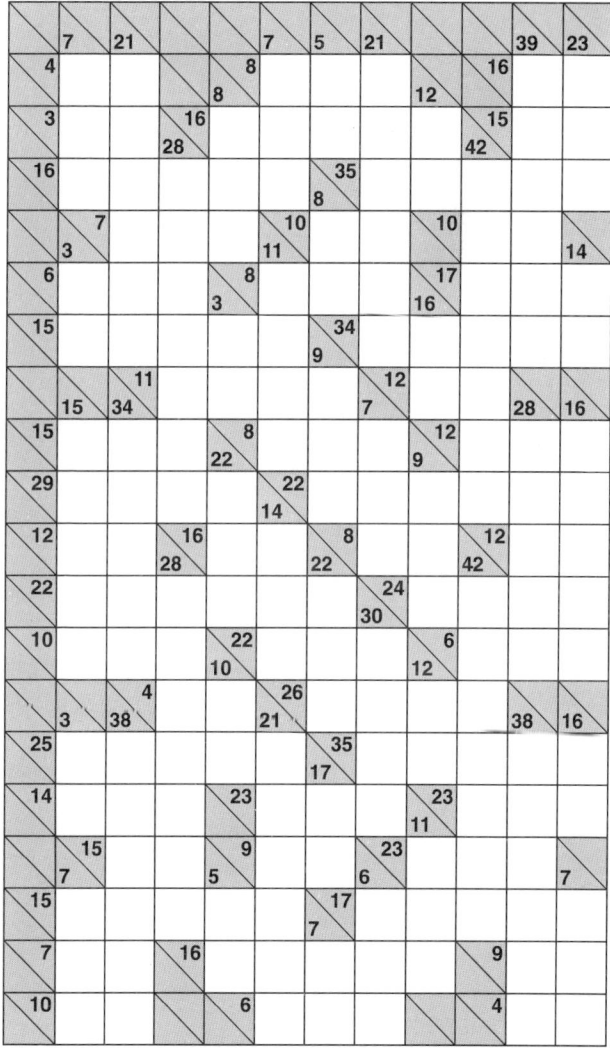

# Super **Kakuro**

## 093

**HARD**_ 11×19

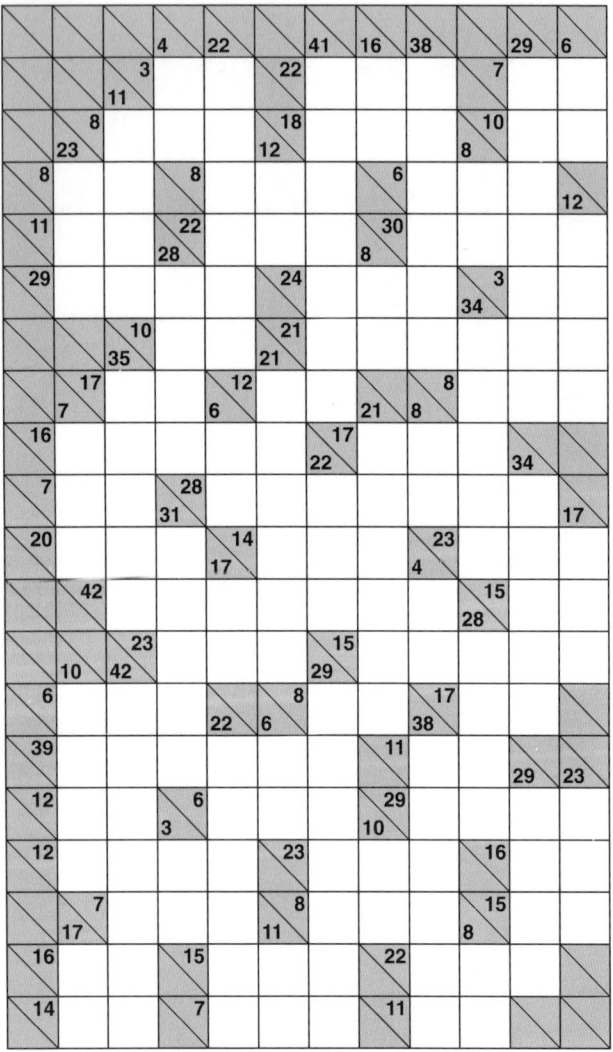

# Super **Kakuro**

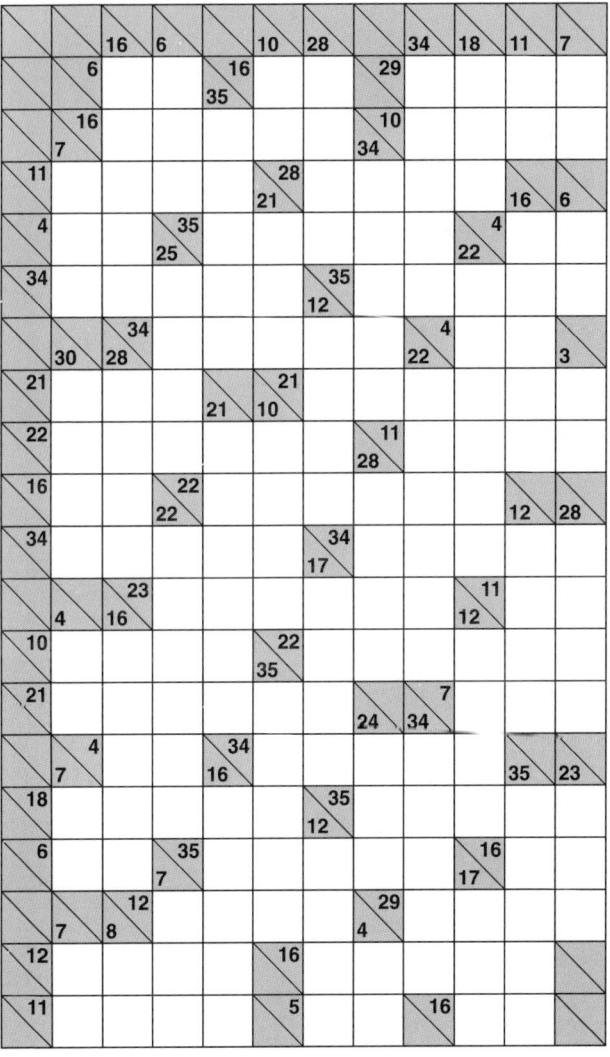

## 094

| | | | | | | | | | | | |
|---|---|---|---|---|---|---|---|---|---|---|---|
| \ | \ | 16\ | 6\ | \ | 10\ | 28\ | \ | 34\ | 18\ | 11\ | 7\ |
| \ | \6 | | | 35\16 | | | \29 | | | | |
| \ | 7\16 | | | | | | 34\10 | | | | |
| \11 | | | | | 21\28 | | | | | 16\ | 6\ |
| \4 | | | 25\35 | | | | | | 22\4 | | |
| \34 | | | | | | 12\35 | | | | | |
| \ | 30\ | 28\34 | | | | | | 22\4 | | | 3\ |
| \21 | | | | 21\ | 10\21 | | | | | | |
| \22 | | | | | | | 28\11 | | | | |
| \16 | | | 22\22 | | | | | | | 12\ | 28\ |
| \34 | | | | | | 17\34 | | | | | |
| \ | 4\ | 16\23 | | | | | | | 12\11 | | |
| \10 | | | | | 35\22 | | | | | | |
| \21 | | | | | | | 24\ | 34\7 | | | |
| \ | 7\4 | | | 16\34 | | | | | | 35\ | 23\ |
| \18 | | | | | | 12\35 | | | | | |
| \6 | | | 7\35 | | | | | | 17\16 | | |
| \ | 7\ | 8\12 | | | | | 4\29 | | | | |
| \12 | | | | | \16 | | | | | | \ |
| \11 | | | | | \5 | | | \16 | | | \ |

**HARD**_11×19

# Super **Kakuro**

## 095

**HARD**_11×19

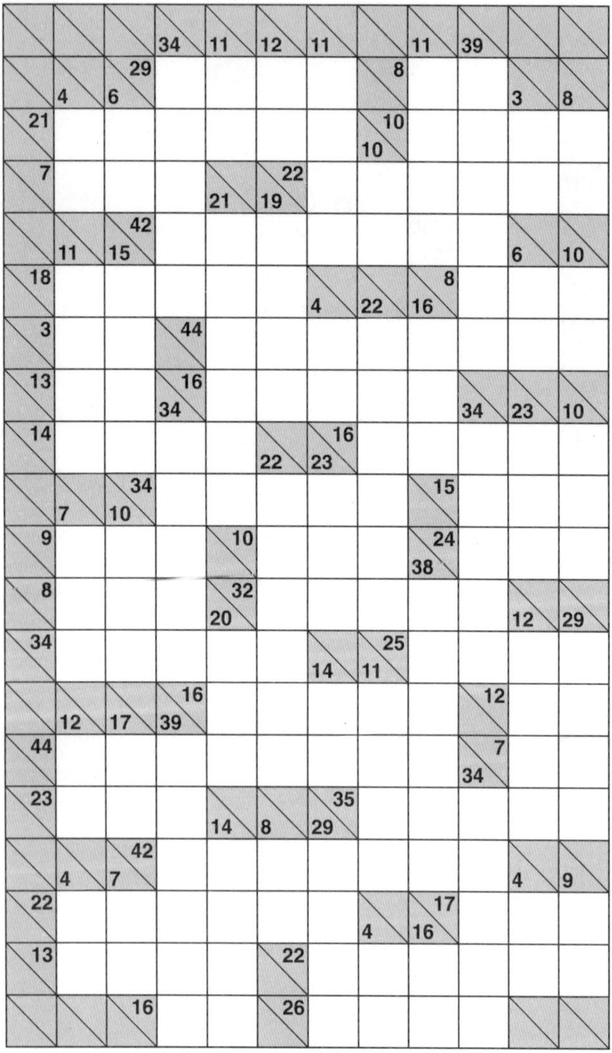

# Super **Kakuro**

**096**

**HARD**_11×19

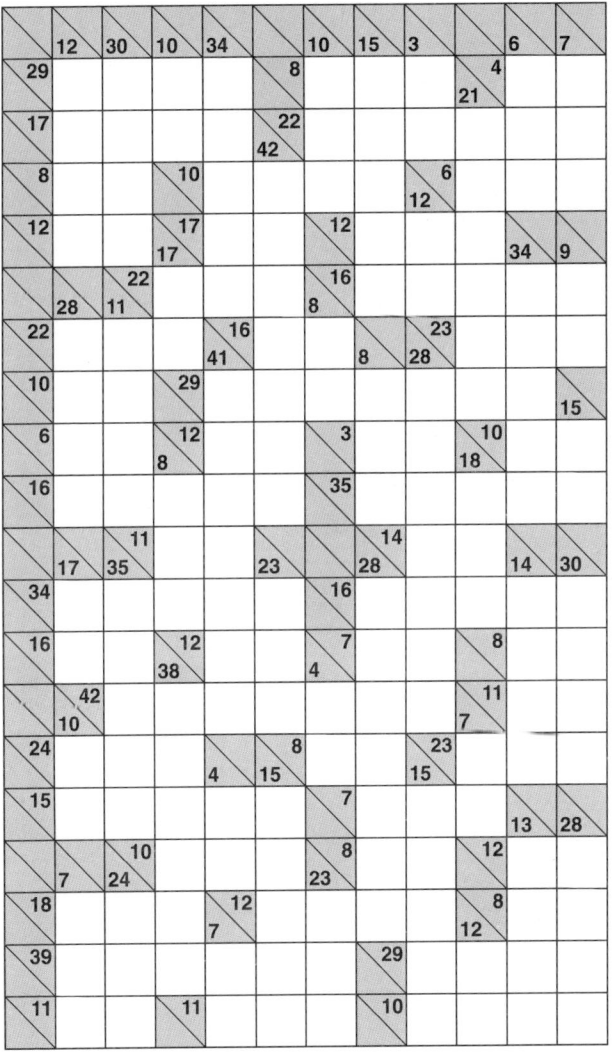

# Super **Kakuro**

## 097

**HARD**_11×19

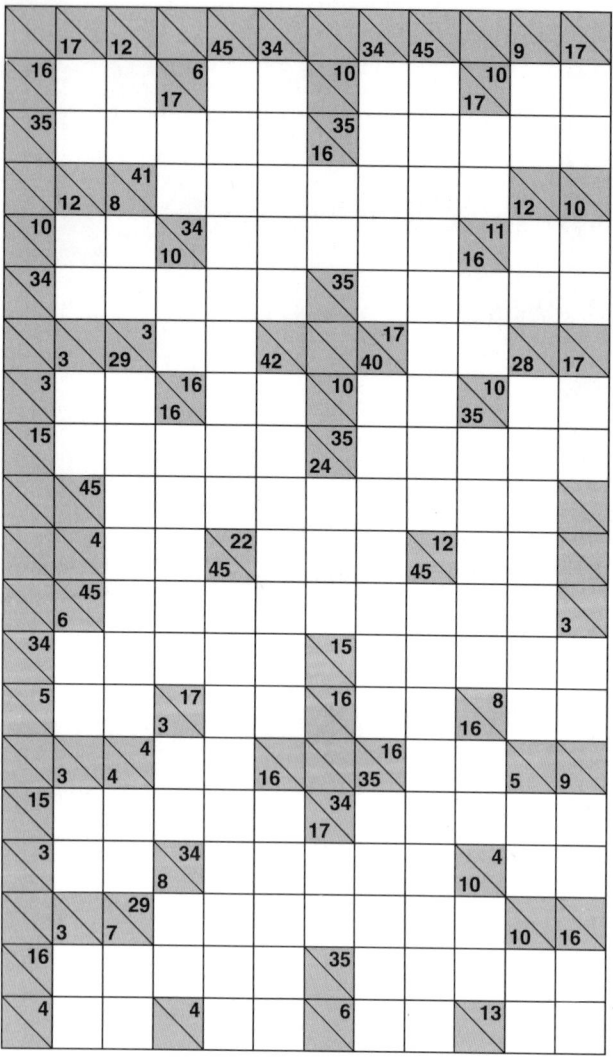

# Super **Kakuro**

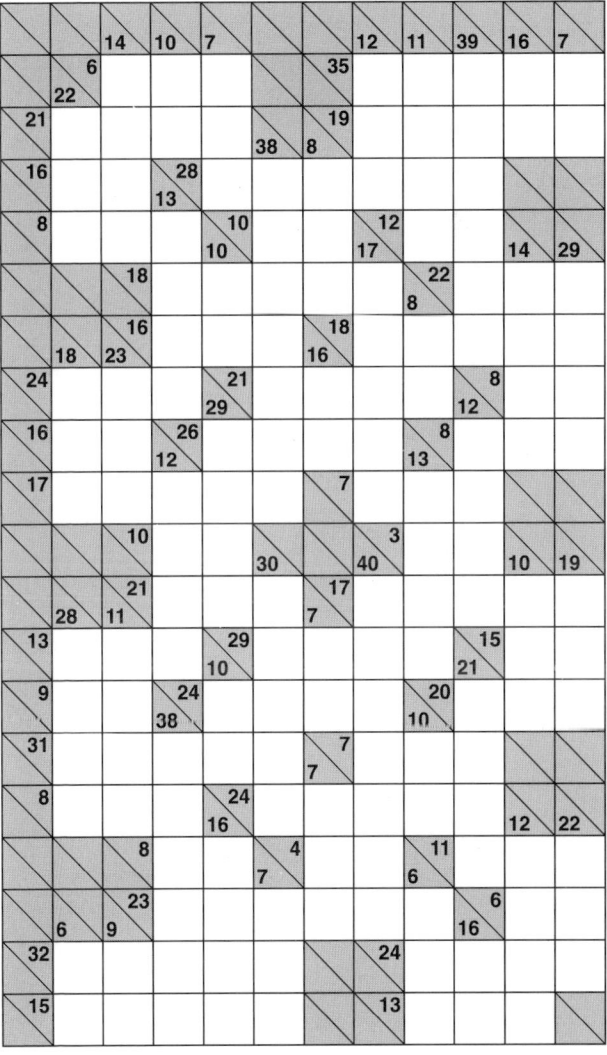

## 098

**HARD**_ 11×19

# Super **Kakuro**

## 099

**HARD_** 11×19

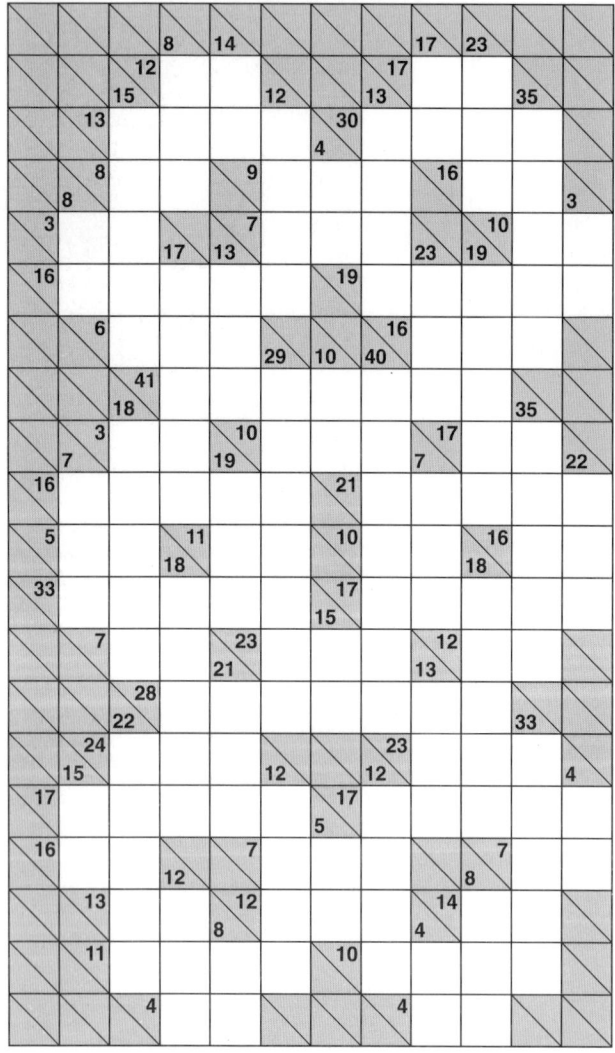

# Super **Kakuro**

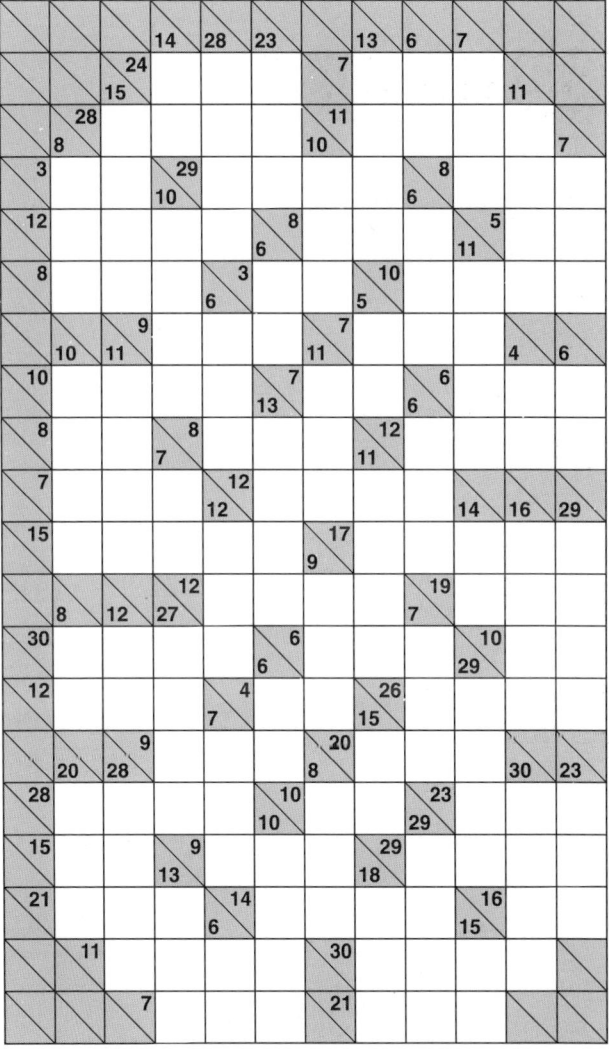

## 100

HARD_11×19

# Super **Kakuro**

## 101

| | | | | | | | | | | | |
|---|---|---|---|---|---|---|---|---|---|---|---|
| ■ | 12 \ | 35 \ | 22 \ | 17 \ | ■ | ■ | ■ | 4 \ | 6 \ | 15 \ | 16 \ |
| \ 29 | | | | | 38 \ | ■ | 16 \ 14 | | | | |
| \ 35 | | | | | | 9 \ 20 | | | | | |
| ■ | 17 \ 16 | | | \ 6 | | | | \ 4 | | | 3 \ |
| \ 16 | | | 22 \ | 24 \ 22 | | | | 14 \ | 10 \ 3 | | |
| \ 35 | | | | | | 45 \ 15 | | | | | |
| ■ | ■ | 41 \ 42 | | | | | | | | 29 \ | ■ |
| ■ | 4 \ 34 | | | | | | 27 \ 7 | | | | 4 \ |
| \ 11 | | | | | 26 \ 9 | | | 17 \ 6 | | | |
| \ 7 | | | | 16 \ 29 | | | | | 38 \ 4 | | |
| ■ | 4 \ 45 | | | | | | | | | | 16 \ |
| \ 3 | | | 30 \ 30 | | | | | 11 \ 20 | | | |
| \ 16 | | | | 24 \ 17 | | | 22 \ 27 | | | | |
| ■ | \ 24 | | | | 15 \ 17 | | | | | | ■ |
| ■ | 16 \ | 35 \ 41 | | | | | | | | 34 \ | 8 \ |
| \ 33 | | | | | | 3 \ 16 | | | | | |
| \ 14 | | | 23 \ | \ 6 | | | | ■ | 8 \ 16 | | |
| ■ | 12 \ 16 | | | 16 \ 7 | | | | 16 \ 8 | | | 10 \ |
| \ 35 | | | | | | \ 17 | | | | | |
| \ 29 | | | | | ■ | ■ | \ 29 | | | | |

**HARD**_11×19

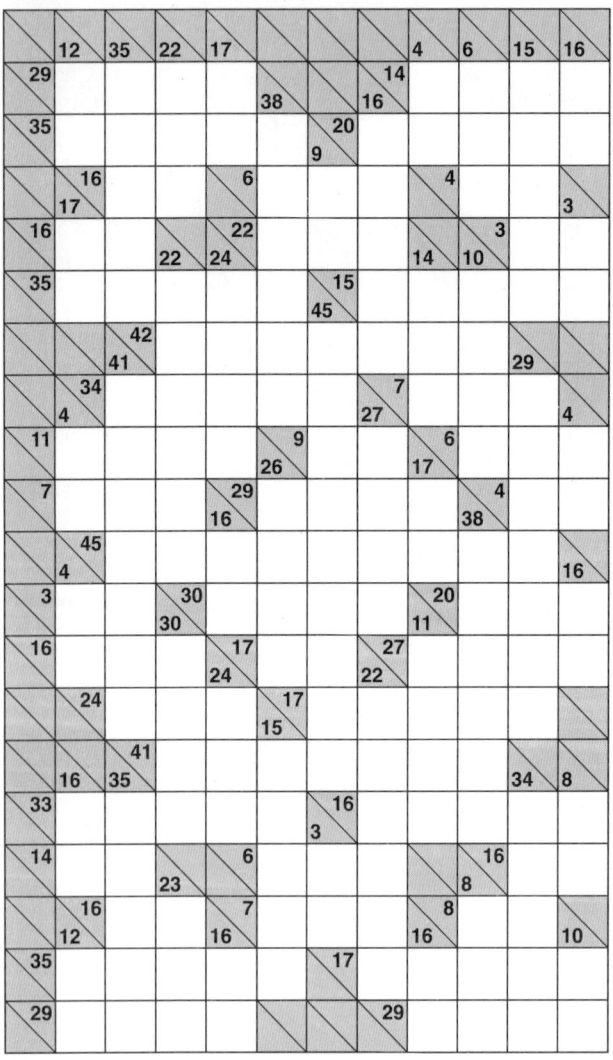

# Super **Kakuro**

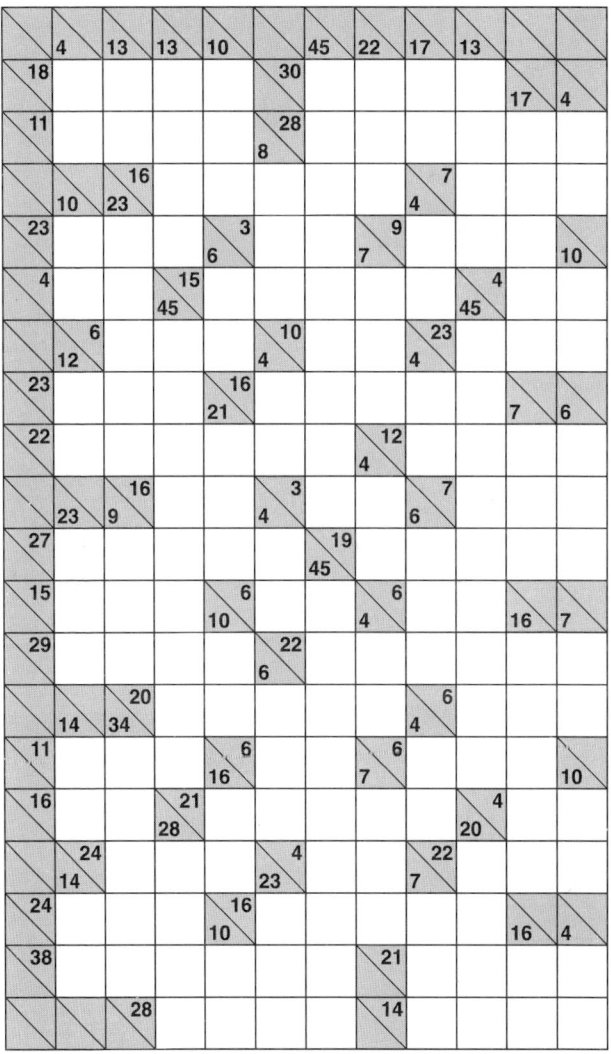

## 102

**HARD**_11×19

## Super **Kakuro**

**103**

**HARD**_11×19

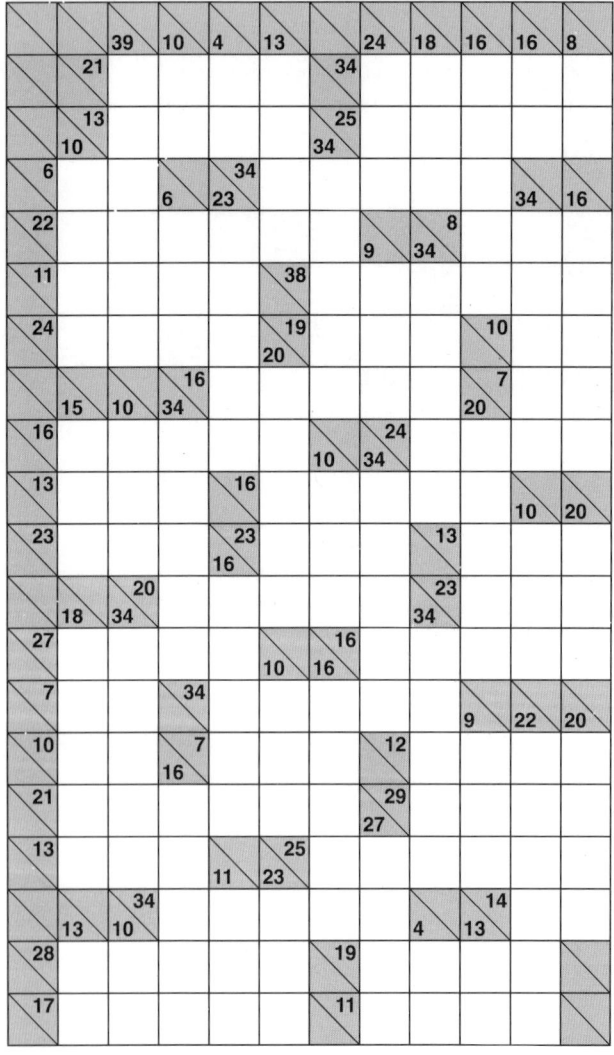

# Super **Kakuro**

## 104

**HARD**_ 11×19

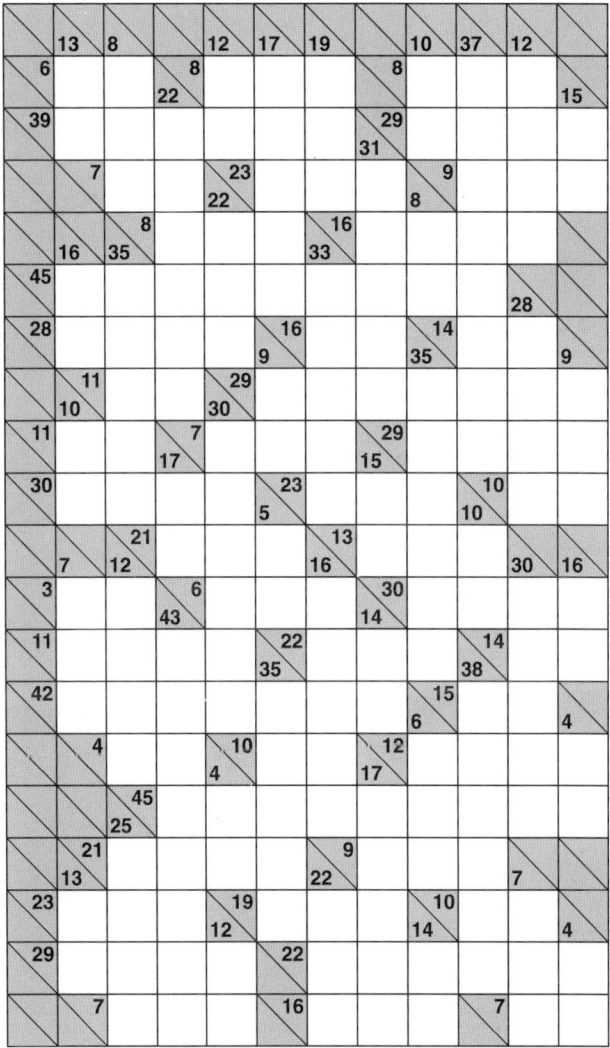

# Super **Kakuro**

## 105

| | | | | | | | | | | | |
|---|---|---|---|---|---|---|---|---|---|---|---|
| \ | \ | 7\ | 11\ | 4\ | \ | \ | 12\ | 11\ | 8\ | \ | \ |
| \ | 3\6 | | | | 5\ | \6 | | | | 28\ | \ |
| \15 | | | | | | 6\11 | | | | | \ |
| \6 | | | | 10\21 | | | | | | | 5\ |
| \ | 4\ | 21\4 | | | 10\7 | | | | 16\4 | | |
| \3 | | | 10\7 | | | | 34\ | 16\7 | | | |
| \16 | | | | | | \30 | | | | | 4\ |
| \ | 8\11 | | | | | 16\25 | | | | | |
| \7 | | | | 7\14 | | | | 23\7 | | | |
| \11 | | | | | 16\26 | | | | | 39\ | 24\ |
| \4 | | | 16\16 | | | | | | 11\14 | | |
| \ | 10\ | 28\10 | | | | | 10\29 | | | | |
| \6 | | | | 17\8 | | | | 11\20 | | | |
| \34 | | | | | | \10 | | | | | 5\ |
| \ | 3\15 | | | | | 6\16 | | | | | |
| \9 | | | | 11\ | 10\8 | | | | 10\9 | | |
| \8 | | | 18\7 | | | | 4\4 | | | 10\ | 4\ |
| \ | \22 | | | | | | | 3\6 | | | |
| \ | \11 | | | | | \15 | | | | | |
| \ | \ | \14 | | | | \ | \6 | | | | \ |

**HARD**_11×19

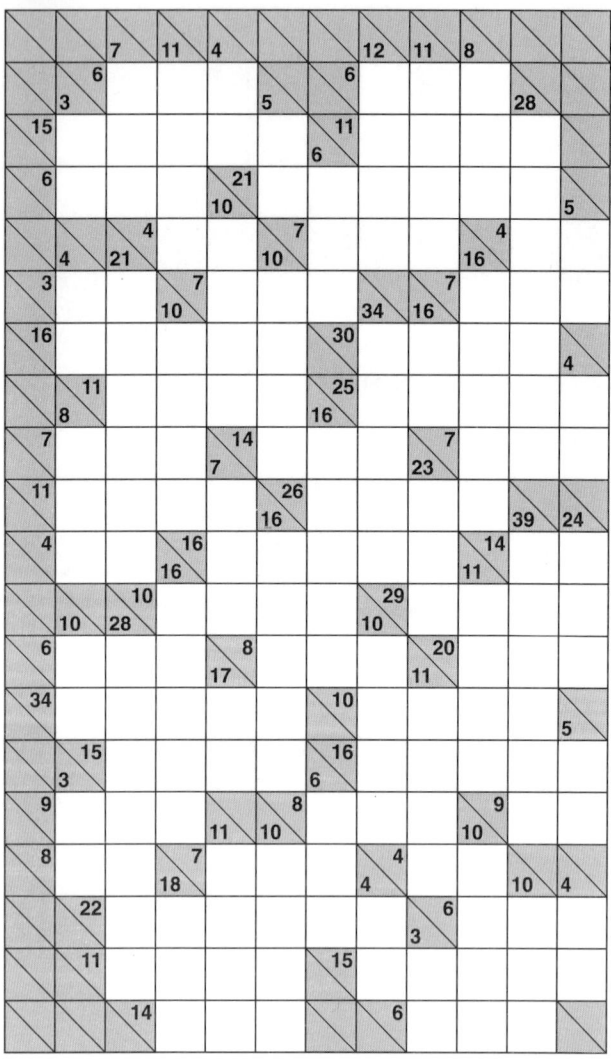

# Super **Kakuro**

## 106

**HARD**_11×19

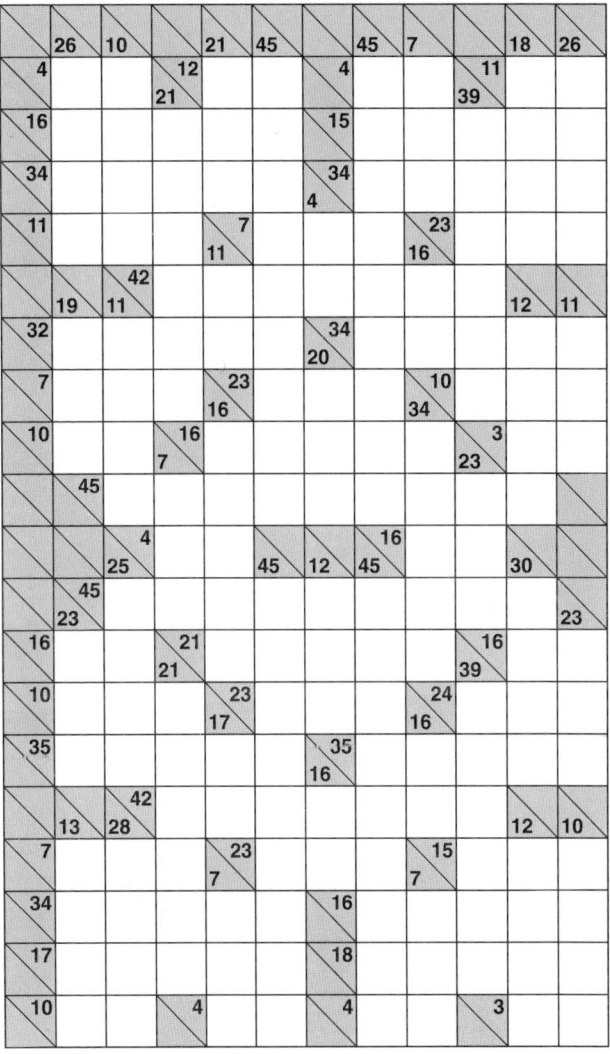

# Super **Kakuro**

## 107

**HARD**_ 11×19

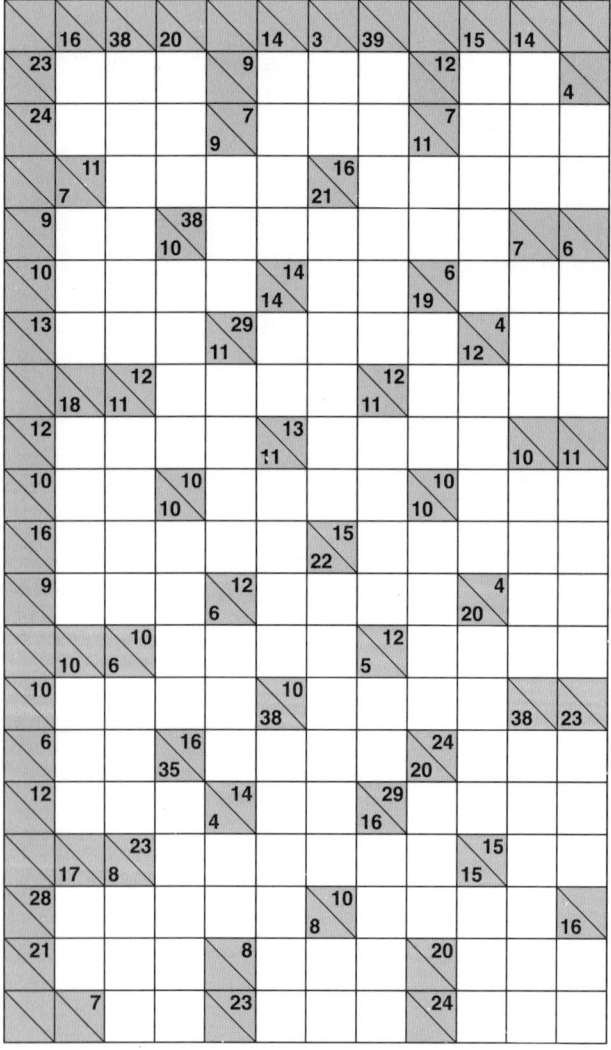

# Super **Kakuro**

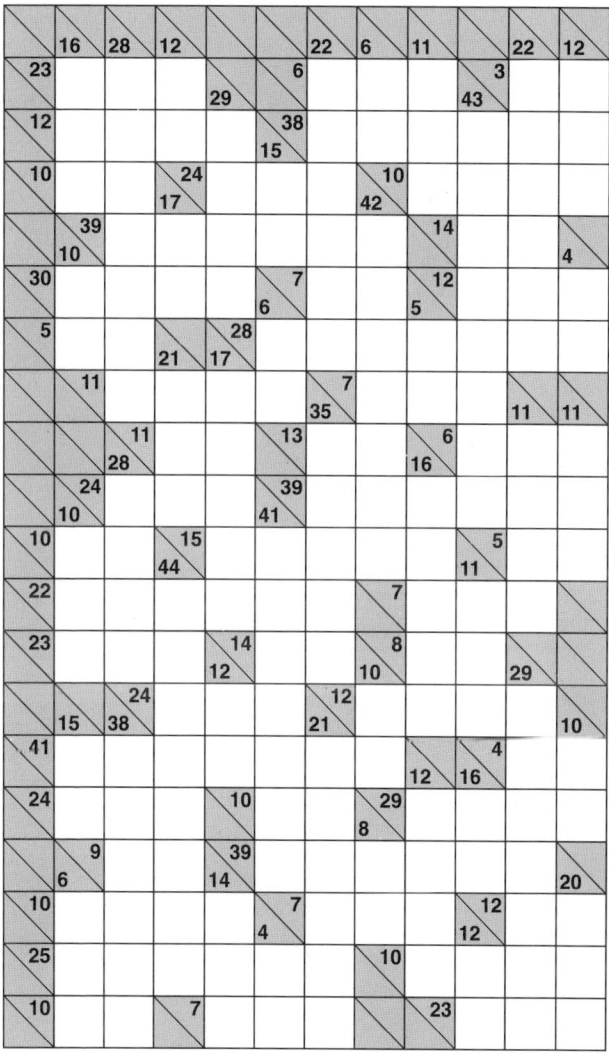

**108**

**HARD**_11×19

# Super **Kakuro**

## 109

HARD_ 11×19

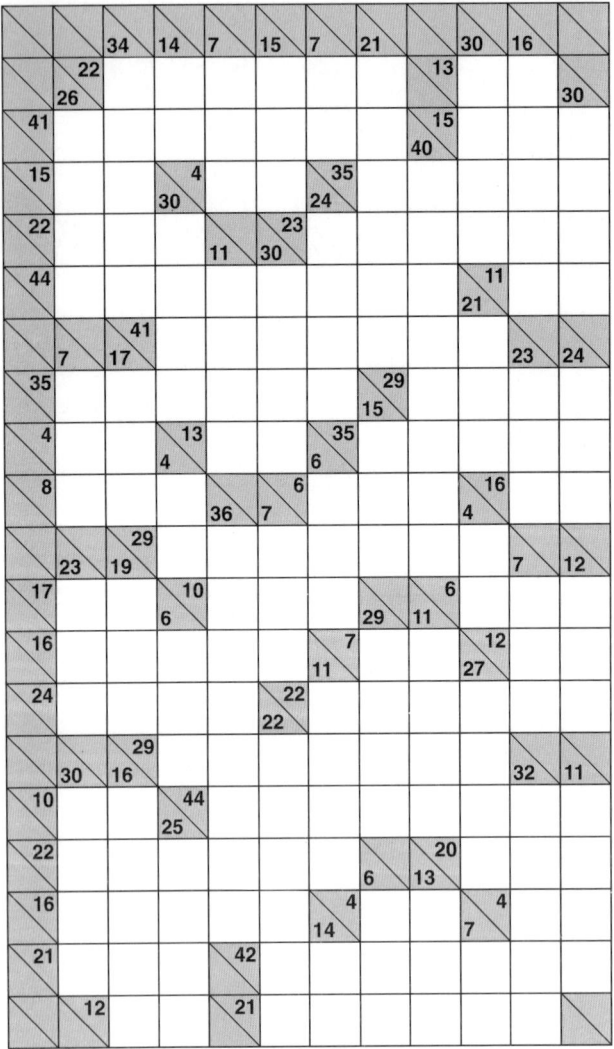

# Super **Kakuro**

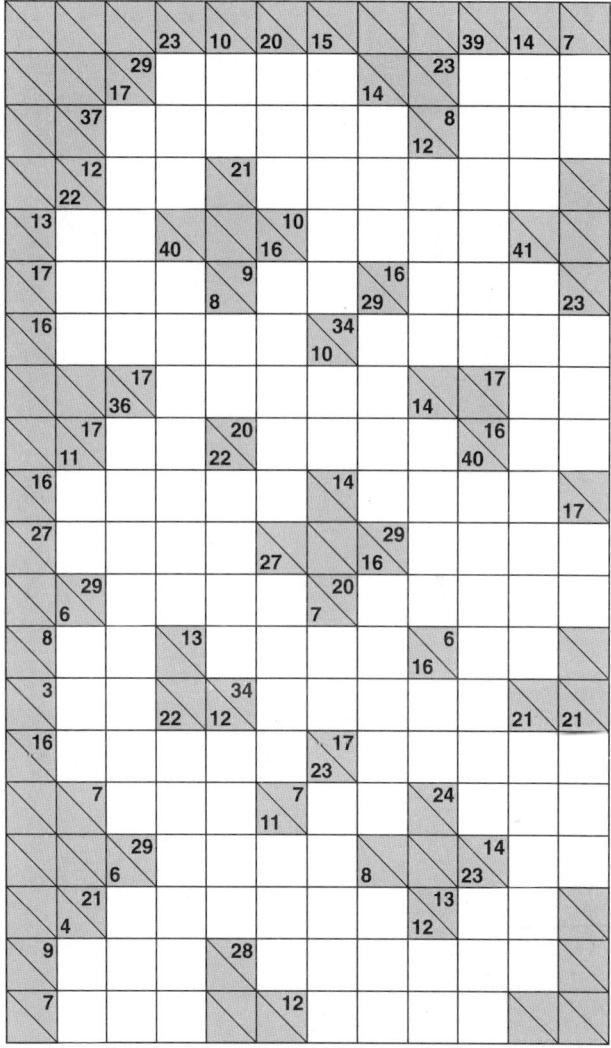

## 110

**HARD**_11×19

# SUPER
# **KAKURO**
# EXPERT

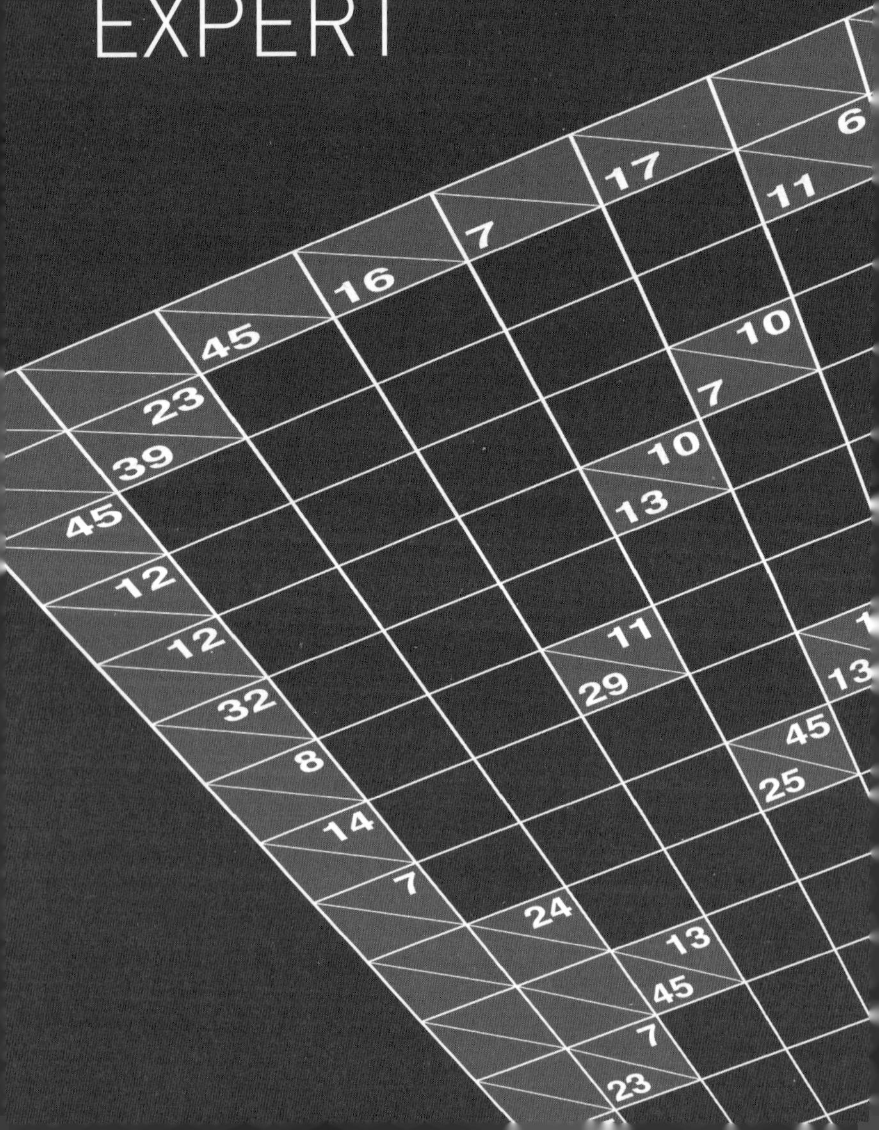

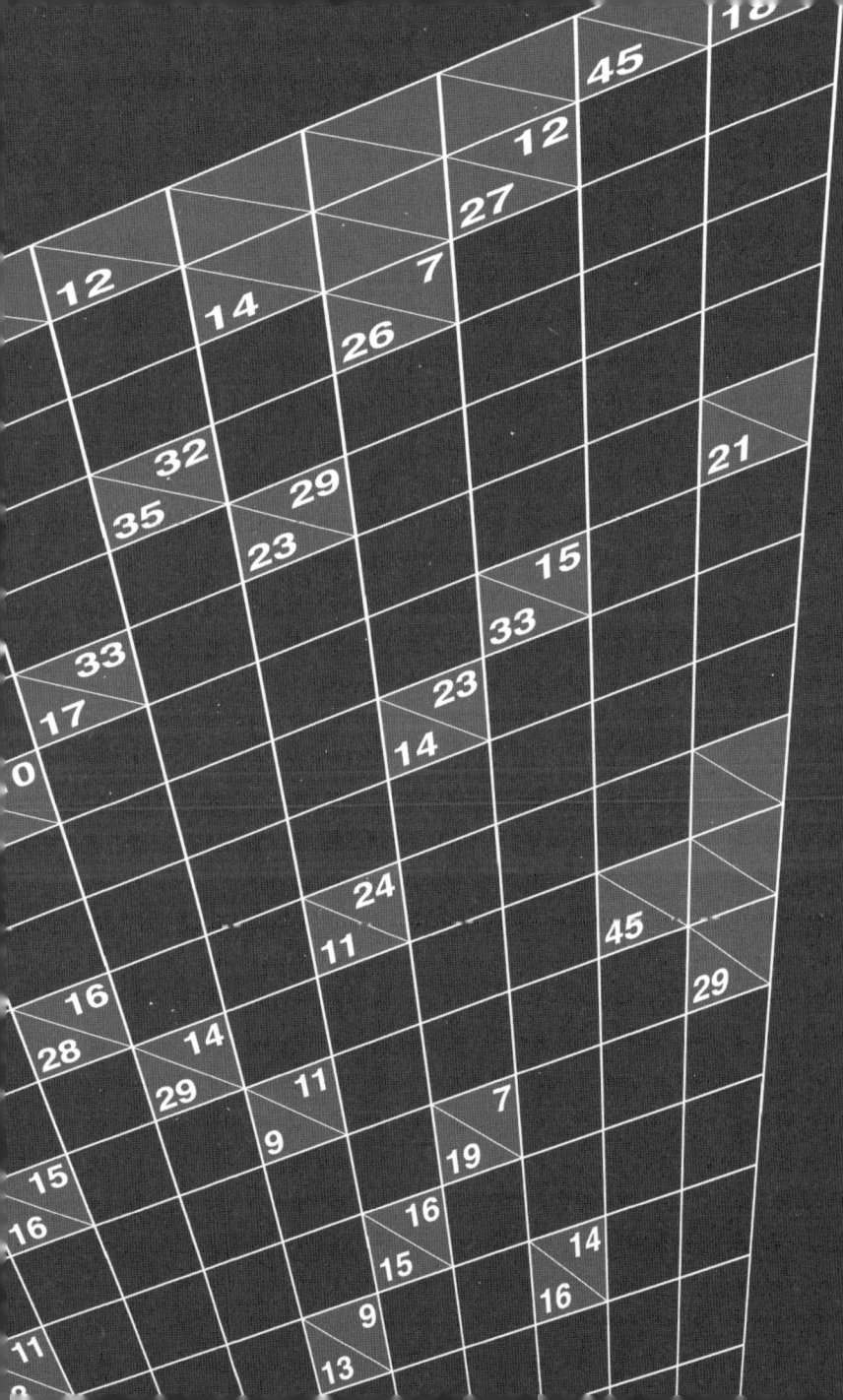

Super **Kakuro**

## 111

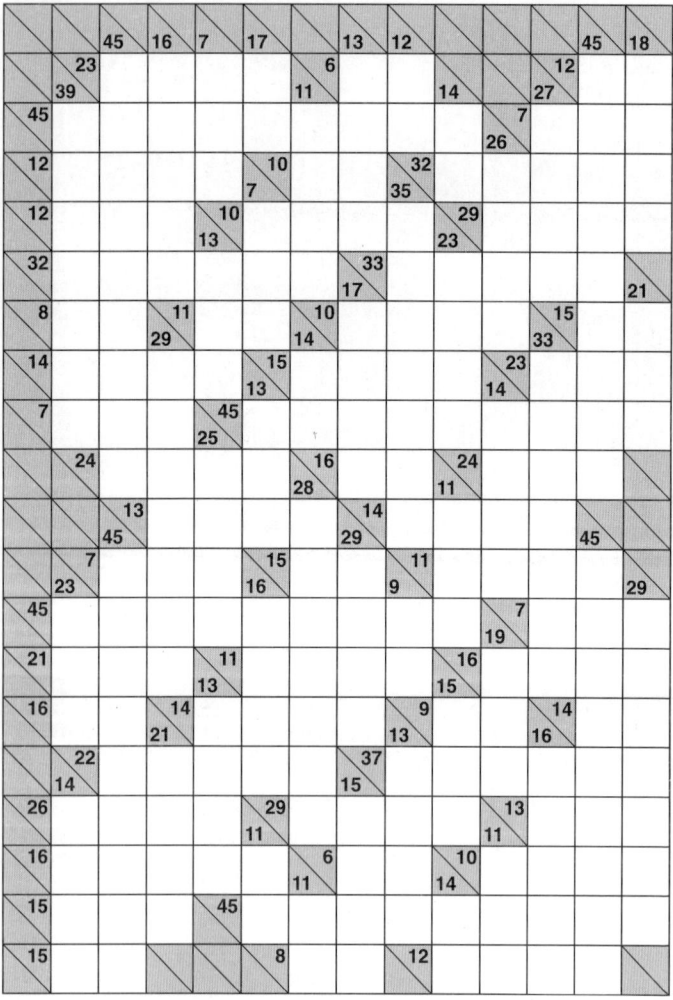

# Super **Kakuro**

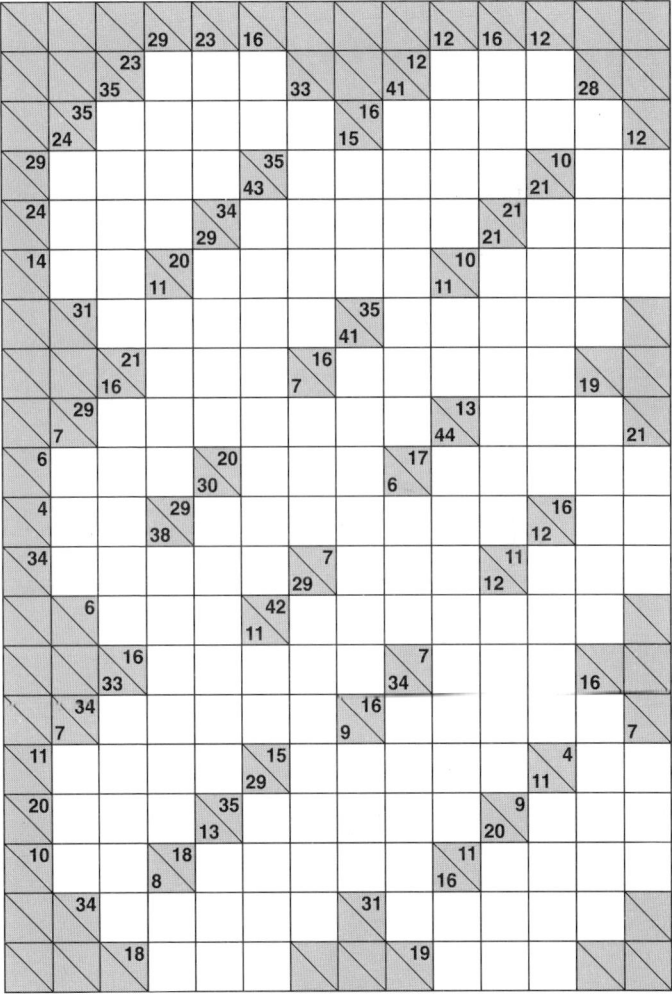

## 112

**EXPERT**_13×19

# Super **Kakuro**

## 113

**EXPERT**_13×19

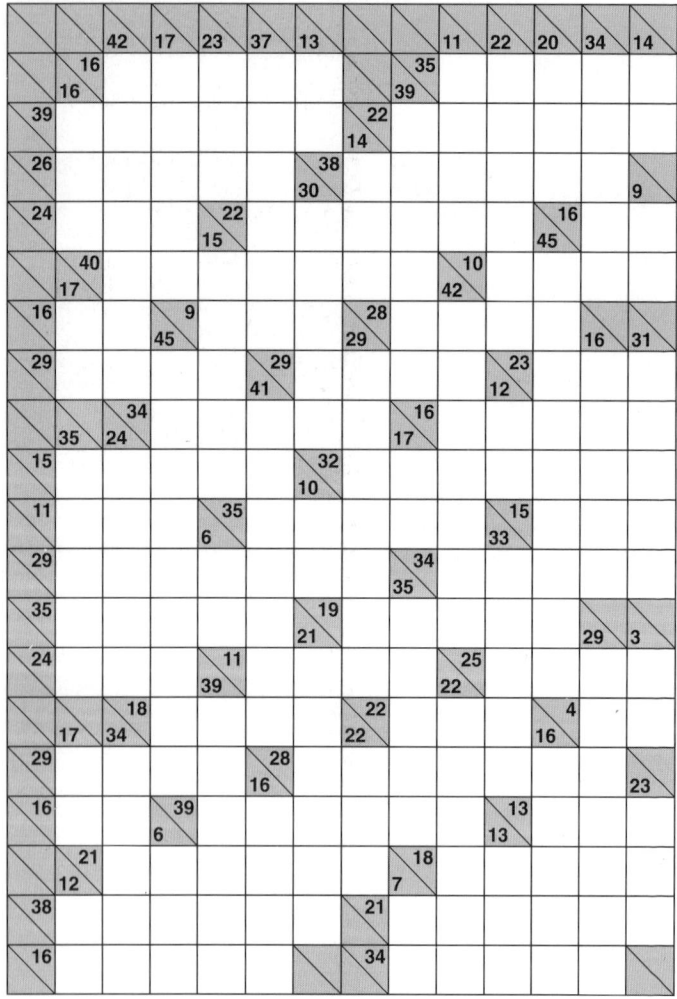

# Super **Kakuro**

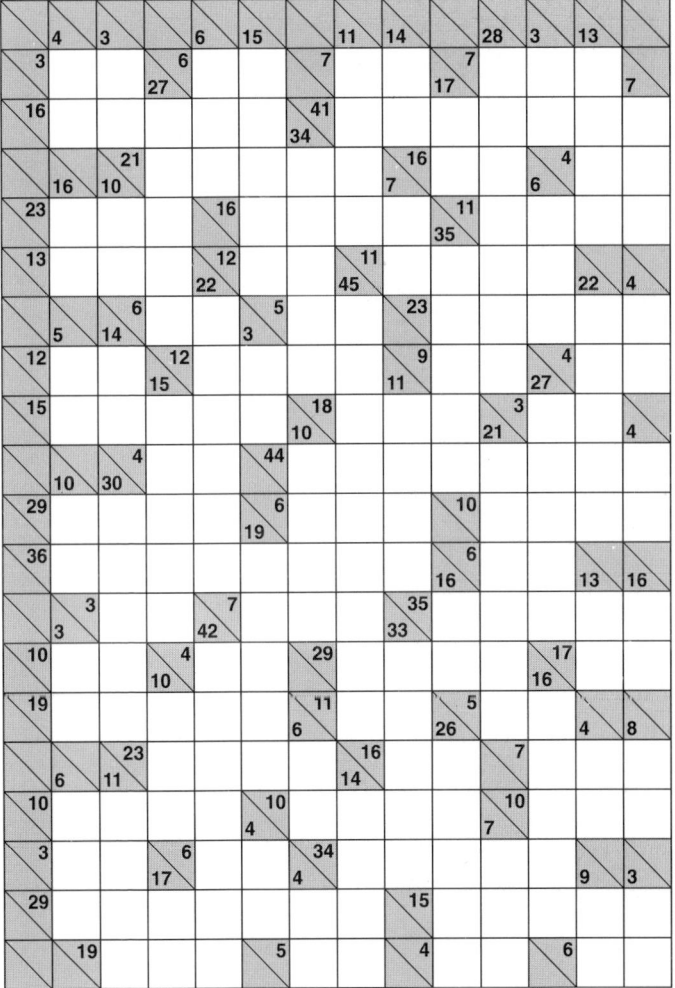

## 114

**EXPERT**_13×19

# Super **Kakuro**

## 115

EXPERT_13×19

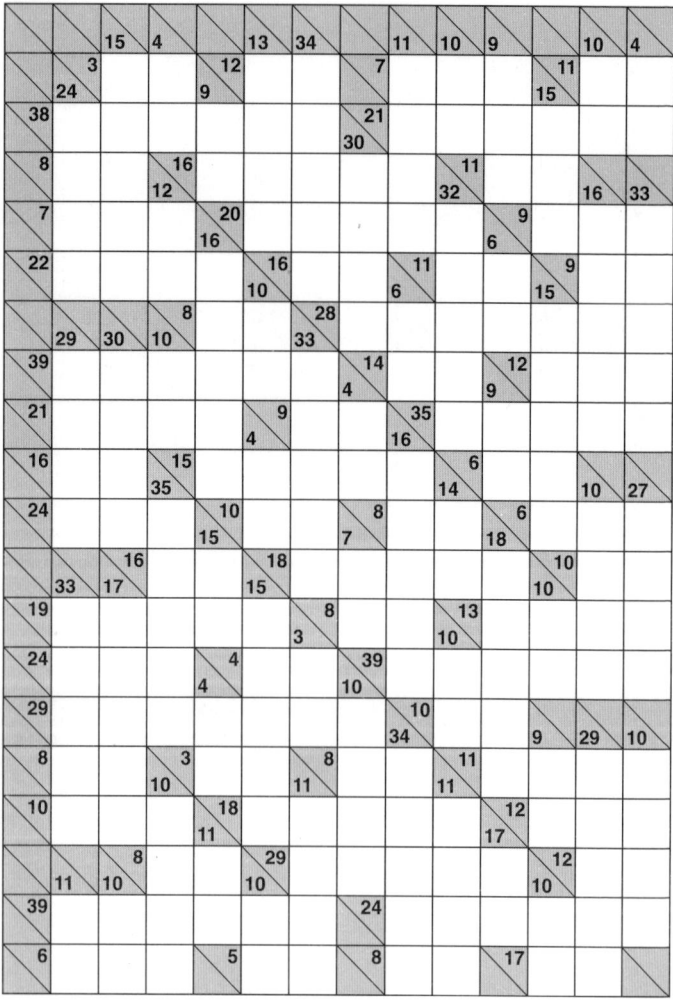

# Super **Kakuro**

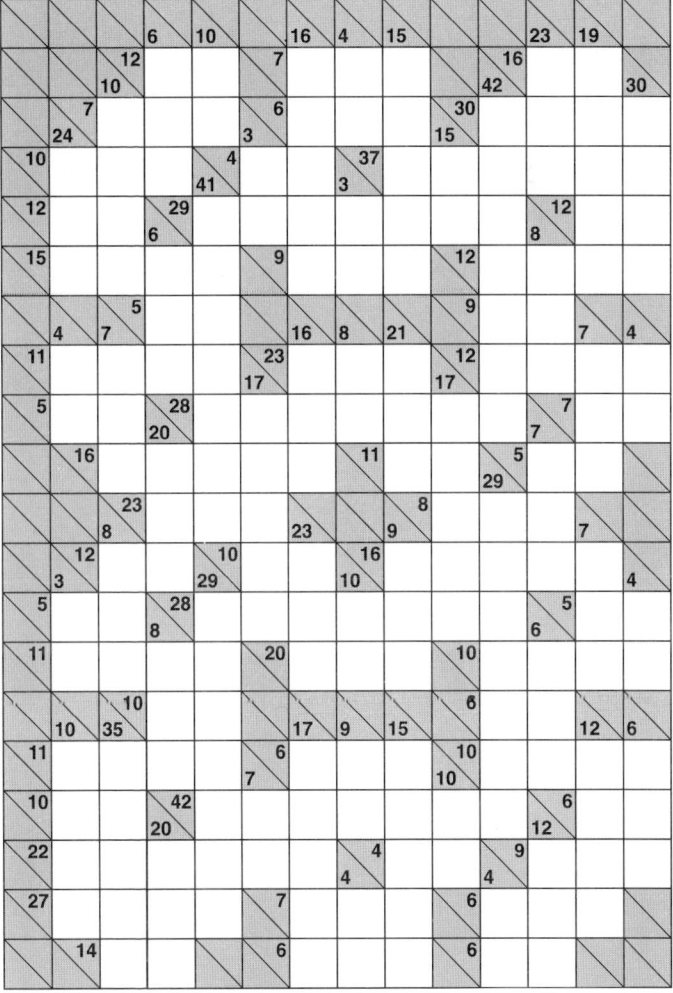

## 116

**EXPERT**_13×19

# Super **Kakuro**

## 117

| | | | | | | | | | | | | | |
|---|---|---|---|---|---|---|---|---|---|---|---|---|---|
| \ | 16\ | 17\ | 30\ | \ | 19\ | 17\ | 39\ | \ | 8\ | 12\ | 18\ | 28\ | \ |
| \24 | | | | 12\23 | | | | \10 | | | | | \ |
| \42 | | | | | | | | 6\29 | | | | | 10\ |
| \ | 29\ | 11\19 | | | | 30\7 | | | | 7\24 | | | |
| \28 | | | | | 11\19 | | | | 21\13 | | | | |
| \8 | | | 38\28 | | | | | | | | 5\ | 21\ | 7\ |
| \19 | | | | 7\18 | | | | 34\16 | | | | | |
| \21 | | | | | | | 35\12 | | | 16\6 | | | |
| \ | 10\ | 22\11 | | | | 15\29 | | | | | 39\4 | | |
| \11 | | | | | 38\28 | | | | | | | | 10\ |
| \24 | | | | 3\34 | | | | | | 10\22 | | | |
| \ | 8\41 | | | | | | | | 28\13 | | | | |
| \4 | | | 5\11 | | | | | 10\24 | | | | 30\ | 12\ |
| \8 | | | | 11\10 | | | 39\22 | | | | | | |
| \16 | | | | | | 8\12 | | | | 30\15 | | | |
| \ | 16\ | 29\ | 28\29 | | | | | | | | 29\12 | | |
| \30 | | | | | 23\13 | | | | 9\30 | | | | |
| \24 | | | | 17\22 | | | | 12\13 | | | | 11\ | 16\ |
| \ | \28 | | | | | \41 | | | | | | | |
| \ | \29 | | | | | \23 | | | | \23 | | | |

EXPERT_ 13×19

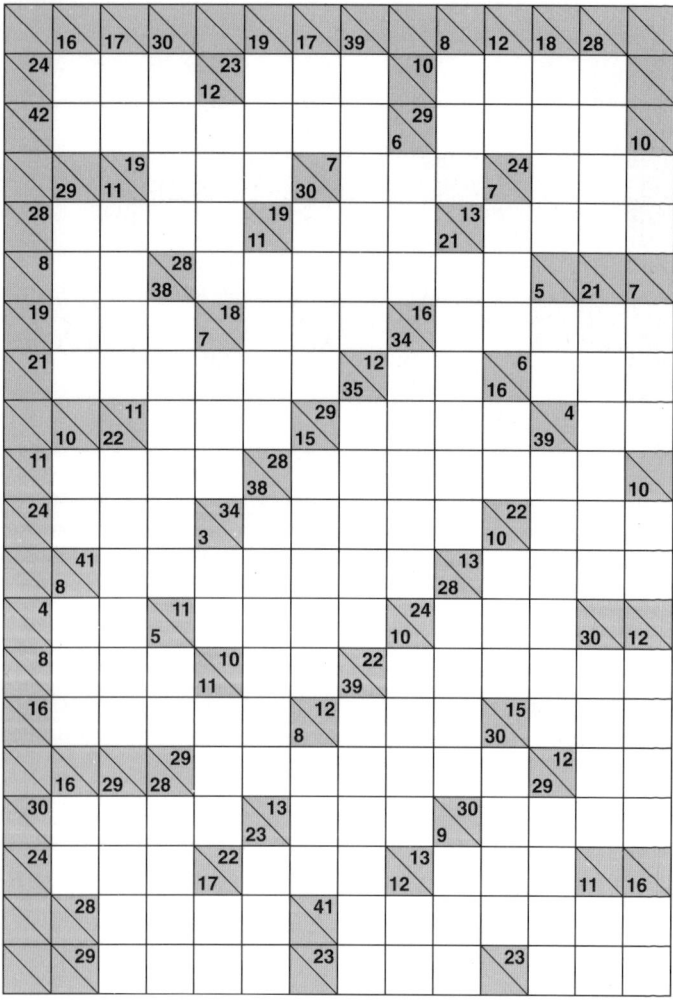

# Super **Kakuro**

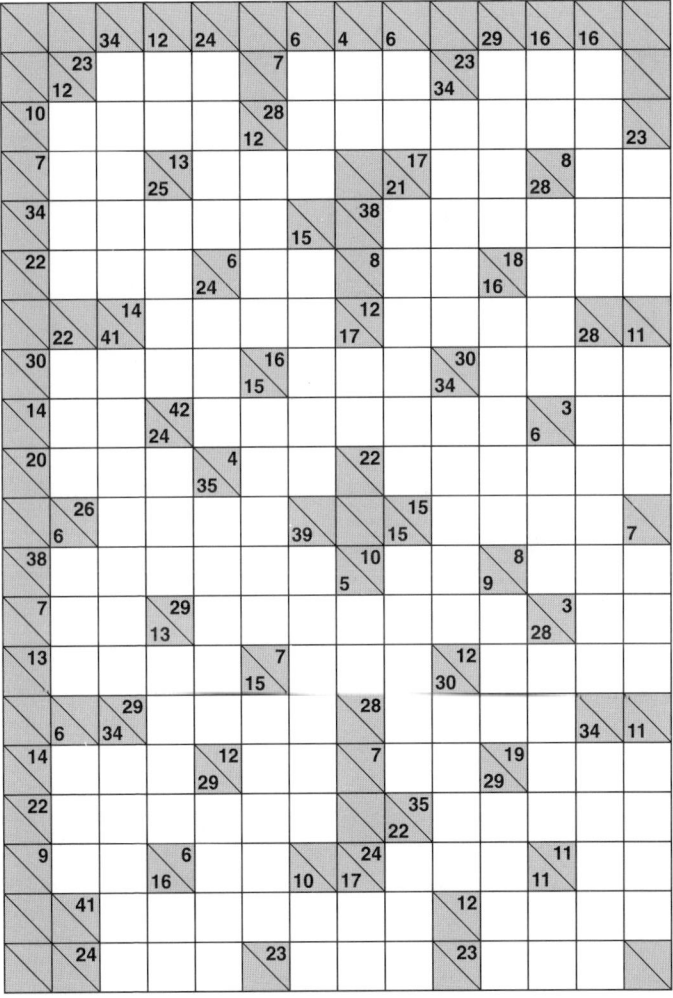

## 118

EXPERT_13×19

# Super **Kakuro**

## 119

**EXPERT**_13×19

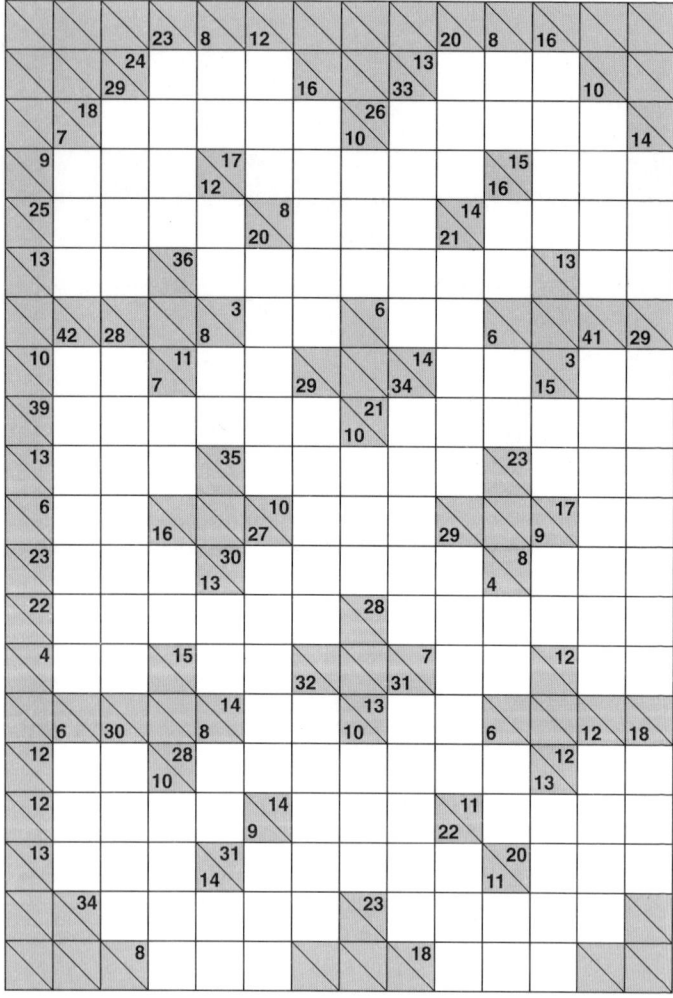

# Super **Kakuro**

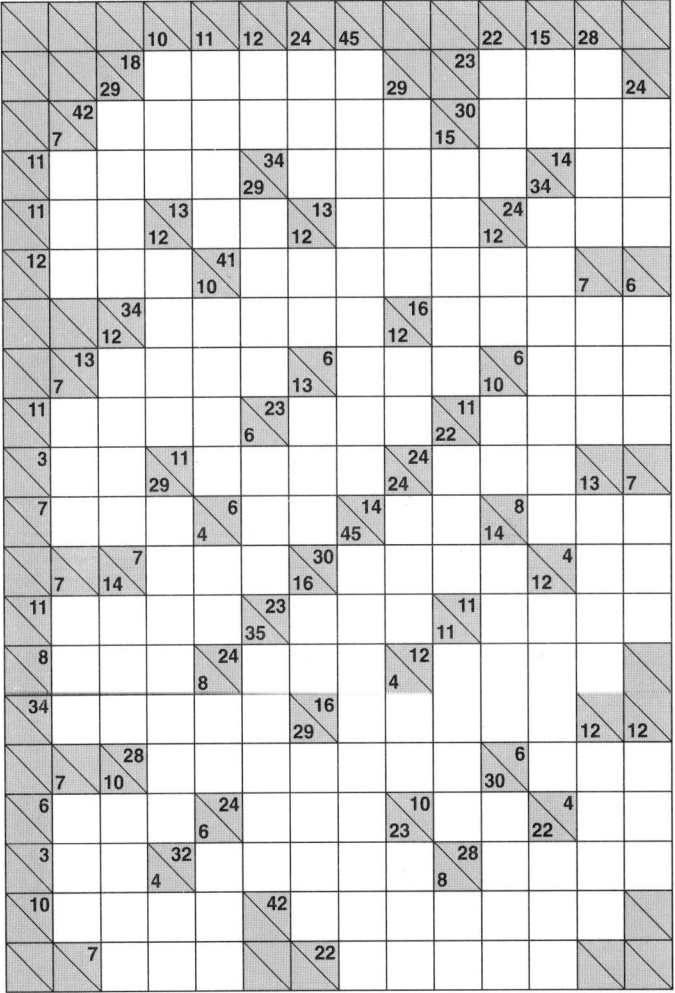

## 120

EXPERT_13×19

# Super **Kakuro**

## 121

| | | | | | | | | | | | | | |
|---|---|---|---|---|---|---|---|---|---|---|---|---|---|
| \ | 6\ | 33\ | \ | 42\ | 4\ | 20\ | \ | 11\ | 4\ | 37\ | \ | 21\ | 7\ |
| \10 | | | \7 | | | | 3\12 | | | | \3 | | |
| \4 | | | 3\29 | | | | | | | | 16\10 | | |
| \15 | | | | | 6\8 | | | | 24\14 | | | | |
| \ | 3\16 | | | | | | \29 | | | | | | 10\ |
| \10 | | | 11\10 | | | 14\ | \ | 16\9 | | | 29\4 | | |
| \21 | | | | | | | 12\39 | | | | | | |
| \ | 34\ | 16\13 | | | 34\13 | | | | 34\16 | | | 18\ | 27\ |
| \7 | | | | 7\16 | | | | | | 7\9 | | | |
| \30 | | | | | | | \39 | | | | | | |
| \13 | | | 20\12 | | | 27\ | \ | 29\7 | | | 29\3 | | |
| \21 | | | | | | | 16\35 | | | | | | |
| \22 | | | | 42\35 | | | | | | 41\23 | | | |
| \ | 17\ | 33\17 | | | 6\24 | | | | 23\17 | | | 21\ | 11\ |
| \26 | | | | | | | \38 | | | | | | |
| \16 | | | 3\10 | | | 29\ | \ | 29\16 | | | 17\4 | | |
| \ | 24\15 | | | | | | 10\34 | | | | | | 7\ |
| \25 | | | | | 8\24 | | | | 4\19 | | | | |
| \10 | | | \29 | | | | | | | | \6 | | |
| \16 | | | \24 | | | | \18 | | | | \3 | | |

**EXPERT**_13×19

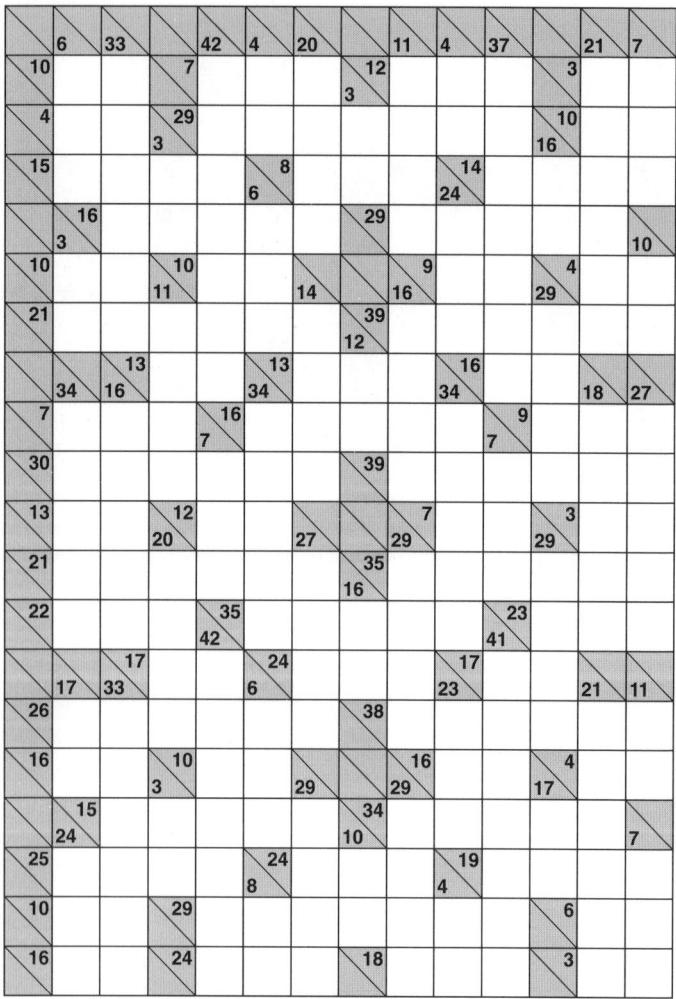

# Super **Kakuro**

**122**

**EXPERT**_13×19

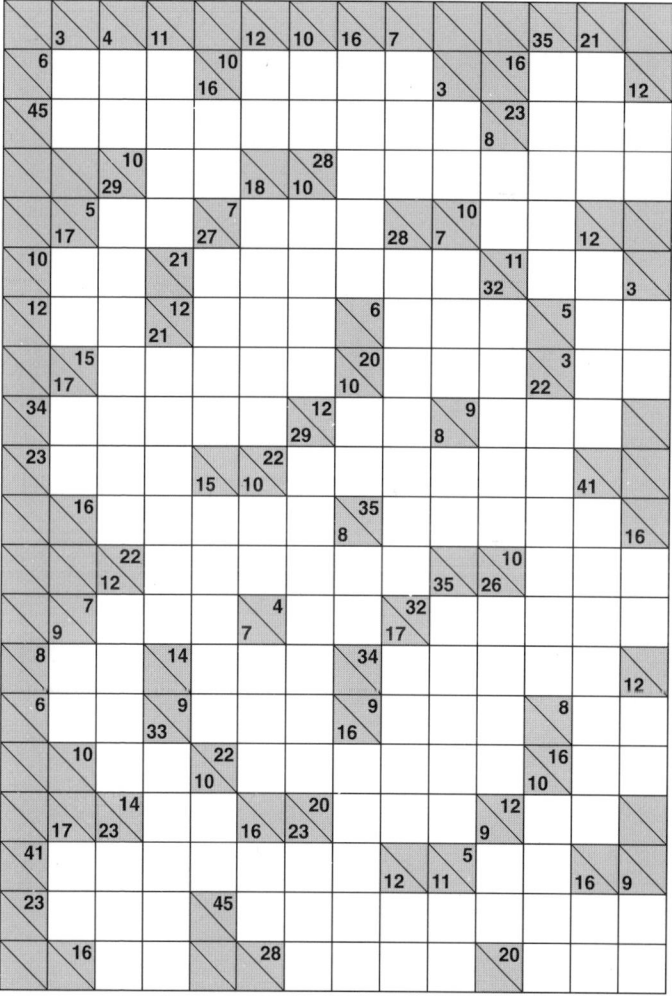

# Super **Kakuro**

## 123

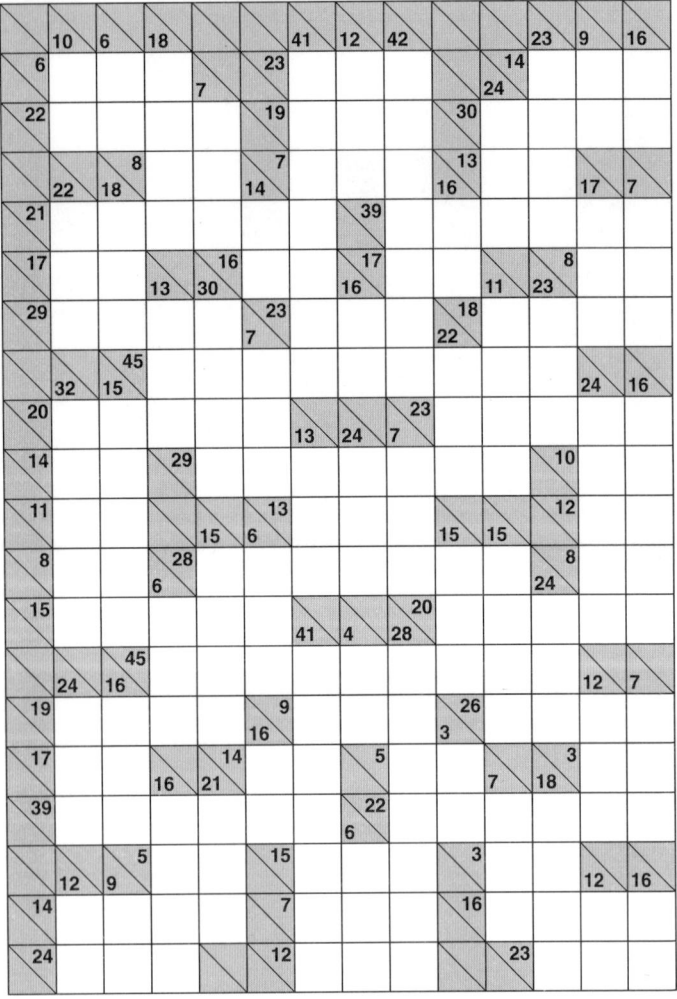

# Super **Kakuro**

**124**

**EXPERT**_13×19

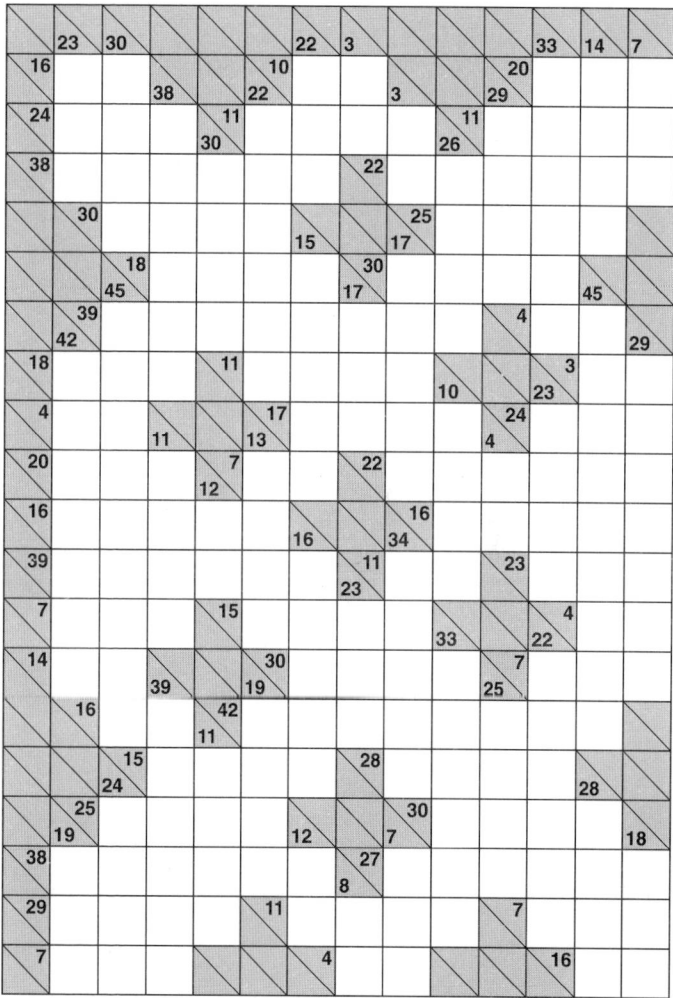

# Super **Kakuro**

## 125

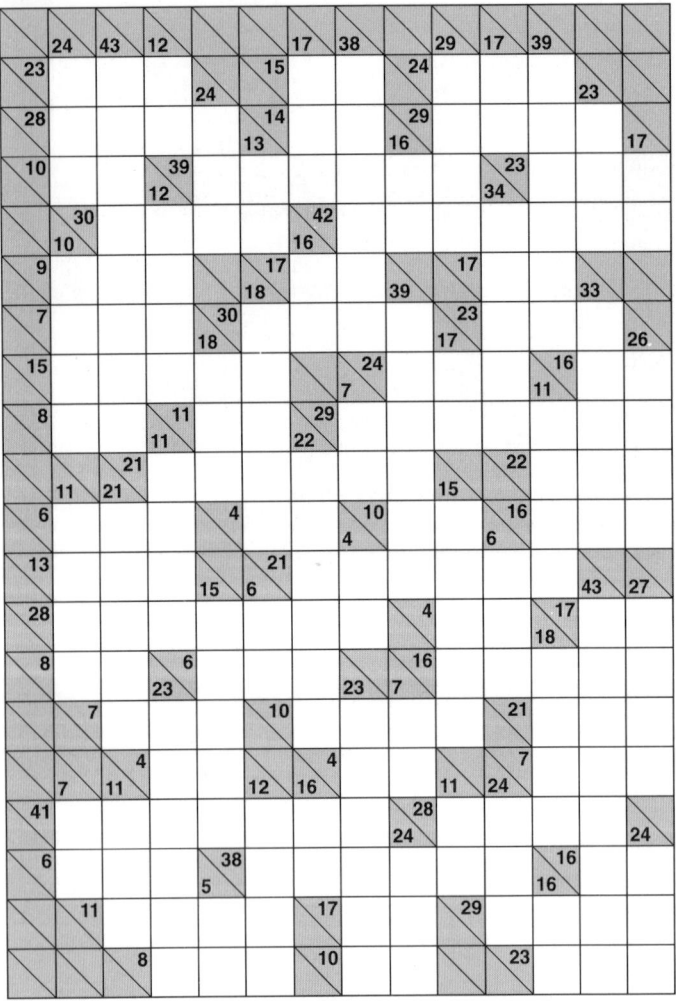

# Super **Kakuro**

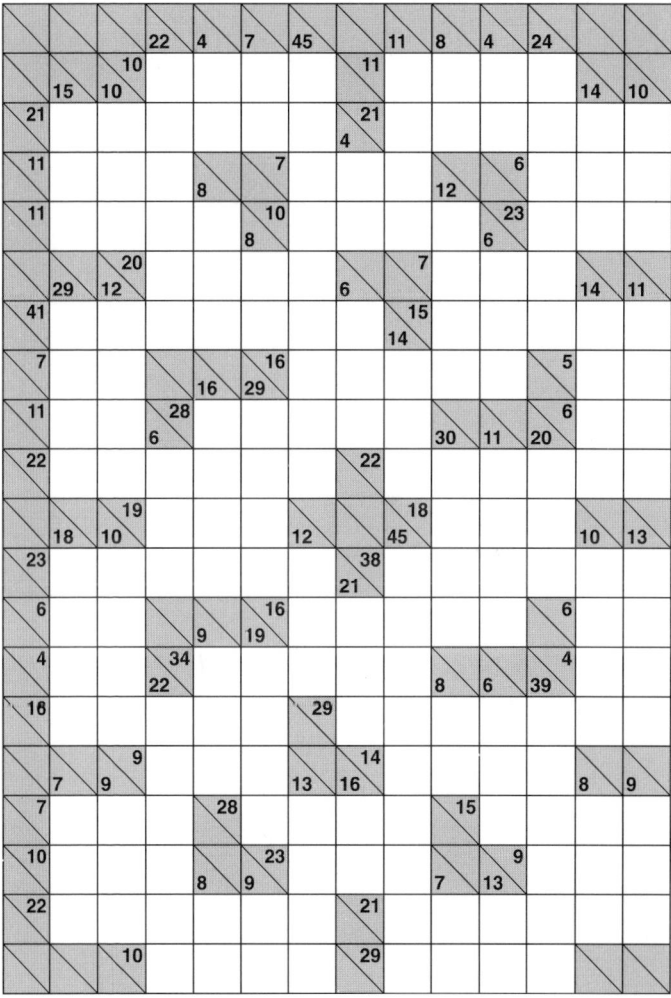

## 126

EXPERT_13×19

## 127

**EXPERT**_13×19

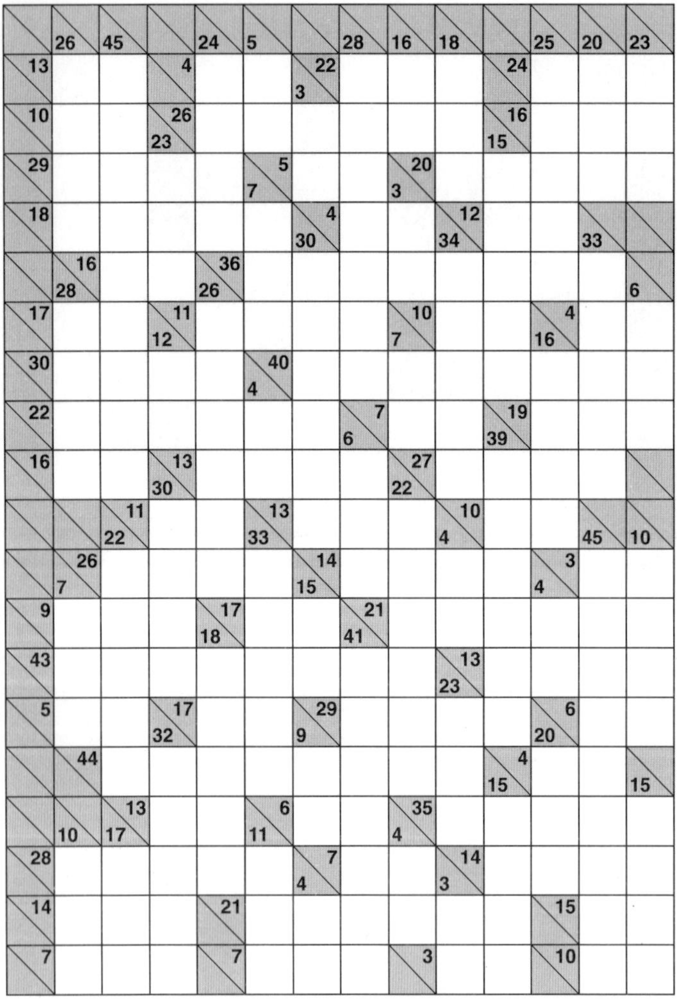

# Super **Kakuro**

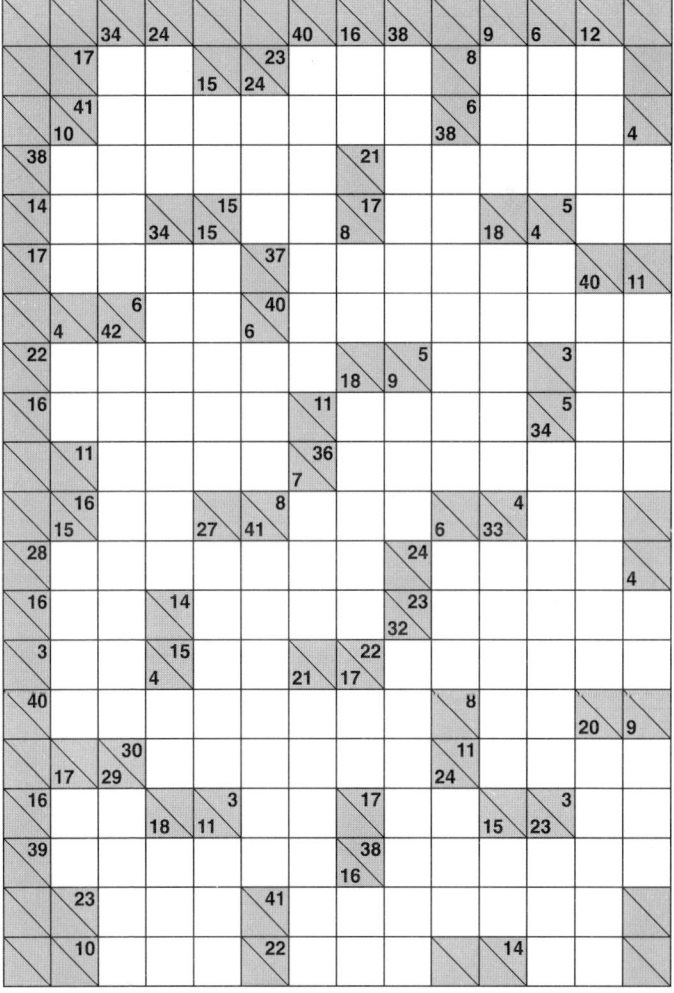

## 128

**EXPERT**_13×19

# Super **Kakuro**

## 129

**EXPERT**_13×19

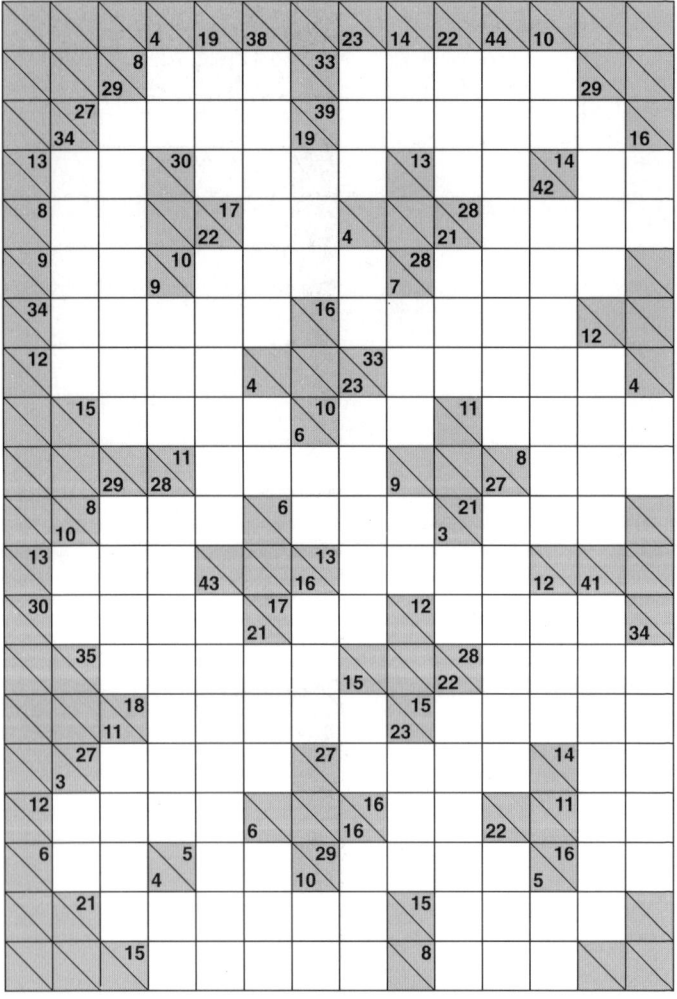

# Super **Kakuro**

## 130

**EXPERT**_13×19

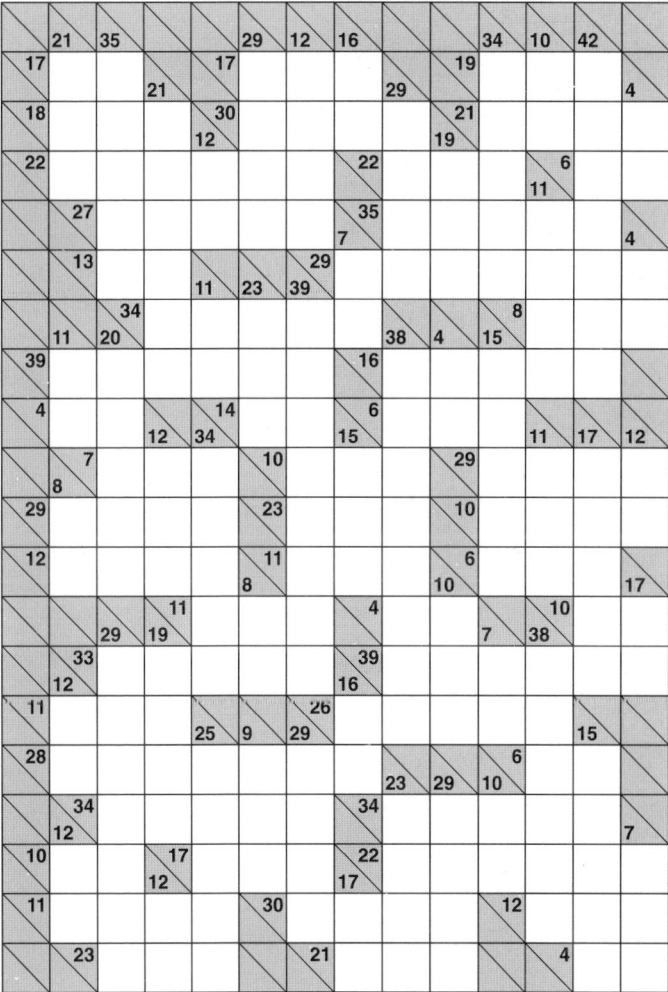

# Super **Kakuro**

## 131

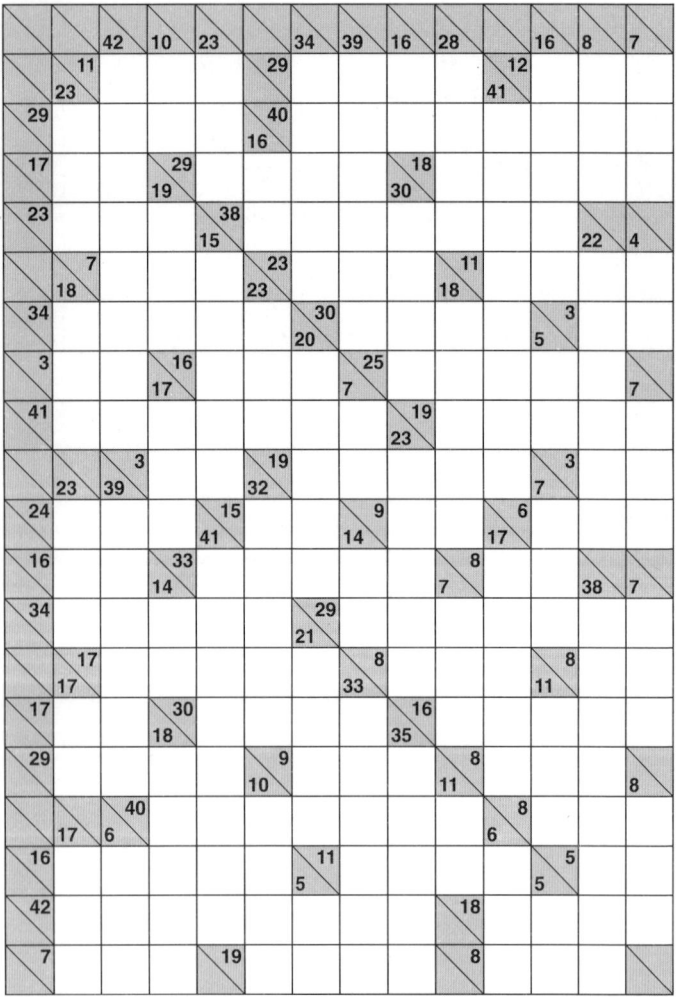

# Super **Kakuro**

## 132

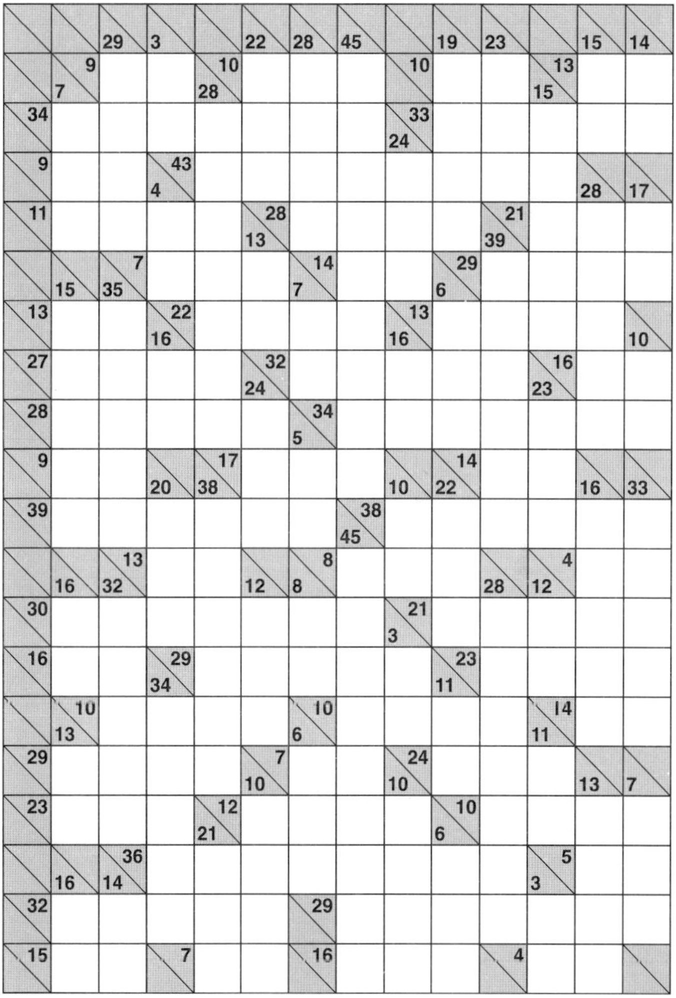

EXPERT_13×19

## Super **Kakuro**

### 133

EXPERT_13×19

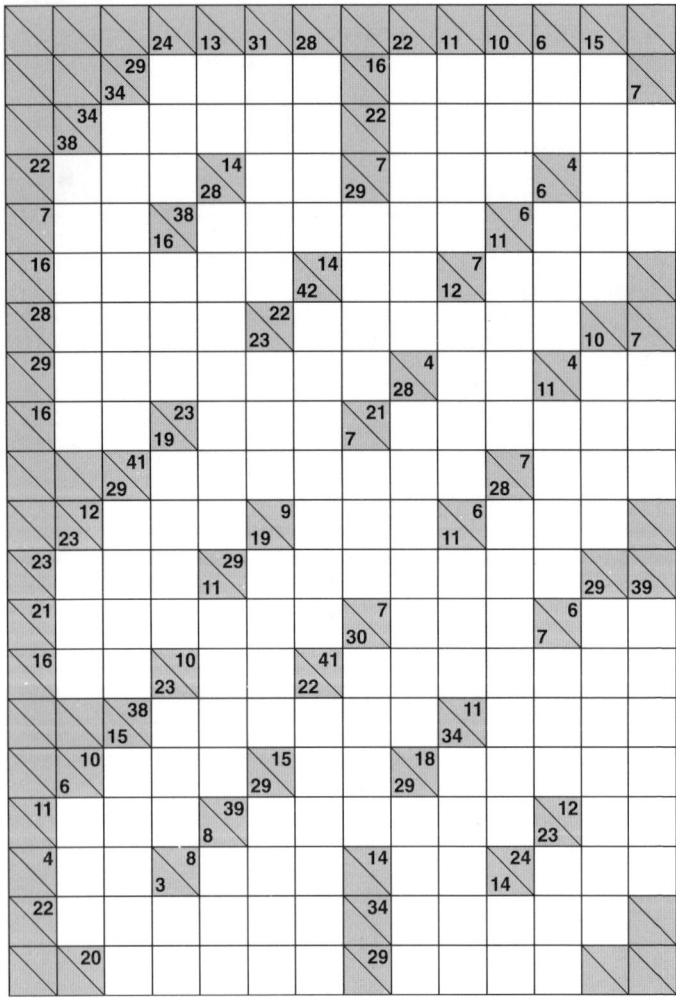

# Super **Kakuro**

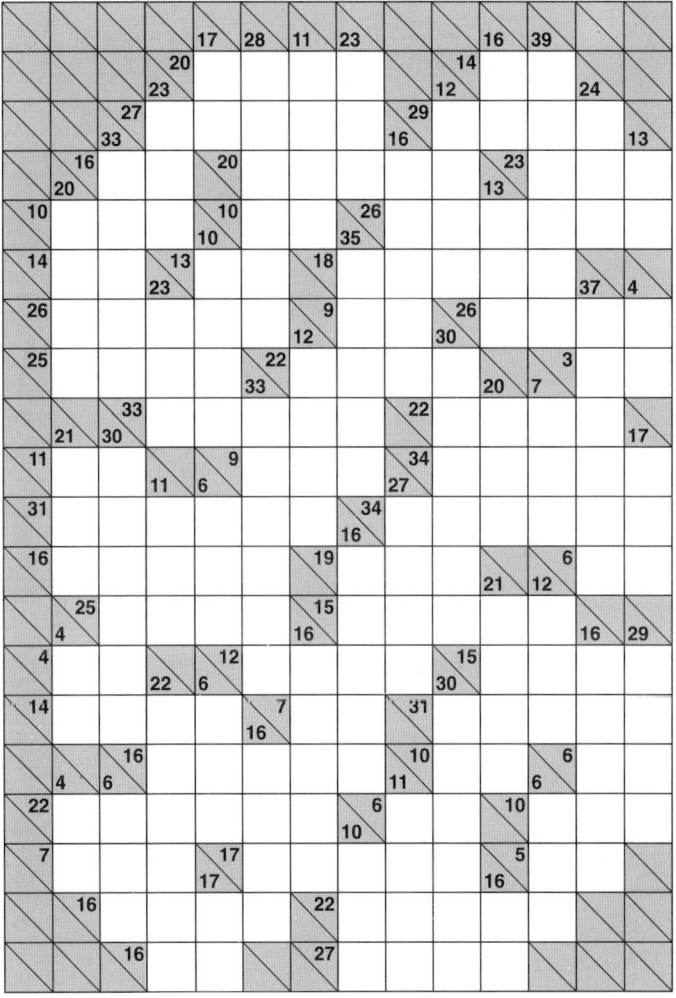

## 134

**EXPERT**_13×19

# Super **Kakuro**

## 135

EXPERT_13×19

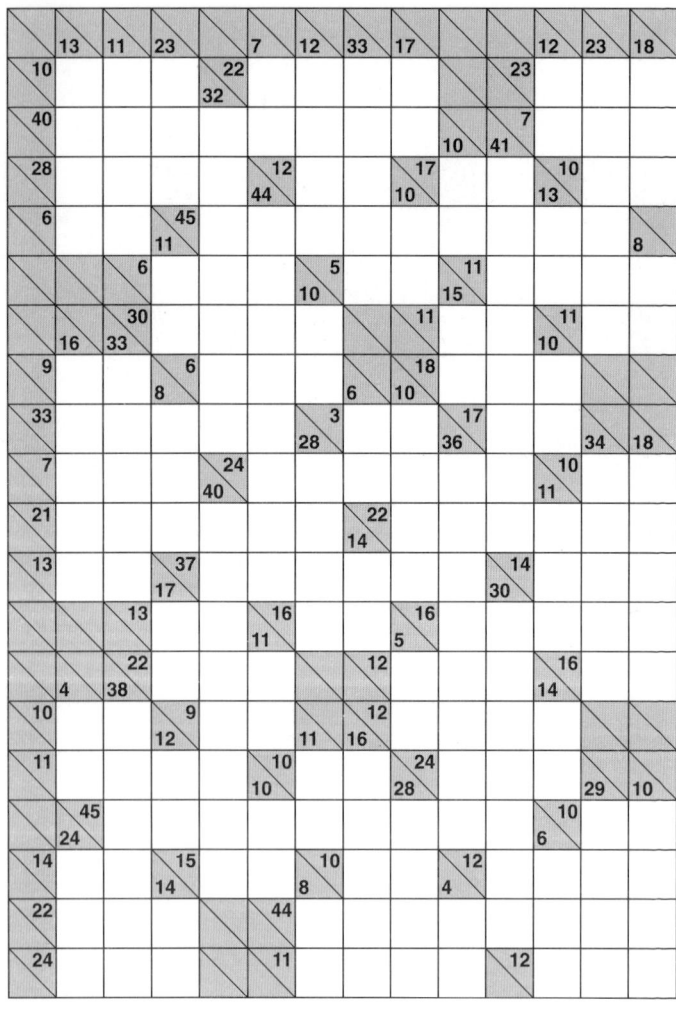

# Super **Kakuro**

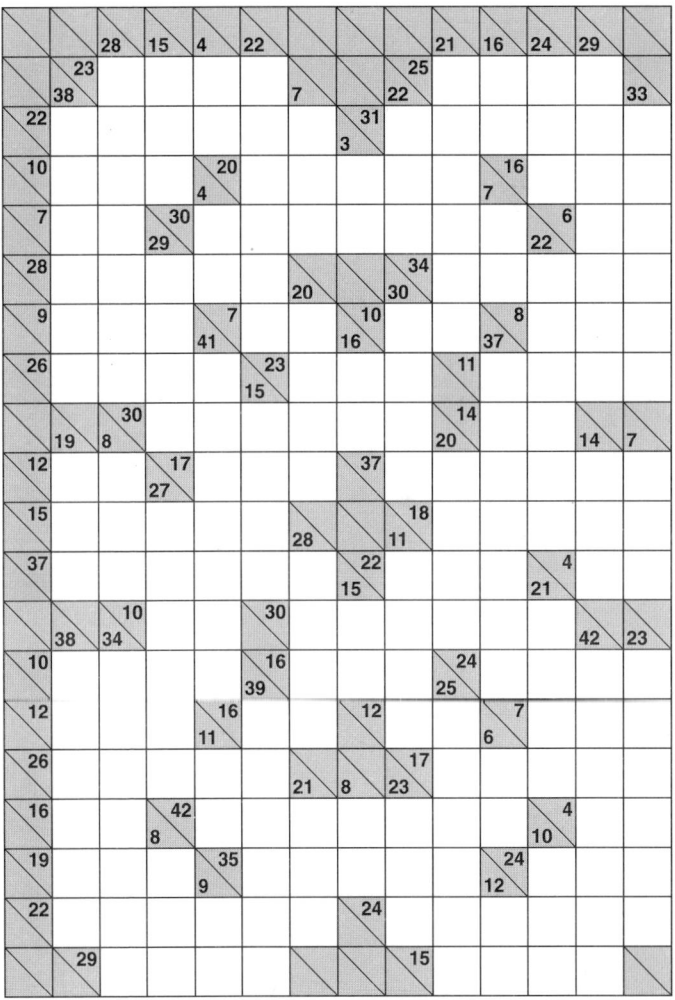

## 136

EXPERT_13×19

# Super **Kakuro**

## 137

**EXPERT**_13×19

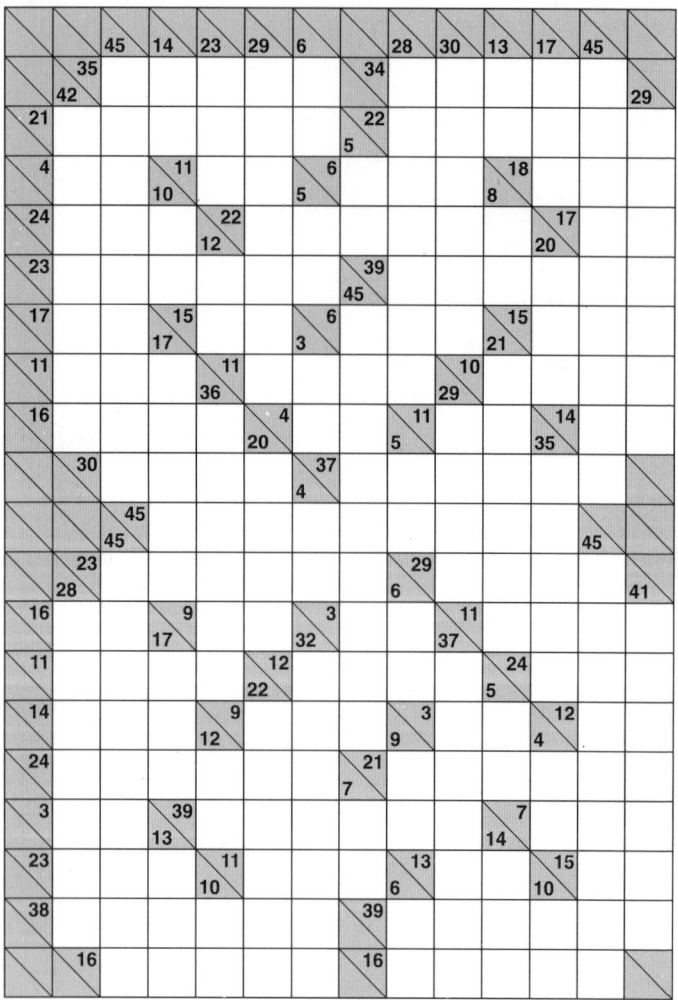

# Super **Kakuro**

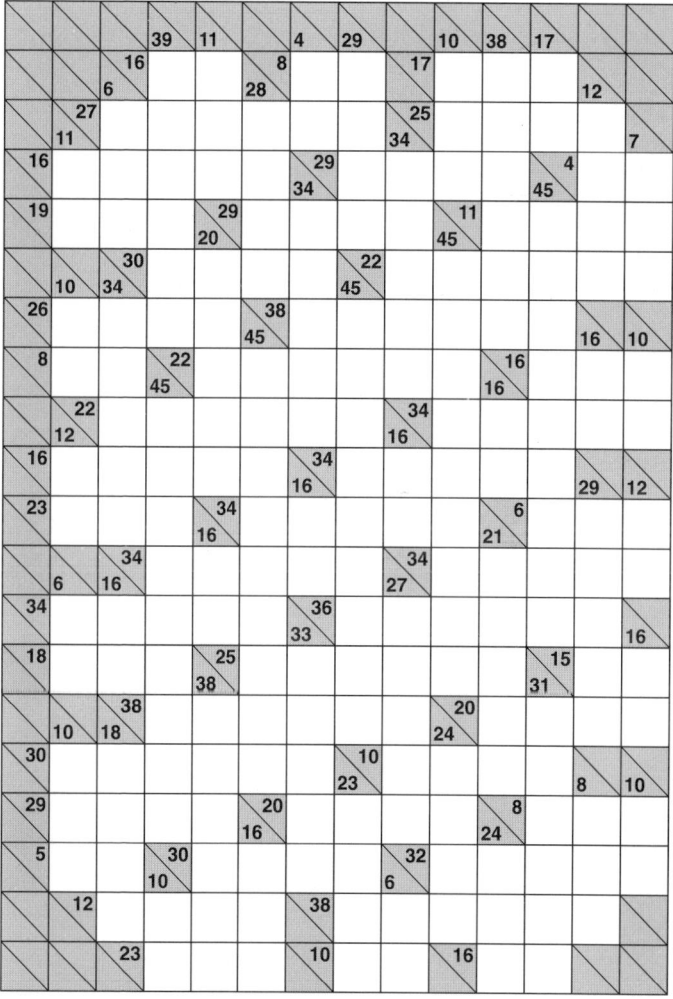

## 138

**EXPERT**_13×19

# Super **Kakuro**

## 139

EXPERT_13×19

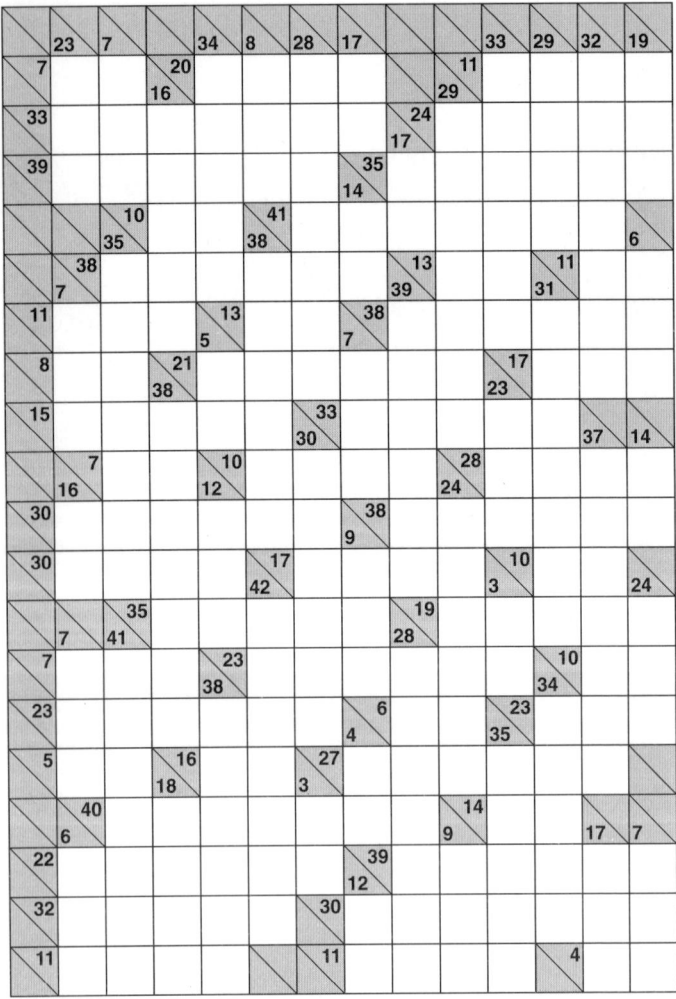

# Super **Kakuro**

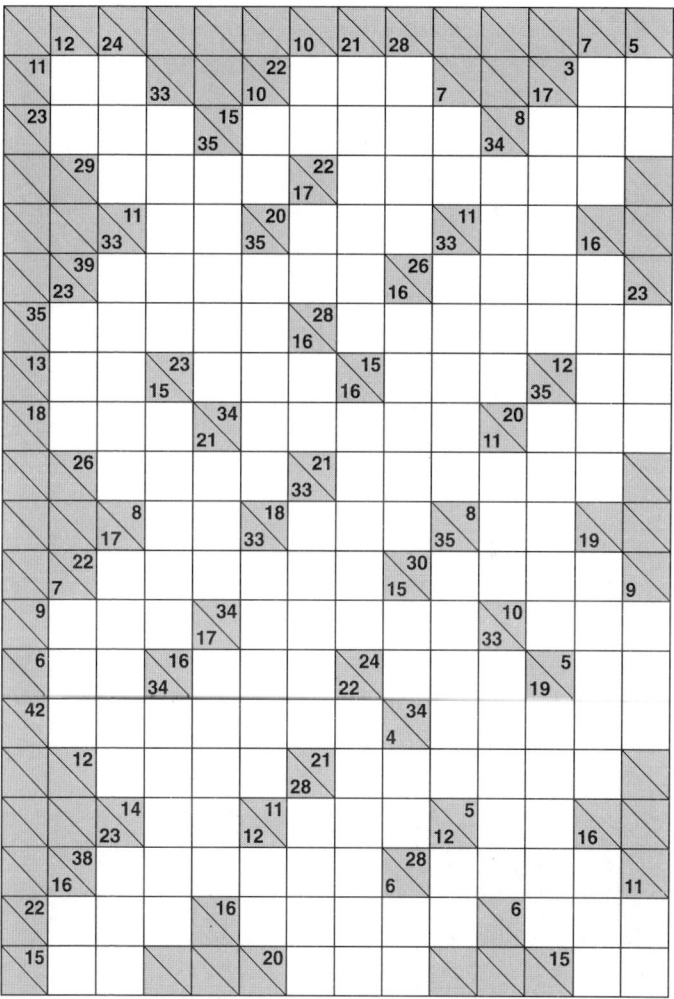

**140**

**EXPERT**_13×19

# SUPER
# **KAKURO**
# PREMIUM

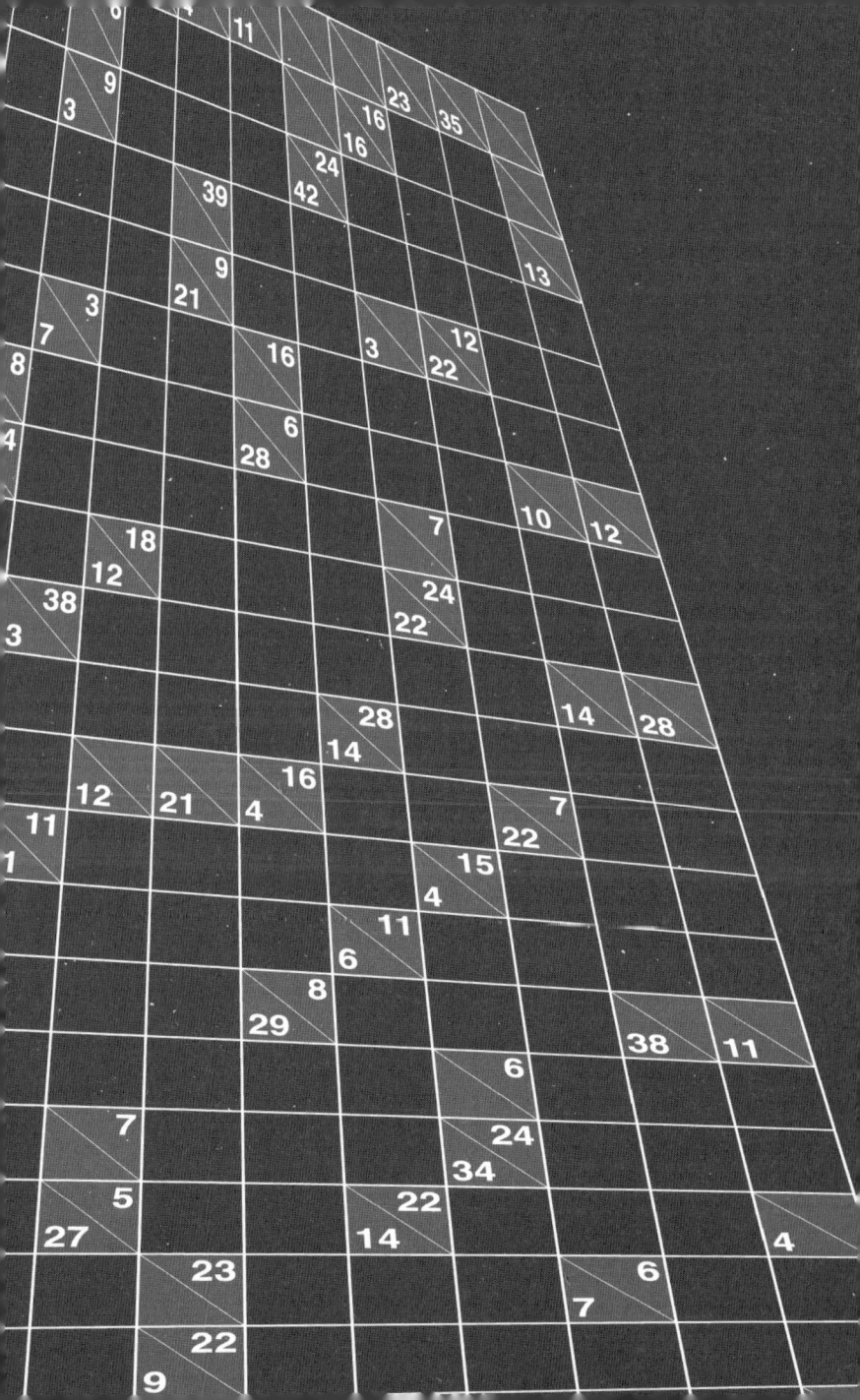

# Super **Kakuro**

## 141

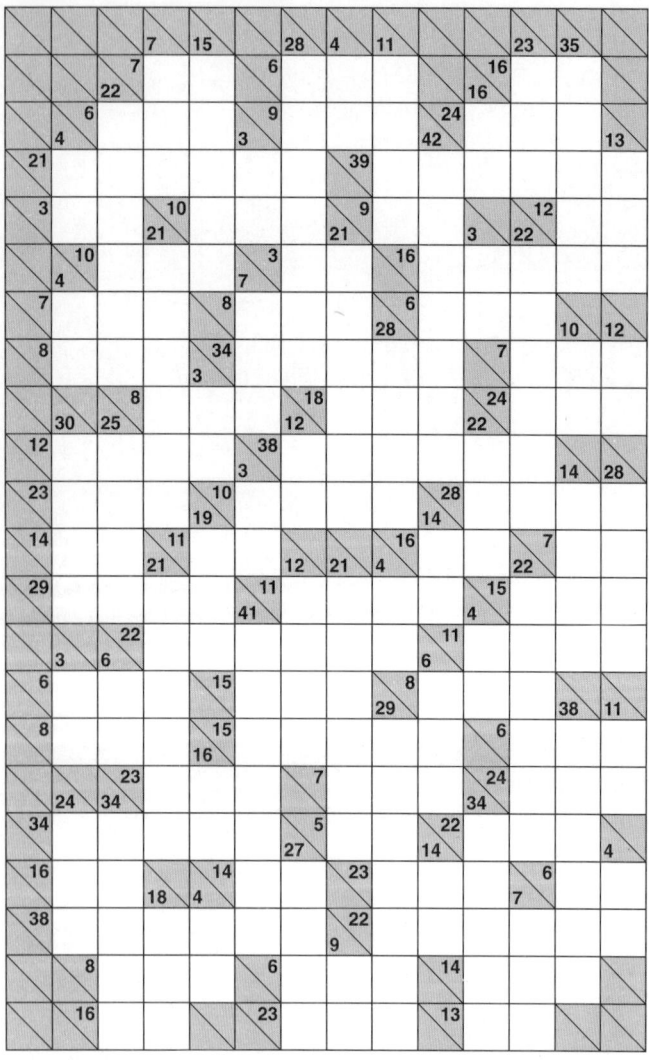

# Super **Kakuro**

## 142

| | | | | | | | | | | | | | |
|---|---|---|---|---|---|---|---|---|---|---|---|---|---|
| ■ | ↓15 | ↓10 | ↓12 | ■ | ↓4 | ↓15 | ■ | ↓24 | ↓34 | ↓16 | ■ | ↓16 | ↓28 |
| →23 | | | | ↓8 →3 | | | →23 | | | | ↓15 →8 | | |
| →21 | | | | | | | ↓12 →39 | | | | | | |
| ■ | ↓8 | ↓22 →4 | | | ↓24 →28 | | | | | ↓8 →23 | | | |
| →28 | | | | | | | | ↓6 →8 | | | ↓12 →12 | | |
| →10 | | | ↓41 | ↓14 →12 | | | ↓15 →16 | | | | | | ■ |
| →31 | | | | | | ↓4 →3 | | | ↓44 →8 | | | ↓15 | ↓30 |
| ■ | ↓6 | ↓7 →16 | | | ↓43 →11 | | | | | ↓5 →13 | | | |
| →10 | | | | ↓12 →7 | | | | ↓7 →16 | | | | | |
| →15 | | | | | | →12 | | | | | ↓42 →8 | | |
| ■ | ■ | ↓35 →23 | | | | ↓12 →8 | | | | →22 | | | |
| ■ | ↓10 →12 | | | →4 | | | ↓34 →12 | | | ↓12 →13 | | | ■ |
| →12 | | | | ↓8 →22 | | | | →24 | | | | ↓17 | ↓16 |
| →11 | | | ↓12 →12 | | | | | ↓17 →34 | | | | | |
| →34 | | | | | | ↓7 →23 | | | | ↓4 →19 | | | |
| →8 | | | | ↓7 →28 | | | | | ↓11 →6 | | | ↓7 | ↓23 |
| ■ | ■ | ↓35 →5 | | | ↓34 →11 | | | ↓35 →16 | | | | | |
| ■ | ↓10 →16 | | | | | | ↓7 →10 | | | ↓8 | ↓14 →10 | | |
| →12 | | | ↓9 →10 | | | ↓24 →29 | | | | | | | |
| →8 | | | | ↓11 →29 | | | | | ↓14 →3 | | | ↓11 | ↓7 |
| →38 | | | | | | | →22 | | | | | | |
| →8 | | | →23 | | | | →17 | | | →23 | | | |

PREMIUM_13×21

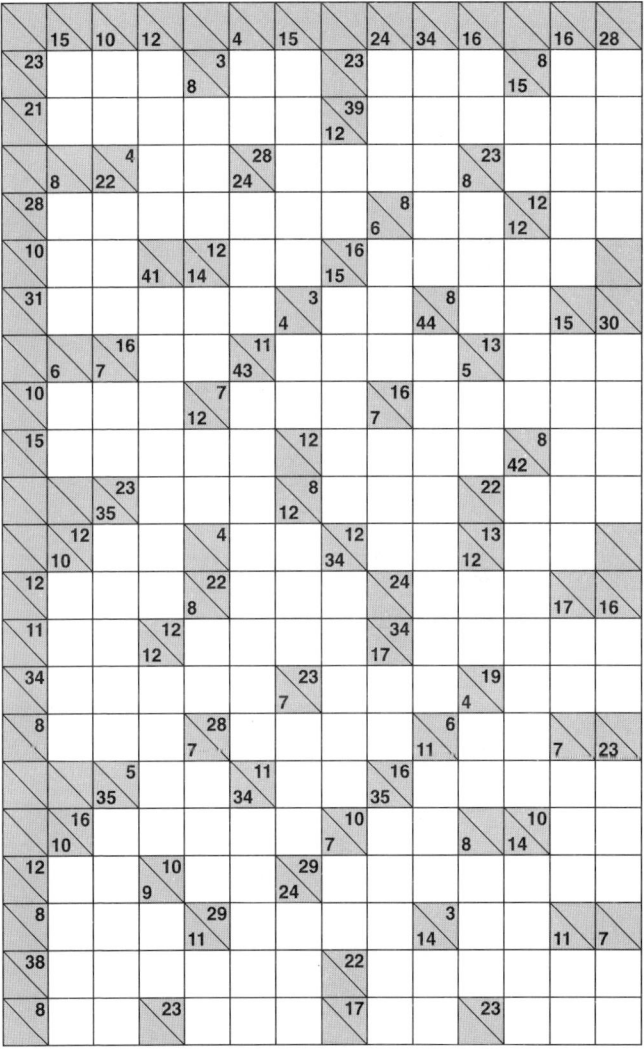

# Super **Kakuro**

## 143

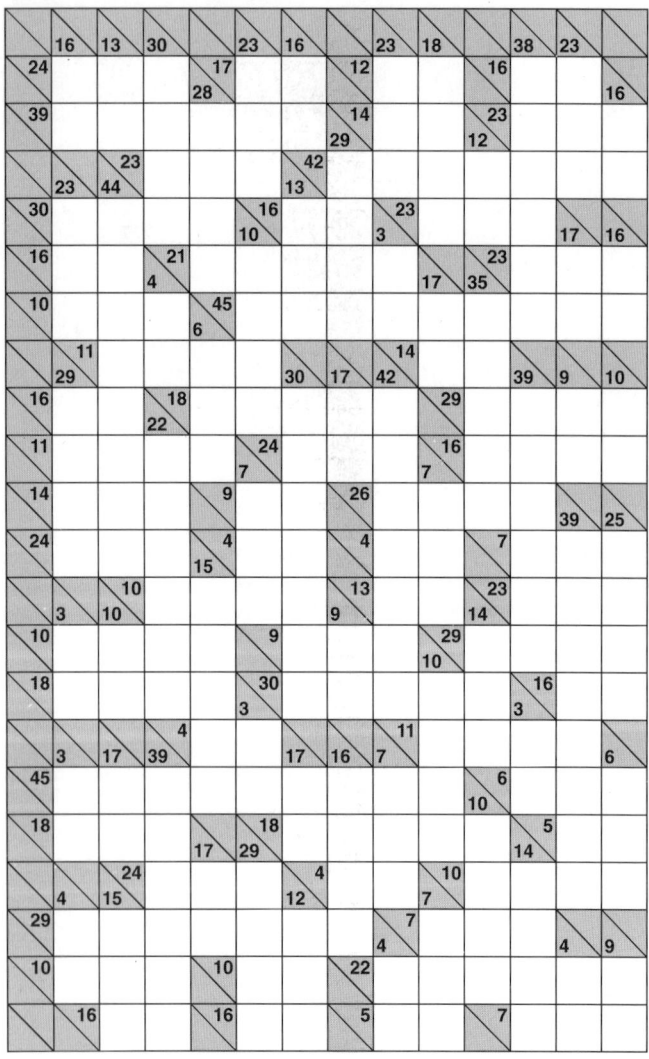

# Super **Kakuro**

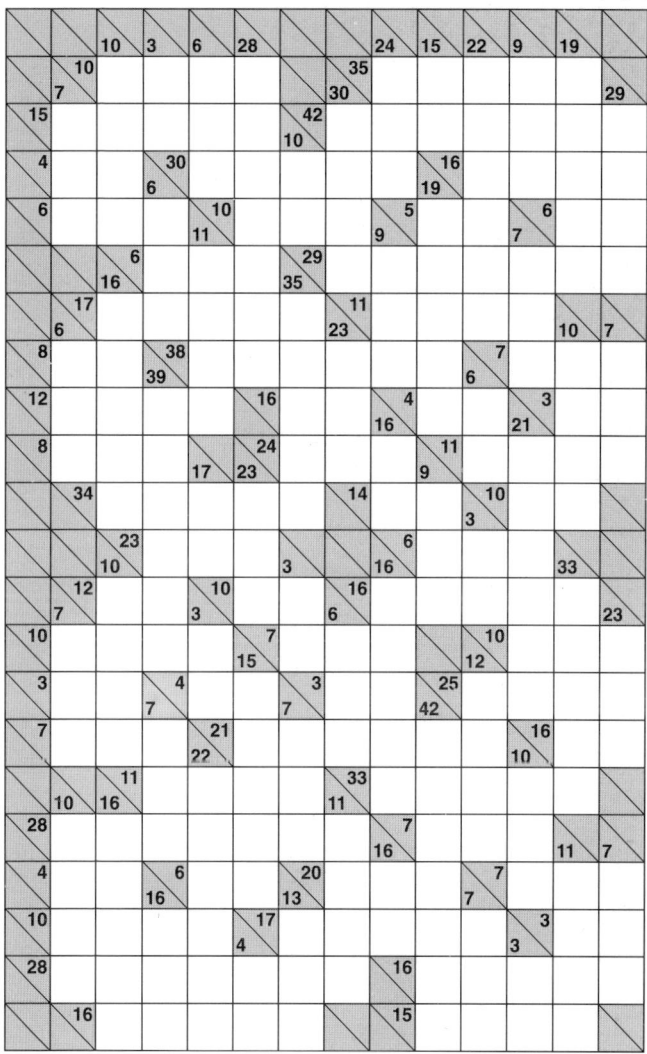

## 144

**PREMIUM**_13×21

# Super **Kakuro**

## 145

**PREMIUM**_13×21

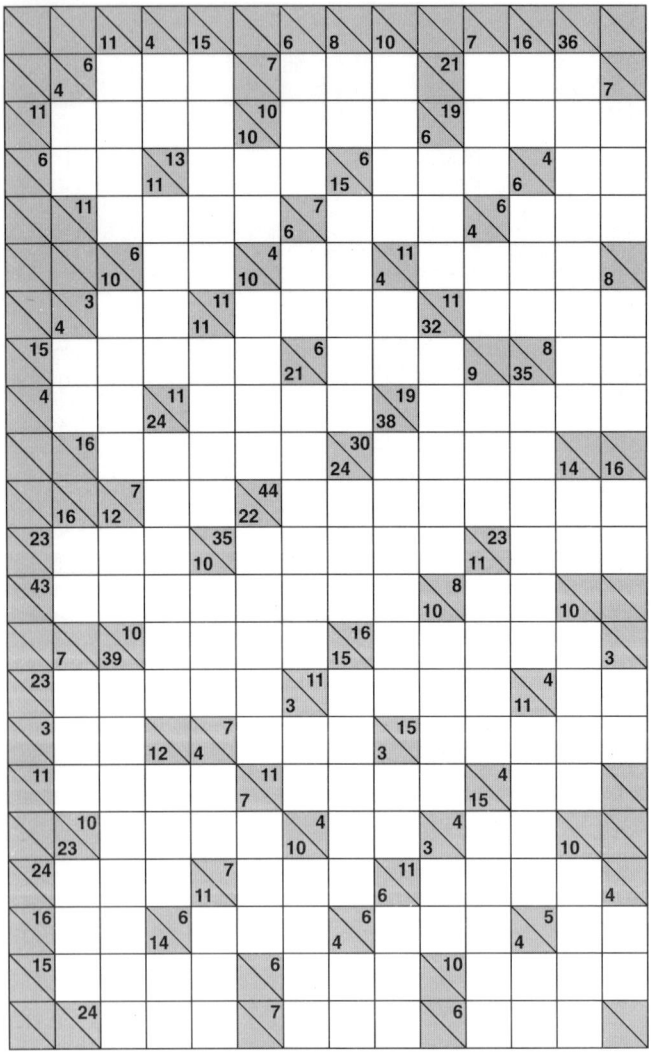

# Super **Kakuro**

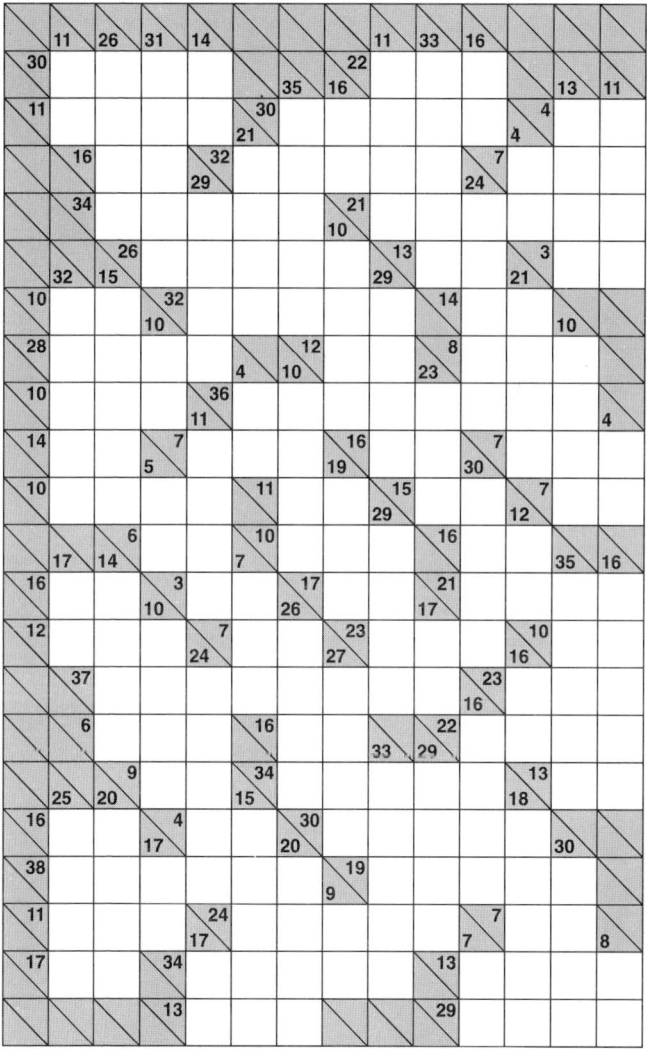

**146**

**PREMIUM**_13×21

# Super **Kakuro**

## 147

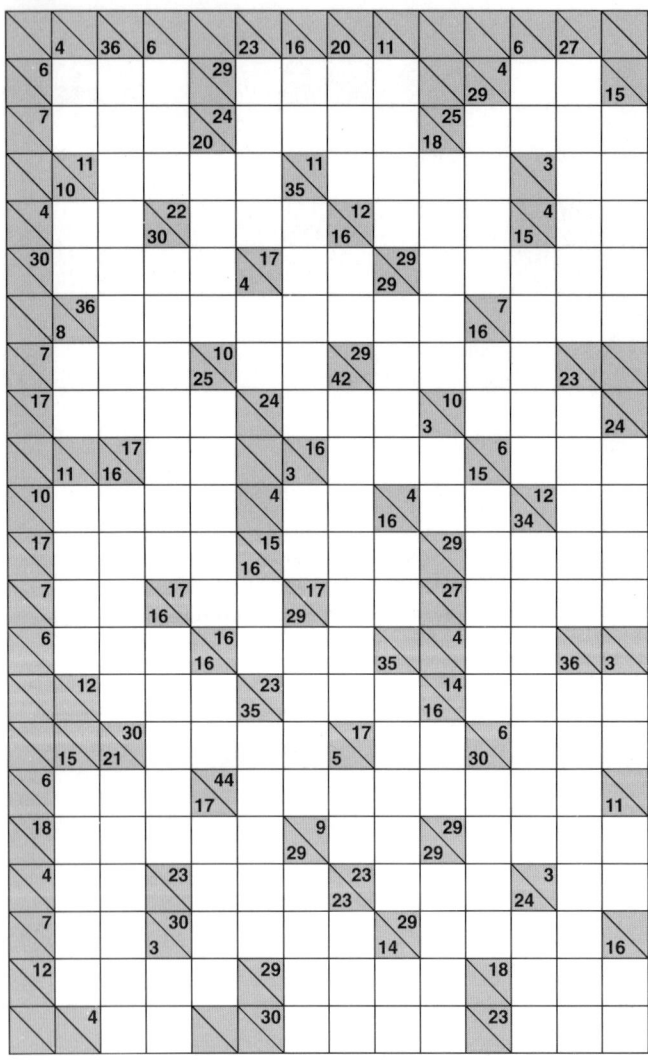

# Super **Kakuro**

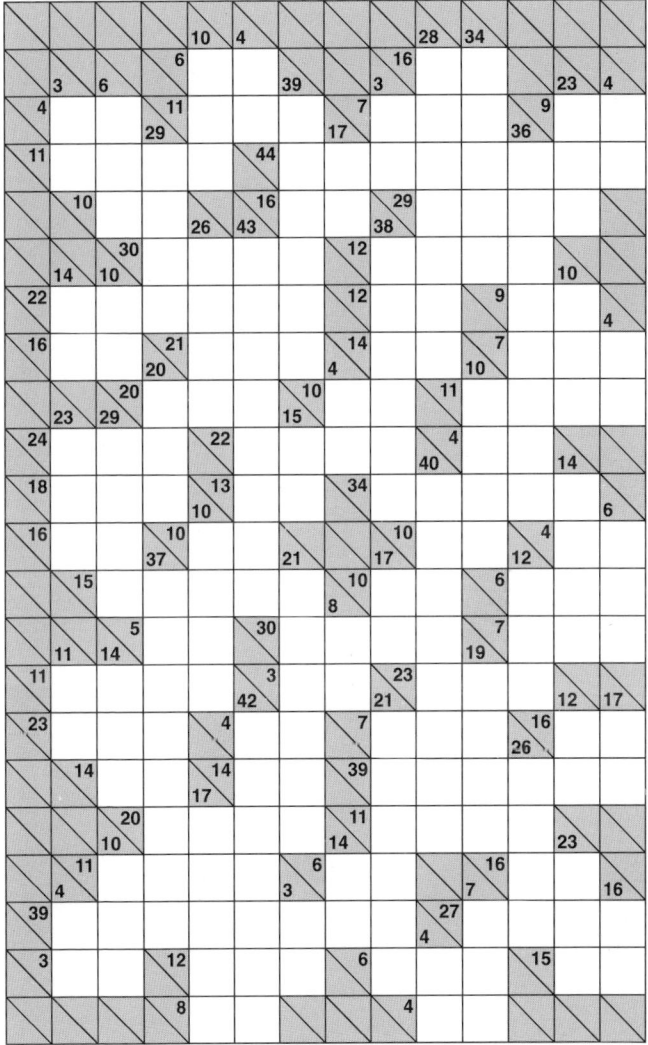

**148**

**PREMIUM**_13×21

# Super **Kakuro**

## 149

**PREMIUM**_13×21

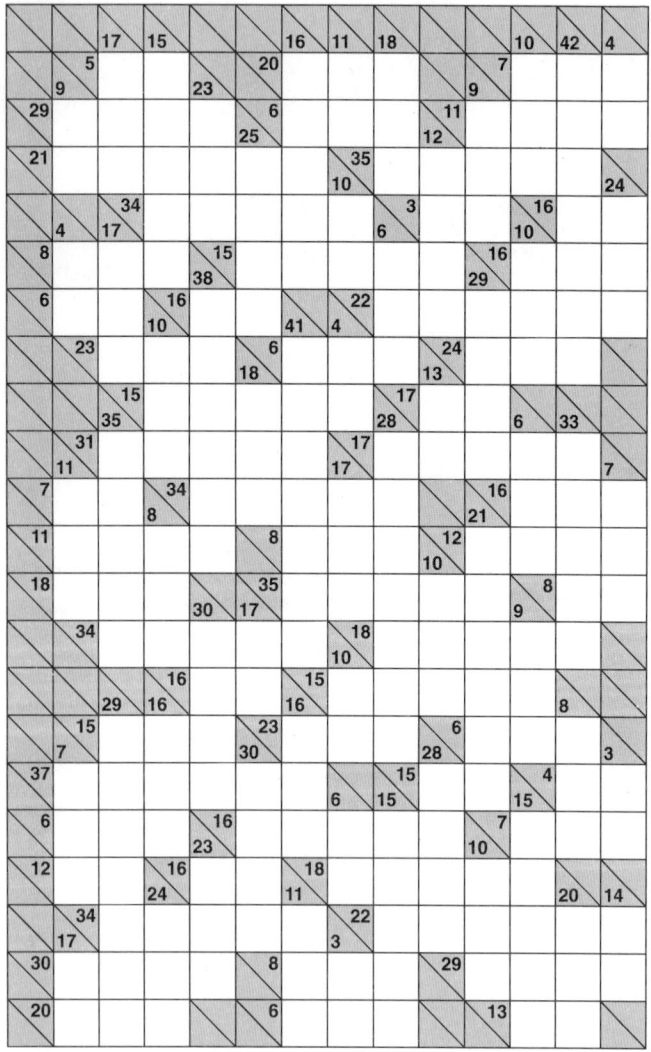

# Super **Kakuro**

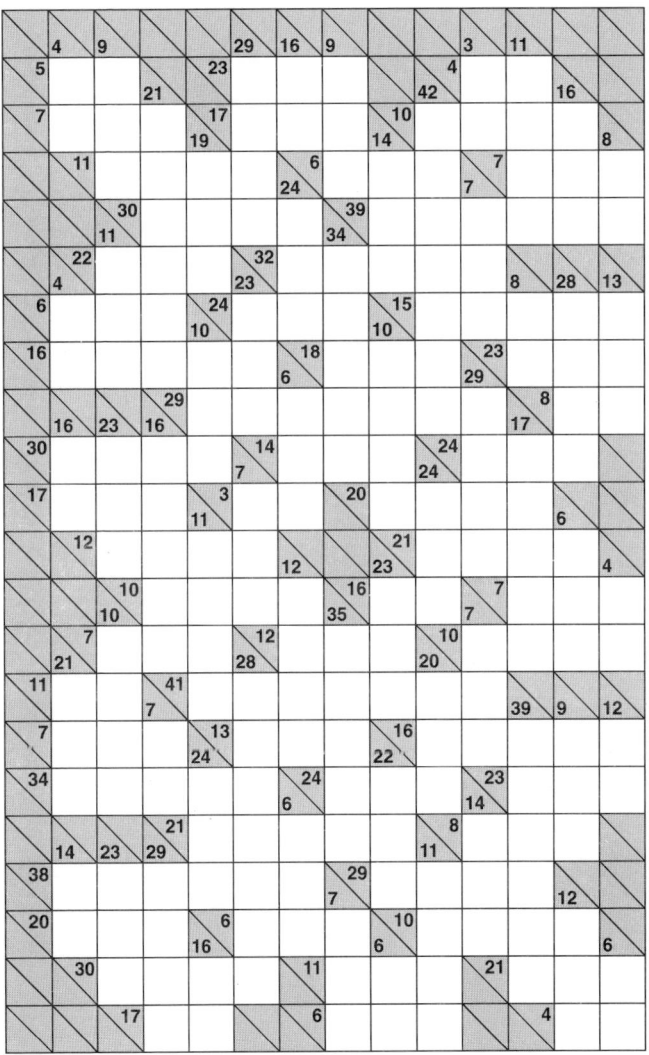

**150**

PREMIUM_13×21

# Super **Kakuro**

## 151

**PREMIUM**_13×21

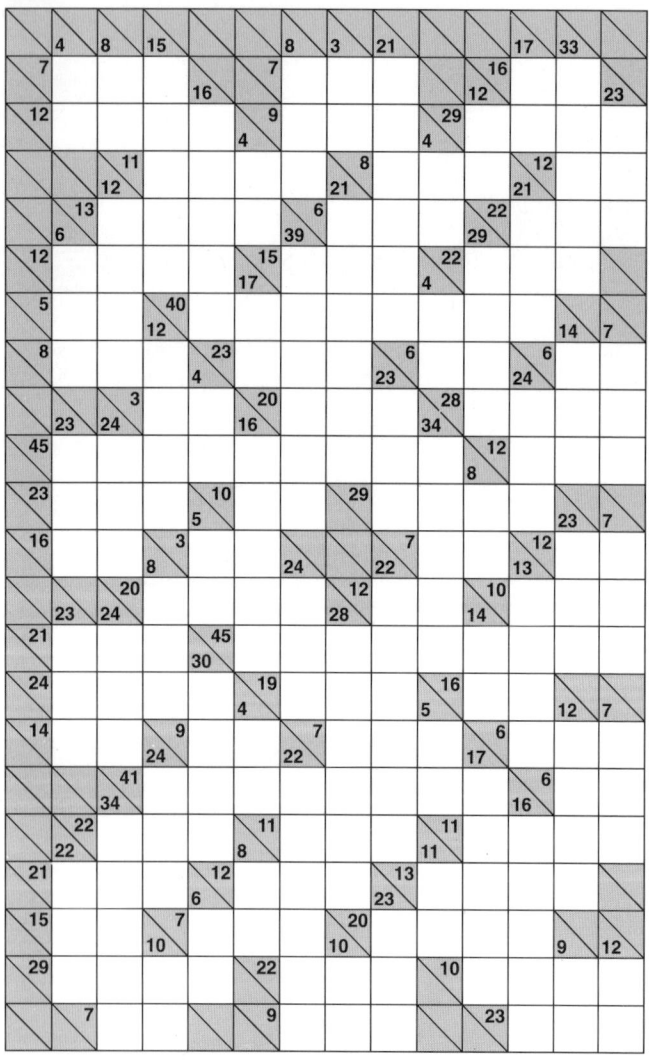

# Super **Kakuro**

## 152

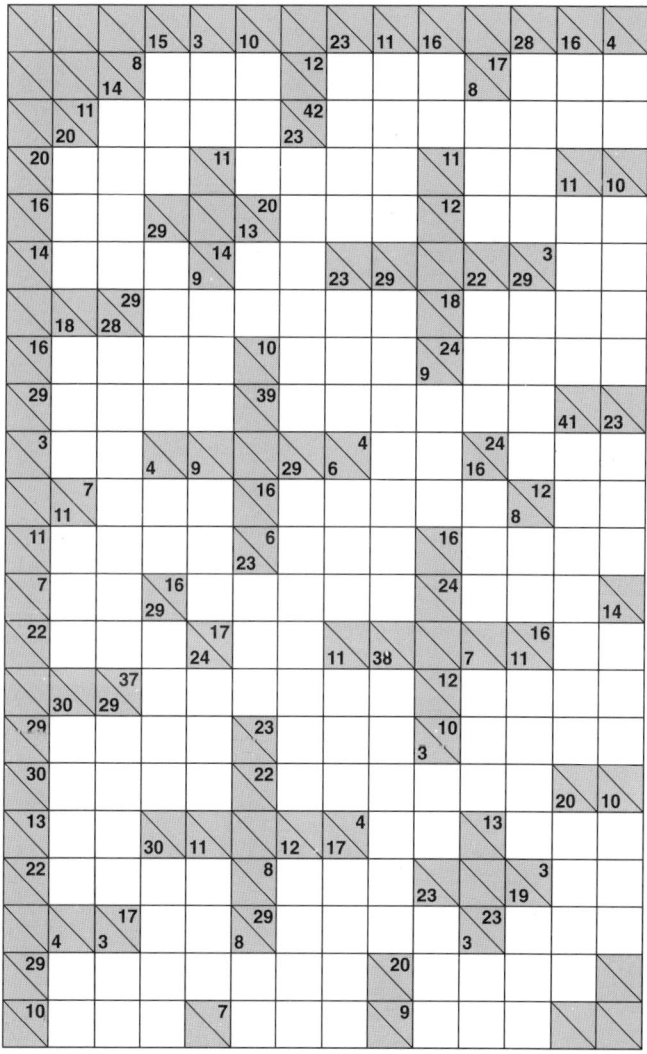

# Super **Kakuro**

## 153

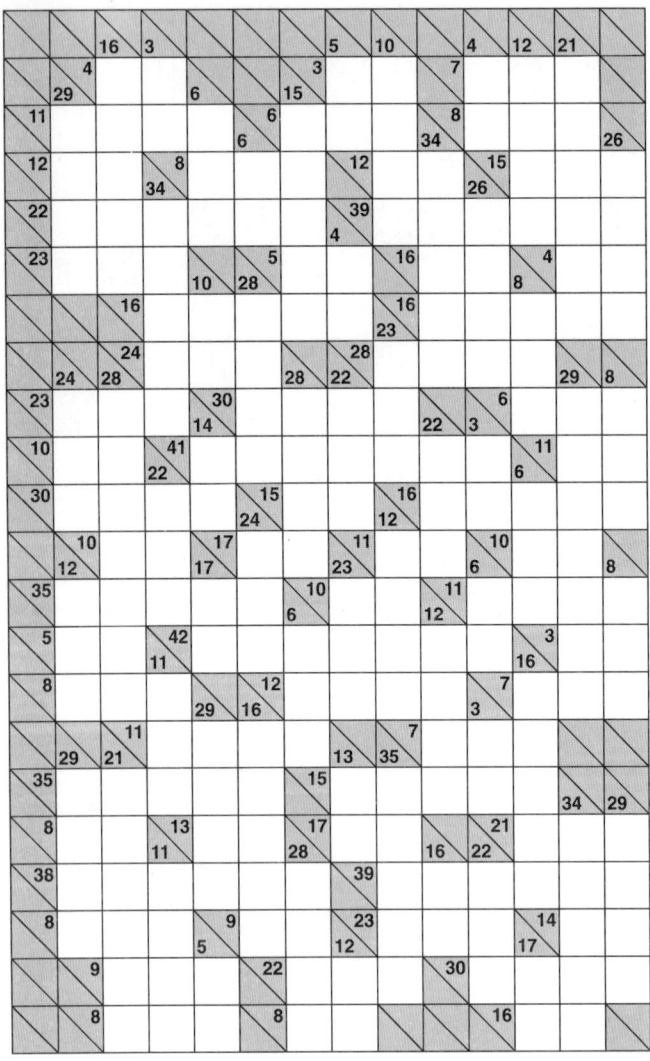

# Super **Kakuro**

**154**

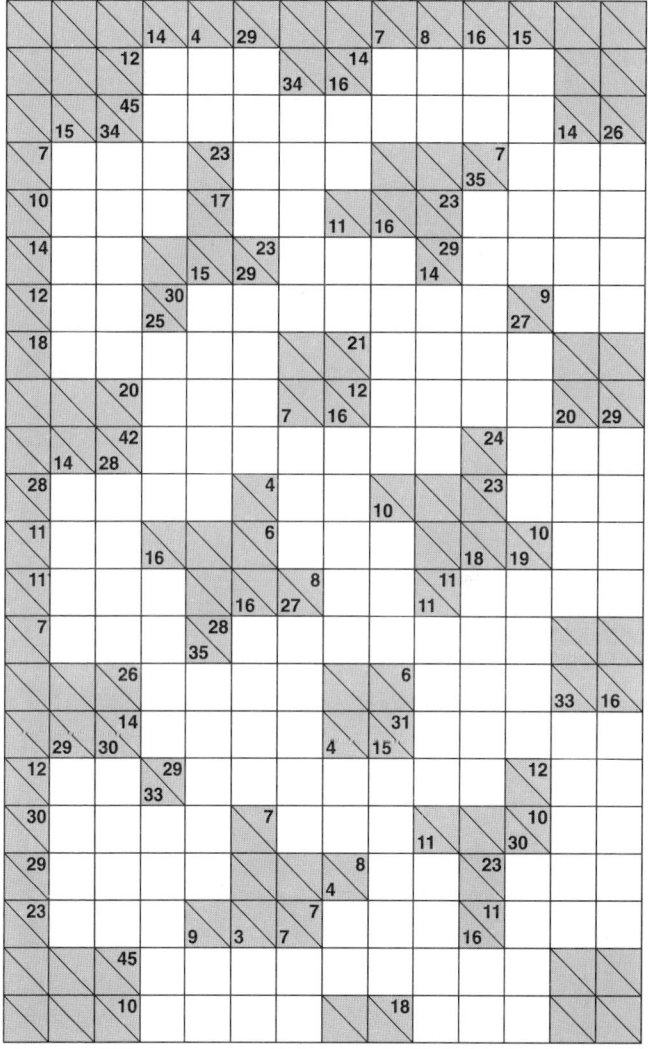

# Super **Kakuro**

## 155

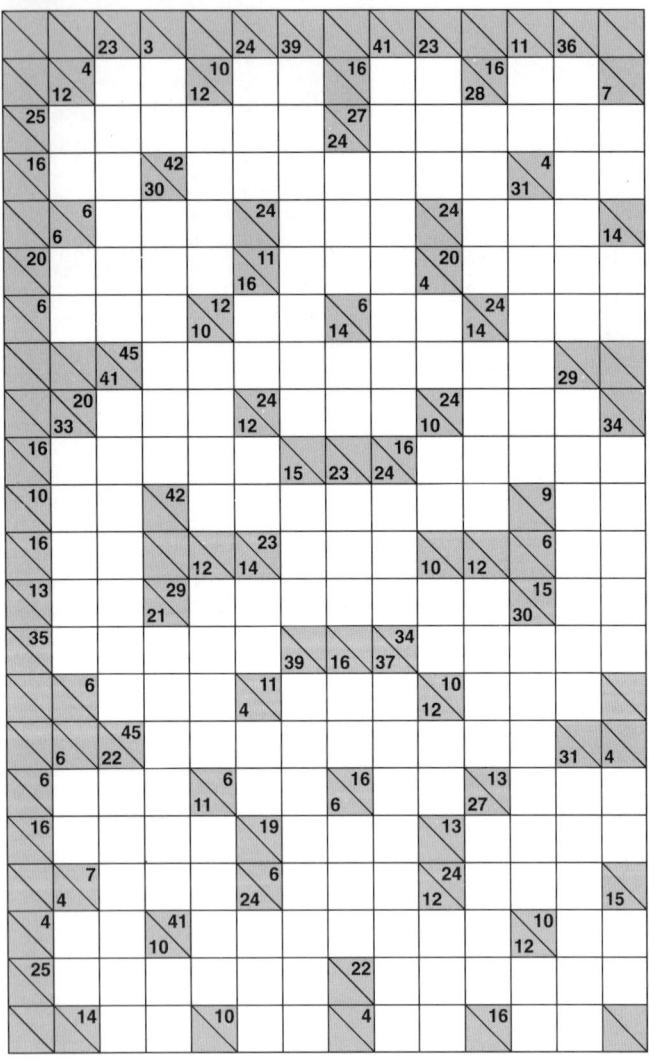

# Super **Kakuro**

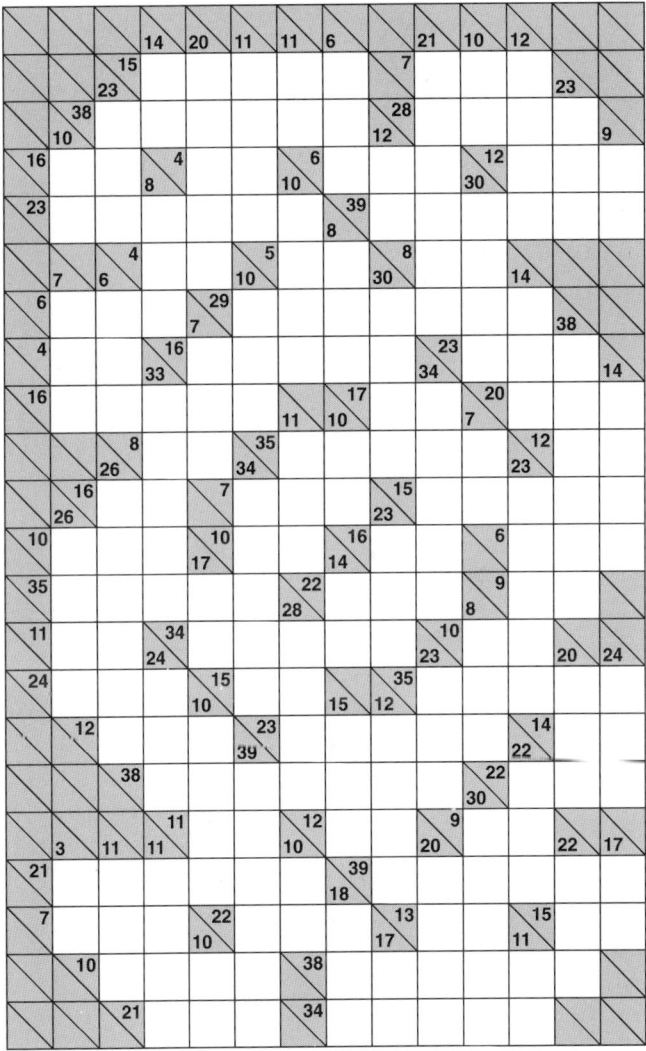

## 156

PREMIUM_13×21

# Super **Kakuro**

## 157

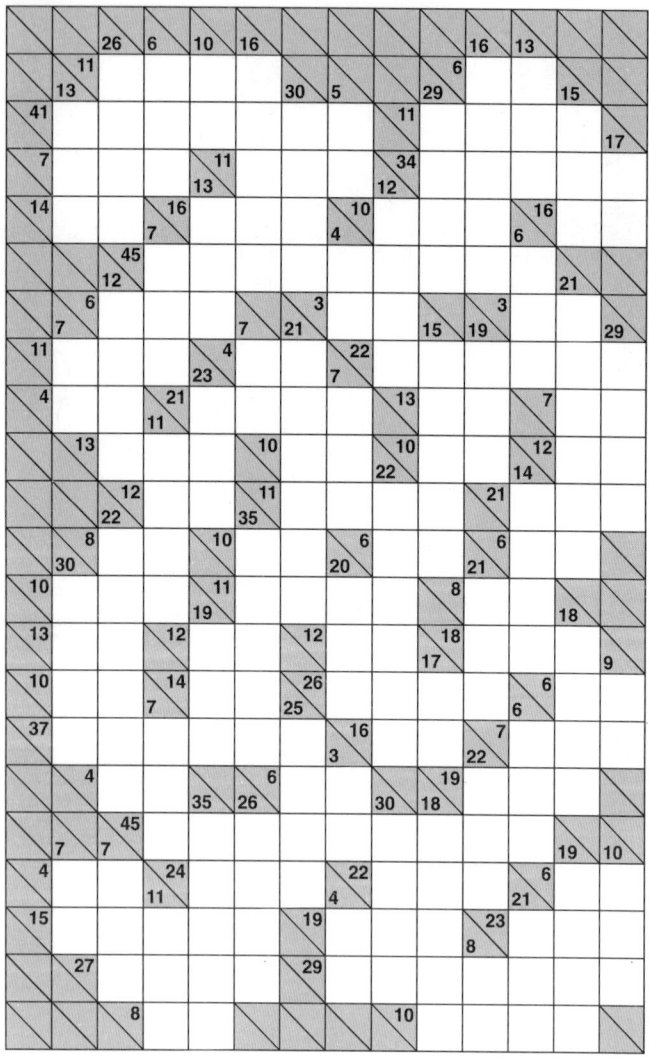

PREMIUM_13×21

# Super **Kakuro**

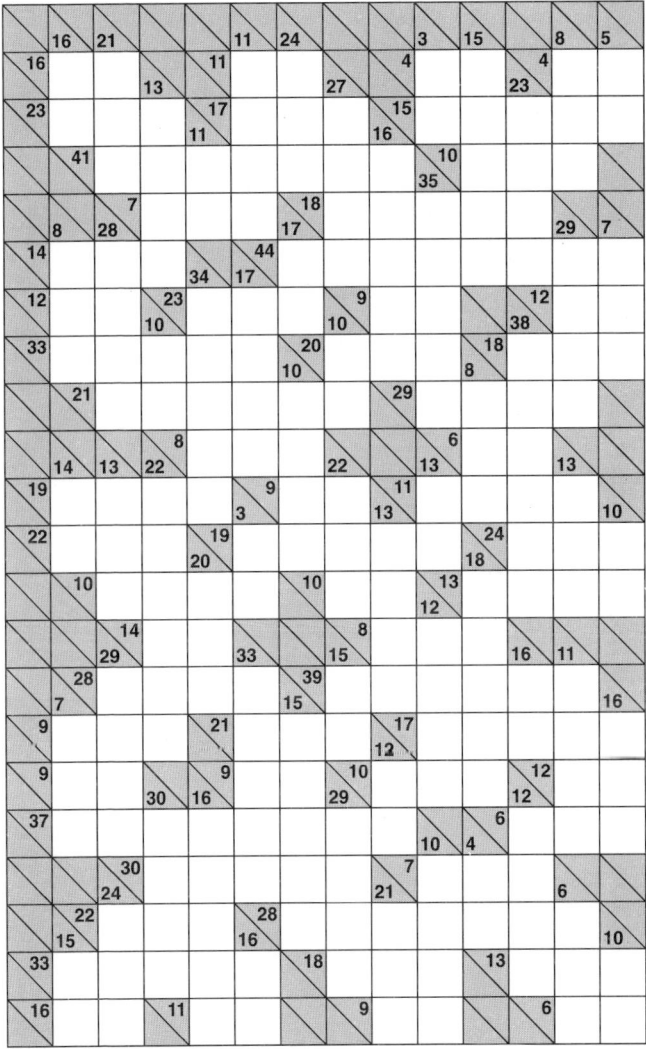

## 158

**PREMIUM**_13×21

# Super **Kakuro**

## 159

PREMIUM_ 13×21

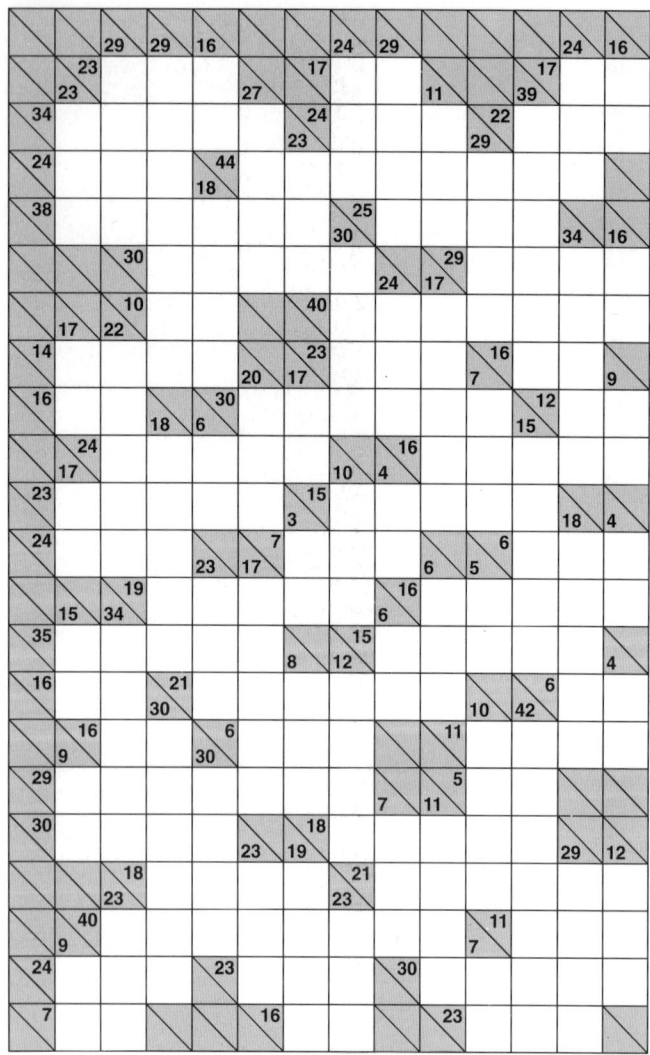

# Super **Kakuro**

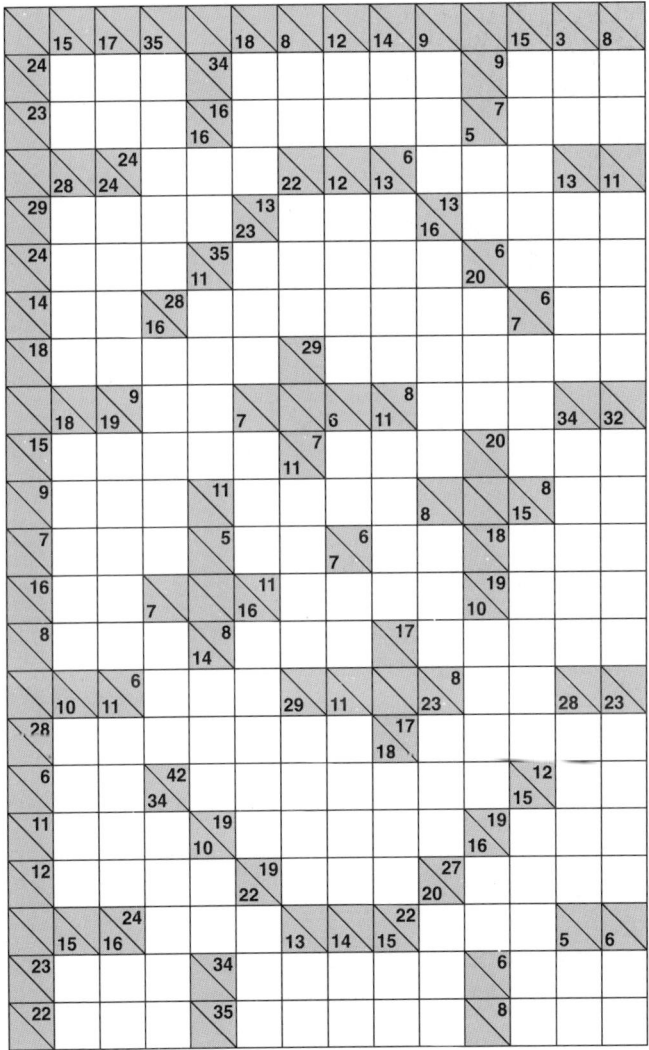

**160**

PREMIUM_13×21

# Super **Kakuro**

## 161

**PREMIUM**_13×21

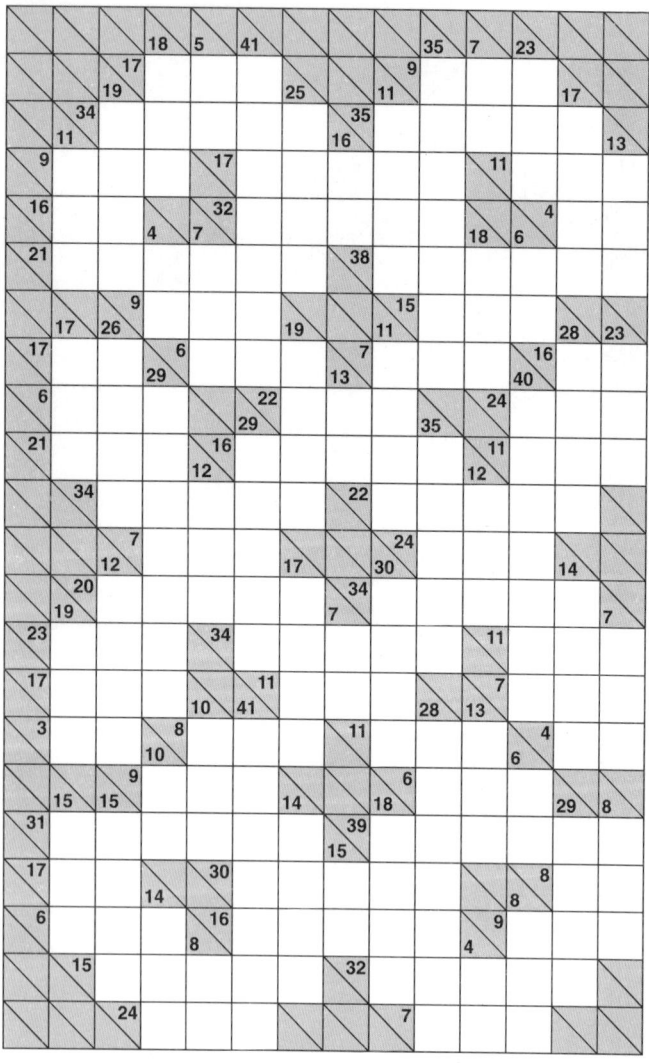

# Super **Kakuro**

## 162

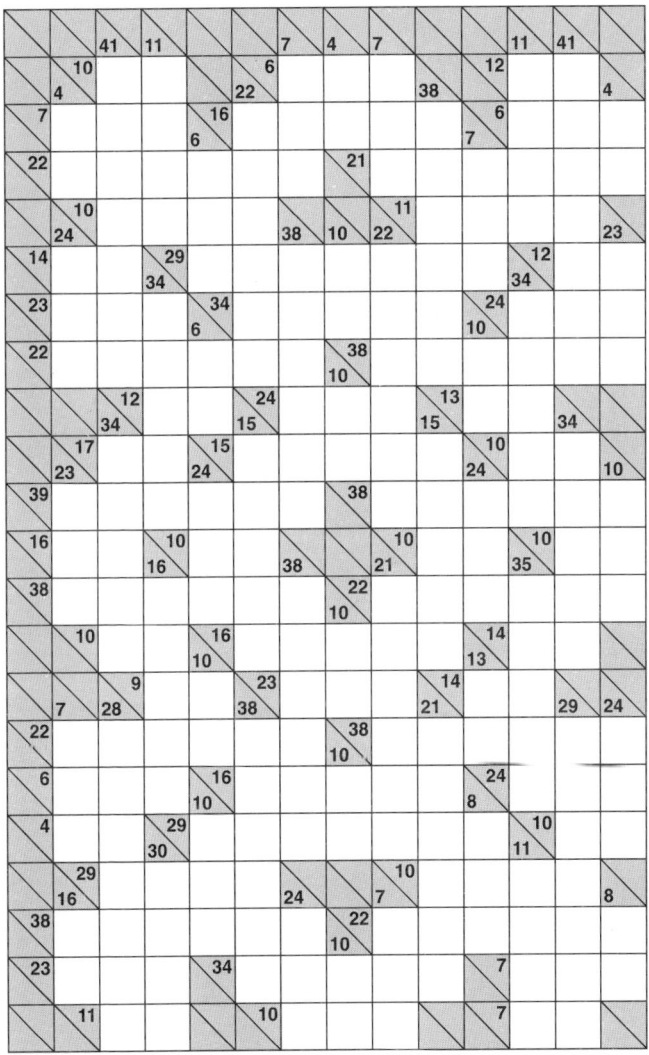

# Super **Kakuro**

## 163

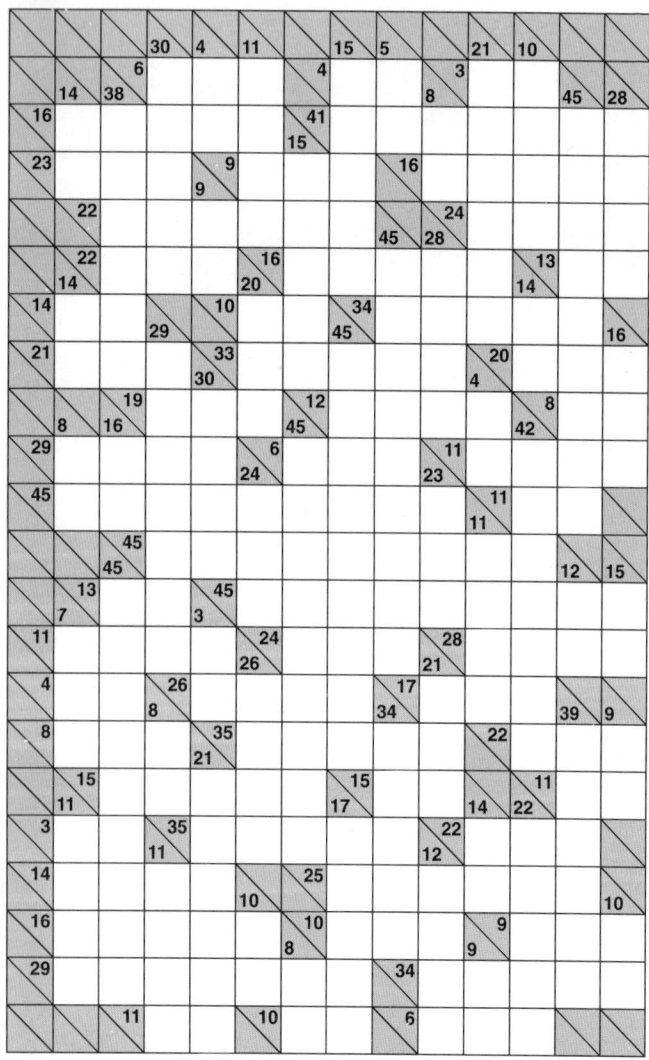

# Super **Kakuro**

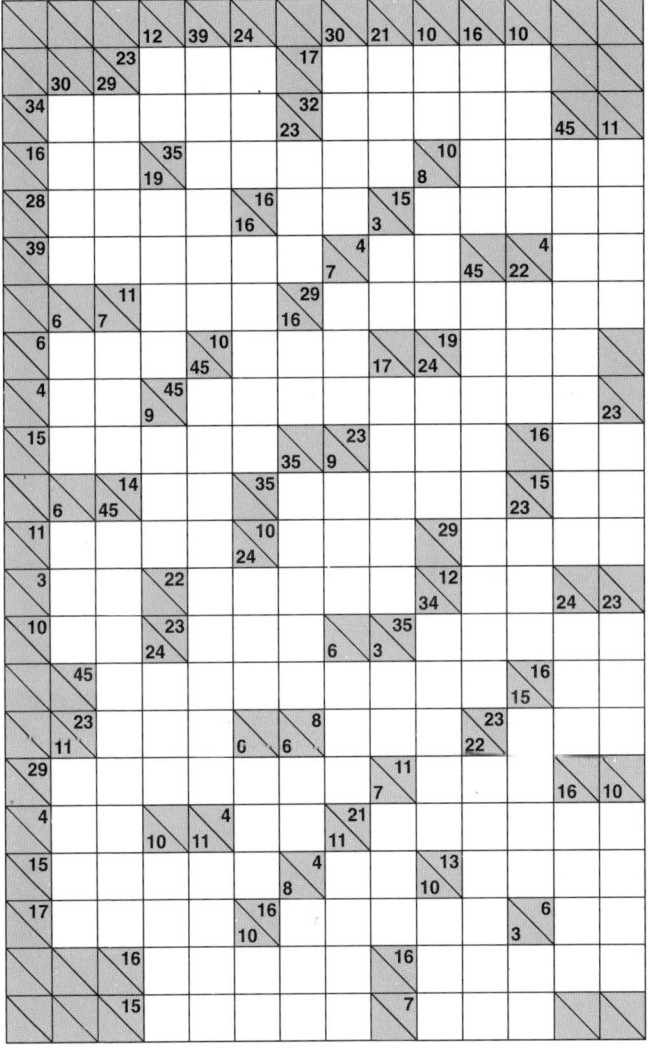

## 164

**PREMIUM**_13×21

# Super **Kakuro**

## 165

PREMIUM_13×21

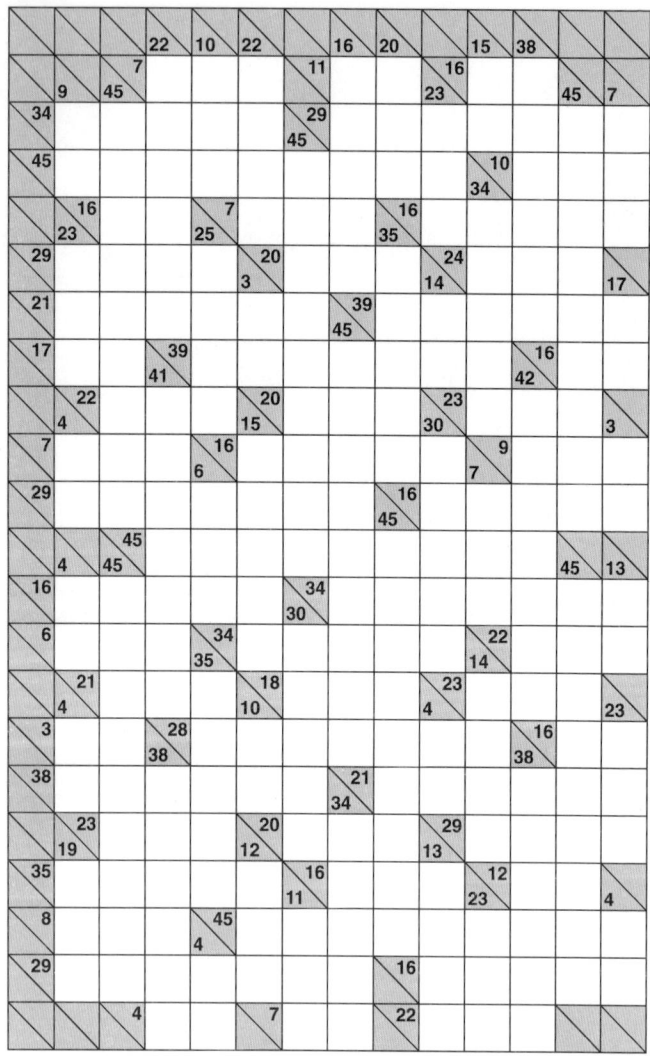

# Super **Kakuro**

## 166

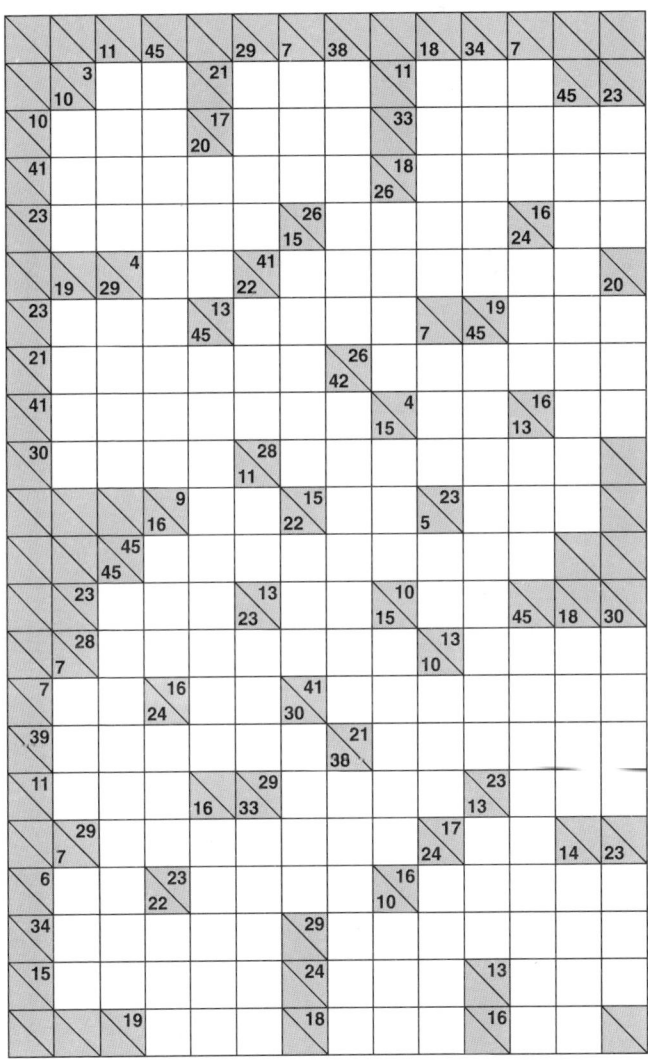

# Super **Kakuro**

## 167

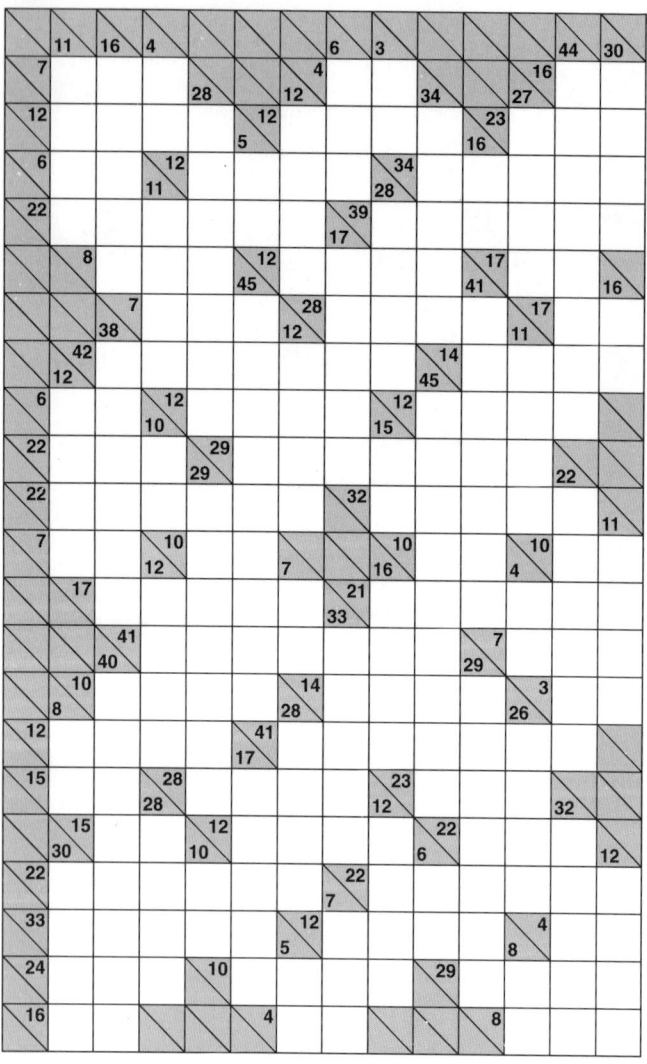

# Super **Kakuro**

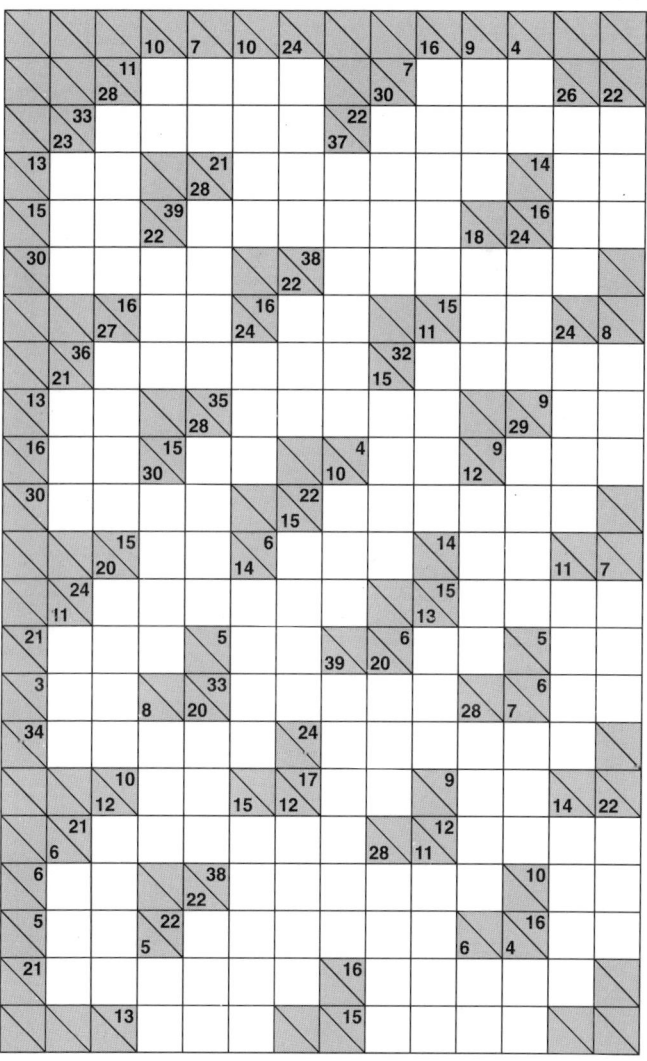

## 168

| | | | | | | | | | | | | | |
|---|---|---|---|---|---|---|---|---|---|---|---|---|---|
| ■ | ■ | ■ | 10\ | 7\ | 10\ | 24\ | ■ | ■ | 16\ | 9\ | 4\ | ■ | ■ |
| ■ | ■ | 28\11 | | | | | ■ | 30\7 | | | | 26\ | 22\ |
| ■ | 23\33 | | | | | | 37\22 | | | | | | |
| \13 | | | ■ | 28\21 | | | | | | | \14 | | |
| \15 | | | 22\39 | | | | | | | 18\ | 24\16 | | |
| \30 | | | | | ■ | 22\38 | | | | | | | ■ |
| ■ | ■ | 27\16 | | | 24\16 | | | ■ | 11\15 | | | 24\ | 8\ |
| ■ | 21\36 | | | | | | | 15\32 | | | | | |
| \13 | | | ■ | 28\35 | | | | | | ■ | 29\9 | | |
| \16 | | | 30\15 | | | ■ | 10\4 | | | 12\9 | | | |
| \30 | | | | | ■ | 15\22 | | | | | | | ■ |
| ■ | ■ | 20\15 | | | 14\6 | | | | \14 | | | 11\ | 7\ |
| ■ | 11\24 | | | | | | | ■ | 13\15 | | | | |
| \21 | | | | \5 | | | 39\ | 20\6 | | | \5 | | |
| \3 | | | 8\ | 20\33 | | | | | | 28\ | 7\6 | | |
| \34 | | | | | | \24 | | | | | | | ■ |
| ■ | ■ | 12\10 | | | 15\ | 12\17 | | | \9 | | | 14\ | 22\ |
| ■ | 6\21 | | | | | | | 28\ | 11\12 | | | | |
| \6 | | | ■ | 22\38 | | | | | | | \10 | | |
| \5 | | | 5\22 | | | | | | | 6\ | 4\16 | | |
| \21 | | | | | | | \16 | | | | | | ■ |
| ■ | ■ | \13 | | | | ■ | \15 | | | | | ■ | ■ |

PREMIUM_13×21

# Super **Kakuro**

## 169

**PREMIUM**_13×21

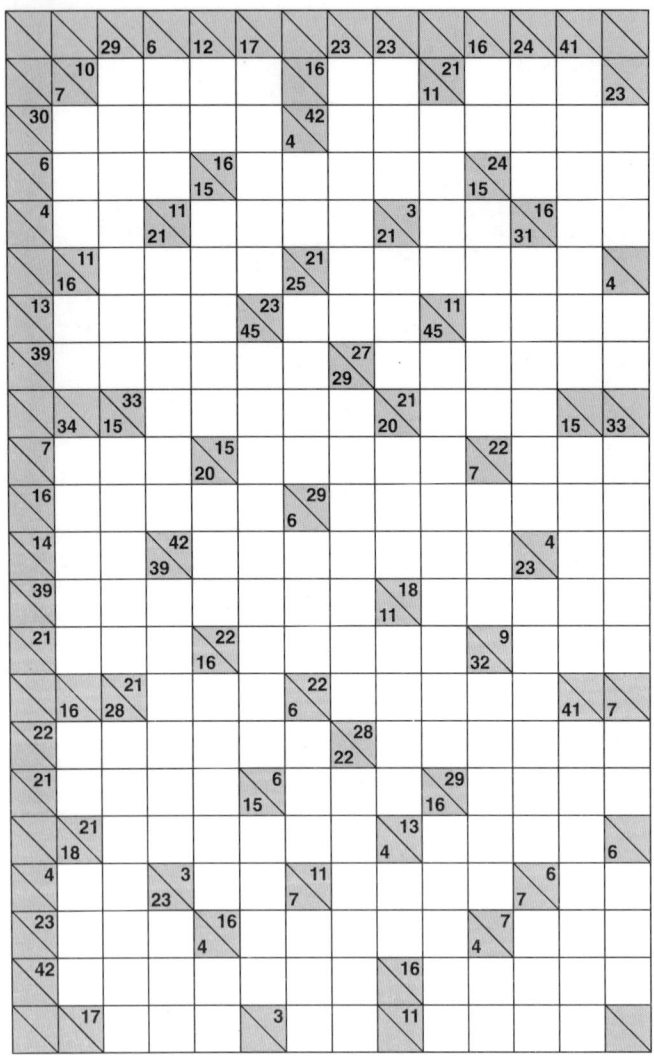

# Super **Kakuro**

## 170

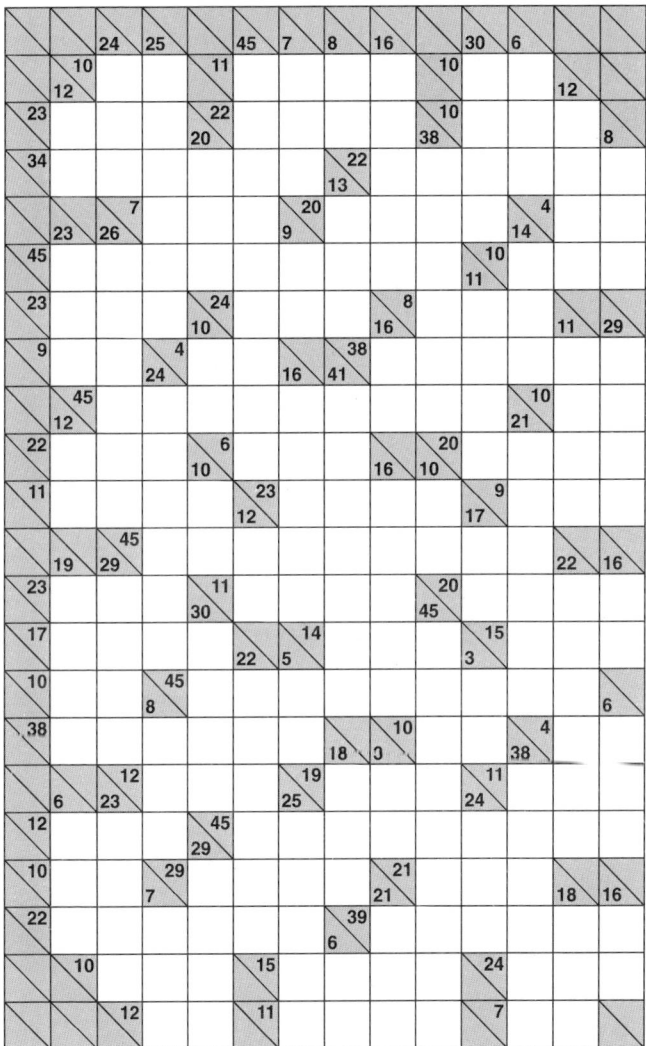

# Super **Kakuro**

## 171

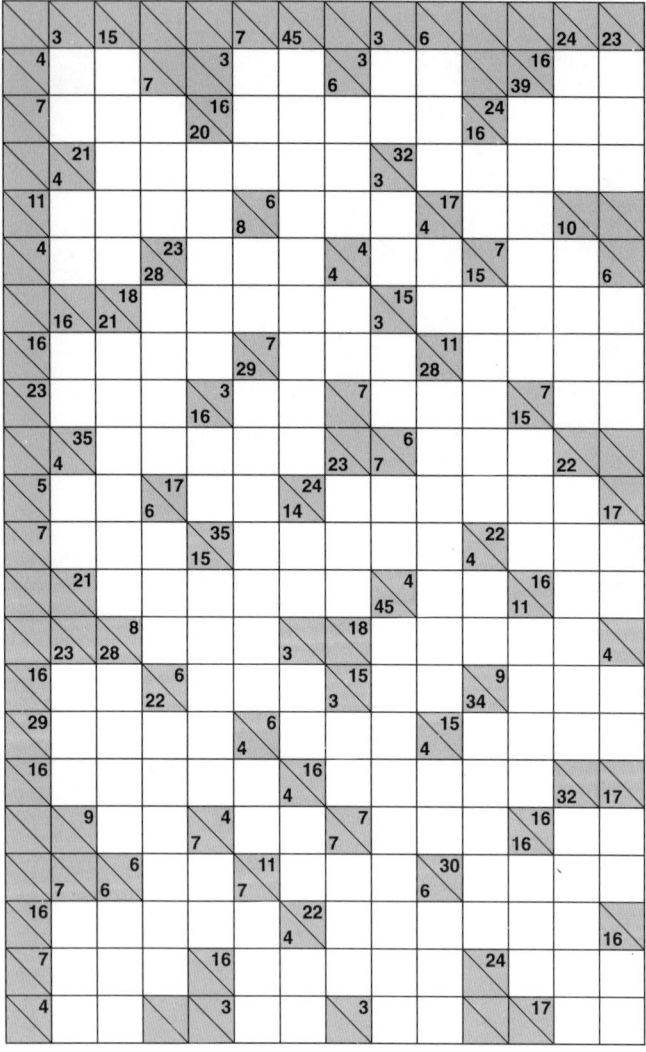

Super **Kakuro**

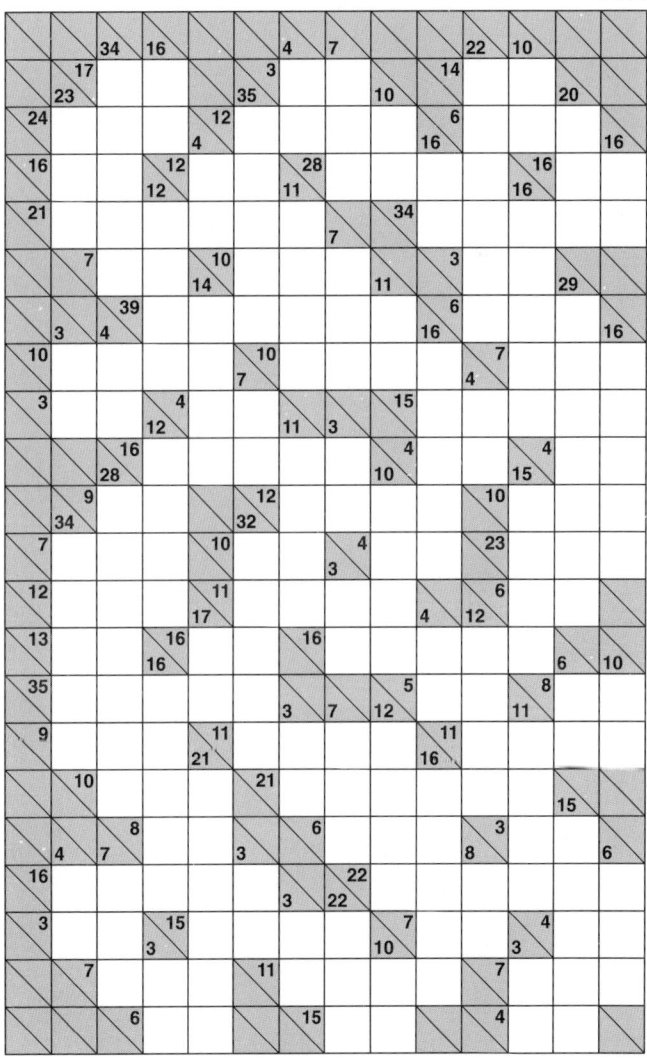

## 172

**PREMIUM**_13×21

# Super **Kakuro**

## 173

**PREMIUM**_13×21

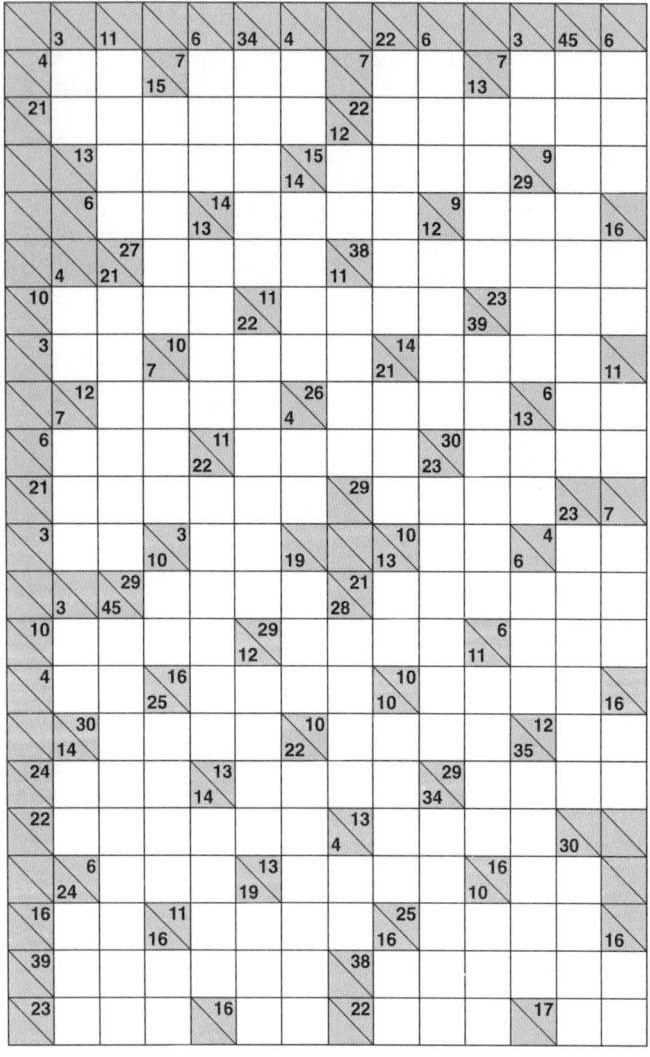

# Super **Kakuro**

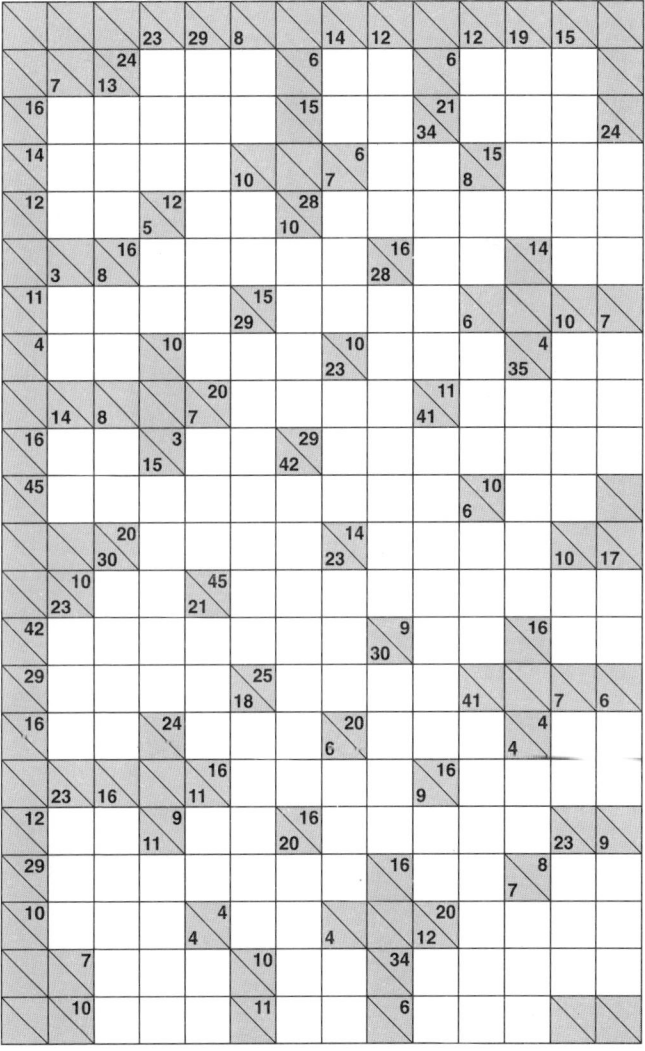

**174**

**PREMIUM**_13×21

# Super **Kakuro**

## 175

**PREMIUM**_13×21

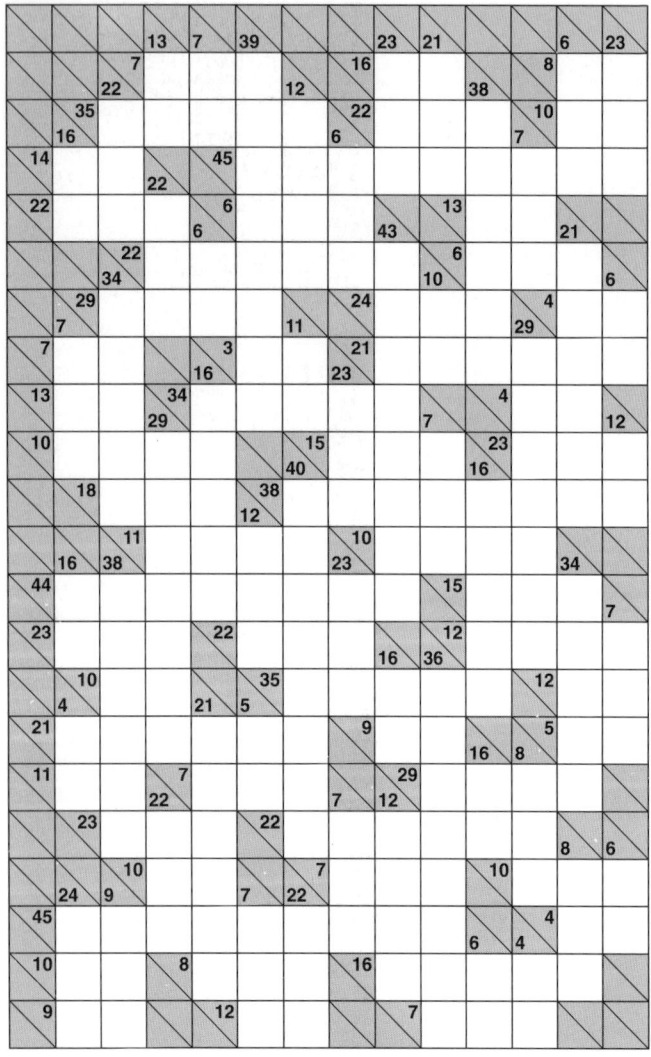

# Super **Kakuro**

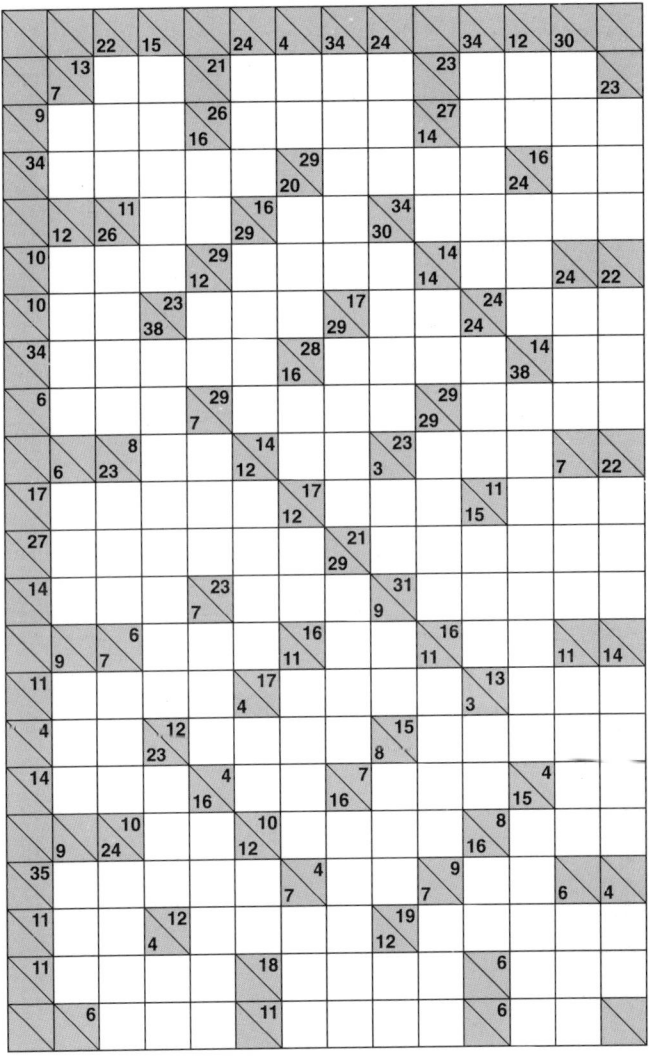

## 176

PREMIUM_13×21

# Super **Kakuro**

## 177

PREMIUM_13×21

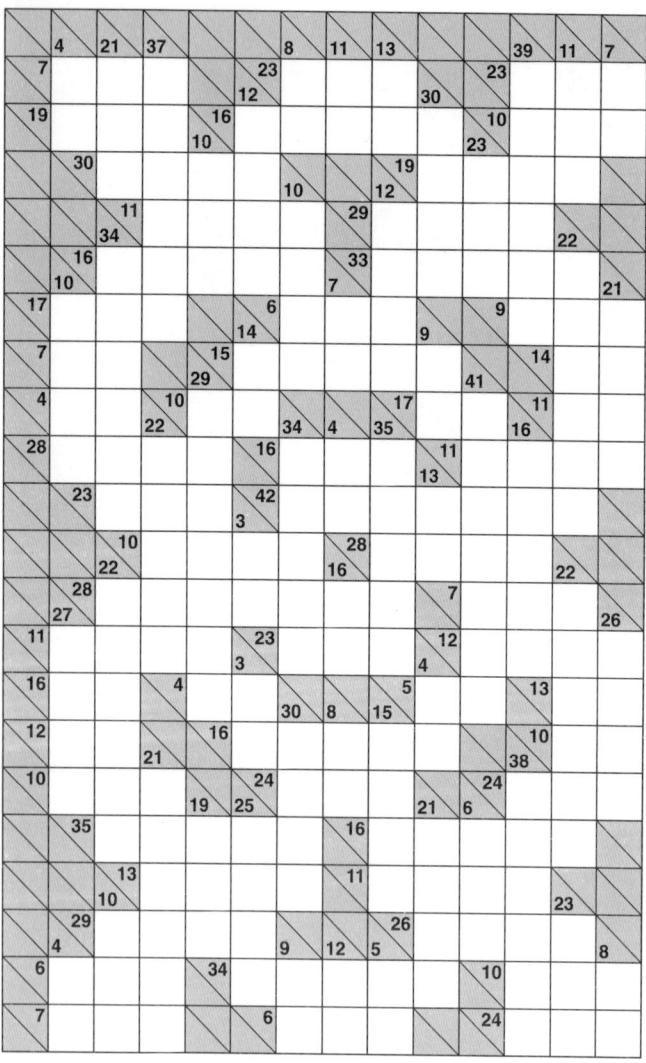

# Super **Kakuro**

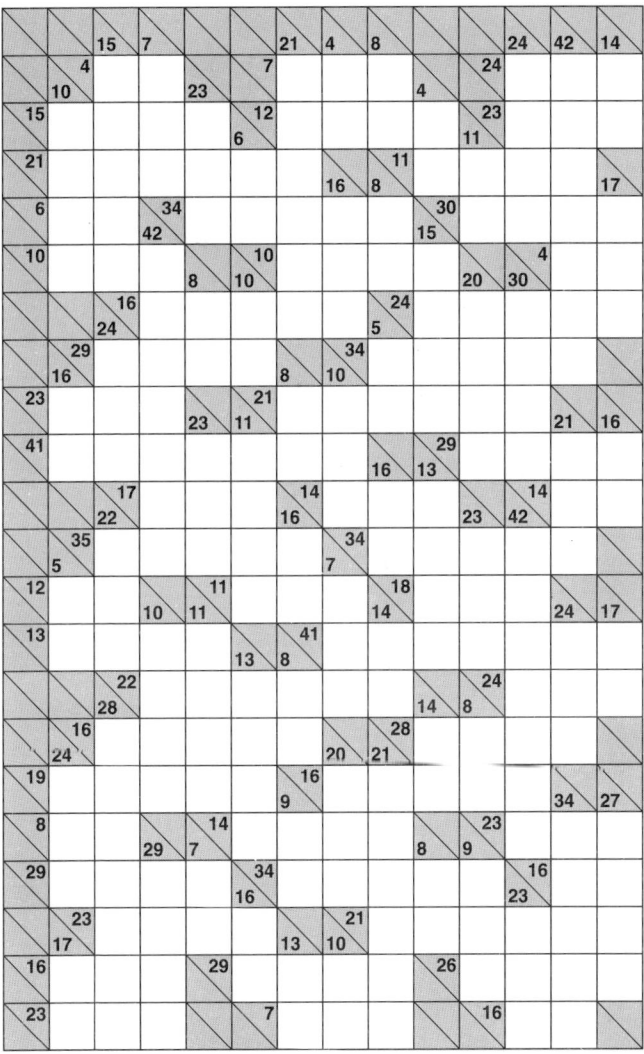

## 178

PREMIUM_13×21

# Super **Kakuro**

## 179

**PREMIUM**_13×21

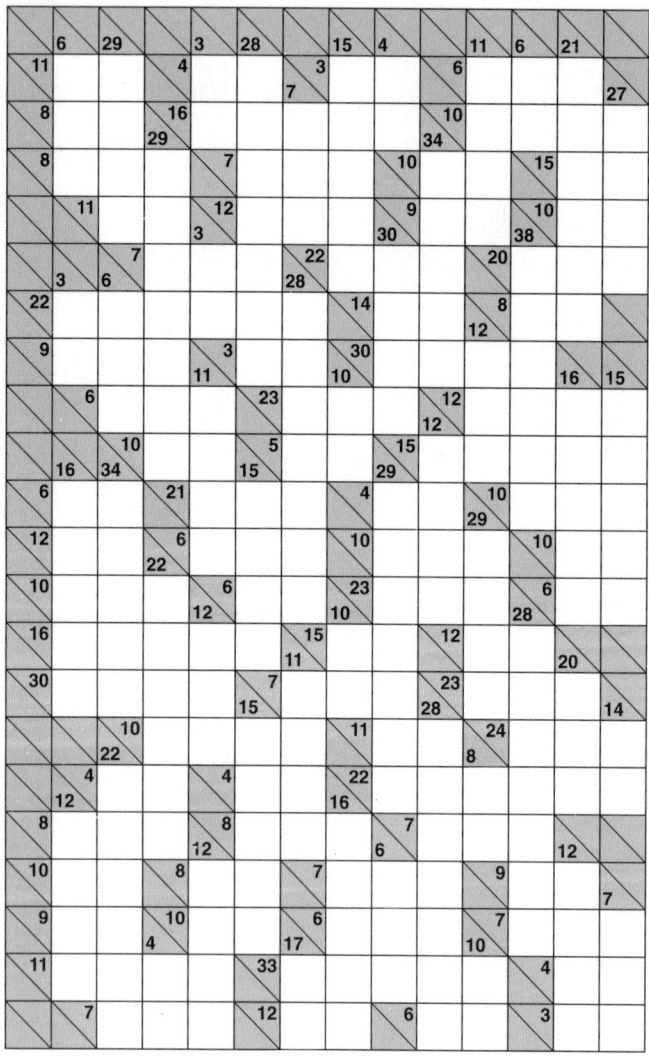

# Super **Kakuro**

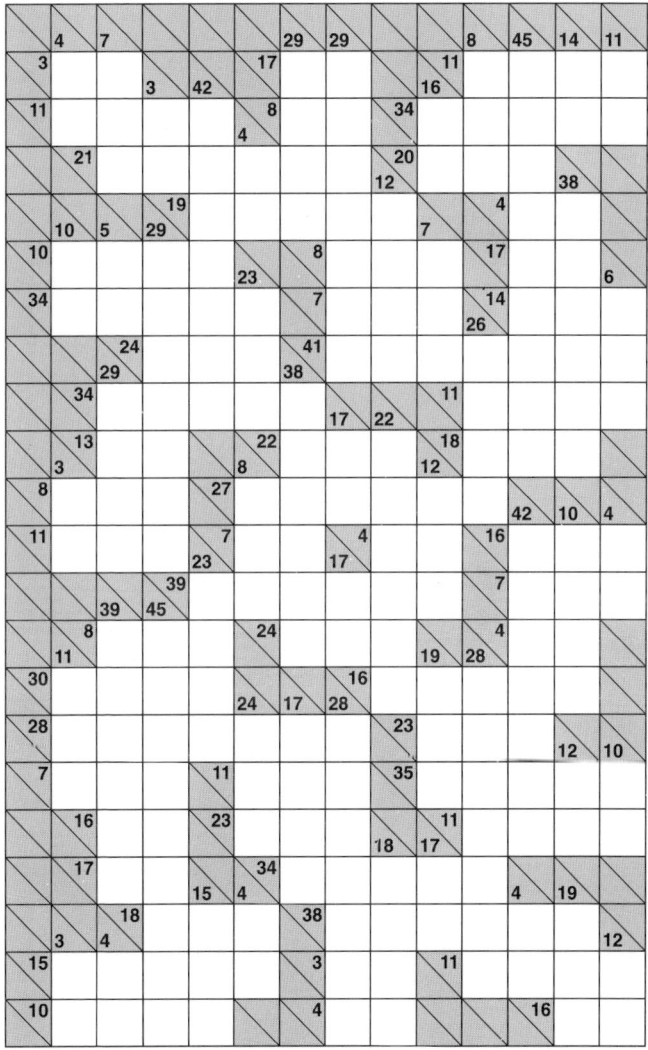

## 180

**PREMIUM**_13×21

# Super **Kakuro**

## 181

PREMIUM_ 13×21

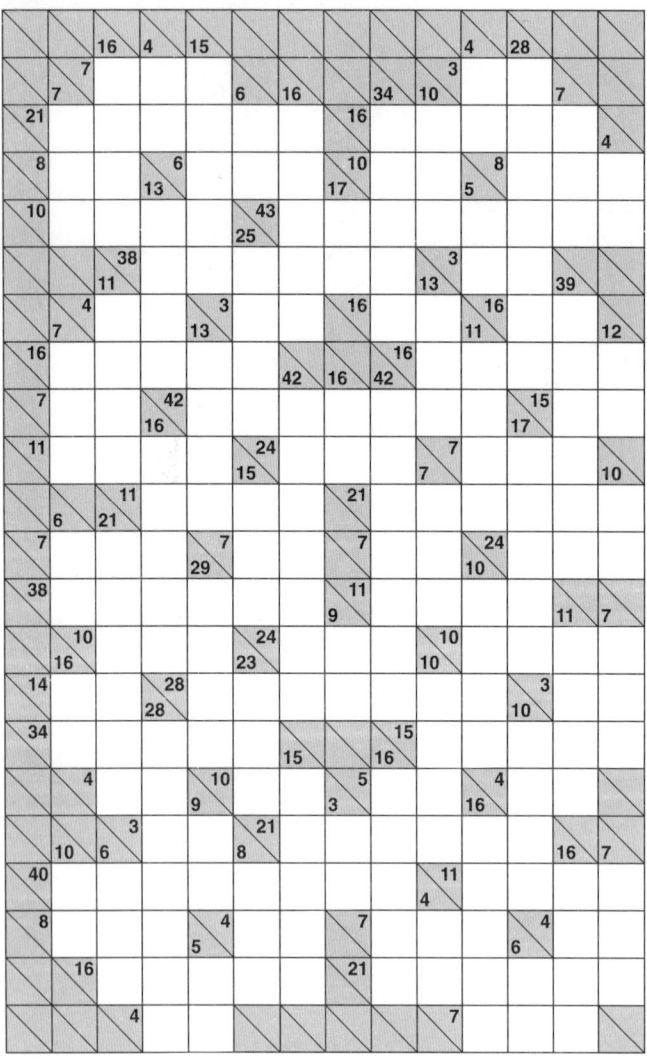

# Super **Kakuro**

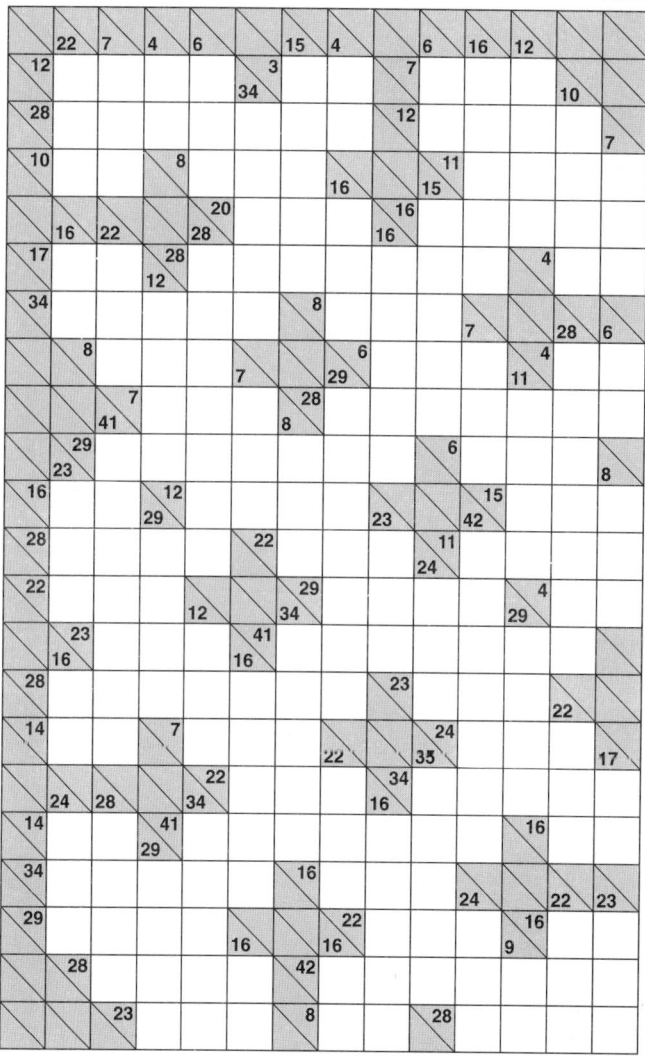

## 182

PREMIUM_13×21

# Super **Kakuro**

## 183

**PREMIUM**_13×21

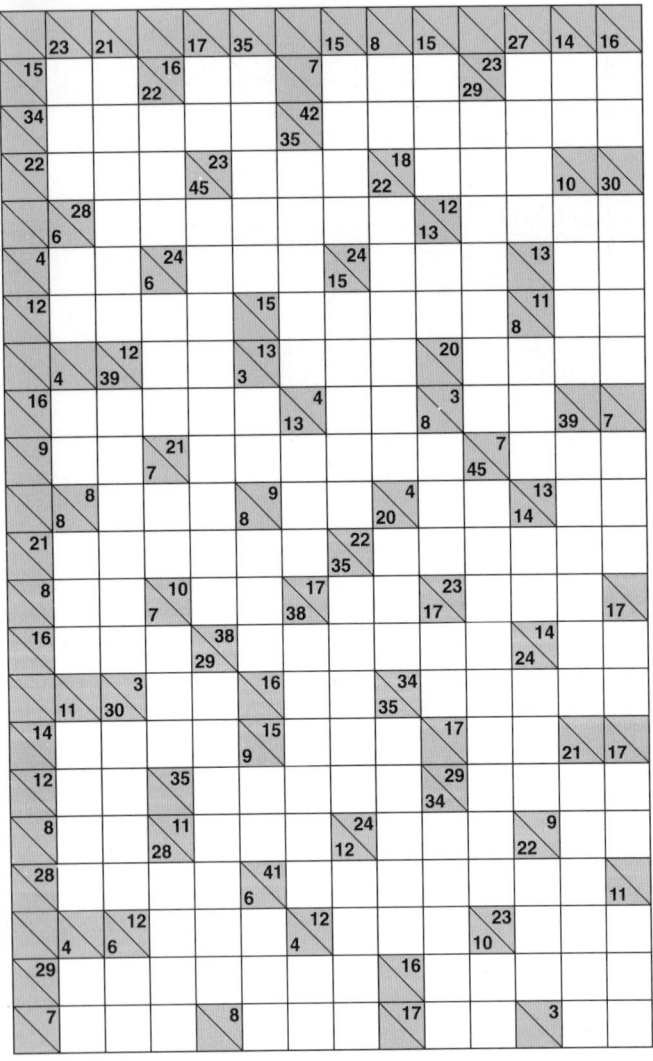

# Super **Kakuro**

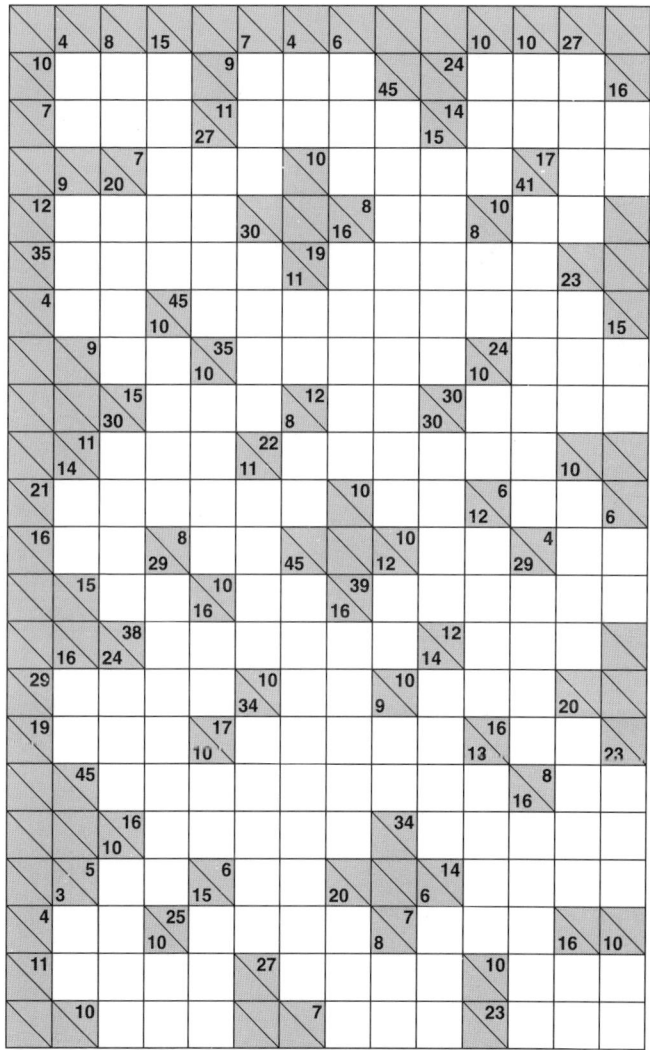

## 184

PREMIUM_ 13×21

# Super **Kakuro**

## 185

PREMIUM_13×21

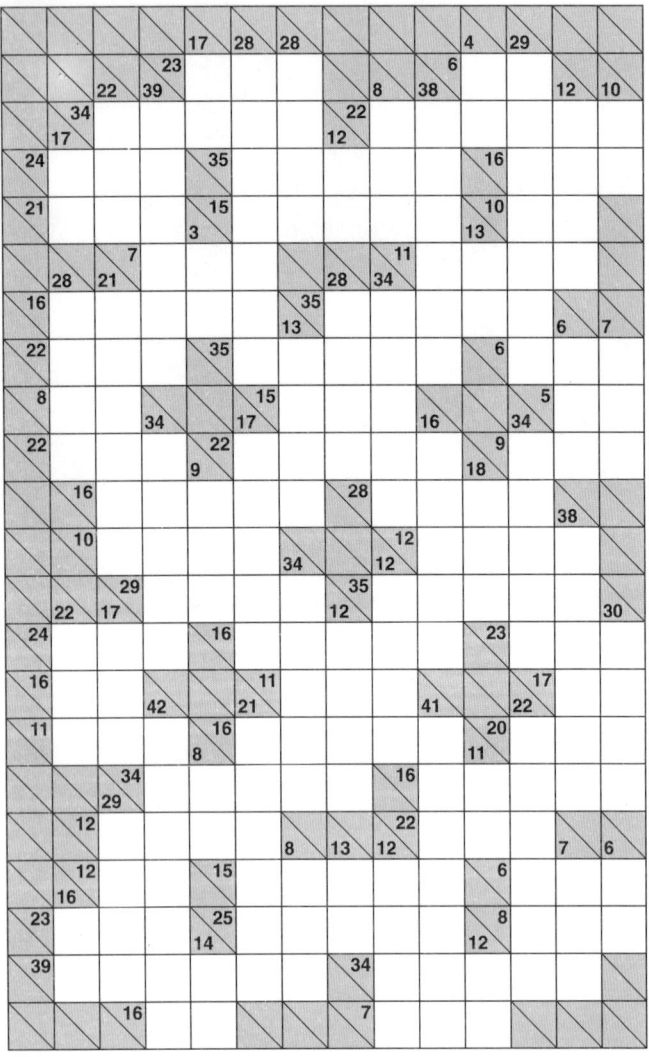

# Super **Kakuro**

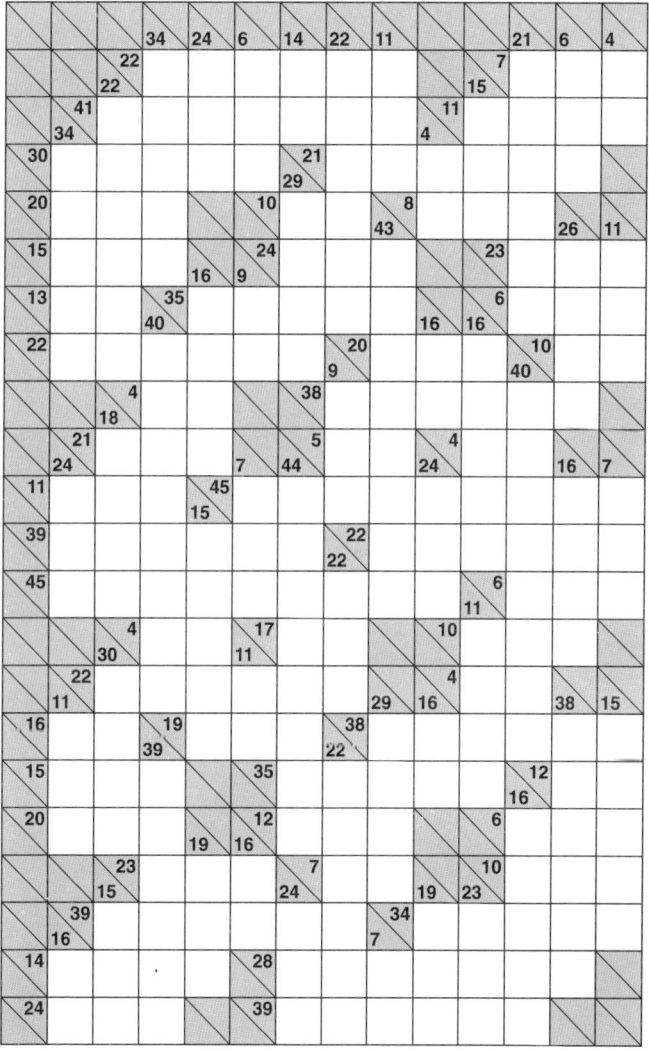

**186**

PREMIUM_13×21

# Super **Kakuro**

## 187

**PREMIUM**_13×21

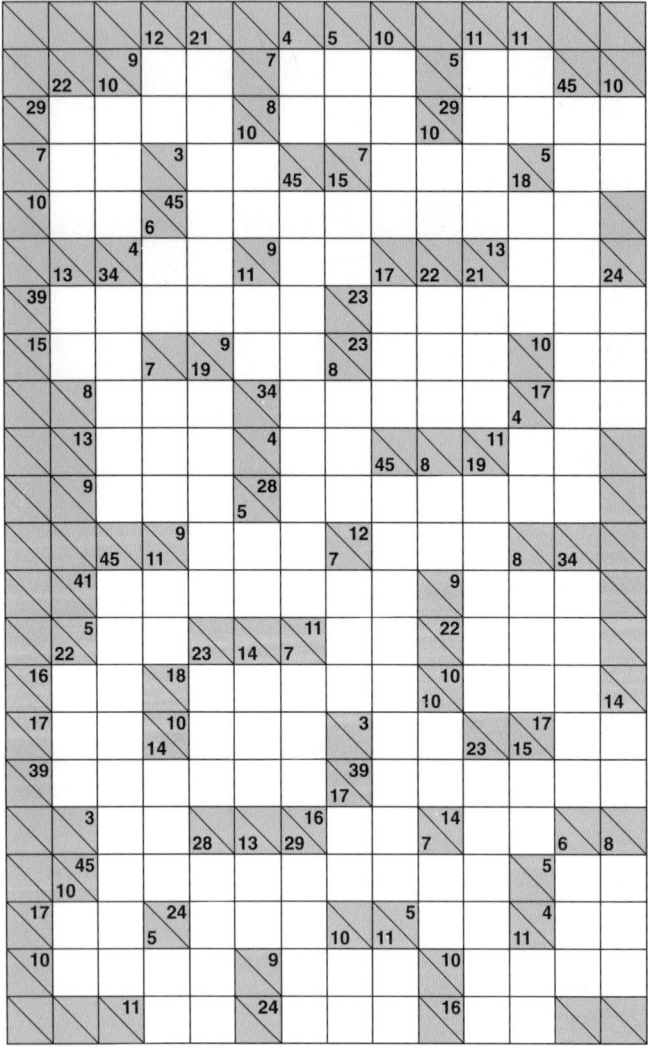

# Super **Kakuro**

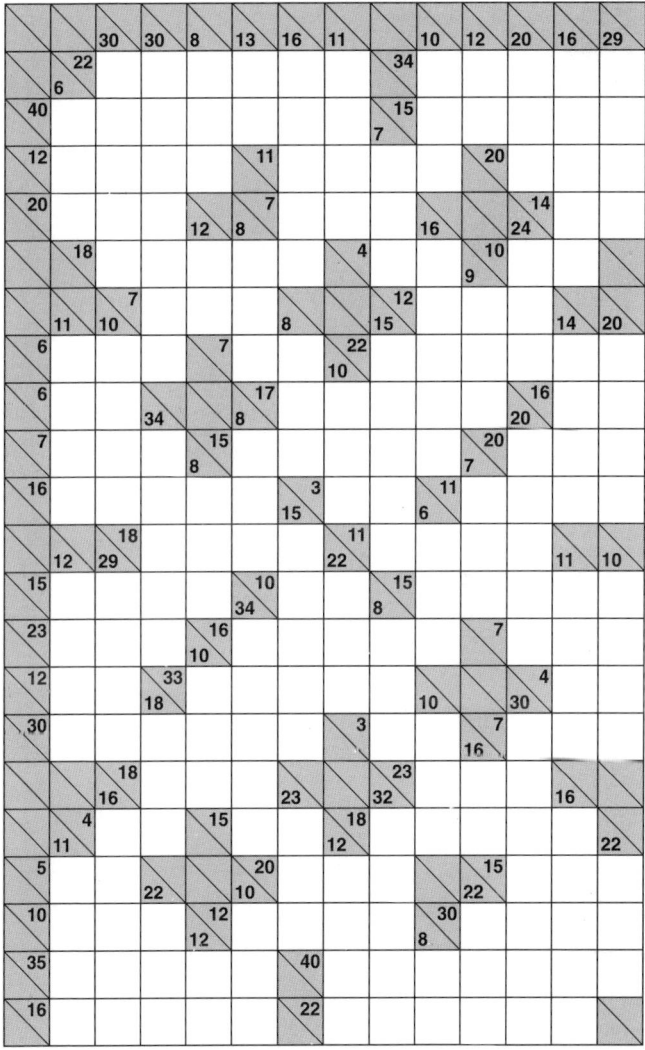

## 188

**PREMIUM**_13×21

# Super **Kakuro**

## 189

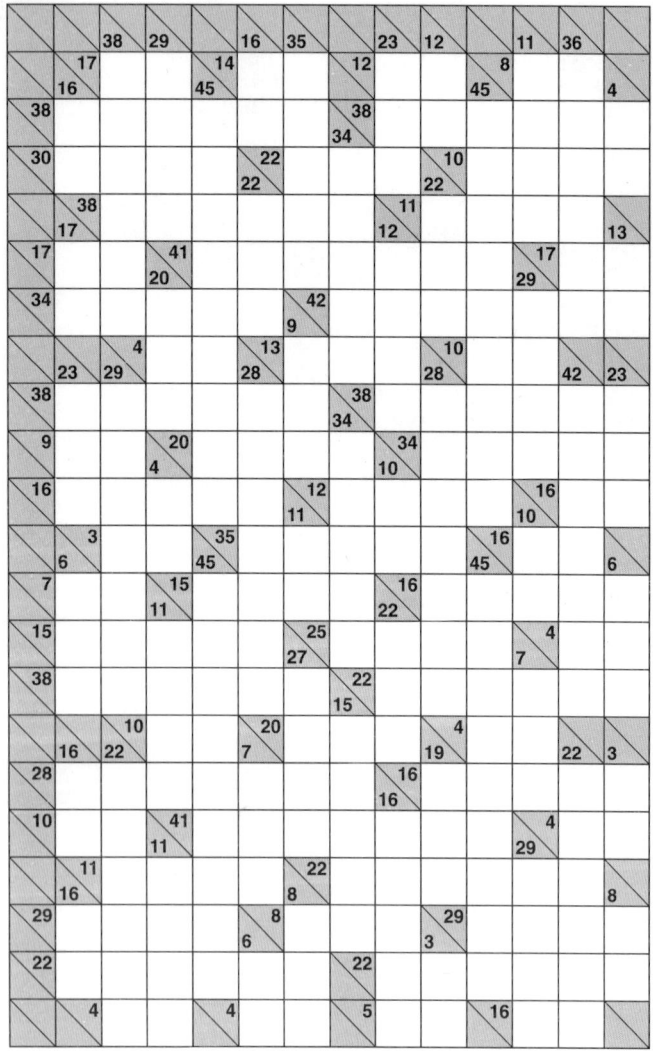

PREMIUM_13×21

# Super **Kakuro**

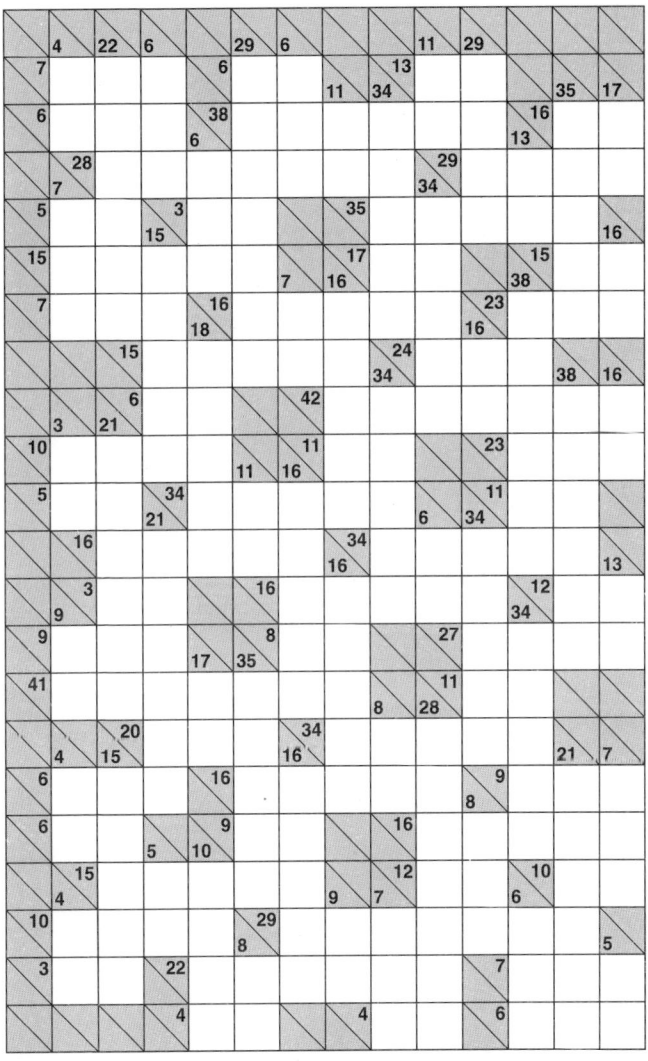

## 190

PREMIUM_13×21

# Super **Kakuro**

## 191

**PREMIUM**_13×21

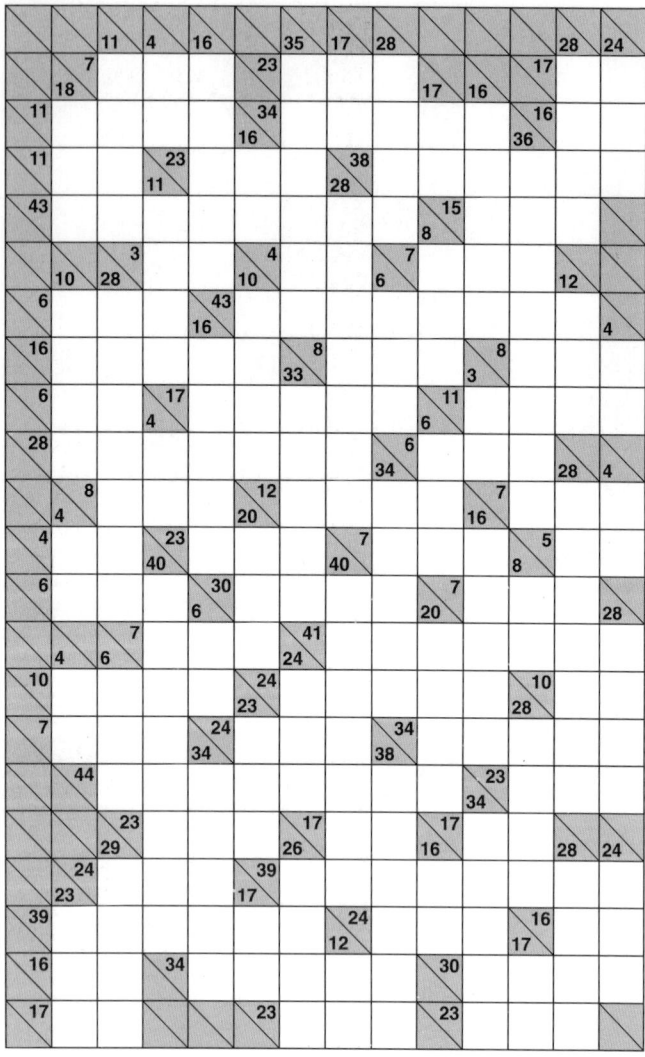

# Super **Kakuro**

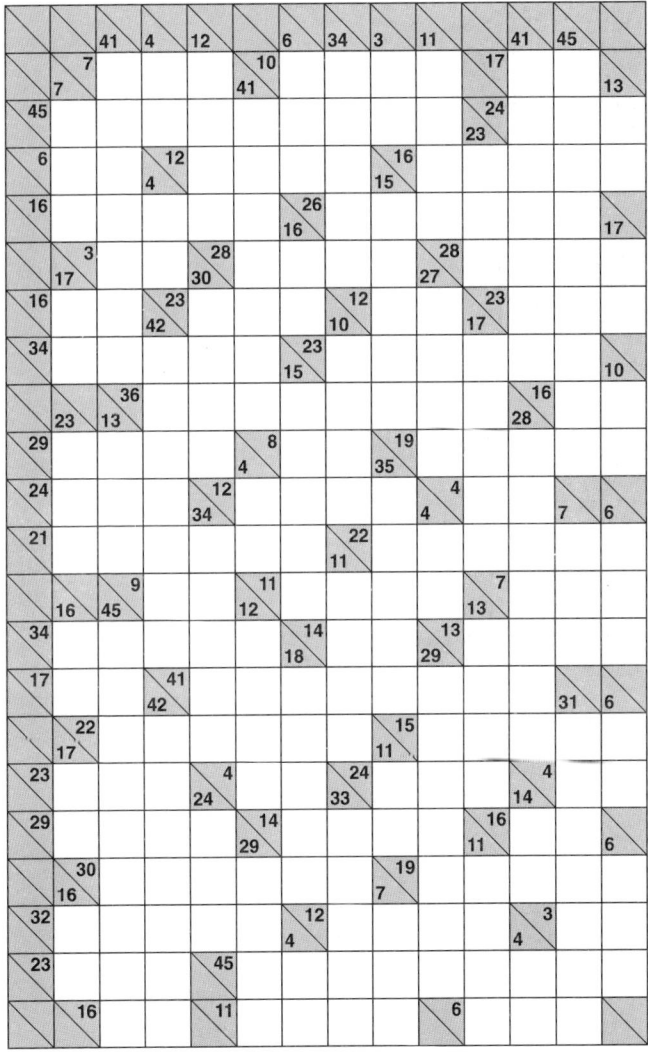

**192**

**PREMIUM**_13×21

# Super **Kakuro**

## 193

**PREMIUM**_ 13×21

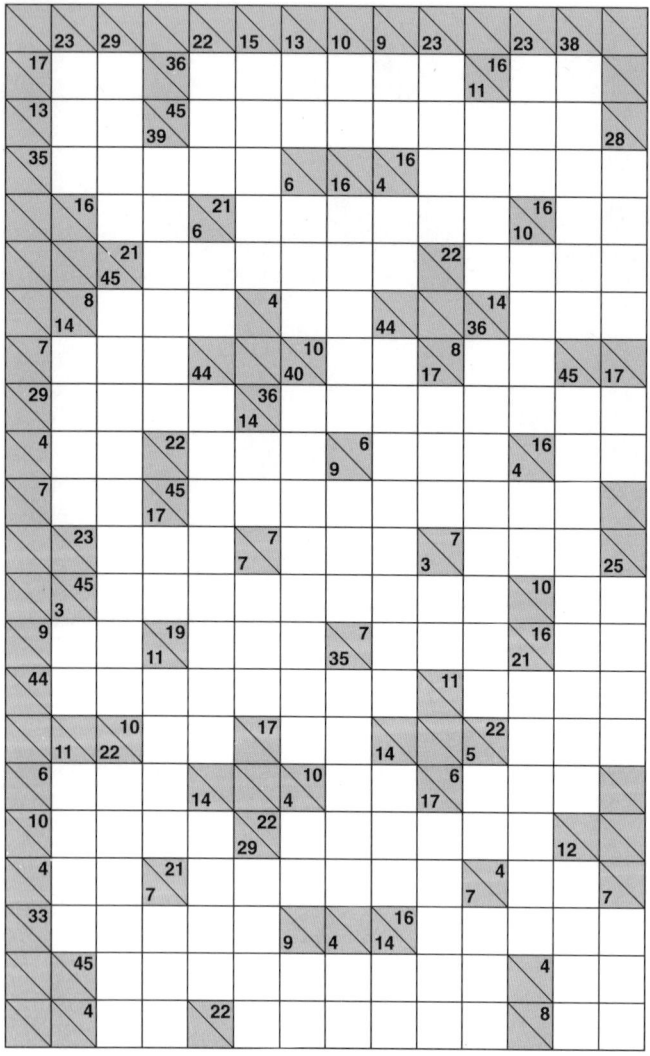

# Super **Kakuro**

## 194

**PREMIUM**_ 13×21

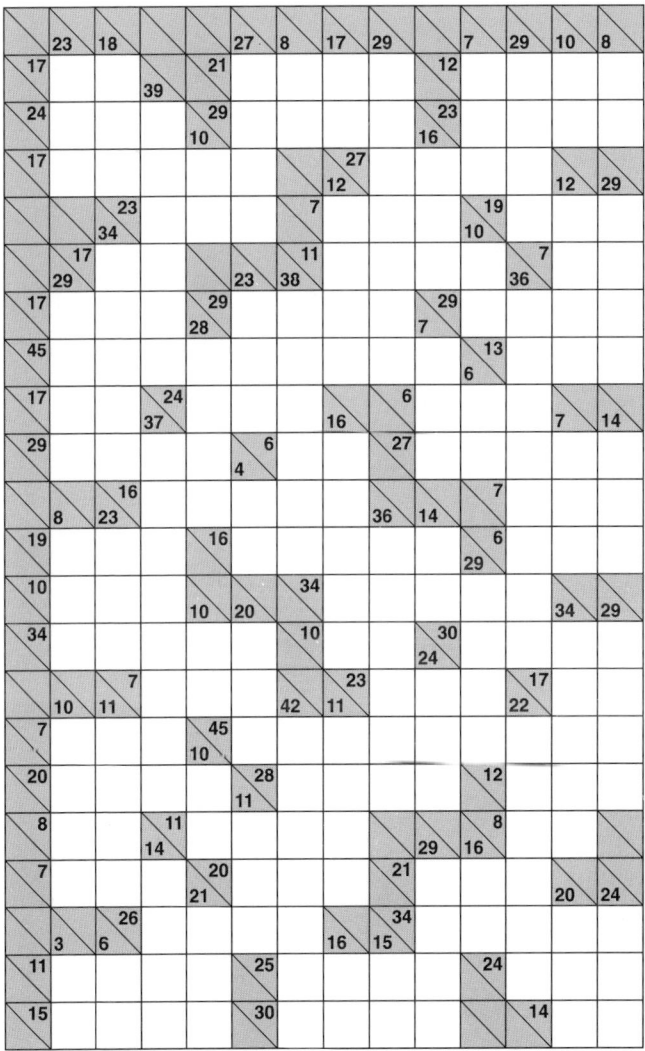

# Super **Kakuro**

## 195

| | | | | | | | | | | | | | |
|---|---|---|---|---|---|---|---|---|---|---|---|---|---|
| ■ | 7\ | 11\ | 16\ | 42\ | ■ | ■ | ■ | 12\ | 9\ | 28\ | ■ | ■ | ■ |
| \11 | | | | | ■ | ■ | 28\10 | | | | 18\ | ■ | ■ |
| \13 | | | | | ■ | 29\18 | | | | | | 10\ | ■ |
| \19 | | | | | 35\42 | | | | | | | | 6\ |
| ■ | \22 | | | | | | | 6\ | \11 | | | | |
| ■ | ■ | \38 | | | | | | | 28\ | 8\7 | | | |
| ■ | 8\ | 10\ | 11\23 | | | | \22 | | | | | | |
| \22 | | | | | | | 41\7 | | | | 14\ | 19\ | 20\ |
| \6 | | | | 12\23 | | | | 7\34 | | | | | |
| \10 | | | | | 28\12 | | | | | 14\7 | | | |
| ■ | \10 | | | | | 7\41 | | | | | | | |
| ■ | 7\ | 15\ | 23\29 | | | | | | | | 13\ | 27\ | ■ |
| \29 | | | | | | | | 29\14 | | | | | 21\ |
| \10 | | | | 23\11 | | | | | 34\11 | | | | |
| \34 | | | | | | 21\7 | | | | 29\23 | | | |
| ■ | 8\ | 28\ | 19\24 | | | | \35 | | | | | | |
| \38 | | | | | | | 12\10 | | | | 16\ | ■ | ■ |
| \15 | | | | 11\ | \22 | | | | | | | 29\ | ■ |
| \11 | | | | | 7\ | 22\39 | | | | | | | 18\ |
| ■ | \29 | | | | | | | | \12 | | | | |
| ■ | ■ | \22 | | | | | | ■ | \26 | | | | |
| ■ | ■ | ■ | \9 | | | | ■ | ■ | \28 | | | | |

PREMIUM_13×21

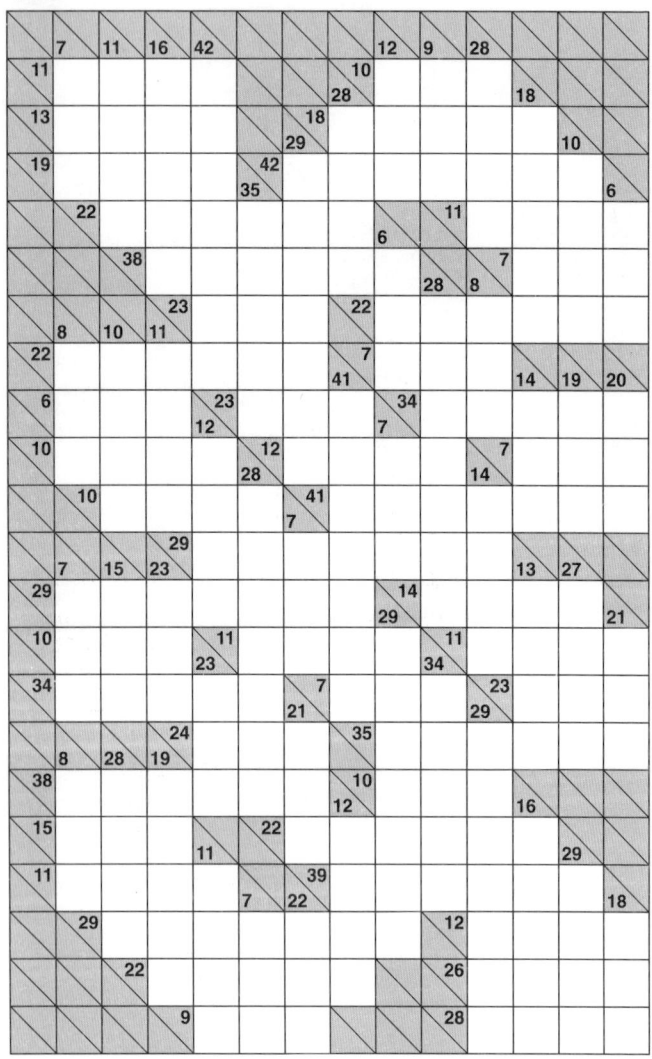

# Super **Kakuro**

## 196

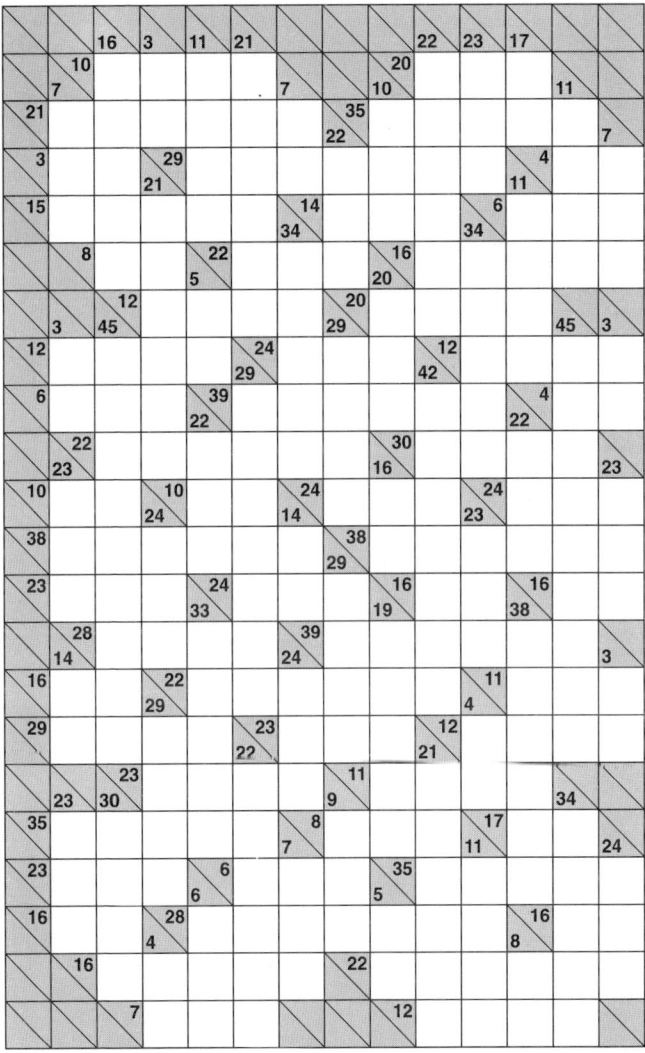

# Super **Kakuro**

## 197

| | | | | | | | | | | | | | |
|---|---|---|---|---|---|---|---|---|---|---|---|---|---|
| \ | 16\ | 39\ | \ | \ | \ | 10\ | 16\ | 12\ | \ | \ | 10\ | 38\ | 10\ |
| \14 | | | 28\ | \ | 24\6 | | | | \ | 29\23 | | | |
| \22 | | | | 22\28 | | | | | 12\12 | | | | |
| \ | 10\29 | | | | | 41\11 | | | | | 13\6 | | |
| \29 | | | | | | | | 24\30 | | | | | 4\ |
| \29 | | | | | 4\22 | | | | 9\12 | | | | |
| \6 | | | 45\8 | | | | 8\14 | | | | 45\10 | | |
| \ | 16\ | 23\45 | | | | | | | | | | 8\ | 22\ |
| \27 | | | | | 35\10 | | | 17\ | 18\11 | | | | |
| \23 | | | | 7\34 | | | | | | 23\20 | | | |
| \ | \17 | | | | | | \39 | | | | | | |
| \ | 7\ | 10\20 | | | | 10\ | \ | 42\11 | | | | 12\ | \ |
| \22 | | | | | | | 24\19 | | | | | | 17\ |
| \12 | | | | 28\32 | | | | | | 24\17 | | | |
| \11 | | | | | 12\ | 8\17 | | | 6\29 | | | | |
| \ | 10\ | 21\45 | | | | | | | | | | 39\ | 24\ |
| \3 | | | 17\7 | | | | 34\7 | | | | 12\13 | | |
| \29 | | | | | 16\22 | | | | 10\20 | | | | |
| \ | 9\28 | | | | | 23\28 | | | | | | | |
| \3 | | | 3\25 | | | | | 8\29 | | | | | 9\ |
| \12 | | | | | \16 | | | | | \13 | | | |
| \7 | | | | \ | \23 | | | | \ | \ | \16 | | |

**PREMIUM**_13×21

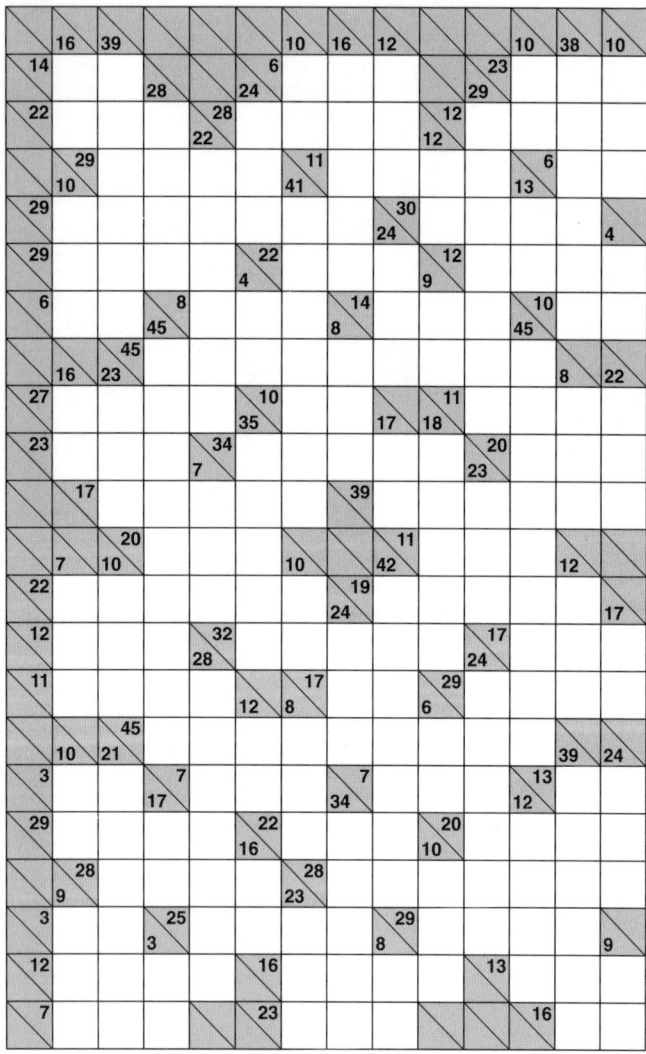

# Super **Kakuro**

198

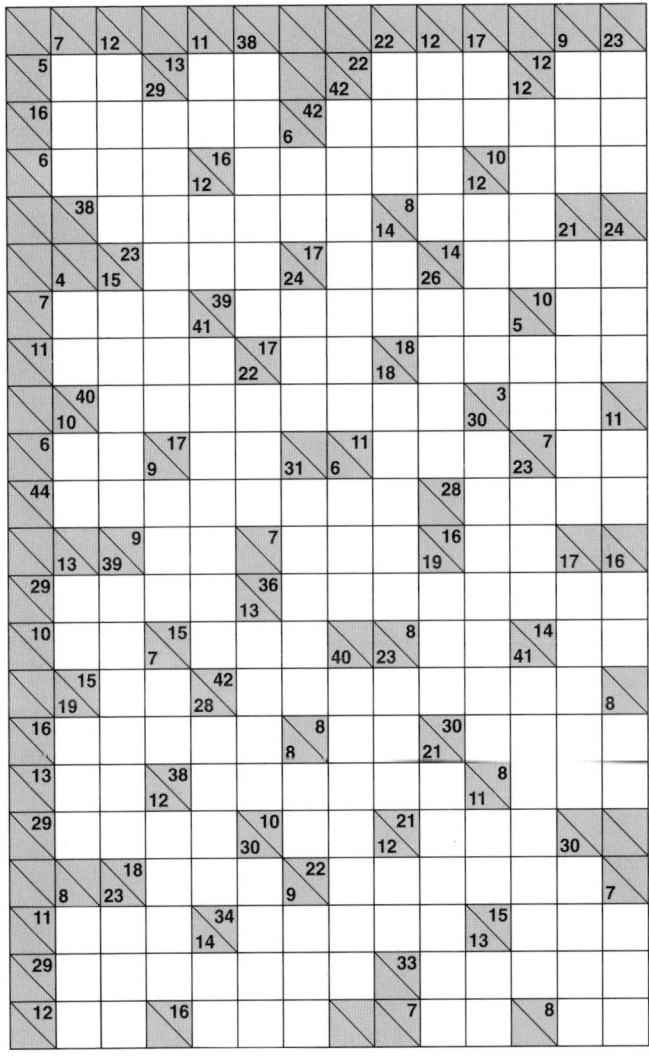

PREMIUM_ 13×21

231

# Super **Kakuro**

## 199

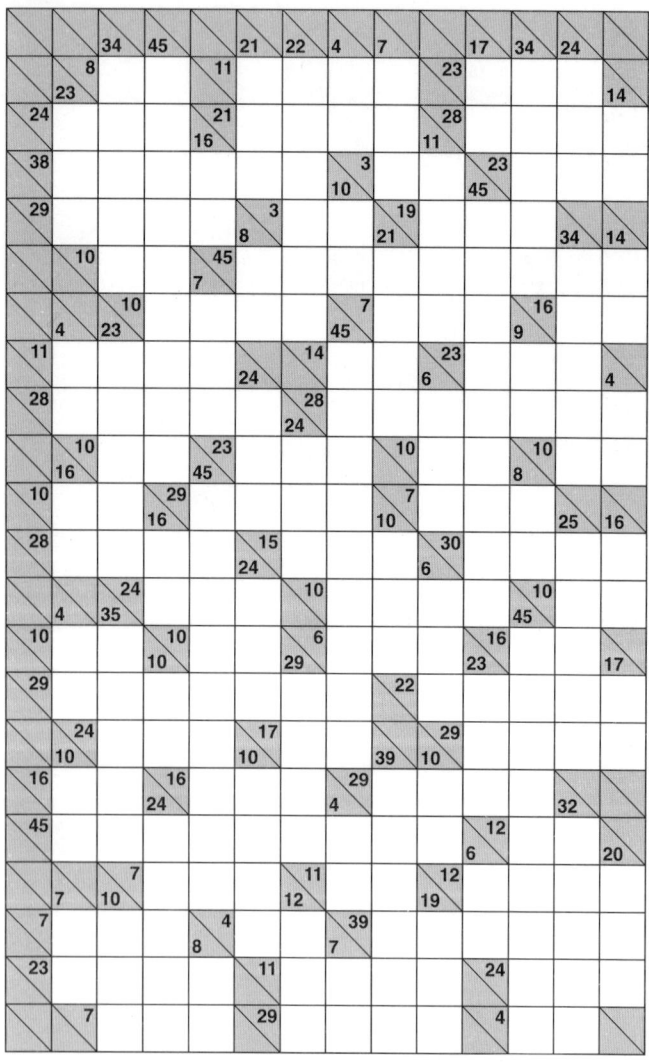

# Super **Kakuro**

**200**

**PREMIUM**_13×21

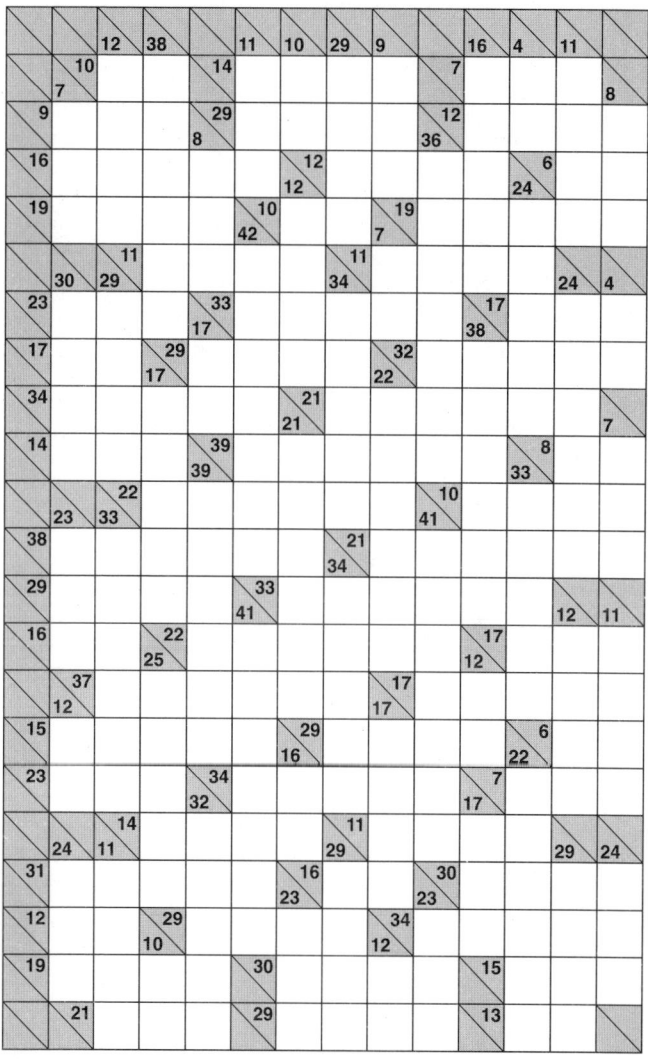

# SUPER
# **KAKURO**
# SOLUTION

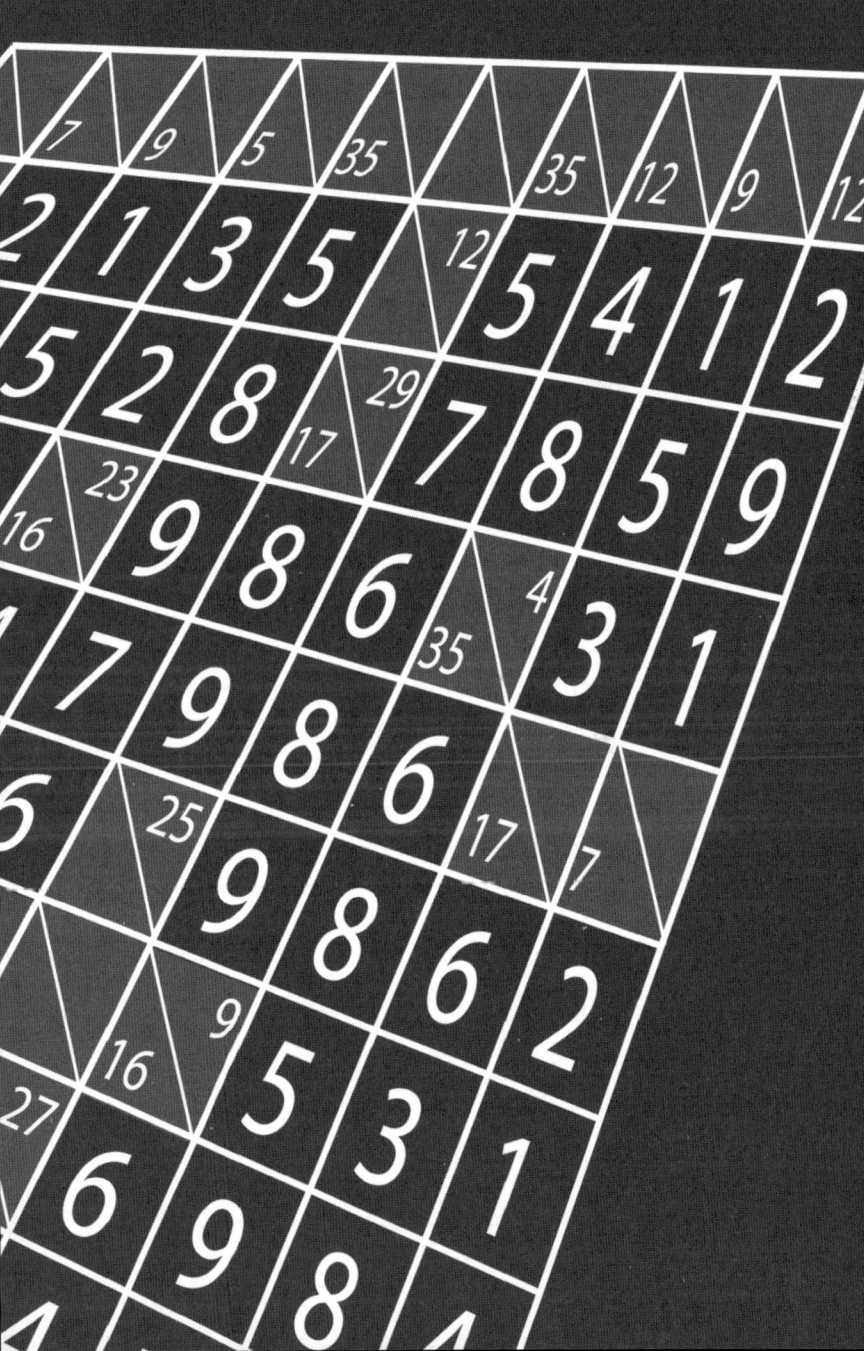

001

| | | | | | | | | |
|---|---|---|---|---|---|---|---|---|
| 1 | 3 | | | | 7 | 9 | | |
| 2 | 1 | 3 | | 6 | 9 | 8 | 7 | |
| | 4 | 7 | 6 | 9 | 8 | | 5 | 9 |
| 3 | 2 | | 9 | 7 | | 1 | 8 | 7 |
| 7 | 6 | 9 | 5 | 8 | | 2 | 9 | |
| | | 1 | 3 | | 3 | 5 | | |
| | 1 | 4 | | 2 | 1 | 3 | 6 | 4 |
| 9 | 8 | 6 | | 3 | 2 | | 8 | 2 |
| 7 | 6 | | 2 | 1 | 4 | 3 | 7 | |
| | 2 | 3 | 1 | 4 | | 1 | 4 | 2 |
| | | 1 | 5 | | | | 9 | 6 |

002

| | | | | | | | | |
|---|---|---|---|---|---|---|---|---|
| | 7 | 9 | | 7 | 2 | 1 | | |
| 7 | 9 | 8 | | 3 | 1 | 5 | 4 | 2 |
| 2 | 5 | | 2 | 1 | 4 | | 3 | 1 |
| 1 | 6 | 2 | 3 | | | 1 | 2 | |
| | 8 | 4 | 5 | 2 | | 3 | 1 | |
| | | 5 | 1 | 3 | 4 | 2 | | |
| | 1 | 3 | | 1 | 3 | 4 | 2 | |
| | 2 | 1 | | | 1 | 5 | 4 | 2 |
| 4 | 3 | | 7 | 9 | 2 | | 3 | 1 |
| 6 | 5 | 7 | 9 | 8 | | 2 | 6 | 4 |
| | | 9 | 8 | 6 | | 3 | 1 | |

003

| | | | | | | | | |
|---|---|---|---|---|---|---|---|---|
| 1 | 4 | 2 | | | 8 | 9 | | |
| 3 | 1 | 4 | 2 | | 9 | 7 | 8 | |
| | | 1 | 3 | 2 | 6 | | 7 | 9 |
| | 2 | 3 | 5 | 1 | | 7 | 9 | 5 |
| 1 | 9 | | | 5 | 9 | 8 | | |
| 6 | 8 | 9 | 7 | | 8 | 6 | 7 | 9 |
| | | 4 | 1 | 2 | | | 1 | 2 |
| 5 | 2 | 1 | | 1 | 4 | 7 | 2 | |
| 1 | 3 | | 1 | 3 | 2 | 5 | | |
| | 1 | 2 | 4 | | 3 | 9 | 1 | 7 |
| | | 1 | 3 | | | 8 | 6 | 9 |

004

| | | | | | | | | |
|---|---|---|---|---|---|---|---|---|
| | | 1 | 3 | | | | 7 | 1 |
| | 5 | 4 | 2 | | 7 | 9 | 8 | 5 |
| 5 | 3 | 2 | 1 | | 6 | 7 | 9 | 3 |
| 8 | 4 | | 6 | 9 | 8 | | 5 | 2 |
| 7 | 1 | | 4 | 7 | 9 | 8 | | |
| 9 | 2 | 1 | | | | 9 | 6 | 8 |
| | | 3 | 2 | 1 | 5 | | 5 | 1 |
| 3 | 9 | | 8 | 7 | 6 | | 8 | 4 |
| 2 | 7 | 1 | 4 | | 8 | 6 | 9 | 7 |
| 6 | 8 | 3 | 9 | | 9 | 8 | 7 | |
| 1 | 5 | | | | 7 | 9 | | |

005

| | | | | | | | | |
|---|---|---|---|---|---|---|---|---|
| 6 | 1 | | 3 | 1 | 2 | | 3 | 1 |
| 9 | 2 | | 7 | 3 | 9 | | 1 | 2 |
| 8 | 4 | 7 | 9 | | 3 | 8 | 2 | 4 |
| | | 1 | 6 | | 1 | 6 | | |
| 6 | 1 | 9 | 8 | | 7 | 9 | 5 | 8 |
| 9 | 4 | | | | | | 9 | 6 |
| 3 | 2 | 6 | 1 | | 5 | 8 | 7 | 9 |
| | | 9 | 4 | | 9 | 6 | | |
| 9 | 7 | 8 | 6 | | 7 | 9 | 8 | 5 |
| 3 | 1 | | 3 | 9 | 8 | | 6 | 2 |
| 8 | 2 | | 2 | 1 | 4 | | 9 | 7 |

006

| | | | | | | | | |
|---|---|---|---|---|---|---|---|---|
| | 1 | 6 | | 3 | 1 | | | |
| 2 | 9 | 7 | | 1 | 2 | 4 | | |
| 1 | 3 | 4 | 5 | 2 | | 3 | 5 | 2 |
| | | 8 | 1 | | | 1 | 2 | 4 |
| 6 | 8 | 9 | | 8 | 1 | 2 | 4 | |
| 2 | 7 | | 3 | 9 | 7 | | 1 | 2 |
| | 4 | 2 | 1 | 3 | | 8 | 3 | 9 |
| 7 | 9 | 6 | | | 1 | 5 | | |
| 9 | 6 | 8 | | 8 | 6 | 7 | 9 | 4 |
| | | 9 | 3 | 6 | | 6 | 7 | 8 |
| | | | 1 | 9 | | 9 | 8 | |

007

| | | | | | | | | |
|---|---|---|---|---|---|---|---|---|
| | | 1 | 3 | | | 9 | 2 | |
| | 3 | 2 | 1 | | 2 | 3 | 1 | 5 |
| 8 | 2 | | 4 | 2 | 1 | | 4 | 8 |
| 4 | 1 | 2 | | 3 | 4 | 1 | 6 | |
| 9 | 5 | 3 | | 1 | 5 | 2 | 3 | |
| | | 1 | 3 | | 3 | 5 | | |
| | 6 | 4 | 8 | 9 | | 3 | 5 | 1 |
| | 8 | 6 | 9 | 7 | | 4 | 1 | 2 |
| 1 | 4 | | 6 | 8 | 9 | | 3 | 7 |
| 5 | 9 | 8 | 7 | | 8 | 5 | 2 | |
| | 7 | 9 | | | 7 | 9 | | |

008

| | | | | | | | | |
|---|---|---|---|---|---|---|---|---|
| | 7 | 3 | | | 1 | 2 | 3 | |
| 1 | 4 | 2 | | 5 | 2 | 4 | 1 | 3 |
| 3 | 5 | 1 | 6 | 2 | 4 | | 4 | 2 |
| | 3 | 5 | 2 | 1 | | 3 | 2 | 1 |
| 1 | 2 | | 1 | 3 | 4 | 2 | | |
| 3 | 1 | 2 | 4 | | 3 | 1 | 4 | 2 |
| | | 1 | 3 | 5 | 2 | | 3 | 1 |
| 1 | 2 | 4 | | 2 | 1 | 3 | 5 | |
| 4 | 1 | | 2 | 3 | 6 | 4 | 1 | 5 |
| 2 | 5 | 3 | 4 | 1 | | 1 | 2 | 3 |
| | 3 | 2 | 1 | | | 2 | 6 | |

009

| | | | | | | | | |
|---|---|---|---|---|---|---|---|---|
| | | 1 | 2 | | | 2 | 4 | 1 |
| 2 | 4 | 3 | 1 | | 4 | 1 | 2 | 3 |
| 1 | 2 | | 4 | 1 | 2 | 3 | 5 | |
| 3 | 1 | 2 | | 3 | 1 | | 1 | 2 |
| | 3 | 5 | 1 | 2 | | 2 | 3 | 1 |
| | | 3 | 2 | | 1 | 3 | | |
| 3 | 2 | 1 | | 1 | 3 | 4 | 2 | |
| 1 | 4 | | 1 | 2 | | 1 | 4 | 2 |
| | 6 | 1 | 2 | 4 | 3 | | 1 | 3 |
| 1 | 3 | 2 | 4 | | 2 | 1 | 3 | 5 |
| 2 | 1 | 4 | | | 1 | 3 | | |

010

| | | | | | | | | |
|---|---|---|---|---|---|---|---|---|
| | 3 | 1 | | | | 1 | 3 | |
| | 4 | 2 | 1 | | 3 | 2 | 1 | |
| 3 | 2 | | 3 | 1 | 2 | | 2 | 1 |
| 1 | 5 | | | 6 | 1 | 3 | 4 | 2 |
| | 1 | 3 | 4 | 2 | | 2 | 5 | |
| | | 2 | 1 | | 2 | 1 | | |
| | 4 | 1 | | 7 | 9 | 5 | 8 | |
| 7 | 6 | 5 | 8 | 9 | | | 7 | 9 |
| 8 | 9 | | 7 | 8 | 9 | | 5 | 8 |
| | 8 | 5 | 9 | | 8 | 9 | 6 | |
| | 7 | 9 | | | | 7 | 9 | |

011

| | | | | | | | | |
|---|---|---|---|---|---|---|---|---|
| | 9 | 8 | 6 | | 9 | 7 | | |
| | 7 | 9 | 8 | | 5 | 3 | 1 | 2 |
| | | 7 | 9 | 6 | 8 | | 3 | 1 |
| 7 | 9 | | 4 | 1 | 6 | 3 | 2 | |
| 9 | 6 | 8 | 7 | | 7 | 1 | | |
| 8 | 1 | 5 | | | | 2 | 3 | 1 |
| | | 7 | 3 | | 3 | 4 | 1 | 2 |
| | 7 | 9 | 6 | 8 | 5 | | 2 | 4 |
| 9 | 8 | | 5 | 2 | 1 | 3 | | |
| 7 | 9 | 3 | 1 | | 4 | 2 | 1 | |
| | | 1 | 2 | | 2 | 1 | 3 | |

012

| | | | | | | | | |
|---|---|---|---|---|---|---|---|---|
| | | 3 | 2 | | 8 | 9 | | |
| | 2 | 1 | 4 | | 9 | 7 | 8 | |
| 5 | 1 | | 1 | 8 | 7 | | 9 | 8 |
| 1 | 3 | 2 | | 9 | 6 | 8 | 5 | 7 |
| | | 6 | 1 | 7 | | 4 | 6 | |
| | 1 | 4 | 2 | | 8 | 9 | 7 | |
| | 2 | 1 | | 3 | 1 | 7 | | |
| 1 | 5 | 3 | 4 | 2 | | 6 | 4 | 2 |
| 2 | 4 | | 3 | 1 | 2 | | 1 | 3 |
| | 3 | 1 | 2 | | 1 | 2 | 3 | |
| | | 3 | 1 | | 3 | 1 | | |

013

| | | | | | | | | |
|---|---|---|---|---|---|---|---|---|
| 6 | 9 | 8 | | | 1 | 2 | 3 | |
| 2 | 1 | 5 | 3 | | 2 | 5 | 1 | 3 |
| | | 7 | 1 | 2 | 4 | | 5 | 1 |
| | 7 | 9 | | 1 | 3 | 9 | | |
| 9 | 8 | | 7 | 3 | | 8 | 6 | |
| 7 | 6 | 8 | 9 | | 9 | 5 | 7 | 8 |
| | 9 | 7 | | 1 | 3 | | 8 | 9 |
| | | 1 | 3 | 2 | | 8 | 9 | |
| 1 | 3 | | 5 | 8 | 9 | 7 | | |
| 2 | 5 | 3 | 1 | | 8 | 9 | 7 | 5 |
| | 4 | 1 | 2 | | | 6 | 9 | 8 |

014

| | | | | | | | | |
|---|---|---|---|---|---|---|---|---|
| 1 | 3 | | 1 | 3 | | | 3 | 1 |
| 2 | 1 | | 2 | 1 | 3 | | 1 | 2 |
| 4 | 2 | 1 | 3 | | 1 | 3 | 2 | 4 |
| | | 2 | 4 | 3 | 5 | 1 | | |
| 1 | 2 | 3 | | 1 | 2 | | 7 | 9 |
| 2 | 4 | 5 | 1 | | 4 | 7 | 9 | 8 |
| 3 | 1 | | 3 | 1 | | 9 | 8 | 6 |
| | | 1 | 2 | 3 | 4 | 6 | | |
| 1 | 2 | 3 | 4 | | 7 | 8 | 9 | 6 |
| 3 | 1 | | 8 | 7 | 9 | | 1 | 8 |
| 2 | 4 | | | 9 | 8 | | 7 | 9 |

015

| | | | | | | | | |
|---|---|---|---|---|---|---|---|---|
| 2 | 1 | 3 | | 4 | 1 | 2 | | |
| 4 | 2 | 1 | | 2 | 3 | 1 | 4 | |
| | 5 | 2 | 1 | 3 | | 3 | 1 | 2 |
| 1 | 3 | | 2 | 1 | 3 | | 3 | 1 |
| 2 | 4 | 1 | | 6 | 1 | 3 | 2 | 4 |
| | | 3 | 1 | | 2 | 1 | | |
| 1 | 3 | 2 | 4 | 5 | | 6 | 9 | 8 |
| 2 | 1 | | 2 | 7 | 9 | | 7 | 9 |
| 4 | 2 | 1 | | 9 | 8 | 7 | 5 | |
| | 4 | 9 | 8 | 6 | | 9 | 8 | 7 |
| | | 7 | 9 | 8 | | 8 | 6 | 9 |

016

| | | | | | | | | |
|---|---|---|---|---|---|---|---|---|
| 1 | 3 | | 5 | 1 | | 1 | 3 | |
| 2 | 1 | 5 | 4 | 3 | | 4 | 2 | 1 |
| | 2 | 7 | 1 | | 5 | 2 | 1 | 3 |
| | | 6 | 2 | 4 | 1 | 3 | | |
| 3 | 8 | 9 | | 2 | 3 | | 2 | 8 |
| 7 | 6 | 8 | 9 | | 2 | 1 | 3 | 4 |
| 5 | 9 | | 5 | 9 | | 2 | 1 | 3 |
| | | 5 | 8 | 7 | 9 | 6 | | |
| 9 | 6 | 8 | 7 | | 7 | 3 | 9 | |
| 7 | 8 | 9 | | 7 | 6 | 4 | 8 | 9 |
| | 9 | 7 | | 9 | 8 | | 2 | 7 |

017

| | | | | | | | | |
|---|---|---|---|---|---|---|---|---|
| | | 9 | 6 | 8 | | | 8 | 9 |
| | 8 | 7 | 4 | 9 | 6 | | 6 | 7 |
| 8 | 9 | 6 | | | 8 | 6 | 9 | |
| 9 | 7 | | 2 | 1 | | 2 | 3 | 1 |
| | 5 | 2 | 1 | 3 | | 4 | 7 | 5 |
| | | 1 | 3 | | 1 | 3 | | |
| 9 | 8 | 5 | | 5 | 2 | 1 | 3 | |
| 2 | 1 | 4 | | 1 | 3 | | 9 | 7 |
| | 5 | 3 | 1 | | | 7 | 8 | 9 |
| 3 | 2 | | 4 | 8 | 7 | 9 | 6 | |
| 1 | 3 | | | 6 | 9 | 8 | | |

018

| | | | | | | | | |
|---|---|---|---|---|---|---|---|---|
| 3 | 1 | | | 1 | 2 | 3 | | |
| 1 | 2 | | 9 | 7 | 8 | 5 | | |
| 2 | 4 | 1 | 3 | | 1 | 2 | 7 | 3 |
| | | 6 | 8 | 9 | | 1 | 5 | 2 |
| | 1 | 3 | | 7 | 1 | | 6 | 1 |
| 1 | 3 | 2 | 5 | | 5 | 7 | 9 | 8 |
| 2 | 4 | | 9 | 8 | | 9 | 8 | |
| 3 | 2 | 1 | | 9 | 7 | 8 | | |
| 7 | 6 | 8 | 9 | | 1 | 3 | 5 | 2 |
| | | 5 | 7 | 8 | 9 | | 2 | 4 |
| | | 7 | 8 | 9 | | | 3 | 1 |

**019**

| 9 | 6 | 8 |   |   | 3 | 1 | 2 |   |
|---|---|---|---|---|---|---|---|---|
| 7 | 8 | 9 | 5 |   | 3 | 1 | 2 | 4 |
|   | 9 | 7 | 8 | 6 | 5 |   | 3 | 1 |
|   |   |   | 6 | 1 | 2 | 3 | 4 |   |
| 7 | 5 | 8 | 9 |   | 1 | 2 |   |   |
| 8 | 9 | 6 |   |   | 4 | 2 | 1 |   |
|   | 9 | 8 |   | 5 | 1 | 3 | 2 |   |
|   | 8 | 7 | 9 | 6 | 4 |   |   |   |
| 9 | 7 |   | 5 | 1 | 2 | 3 | 4 |   |
| 8 | 5 | 9 | 7 |   | 1 | 4 | 2 | 3 |
| 6 | 9 | 8 |   |   | 2 | 1 | 4 |   |

**020**

| 1 | 3 |   |   | 3 | 1 |   | 2 | 1 |
|---|---|---|---|---|---|---|---|---|
| 2 | 1 | 4 |   | 2 | 5 | 1 | 4 | 3 |
|   | 2 | 3 | 5 | 1 |   | 2 | 1 | 4 |
|   |   | 1 | 9 |   | 9 | 3 |   |   |
| 4 | 1 | 2 |   | 9 | 7 | 5 | 6 | 8 |
| 1 | 3 |   | 2 | 4 | 1 |   | 9 | 7 |
| 2 | 4 | 6 | 3 | 1 |   | 7 | 8 | 9 |
|   | 7 | 1 |   |   | 2 | 5 |   |   |
| 1 | 7 | 8 |   | 8 | 7 | 9 | 6 |   |
| 4 | 8 | 9 | 7 | 6 |   | 8 | 9 | 7 |
| 2 | 9 |   | 8 | 9 |   |   | 8 | 9 |

**021**

|   |   | 4 | 1 | 2 |   | 3 | 4 |   |
|---|---|---|---|---|---|---|---|---|
|   | 4 | 1 | 2 | 3 |   | 1 | 2 | 4 |
| 2 | 1 | 3 |   | 1 | 3 |   | 3 | 2 |
| 1 | 3 |   | 4 | 2 | 3 | 5 | 1 |   |
| 4 | 2 | 3 | 1 | 5 |   | 2 | 1 |   |
|   |   | 5 | 2 |   | 2 | 1 |   |   |
|   | 3 | 1 |   | 1 | 3 | 4 | 2 | 5 |
| 3 | 5 | 2 | 1 | 4 |   | 3 | 1 |   |
| 2 | 4 |   | 3 | 2 |   | 3 | 1 | 2 |
| 1 | 2 | 7 |   | 3 | 1 | 2 | 4 |   |
|   | 1 | 3 |   | 6 | 3 | 1 |   |   |

**022**

| 3 | 8 | 9 |   | 9 | 8 |   | 9 | 7 |
|---|---|---|---|---|---|---|---|---|
| 1 | 4 | 2 |   | 7 | 6 | 8 | 5 | 9 |
|   | 6 | 1 | 8 |   | 7 | 9 | 8 |   |
| 8 | 9 |   | 7 | 8 | 9 |   | 7 | 9 |
| 9 | 7 | 8 | 5 | 6 |   | 9 | 6 | 8 |
|   | 7 | 9 | 5 | 8 | 6 |   |   |   |
| 1 | 2 | 9 |   | 9 | 7 | 8 | 6 | 3 |
| 3 | 1 |   | 9 | 7 | 6 |   | 2 | 1 |
|   | 6 | 9 | 7 |   | 9 | 1 | 3 |   |
| 9 | 4 | 8 | 6 | 7 |   | 4 | 1 | 3 |
| 1 | 3 |   | 8 | 9 |   | 2 | 4 | 1 |

**023**

| 8 | 1 |   | 3 | 1 | 6 |   | 4 | 8 |
|---|---|---|---|---|---|---|---|---|
| 9 | 4 |   | 9 | 3 | 8 |   | 1 | 3 |
| 3 | 2 | 1 | 6 |   | 5 | 3 | 2 | 1 |
|   |   | 2 | 7 |   | 7 | 9 |   |   |
| 9 | 7 | 6 | 8 |   | 9 | 8 | 7 | 5 |
| 1 | 3 |   |   |   |   | 9 | 2 |   |
| 8 | 9 | 2 | 7 |   | 2 | 7 | 8 | 1 |
|   |   | 8 | 9 |   | 4 | 9 |   |   |
| 3 | 2 | 1 | 4 |   | 3 | 8 | 9 | 7 |
| 8 | 1 |   | 6 | 7 | 1 |   | 3 | 1 |
| 9 | 4 |   | 8 | 9 | 6 |   | 8 | 2 |

**024**

|   | 2 | 1 |   | 6 | 9 | 8 |   |   |
|---|---|---|---|---|---|---|---|---|
| 2 | 1 | 3 |   | 8 | 7 | 9 | 4 | 6 |
| 6 | 4 | 8 | 9 | 7 |   |   | 3 | 9 |
| 1 | 3 |   | 8 | 9 | 6 |   | 1 | 5 |
|   |   | 9 | 7 |   | 8 | 9 | 6 | 7 |
| 2 | 4 | 1 |   |   | 6 | 2 | 8 |   |
| 5 | 8 | 7 | 9 |   | 9 | 8 |   |   |
| 4 | 9 |   | 8 | 9 | 7 |   | 3 | 9 |
| 1 | 7 |   | 7 | 8 | 9 | 5 | 6 |   |
| 3 | 6 | 2 | 1 | 4 |   | 7 | 2 | 8 |
|   | 9 | 6 | 8 |   | 3 | 1 |   |   |

025

| | | | | | | | | |
|---|---|---|---|---|---|---|---|---|
| | 4 | 1 | 2 | | | 4 | 2 | 1 |
| 4 | 2 | 3 | 1 | | 4 | 1 | 3 | 2 |
| 1 | 3 | | 3 | 4 | 1 | 2 | 5 | |
| 2 | 1 | 4 | | 1 | 2 | | 1 | 3 |
| | 6 | 9 | 7 | 8 | | 2 | 4 | 1 |
| | | 8 | 9 | | 1 | 3 | | |
| 9 | 8 | 6 | | 5 | 2 | 1 | 3 | |
| 7 | 9 | | 9 | 7 | | 4 | 2 | 1 |
| | 4 | 3 | 6 | 1 | 2 | | 1 | 3 |
| 9 | 7 | 6 | 8 | | 3 | 1 | 4 | 2 |
| 8 | 6 | 9 | | | 1 | 2 | 6 | |

026

| | | | | | | | | | | |
|---|---|---|---|---|---|---|---|---|---|---|
| 3 | 1 | 2 | | 8 | 9 | | 2 | 3 | | |
| 9 | 3 | 8 | | 5 | 7 | 3 | 4 | 1 | 2 | |
| | 5 | 9 | 8 | 7 | | 2 | 1 | | 1 | 3 |
| 8 | 4 | | 7 | 9 | 8 | 6 | | 1 | 4 | 2 |
| 9 | 2 | 8 | 6 | | 5 | 1 | 3 | 2 | | |
| | | 5 | 9 | 8 | 7 | | 1 | 4 | 2 | 3 |
| 6 | 8 | 9 | | 3 | 9 | 1 | 2 | | 3 | 7 |
| 3 | 4 | 7 | 1 | 2 | | 3 | 4 | 6 | 1 | 2 |
| 2 | 9 | | 3 | 1 | 2 | 4 | | 3 | 5 | 1 |
| 1 | 7 | 2 | 4 | | 1 | 2 | 3 | 8 | | |
| | | 3 | 2 | 1 | 5 | | 2 | 9 | 1 | 3 |
| 4 | 2 | 1 | | 2 | 4 | 1 | 5 | | 4 | 8 |
| 3 | 1 | | 1 | 3 | | 2 | 1 | 5 | 3 | |
| | 5 | 2 | 3 | 6 | 1 | 4 | | 3 | 2 | 1 |
| | | 1 | 2 | | 2 | 3 | | 9 | 6 | 8 |

027

| | | | | | | | | | | |
|---|---|---|---|---|---|---|---|---|---|---|
| | 9 | 2 | | 8 | 1 | 6 | | 1 | 3 | |
| 2 | 5 | 1 | | 9 | 6 | 7 | 8 | 3 | 5 | |
| 9 | 7 | 4 | 8 | 6 | | 8 | 9 | 2 | | |
| 1 | 4 | | 9 | 7 | | 9 | 6 | 5 | 7 | 8 |
| 4 | 6 | | 1 | 5 | 2 | | | | 8 | 9 |
| 3 | 8 | 9 | | | 1 | 3 | | 1 | 4 | 6 |
| | | 6 | 2 | 3 | 4 | 1 | | 2 | 6 | 7 |
| | 3 | 4 | 1 | 2 | | 5 | 8 | 7 | 9 | |
| 5 | 1 | 8 | | 6 | 4 | 2 | 1 | 3 | | |
| 1 | 2 | 7 | | 1 | 3 | | | 9 | 4 | 8 |
| 2 | 6 | | | | 1 | 2 | 8 | | 1 | 4 |
| 3 | 4 | 2 | 1 | 5 | | 1 | 9 | | 2 | 7 |
| | | 1 | 3 | 2 | | 5 | 6 | 8 | 7 | 9 |
| | 2 | 5 | 6 | 3 | 1 | 4 | | 7 | 3 | 6 |
| | 1 | 3 | | 1 | 2 | 3 | | 9 | 5 | |

028

| | | | | | | | | | | |
|---|---|---|---|---|---|---|---|---|---|---|
| | | 9 | 6 | 8 | | | | 9 | 7 | |
| | 6 | 4 | 3 | 1 | 2 | | 7 | 5 | 8 | 9 |
| 1 | 2 | | 1 | 4 | 6 | 2 | 3 | | 6 | 8 |
| 3 | 1 | 2 | | 2 | 3 | 1 | | 4 | 9 | 7 |
| 5 | 3 | 1 | 2 | | | 3 | 2 | 1 | 4 | 6 |
| | | 3 | 1 | 6 | 7 | 5 | 4 | 2 | | |
| 1 | 2 | 4 | | 9 | 8 | | 5 | 3 | 2 | 1 |
| 4 | 1 | | 2 | 7 | 4 | 3 | 1 | | 1 | 3 |
| 3 | 4 | 2 | 1 | | 9 | 8 | | 1 | 4 | 2 |
| | | 4 | 8 | 9 | 6 | 7 | 3 | 5 | | |
| 4 | 2 | 1 | 3 | 5 | | | 1 | 3 | 2 | 5 |
| 1 | 4 | 5 | | 7 | 8 | 9 | | 2 | 1 | 4 |
| 2 | 6 | | 9 | 8 | 6 | 5 | 7 | | 3 | 1 |
| 3 | 1 | 2 | 5 | | 4 | 8 | 9 | 7 | 6 | |
| | 3 | 1 | | | | 6 | 8 | 9 | | |

029

| | | | | | | | | | | |
|---|---|---|---|---|---|---|---|---|---|---|
| | 4 | 8 | 7 | 9 | | 9 | 6 | 8 | 3 | |
| 5 | 9 | 7 | 6 | 8 | | 6 | 7 | 9 | 8 | 3 |
| 1 | 3 | | 4 | 7 | 6 | 8 | 9 | | 6 | 1 |
| | 6 | 4 | 1 | 2 | 3 | | | 3 | 1 | 4 |
| 1 | 2 | 3 | | | 1 | 3 | 7 | 4 | 2 | |
| 2 | 5 | 1 | 3 | | 2 | 1 | 5 | | 5 | 3 |
| 4 | 1 | | 1 | 7 | 4 | | 2 | 5 | 4 | 1 |
| | | 5 | 8 | 9 | | 6 | 3 | 1 | | |
| 8 | 5 | 9 | 7 | | 1 | 2 | 4 | | 9 | 2 |
| 9 | 7 | | 5 | 3 | 2 | | 1 | 4 | 2 | 3 |
| | 3 | 5 | 2 | 1 | 4 | | | 2 | 3 | 1 |
| 9 | 8 | 7 | | | 6 | 2 | 3 | 1 | 4 | |
| 7 | 9 | | 9 | 8 | 3 | 1 | 2 | | 1 | 2 |
| 8 | 4 | 9 | 7 | 6 | | 5 | 4 | 1 | 6 | 3 |
| | 6 | 8 | 5 | 9 | | 4 | 1 | 3 | 5 | |

030

| | | | | | | | | | | |
|---|---|---|---|---|---|---|---|---|---|---|
| 2 | 4 | 1 | | 4 | 1 | 2 | | 6 | 8 | 9 |
| 6 | 1 | 3 | | 5 | 3 | 1 | | 9 | 7 | 8 |
| | 7 | 5 | 9 | 8 | | 7 | 9 | 8 | 4 | |
| 4 | 2 | | 7 | 6 | 9 | 5 | 8 | | 9 | 8 |
| 7 | 3 | 9 | | 7 | 8 | 9 | | 8 | 6 | 9 |
| | | 8 | 6 | 9 | | 3 | 1 | 2 | | |
| 6 | 8 | 7 | 9 | | 7 | 6 | 8 | 9 | 5 | 4 |
| 3 | 7 | | 1 | 7 | 9 | 8 | 5 | | 2 | 3 |
| 1 | 9 | 7 | 3 | 5 | 2 | | 9 | 7 | 8 | 5 |
| | | 9 | 8 | 6 | | 9 | 6 | 8 | | |
| 2 | 5 | 8 | | 8 | 9 | 6 | | 9 | 6 | 7 |
| 1 | 4 | | 1 | 2 | 7 | 5 | 3 | | 7 | 9 |
| | 3 | 1 | 2 | 4 | | 7 | 6 | 9 | 8 | |
| 1 | 2 | 4 | | 9 | 6 | 8 | | 2 | 5 | 4 |
| 7 | 1 | 2 | | 1 | 4 | 3 | | 6 | 9 | 8 |

031

| | | | | | | | | | | |
|---|---|---|---|---|---|---|---|---|---|---|
| | | 7 | 9 | | | 2 | 9 | 1 | | |
| | 4 | 1 | 6 | 2 | | 1 | 5 | 3 | 4 | |
| 2 | 5 | 3 | 7 | 1 | 4 | | 8 | 2 | 1 | 4 |
| 1 | 6 | | 8 | 3 | 7 | 9 | 6 | | 3 | 1 |
| 5 | 9 | 4 | | 6 | 8 | 7 | | 1 | 5 | 2 |
| 3 | 7 | 2 | 1 | 4 | 5 | | 9 | 8 | 7 | 6 |
| | 8 | 1 | 9 | | 9 | 7 | 8 | | 2 | 3 |
| | | 5 | 2 | 4 | | 9 | 6 | 8 | | |
| 6 | 1 | | 3 | 5 | 1 | | 5 | 9 | 3 | |
| 4 | 3 | 1 | 5 | | 4 | 2 | 7 | 5 | 1 | 3 |
| 9 | 8 | 5 | | 2 | 5 | 1 | | 7 | 8 | 9 |
| 8 | 2 | | 4 | 1 | 2 | 3 | 6 | | 2 | 8 |
| 7 | 4 | 1 | 2 | | 3 | 6 | 8 | 4 | 9 | 7 |
| | 5 | 2 | 3 | 1 | | 4 | 9 | 1 | 7 | |
| | | 4 | 1 | 5 | | | 5 | 3 | | |

032

| | | | | | | | | | | |
|---|---|---|---|---|---|---|---|---|---|---|
| | | 3 | 1 | | 1 | 3 | | 1 | 3 | 2 |
| 2 | 3 | 1 | 4 | | 2 | 6 | 3 | 5 | 4 | 1 |
| 1 | 4 | 5 | 2 | 3 | | 2 | 1 | 3 | | |
| | 5 | 2 | | 2 | 3 | 1 | | 2 | 5 | |
| 3 | 1 | | 3 | 5 | 1 | 4 | 2 | | 3 | 1 |
| 6 | 7 | 8 | 9 | 4 | | 5 | 1 | 8 | 2 | 4 |
| 1 | 2 | 3 | | 7 | 9 | | 5 | 3 | 1 | 2 |
| | | 4 | 6 | 1 | 7 | 5 | 3 | 2 | | |
| 2 | 3 | 1 | 9 | | 8 | 3 | | 6 | 8 | 9 |
| 3 | 4 | 2 | 7 | 1 | | 6 | 2 | 1 | 4 | 3 |
| 1 | 2 | | 8 | 6 | 7 | 9 | 4 | | 3 | 1 |
| | 1 | 3 | | 3 | 9 | 8 | | 3 | 1 | |
| | | 1 | 8 | 2 | | 7 | 8 | 6 | 5 | 9 |
| 1 | 3 | 4 | 7 | 5 | 2 | | 3 | 1 | 2 | 7 |
| 4 | 1 | 2 | | 4 | 8 | | 1 | 2 | | |

| | | | | | | | | | | |
|---|---|---|---|---|---|---|---|---|---|---|
| | 7 | 9 | | | 3 | 9 | 8 | | 9 | 8 |
| 9 | 5 | 7 | 8 | | 2 | 1 | 7 | | 4 | 2 |
| 8 | 4 | 5 | 6 | 9 | 7 | | 9 | 8 | 7 | |
| | | 8 | 9 | 7 | | 2 | 4 | 3 | 6 | 1 |
| 8 | 3 | 6 | | 6 | 3 | 1 | | 9 | 8 | 6 |
| 9 | 1 | | 8 | 5 | 6 | 7 | 9 | 1 | | |
| | 4 | 1 | 6 | 3 | 2 | | 8 | 2 | 1 | 9 |
| 1 | 6 | 3 | | 8 | 7 | 9 | | 7 | 9 | 8 |
| 3 | 2 | 6 | 1 | | 1 | 5 | 3 | 4 | 2 | |
| | | 5 | 3 | 2 | 4 | 7 | 1 | | 7 | 9 |
| 3 | 1 | 2 | | 1 | 5 | 6 | | 9 | 6 | 8 |
| 1 | 5 | 4 | 2 | 3 | | 8 | 9 | 7 | | |
| | 8 | 9 | 6 | | 2 | 3 | 5 | 4 | 1 | 7 |
| 1 | 2 | | 9 | 7 | 8 | | 8 | 6 | 7 | 9 |
| 3 | 6 | | 8 | 9 | 6 | | | 8 | 9 | |

034

| | | | | | | | | | | |
|---|---|---|---|---|---|---|---|---|---|---|
| 6 | 1 | | | 2 | 5 | 1 | | | 8 | 9 |
| 8 | 2 | 1 | | 4 | 1 | 2 | | 1 | 6 | 3 |
| 9 | 3 | 5 | 2 | 1 | | 4 | 3 | 2 | 7 | 1 |
| | 4 | 2 | 1 | | | | 1 | 4 | 9 | |
| 9 | 6 | | 4 | 5 | 1 | 3 | 2 | | 2 | 8 |
| 8 | 7 | 9 | | 1 | 2 | 5 | | 2 | 1 | 3 |
| 4 | 5 | 1 | 3 | 2 | | 1 | 7 | 4 | 3 | 9 |
| | | 3 | 7 | | | | 3 | 1 | | |
| 1 | 2 | 5 | 9 | 4 | | 1 | 9 | 3 | 2 | 5 |
| 9 | 8 | 7 | | 9 | 4 | 8 | | 6 | 3 | 1 |
| 2 | 3 | | 4 | 5 | 1 | 2 | 6 | | 8 | 9 |
| | 6 | 9 | 8 | | | | 8 | 6 | 7 | |
| 1 | 4 | 8 | 5 | 7 | | 7 | 9 | 8 | 6 | 4 |
| 6 | 9 | 7 | | 6 | 9 | 8 | | 9 | 5 | 1 |
| 3 | 7 | | | 4 | 7 | 9 | | | 9 | 2 |

035

| | | | | | | | | | | |
|---|---|---|---|---|---|---|---|---|---|---|
| | | 3 | 7 | 8 | | 1 | 3 | 4 | | |
| 2 | 6 | 4 | 1 | 3 | | 2 | 1 | 6 | 3 | 4 |
| 4 | 3 | | | 2 | 1 | 4 | | | 4 | 2 |
| | 2 | 1 | 4 | 5 | 3 | | 9 | 8 | 6 | |
| 2 | 5 | 3 | 6 | 1 | | 7 | 6 | 9 | 5 | 8 |
| 3 | 1 | | | 4 | 7 | 9 | | 3 | 1 | 4 |
| 1 | 4 | 5 | 3 | 6 | 9 | 8 | 7 | | 2 | 1 |
| | | 4 | 2 | | | | 9 | 5 | | |
| 8 | 9 | | 1 | 9 | 4 | 6 | 8 | 2 | 5 | 3 |
| 9 | 6 | 8 | | 7 | 2 | 3 | | | 1 | 2 |
| 7 | 2 | 9 | 1 | 8 | | 7 | 5 | 3 | 6 | 1 |
| | 1 | 7 | 3 | | 3 | 5 | 2 | 1 | 4 | |
| 9 | 8 | | | 7 | 1 | 2 | | | 2 | 8 |
| 7 | 4 | 5 | 9 | 8 | | 4 | 5 | 8 | 3 | 9 |
| | | 3 | 7 | 9 | | 1 | 2 | 4 | | |

036

| | | | | | | | | | | |
|---|---|---|---|---|---|---|---|---|---|---|
| | 5 | 9 | | | 8 | 3 | 2 | 1 | | |
| 5 | 8 | 7 | 9 | | 6 | 2 | 4 | 3 | 1 | |
| 6 | 4 | | 8 | 6 | 9 | 5 | | 2 | 4 | 1 |
| 8 | 6 | 5 | 7 | 9 | 4 | 1 | 3 | | 2 | 3 |
| 9 | 7 | 4 | | 5 | 7 | | 2 | 7 | 3 | |
| | 9 | 1 | 3 | | | 8 | 6 | 9 | 7 | 4 |
| | | 3 | 5 | 4 | 6 | 2 | 1 | | 5 | 3 |
| 1 | 5 | 2 | | 2 | 5 | 1 | | 2 | 6 | 1 |
| 4 | 7 | | 7 | 6 | 9 | 4 | 8 | 1 | | |
| 3 | 6 | 2 | 5 | 1 | | | 2 | 4 | 1 | |
| | 9 | 7 | 8 | | 9 | 7 | | 9 | 7 | 6 |
| 8 | 4 | | 9 | 4 | 7 | 5 | 6 | 3 | 2 | 8 |
| 6 | 8 | 9 | | 1 | 6 | 9 | 8 | | 5 | 9 |
| | 3 | 6 | 1 | 2 | 4 | | 9 | 8 | 4 | 7 |
| | | 7 | 9 | 3 | 8 | | | 1 | 3 | |

037

| | | | | | | | | | | |
|---|---|---|---|---|---|---|---|---|---|---|
| | | | 3 | 2 | 6 | | | 6 | 7 | 8 |
| | 3 | 4 | 5 | 1 | 2 | | 5 | 7 | 8 | 9 |
| 5 | 9 | 2 | | 7 | 4 | 6 | 9 | 8 | | |
| 3 | 6 | 1 | 2 | | 5 | 8 | 7 | 9 | 6 | |
| 1 | 5 | | 6 | 7 | 8 | 9 | | | 3 | 1 |
| 2 | 8 | | 1 | 6 | 3 | | 3 | 5 | 1 | 2 |
| | 7 | 9 | | 5 | 1 | 7 | 4 | 3 | 2 | |
| | | 7 | 6 | 9 | | 4 | 1 | 6 | | |
| | 7 | 5 | 9 | 8 | 4 | 6 | | 1 | 3 | |
| 7 | 9 | 4 | 8 | | 8 | 9 | 3 | | 5 | 7 |
| 9 | 5 | | | 9 | 7 | 8 | 4 | | 2 | 1 |
| | 8 | 9 | 3 | 7 | 6 | | 1 | 2 | 6 | 3 |
| | | 8 | 1 | 3 | 2 | 4 | | 1 | 4 | 2 |
| 6 | 3 | 1 | 2 | | 9 | 8 | 6 | 3 | 1 | |
| 4 | 1 | 2 | | | 5 | 9 | 7 | | | |

038

| | | | | | | | | | | |
|---|---|---|---|---|---|---|---|---|---|---|
| | | 8 | 9 | 5 | 7 | | | 3 | 1 | 6 |
| | 4 | 9 | 6 | 7 | 8 | | 1 | 5 | 2 | 9 |
| 1 | 2 | 5 | 3 | | 9 | 5 | 3 | 7 | 4 | 8 |
| 4 | 1 | 6 | 2 | 3 | | 7 | 5 | 9 | | |
| 2 | 6 | | 7 | 9 | | 9 | 6 | 8 | 7 | |
| | 3 | 9 | 8 | 7 | | 8 | 7 | | 8 | 7 |
| | | 7 | 5 | 8 | 9 | | 8 | 7 | 6 | 9 |
| 4 | 1 | 3 | | 6 | 7 | 8 | | 6 | 9 | 8 |
| 2 | 5 | 1 | 3 | | 8 | 6 | 7 | 9 | | |
| 1 | 3 | | 1 | 3 | | 1 | 2 | 5 | 3 | |
| | 2 | 3 | 5 | 1 | | 3 | 1 | | 4 | 2 |
| | | 1 | 2 | 5 | | 5 | 4 | 2 | 1 | 3 |
| 5 | 3 | 4 | 7 | 2 | 1 | | 6 | 4 | 2 | 1 |
| 1 | 2 | 5 | 4 | | 4 | 2 | 3 | 1 | 5 | |
| 3 | 1 | 2 | | | 2 | 1 | 5 | 3 | | |

039

| | | | | | | | | | | |
|---|---|---|---|---|---|---|---|---|---|---|
| | | | 9 | 7 | 6 | 8 | | | 5 | 1 |
| 4 | 6 | | 6 | 3 | 1 | 4 | 2 | | 1 | 2 |
| 3 | 1 | 2 | 5 | | 2 | 9 | 6 | 8 | 7 | 3 |
| 1 | 2 | 4 | 7 | | | | 5 | 9 | 8 | 7 |
| | | | 8 | 9 | 7 | | 1 | 4 | 2 | |
| | 5 | 1 | 3 | 6 | 2 | 8 | 4 | | | |
| 1 | 8 | 2 | | | 5 | 9 | 3 | 1 | 2 | 7 |
| 2 | 9 | 3 | | 1 | 9 | 7 | | 8 | 3 | 9 |
| 3 | 7 | 4 | 5 | 2 | 1 | | | 3 | 1 | 8 |
| | | | 3 | 7 | 8 | 4 | 5 | 9 | 6 | |
| | 1 | 3 | 6 | | 3 | 2 | 1 | | | |
| 3 | 8 | 2 | 9 | | | | 3 | 5 | 2 | 1 |
| 5 | 4 | 1 | 7 | 2 | 3 | | 6 | 1 | 4 | 2 |
| 1 | 5 | | 8 | 6 | 9 | 7 | 4 | | 1 | 3 |
| 2 | 3 | | | 1 | 4 | 3 | 2 | | | |

040

| | | | | | | | | | | |
|---|---|---|---|---|---|---|---|---|---|---|
| | 8 | 1 | | | 8 | 9 | 3 | | 2 | 1 |
| 7 | 9 | 8 | 5 | | 9 | 7 | 2 | 6 | 1 | 8 |
| 9 | 6 | 5 | 2 | 8 | 7 | | 8 | 9 | 7 | |
| | | | 1 | 5 | 6 | | 1 | 5 | | |
| | 5 | 2 | 3 | 7 | 4 | 1 | | 1 | 3 | |
| | 7 | 5 | 8 | 9 | | 6 | 7 | 8 | 9 | |
| 2 | 3 | 1 | | | 9 | 3 | 2 | 7 | 8 | 6 |
| 3 | 9 | | 5 | 3 | 6 | 2 | 1 | | 5 | 1 |
| 1 | 2 | 5 | 3 | 4 | 8 | | | 1 | 4 | 2 |
| | 1 | 6 | 4 | 2 | | 8 | 5 | 9 | 7 | |
| | 8 | 9 | | 1 | 2 | 7 | 3 | 4 | 6 | |
| | | 7 | 9 | | 5 | 6 | 2 | | | |
| | 9 | 8 | 5 | | 1 | 9 | 4 | 2 | 3 | 5 |
| 1 | 2 | 4 | 6 | 5 | 3 | | 1 | 4 | 2 | 3 |
| 9 | 7 | | 8 | 9 | 4 | | | 1 | 4 | |

**041**

| 6 | 8 | 9 | 7 |   |   |   | 7 | 8 | 6 | 9 |
|---|---|---|---|---|---|---|---|---|---|---|
| 8 | 9 | 7 | 5 | 6 |   | 2 | 1 | 5 | 3 | 4 |
| 9 | 7 |   | 8 | 9 | 4 | 5 | 6 | 7 |   |   |
|   | 5 | 2 | 4 | 7 | 3 | 1 |   | 9 | 5 |   |
|   |   | 5 | 9 |   | 1 | 4 | 2 |   | 2 | 4 |
| 9 | 8 | 7 |   | 7 | 6 |   | 4 | 5 | 1 | 2 |
| 7 | 9 | 4 | 8 | 6 | 2 | 5 |   | 7 | 3 | 1 |
|   |   | 6 | 9 | 8 |   | 2 | 1 | 4 |   |   |
| 8 | 6 | 9 |   | 9 | 5 | 1 | 3 | 2 | 4 | 7 |
| 5 | 7 | 8 | 9 |   | 2 | 3 |   | 8 | 7 | 9 |
| 9 | 8 |   | 1 | 2 | 4 |   | 4 | 9 |   |   |
|   | 9 | 7 |   | 3 | 1 | 2 | 5 | 6 | 4 |   |
|   |   | 8 | 9 | 5 | 3 | 7 | 6 |   | 1 | 2 |
| 2 | 3 | 6 | 4 | 1 |   | 1 | 2 | 5 | 3 | 4 |
| 8 | 5 | 9 | 7 |   |   |   | 1 | 3 | 2 | 5 |

**042**

| 2 | 1 | 3 |   | 6 | 8 |   | 8 | 9 | 6 | 1 |
|---|---|---|---|---|---|---|---|---|---|---|
| 4 | 6 | 7 | 5 | 8 | 9 |   | 9 | 7 | 8 | 6 |
| 1 | 3 |   | 2 | 9 | 7 | 1 | 5 | 8 | 3 |   |
|   | 2 | 5 | 1 |   |   | 3 | 7 |   | 5 | 2 |
| 9 | 5 | 4 | 3 | 8 | 7 | 6 |   |   | 9 | 8 |
| 8 | 7 |   |   | 6 | 3 | 2 | 1 |   | 7 | 9 |
| 7 | 4 | 6 | 8 | 9 |   | 4 | 5 | 1 | 2 | 3 |
|   |   | 9 | 5 |   |   | 2 | 3 |   |   |   |
| 2 | 8 | 7 | 9 | 5 |   | 1 | 4 | 2 | 3 | 6 |
| 3 | 4 |   | 7 | 8 | 9 | 2 |   |   | 6 | 9 |
| 6 | 9 |   | 6 | 5 | 4 | 3 | 2 | 1 | 7 |   |
| 1 | 3 |   | 8 | 9 |   |   | 6 | 8 | 9 |   |
|   | 6 | 8 | 2 | 7 | 3 | 4 | 1 |   | 8 | 9 |
| 2 | 5 | 3 | 1 |   | 1 | 3 | 2 | 6 | 4 | 5 |
| 8 | 7 | 9 | 5 |   | 2 | 1 |   | 9 | 7 | 8 |

**043**

| 1 | 5 |   | 6 | 9 | 8 |   | 1 | 3 |   |   |
|---|---|---|---|---|---|---|---|---|---|---|
| 3 | 6 |   | 5 | 1 | 7 | 4 | 2 | 6 | 3 |   |
| 2 | 1 | 3 | 4 |   | 9 | 8 |   | 2 | 1 | 6 |
|   | 4 | 1 | 2 |   | 4 | 2 | 3 | 1 | 5 | 7 |
| 3 | 8 |   | 3 | 4 | 6 | 1 | 2 |   | 2 | 9 |
| 2 | 3 | 4 | 1 | 5 |   |   | 9 | 5 | 7 | 8 |
| 1 | 7 | 9 |   | 9 | 6 | 4 | 7 | 8 |   |   |
| 5 | 9 | 8 |   | 7 | 8 | 1 |   | 3 | 2 | 1 |
|   |   | 6 | 7 | 8 | 9 | 3 |   | 9 | 8 | 6 |
| 5 | 8 | 7 | 9 |   |   | 9 | 8 | 7 | 4 | 2 |
| 4 | 2 |   | 8 | 3 | 9 | 7 | 5 |   | 3 | 4 |
| 1 | 3 | 7 | 4 | 2 | 5 |   | 3 | 7 | 1 |   |
| 2 | 1 | 9 |   | 1 | 6 |   | 7 | 9 | 6 | 8 |
|   | 5 | 8 | 9 | 4 | 7 | 2 | 6 |   | 9 | 6 |
|   |   | 5 | 2 |   | 8 | 7 | 9 |   | 7 | 9 |

**044**

|   | 6 | 8 | 7 | 9 |   | 7 | 8 | 9 | 5 |   |
|---|---|---|---|---|---|---|---|---|---|---|
|   | 3 | 5 | 1 | 2 |   | 8 | 9 | 6 | 7 | 5 |
|   | 4 | 1 |   | 1 | 2 | 9 |   | 8 | 6 | 9 |
| 2 | 1 |   | 4 | 3 | 1 |   | 5 | 7 |   |   |
| 3 | 5 | 1 | 2 |   | 4 | 2 | 1 | 5 | 3 | 7 |
| 6 | 2 | 4 | 1 | 3 |   | 1 | 3 |   | 4 | 9 |
|   |   | 3 | 5 | 1 | 2 |   | 2 | 3 | 1 | 5 |
| 1 | 6 | 2 |   | 5 | 1 | 2 |   | 4 | 2 | 8 |
| 8 | 9 | 5 | 7 |   | 3 | 1 | 8 | 2 |   |   |
| 2 | 8 |   | 5 | 9 |   | 4 | 7 | 6 | 9 | 8 |
| 4 | 5 | 6 | 8 | 7 | 9 |   | 2 | 1 | 3 | 6 |
|   | 3 | 9 |   | 8 | 7 | 9 |   | 7 | 9 |   |
| 2 | 3 | 1 |   | 9 | 6 | 8 |   | 4 | 6 |   |
| 4 | 1 | 2 | 3 | 5 |   | 9 | 5 | 7 | 8 |   |
|   | 2 | 4 | 1 | 3 |   | 4 | 1 | 2 | 5 |   |

045

| | | | | | | | | | | |
|---|---|---|---|---|---|---|---|---|---|---|
| | | 9 | 8 | 6 | | 4 | 1 | 7 | | |
| | 6 | 3 | 1 | 2 | | 5 | 7 | 9 | 8 | |
| 8 | 7 | 1 | | 8 | 9 | 6 | | 8 | 6 | 7 |
| 9 | 5 | | 3 | 5 | 8 | 2 | 4 | | 9 | 8 |
| 7 | 9 | 8 | 6 | 4 | | 3 | 8 | 7 | 5 | 9 |
| | | 4 | 2 | 1 | | 8 | 6 | 9 | | |
| 4 | 2 | 6 | 1 | 3 | | 1 | 2 | 6 | 3 | 4 |
| 9 | 3 | | | | | | | | 7 | 9 |
| 5 | 1 | 9 | 7 | 8 | | 2 | 1 | 3 | 6 | 8 |
| | | 3 | 1 | 2 | | 7 | 9 | 8 | | |
| 9 | 4 | 7 | 8 | 6 | | 4 | 5 | 1 | 2 | 3 |
| 7 | 3 | | 9 | 4 | 7 | 6 | 8 | | 3 | 1 |
| 4 | 1 | 2 | | 7 | 9 | 8 | | 1 | 6 | 2 |
| | 8 | 7 | 9 | 5 | | 5 | 2 | 3 | 1 | |
| | | 8 | 7 | 9 | | 9 | 6 | 8 | | |

046

| | | | | | | | | | | |
|---|---|---|---|---|---|---|---|---|---|---|
| 1 | 4 | 2 | | 7 | 9 | | 8 | 9 | 2 | |
| 5 | 7 | 1 | 4 | 3 | 2 | | 2 | 3 | 1 | 5 |
| 2 | 8 | | 5 | 1 | 6 | 9 | 4 | 7 | 3 | 8 |
| 3 | 6 | 4 | 1 | 2 | | 6 | 7 | 8 | 5 | 9 |
| | 9 | 6 | 3 | | 9 | 8 | 6 | | | |
| | | 3 | 2 | 1 | 4 | | 9 | 6 | 8 | |
| 5 | 6 | 9 | 7 | 3 | 8 | | 5 | 3 | 7 | 1 |
| 9 | 8 | 7 | | | | | | 1 | 5 | 2 |
| 1 | 3 | 5 | 2 | | 7 | 6 | 8 | 5 | 9 | 3 |
| | 9 | 8 | 5 | | 8 | 7 | 5 | 2 | | |
| | | | 7 | 1 | 9 | | 9 | 8 | 6 | |
| 8 | 7 | 9 | 6 | 4 | | 9 | 7 | 4 | 3 | 5 |
| 9 | 4 | 7 | 3 | 2 | 1 | 8 | 6 | | 1 | 3 |
| 6 | 1 | 8 | 4 | | 5 | 7 | 4 | 3 | 2 | 1 |
| | 2 | 4 | 1 | | 2 | 5 | | 1 | 4 | 2 |

047

| | | | | | | | | | | |
|---|---|---|---|---|---|---|---|---|---|---|
| | 3 | 2 | | 8 | 3 | | 7 | 9 | | |
| 6 | 4 | 3 | 2 | 5 | 1 | | 9 | 8 | 7 | 4 |
| 9 | 8 | 4 | 6 | 7 | | 3 | 2 | 4 | 6 | 1 |
| | 6 | 1 | | 6 | 7 | 9 | 8 | | 3 | 2 |
| 5 | 7 | 6 | 4 | 9 | 3 | | 6 | 8 | 9 | |
| 8 | 9 | | 2 | 3 | 1 | 8 | 4 | 7 | 5 | |
| | | 1 | 5 | | 9 | 7 | | 4 | 2 | 1 |
| 9 | 7 | 3 | 1 | 2 | | 9 | 7 | 6 | 8 | 3 |
| 3 | 1 | 2 | | 4 | 6 | | 8 | 9 | | |
| | 8 | 4 | 2 | 1 | 3 | 5 | 6 | | 9 | 6 |
| | 9 | 5 | 8 | | 2 | 4 | 9 | 5 | 3 | 1 |
| 1 | 2 | | 4 | 2 | 1 | 6 | | 8 | 4 | |
| 4 | 5 | 2 | 1 | 3 | | 8 | 1 | 7 | 2 | 9 |
| 2 | 3 | 1 | 5 | | 2 | 7 | 4 | 3 | 1 | 5 |
| | | 4 | 3 | | 1 | 3 | | 9 | 8 | |

048

| | | | | | | | | | | |
|---|---|---|---|---|---|---|---|---|---|---|
| 5 | 6 | 8 | | 8 | 1 | 3 | | 7 | 3 | 1 |
| 7 | 8 | 9 | | 5 | 3 | 2 | | 9 | 1 | 2 |
| | | 5 | 1 | 6 | 2 | 4 | 3 | 8 | | |
| 1 | 2 | 6 | 4 | 3 | | 1 | 2 | 4 | 3 | 7 |
| 3 | 5 | 7 | 2 | 9 | 8 | | 1 | 5 | 2 | 3 |
| | | | 8 | 7 | 9 | 4 | 6 | | | |
| 1 | 2 | 5 | 3 | | 5 | 3 | 4 | 2 | 1 | 6 |
| 3 | 1 | 9 | | 2 | 4 | 1 | | 4 | 2 | 1 |
| 2 | 4 | 7 | 3 | 1 | 6 | | 2 | 1 | 5 | 3 |
| | | | 2 | 5 | 3 | 6 | 1 | | | |
| 6 | 8 | 9 | 5 | | 7 | 5 | 4 | 9 | 6 | 8 |
| 8 | 7 | 6 | 4 | 9 | | 8 | 5 | 6 | 7 | 9 |
| | | 7 | 1 | 5 | 6 | 4 | 3 | 2 | | |
| 6 | 9 | 8 | | 8 | 9 | 7 | | 5 | 4 | 8 |
| 8 | 6 | 5 | | 6 | 8 | 9 | | 1 | 2 | 4 |

SOLUTION

**049**

| 6 | 7 |   | 8 | 9 |   | 9 | 4 |   | 6 | 8 |
|---|---|---|---|---|---|---|---|---|---|---|
| 4 | 8 | 6 | 9 | 7 |   | 8 | 6 | 4 | 9 | 7 |
| 5 | 9 | 4 | 7 |   | 2 | 5 | 7 | 3 | 8 | 9 |
|   |   | 2 | 5 | 9 | 8 |   | 9 | 8 |   |   |
| 4 | 2 | 1 |   | 7 | 3 |   | 8 | 6 | 2 | 1 |
| 2 | 1 | 3 |   | 6 | 1 | 2 |   | 9 | 8 | 5 |
| 1 | 3 |   | 2 | 5 | 4 | 6 | 3 | 1 |   |   |
|   | 4 | 3 | 1 | 8 |   | 8 | 6 | 7 | 9 |   |
|   |   | 2 | 3 | 4 | 5 | 7 | 1 |   | 8 | 9 |
| 8 | 9 | 6 |   | 2 | 1 | 4 |   | 3 | 1 | 5 |
| 5 | 7 | 9 | 8 |   | 4 | 9 |   | 4 | 2 | 8 |
|   |   | 8 | 4 |   | 2 | 5 | 3 | 1 |   |   |
| 7 | 2 | 4 | 1 | 5 | 3 |   | 1 | 2 | 4 | 3 |
| 8 | 3 | 1 | 2 | 4 |   | 3 | 2 | 8 | 9 | 1 |
| 5 | 1 |   | 9 | 8 |   | 1 | 5 |   | 1 | 2 |

**050**

| 9 | 6 | 8 |   | 3 | 9 |   | 7 | 8 | 9 |   |
|---|---|---|---|---|---|---|---|---|---|---|
| 7 | 8 | 4 |   | 6 | 8 | 7 | 9 | 2 | 4 | 5 |
|   | 7 | 9 | 8 | 4 |   | 8 | 3 |   | 7 | 9 |
| 9 | 4 |   | 4 | 1 | 7 | 9 | 6 | 5 | 2 | 3 |
| 8 | 9 |   | 1 | 2 | 4 |   | 2 | 3 | 1 |   |
| 3 | 5 | 1 | 2 |   | 9 | 8 | 5 | 7 | 3 | 6 |
|   |   | 4 | 5 | 9 | 8 | 7 |   | 8 | 9 |   |
| 1 | 5 | 2 | 3 | 4 |   | 9 | 5 | 7 | 6 | 8 |
| 2 | 1 |   | 8 | 7 | 6 | 1 | 3 |   |   |   |
| 6 | 9 | 8 | 4 | 7 | 5 |   | 4 | 1 | 2 | 8 |
|   | 8 | 7 | 9 |   | 9 | 7 | 6 |   | 5 | 9 |
| 9 | 4 | 6 | 2 | 7 | 8 | 5 | 3 |   | 7 | 6 |
| 8 | 2 |   | 6 | 8 |   | 3 | 2 | 4 | 1 |   |
| 6 | 3 | 7 | 1 | 9 | 8 | 2 |   | 8 | 4 | 9 |
|   | 6 | 9 | 8 |   | 9 | 1 |   | 9 | 3 | 7 |

**051**

| 2 | 4 | 1 |   |   | 3 | 4 | 2 | 1 |   |   |
|---|---|---|---|---|---|---|---|---|---|---|
| 5 | 1 | 3 | 2 |   | 4 | 6 | 1 | 3 | 2 |   |
| 1 | 2 |   | 3 | 1 | 2 | 5 |   | 3 | 1 |   |
| 3 | 6 | 9 |   | 3 | 5 |   | 3 | 5 | 1 | 2 |
|   |   | 7 | 9 |   | 1 | 3 | 2 | 4 |   |   |
| 4 | 9 | 8 | 6 | 7 |   | 4 | 1 |   | 2 | 1 |
| 1 | 3 |   | 8 | 6 | 9 |   | 4 | 2 | 7 | 6 |
| 2 | 4 | 1 |   | 9 | 8 | 6 |   | 1 | 3 | 4 |
|   |   | 3 | 1 | 8 |   | 1 | 3 |   | 1 | 3 |
| 1 | 3 | 2 | 4 |   |   | 1 | 3 | 5 | 2 |   |
| 4 | 2 |   | 2 | 6 |   | 8 | 2 | 1 |   |   |
| 6 | 4 | 2 |   | 8 | 6 | 9 |   | 2 | 1 | 4 |
| 3 | 5 | 1 | 2 |   | 8 | 7 | 4 |   | 7 | 1 |
| 2 | 1 |   | 1 | 4 |   | 6 | 1 | 4 | 3 | 2 |
|   |   | 1 | 3 | 2 | 4 |   | 2 | 1 |   |   |
| 1 | 2 | 3 | 5 |   | 2 | 1 |   | 2 | 1 | 4 |
| 3 | 1 |   |   | 2 | 5 | 3 | 1 |   | 4 | 3 |
|   | 5 | 2 | 3 | 4 | 1 |   | 3 | 1 | 5 | 2 |
|   |   | 5 | 2 | 1 | 3 |   | 3 | 2 | 1 |   |

**052**

|   |   |   | 1 | 3 |   | 5 | 1 |   |   |   |
|---|---|---|---|---|---|---|---|---|---|---|
| 1 | 5 | 3 | 2 | 4 |   | 1 | 2 | 3 | 5 |   |
| 2 | 4 | 1 |   | 1 | 3 | 2 |   | 9 | 6 | 8 |
| 3 | 2 |   | 3 | 2 | 1 | 4 | 5 |   | 8 | 9 |
|   | 1 | 4 | 2 |   |   | 8 | 6 | 9 | 7 |   |
|   | 3 | 2 | 5 | 1 |   | 5 | 9 | 8 | 7 |   |
|   | 3 | 1 | 2 |   | 6 | 7 | 9 |   |   |   |
| 7 | 2 | 6 |   | 5 | 9 | 8 |   | 7 | 6 | 9 |
| 4 | 3 | 1 | 2 |   | 7 | 9 | 8 |   | 2 | 6 |
| 6 | 1 |   | 1 | 4 |   | 7 | 9 |   | 8 | 7 |
| 9 | 4 |   | 4 | 8 | 9 |   | 6 | 7 | 9 | 8 |
| 8 | 6 | 9 |   | 6 | 8 | 9 |   | 2 | 1 | 4 |
|   | 8 | 6 | 7 |   | 8 | 3 | 4 |   |   |   |
|   | 6 | 5 | 8 | 9 |   | 6 | 2 | 1 | 3 |   |
| 8 | 5 | 7 | 9 |   |   | 1 | 3 | 4 |   |   |
| 9 | 8 |   | 7 | 8 | 9 | 6 | 4 |   | 1 | 9 |
| 7 | 9 | 8 |   | 9 | 7 | 8 |   | 1 | 2 | 6 |
|   | 7 | 9 | 8 | 6 |   | 9 | 5 | 7 | 6 | 8 |
|   |   | 9 | 7 |   | 7 | 9 |   |   |   |   |

**053**

| | | 1 | 3 | | | 2 | 1 | 4 | | | |
|---|---|---|---|---|---|---|---|---|---|---|---|
| 3 | 4 | 2 | 1 | | 4 | 3 | 1 | 2 | 5 | | |
| 1 | 6 | | 2 | 4 | 1 | | | 3 | 9 | | |
| 6 | 9 | 8 | 5 | 7 | | 3 | 2 | 1 | 6 | 4 | |
| 2 | 8 | 5 | | 9 | 8 | 5 | 7 | | 7 | 9 | |
| 4 | 7 | 9 | 8 | | 2 | 1 | | 9 | 8 | 7 | |
| | | 7 | 9 | 8 | | 2 | 1 | 7 | | | |
| 9 | 8 | 6 | | 7 | 9 | | 7 | 8 | 6 | 9 | |
| 7 | 6 | | 9 | 6 | 8 | 7 | | 6 | 4 | 7 | |
| | 7 | 6 | 8 | 9 | | 4 | 2 | 1 | 3 | | |
| 7 | 9 | 8 | | 4 | 2 | 1 | 3 | | 2 | 8 | |
| 9 | 5 | 7 | 8 | | 1 | 3 | | 2 | 1 | 4 | |
| | 4 | 2 | 1 | | 2 | 1 | 3 | | | | |
| 8 | 6 | 9 | | 3 | 1 | | 2 | 1 | 6 | 3 | |
| 9 | 3 | | 3 | 2 | 5 | 1 | | 4 | 7 | 2 | |
| 7 | 4 | 8 | 9 | 6 | | 2 | 3 | 5 | 4 | 1 | |
| | 2 | 6 | | | 1 | 4 | 2 | | 9 | 4 | |
| | 1 | 3 | 4 | 5 | 2 | | 5 | 9 | 8 | 7 | |
| | | | 8 | 9 | 6 | | 1 | 2 | | | |

**054**

| | 4 | 3 | 2 | 1 | | | 4 | 2 | 1 | |
|---|---|---|---|---|---|---|---|---|---|---|
| | 9 | 6 | 8 | 5 | 3 | 7 | | 1 | 6 | 3 |
| 9 | 7 | | 9 | 1 | | 1 | 4 | 2 | | |
| 8 | 6 | 9 | 7 | | | 2 | 3 | 1 | 5 | |
| 6 | 4 | 3 | 2 | 1 | | 3 | 1 | | 7 | 9 |
| | 8 | 1 | | 2 | 3 | 1 | | 5 | 3 | |
| | 2 | 8 | | 1 | 2 | 5 | 3 | | | |
| | 6 | 5 | 9 | 8 | 7 | | 1 | 2 | 6 | |
| 7 | 2 | | 5 | 1 | 2 | 3 | | 1 | 3 | 6 |
| 8 | 4 | 6 | 7 | 9 | | 6 | 7 | 4 | 9 | 8 |
| 9 | 3 | 1 | | 2 | 1 | 8 | 9 | | 7 | 9 |
| | 1 | 4 | 2 | | 4 | 9 | 6 | 7 | 8 | |
| | 3 | 6 | 1 | 2 | | 8 | 2 | | | |
| | 3 | 2 | | 2 | 3 | 8 | | 9 | 7 | |
| 1 | 2 | | 4 | 3 | | 9 | 8 | 1 | 6 | 3 |
| 3 | 1 | 4 | 2 | | | 9 | 4 | 8 | 2 | |
| | 2 | 1 | 9 | | 9 | 7 | | 9 | 1 | |
| 9 | 8 | 6 | | 7 | 1 | 3 | 5 | 2 | 4 | |
| 7 | 2 | 1 | | | 3 | 8 | 6 | 9 | | |

**055**

| | | 1 | 2 | 4 | | 1 | 2 | 4 | | |
|---|---|---|---|---|---|---|---|---|---|---|
| | 4 | 3 | 1 | 2 | | 6 | 1 | 2 | 3 | |
| 1 | 3 | | 3 | 5 | 1 | 2 | 4 | | 2 | 1 |
| 5 | 1 | 2 | | 1 | 2 | 4 | | 2 | 1 | 3 |
| | 1 | 4 | 3 | | 3 | 1 | 4 | | | |
| 8 | 2 | 3 | 1 | | | 3 | 1 | 7 | 2 | |
| 3 | 1 | | 3 | 1 | 4 | 6 | 2 | | 5 | 1 |
| 9 | 5 | | 2 | 1 | 8 | | 9 | 3 | | |
| 7 | 3 | 2 | 1 | 4 | | 9 | 7 | 6 | 8 | 4 |
| | 1 | 3 | | | 9 | 1 | | | | |
| 2 | 6 | 3 | 4 | 1 | | 3 | 4 | 2 | 1 | 5 |
| 1 | 7 | | 2 | 3 | 1 | | 3 | 8 | | |
| 3 | 9 | | 8 | 4 | 7 | 6 | 9 | | 2 | 7 |
| 5 | 8 | 9 | 7 | | | 8 | 6 | 7 | 9 | |
| | 8 | 9 | 6 | | 8 | 7 | 9 | | | |
| 8 | 9 | 6 | | 8 | 6 | 9 | | 8 | 9 | 5 |
| 9 | 7 | | 3 | 4 | 1 | 5 | 2 | | 7 | 9 |
| | 8 | 9 | 5 | 7 | | 7 | 4 | 9 | 8 | |
| | 8 | 6 | 9 | | 6 | 1 | 2 | | | |

**056**

| 1 | 4 | 2 | | 3 | 1 | | 4 | 1 | 2 | |
|---|---|---|---|---|---|---|---|---|---|---|
| 2 | 1 | 5 | | 2 | 5 | 1 | | 3 | 4 | 1 |
| | 2 | 3 | 4 | 1 | | 3 | 5 | 1 | 2 | |
| 2 | 6 | 1 | 3 | | | 4 | 2 | 5 | 1 | |
| 1 | 3 | | 2 | 3 | | 3 | 1 | | 3 | 2 |
| | 3 | 1 | 4 | | 1 | 2 | 5 | | | |
| 4 | 2 | 1 | | 6 | 9 | 7 | | 9 | 8 | 6 |
| 2 | 3 | | 1 | 5 | 2 | | 9 | 8 | | |
| | 1 | 4 | 3 | 2 | | 4 | 9 | 8 | 7 | |
| | 1 | 4 | | | 8 | 6 | | | | |
| | 6 | 2 | 1 | 3 | | 5 | 7 | 9 | 8 | |
| 9 | 8 | | 2 | 1 | 3 | | 6 | 9 | | |
| 6 | 9 | 7 | | 4 | 2 | 1 | | 5 | 9 | 8 |
| | 8 | 9 | 6 | | 2 | 3 | 1 | | | |
| 9 | 5 | | 5 | 1 | | 4 | 2 | | 8 | 9 |
| 8 | 9 | 7 | 6 | | | 5 | 8 | 9 | 7 | |
| | 7 | 5 | 8 | 9 | | 2 | 1 | 5 | 4 | |
| 7 | 8 | 9 | | 8 | 9 | 5 | | 7 | 6 | 9 |
| 9 | 6 | 8 | | 5 | 1 | | 9 | 7 | 8 | |

057

| | | | | | | | | | | |
|---|---|---|---|---|---|---|---|---|---|---|
| 1 | 2 | | | 6 | 9 | 8 | | | 5 | 9 |
| 3 | 1 | 2 | | 1 | 7 | 2 | | 3 | 1 | 7 |
| | 5 | 3 | 1 | 2 | | 3 | 5 | 1 | 2 | |
| | 4 | 1 | 2 | | 3 | 1 | 6 | 2 | 4 | |
| | | 5 | 3 | 2 | 1 | | 8 | 4 | | |
| 2 | 1 | 4 | 5 | 3 | | 9 | 7 | 6 | 8 | 5 |
| 1 | 3 | | 4 | 8 | 7 | 5 | 9 | | 3 | 1 |
| 4 | 2 | 5 | | 6 | 9 | 8 | | 9 | 7 | 2 |
| | 4 | 2 | 1 | 9 | | 7 | 4 | 8 | 9 | |
| | | 4 | 2 | | | | 1 | 3 | | |
| | 4 | 1 | 3 | 2 | | 1 | 2 | 6 | 3 | |
| 2 | 1 | 3 | | 4 | 9 | 2 | | 7 | 9 | 4 |
| 1 | 3 | | 2 | 3 | 1 | 4 | 9 | | 8 | 2 |
| 4 | 2 | 6 | 3 | 1 | | 3 | 7 | 4 | 2 | 1 |
| | | 8 | 4 | | 9 | 7 | 8 | 5 | | |
| | 8 | 9 | 6 | 5 | 7 | | 4 | 1 | 2 | |
| | 6 | 2 | 1 | 3 | | 1 | 3 | 2 | 5 | |
| 8 | 9 | 7 | | 1 | 3 | 2 | | 3 | 1 | 2 |
| 9 | 7 | | | 2 | 1 | 4 | | | 3 | 1 |

058

| | | | | | | | | | | |
|---|---|---|---|---|---|---|---|---|---|---|
| 1 | 2 | | | | 3 | 2 | | 8 | 6 | 9 |
| 3 | 1 | 2 | | 2 | 1 | 3 | | 9 | 8 | 7 |
| | 4 | 3 | 2 | 1 | | 6 | 8 | 7 | 9 | |
| | | | 1 | 3 | | 1 | 3 | | 7 | 9 |
| 9 | 8 | 7 | 4 | 5 | 6 | | 1 | 2 | 5 | 3 |
| 7 | 1 | 3 | | | 1 | 4 | 2 | 3 | | |
| | 9 | 6 | 8 | | 2 | 1 | | 1 | 6 | |
| | | 2 | 6 | 1 | 3 | 5 | 4 | | 8 | 4 |
| | 8 | 5 | 9 | 7 | | 2 | 3 | 5 | 4 | 1 |
| 2 | 5 | 1 | | | | | | 9 | 7 | 2 |
| 6 | 7 | 4 | 9 | 8 | | 7 | 1 | 6 | 9 | |
| 1 | 9 | | 7 | 6 | 3 | 9 | 5 | 8 | | |
| | 6 | 8 | | 3 | 1 | | 2 | 4 | 1 | |
| | | 7 | 8 | 9 | 4 | | | 3 | 2 | 1 |
| 1 | 3 | 9 | 7 | | 2 | 5 | 1 | 7 | 3 | 4 |
| 9 | 6 | | 9 | 8 | | 9 | 5 | | | |
| | 1 | 3 | 6 | 7 | | 7 | 9 | 6 | 8 | |
| 3 | 2 | 1 | | 9 | 7 | 8 | | 5 | 9 | 8 |
| 1 | 4 | 2 | | 5 | 9 | | | | 7 | 9 |

059

| | | | | | | | | | | |
|---|---|---|---|---|---|---|---|---|---|---|
| | 3 | 6 | 5 | 1 | | 5 | 1 | | 2 | 3 |
| 3 | 5 | 2 | 1 | 4 | | 2 | 3 | 4 | 6 | 1 |
| 1 | 2 | | 3 | 9 | 8 | 1 | | 3 | 1 | 2 |
| | 1 | 4 | 2 | | 7 | 3 | 1 | 2 | 4 | 5 |
| 3 | 6 | 1 | 4 | 2 | 5 | | 5 | 1 | | |
| 1 | 4 | 2 | | 5 | 9 | 1 | 2 | | 3 | 1 |
| | | 3 | 2 | 1 | | 5 | 3 | 1 | 2 | 4 |
| 9 | 7 | | 4 | 3 | 1 | 2 | | 3 | 1 | 2 |
| 8 | 3 | 9 | 5 | | 3 | 4 | 1 | 2 | | |
| 6 | 1 | 4 | 3 | 2 | | 3 | 4 | 5 | 7 | 9 |
| | | 6 | 1 | 3 | 8 | | 3 | 4 | 1 | 6 |
| 6 | 9 | 8 | | 1 | 9 | 8 | 2 | | 4 | 8 |
| 9 | 8 | 7 | 6 | 4 | | 9 | 6 | 8 | | |
| 8 | 4 | | 9 | 5 | 8 | 7 | | 9 | 8 | 7 |
| | | 9 | 7 | | 7 | 5 | 9 | 6 | 4 | 8 |
| 5 | 4 | 7 | 8 | 9 | 6 | | 8 | 7 | 9 | |
| 8 | 9 | 6 | | 7 | 9 | 8 | 6 | | 7 | 9 |
| 9 | 5 | 8 | 7 | 6 | | 7 | 5 | 9 | 6 | 8 |
| 7 | 8 | | 9 | 8 | | 9 | 7 | 8 | 5 | |

060

| | | | | | | | | | | |
|---|---|---|---|---|---|---|---|---|---|---|
| | | | 1 | 5 | 2 | | | | 1 | 2 |
| | 7 | 4 | 6 | 9 | 8 | | 5 | 2 | 3 | 1 |
| | 4 | 1 | 2 | 6 | 3 | | 9 | 1 | 8 | |
| 2 | 1 | 3 | | 8 | 1 | 3 | 6 | 4 | 5 | 2 |
| 1 | 3 | | | | | 4 | 8 | | 6 | 4 |
| 4 | 2 | 1 | | 7 | 3 | 1 | | 1 | 2 | |
| | 5 | 4 | | 5 | 1 | 2 | 7 | 3 | 4 | |
| | | 6 | 9 | 8 | | 5 | 9 | | | |
| 6 | 8 | 5 | 7 | 9 | | 6 | 8 | 3 | 9 | 7 |
| 1 | 4 | 2 | | | | | | 8 | 6 | 9 |
| 2 | 5 | 3 | 1 | 4 | | 9 | 7 | 5 | 4 | 8 |
| | | | 2 | 7 | | 8 | 9 | 6 | | |
| | 7 | 2 | 3 | 1 | 4 | 5 | | 9 | 5 | |
| | 3 | 1 | | 2 | 1 | 7 | | 7 | 2 | 1 |
| 1 | 2 | | 1 | 3 | | | | | 1 | 7 |
| 3 | 6 | 4 | 2 | 5 | 1 | 8 | | 2 | 4 | 6 |
| | 1 | 2 | 3 | | 2 | 4 | 6 | 1 | 3 | |
| 2 | 5 | 1 | 4 | | 3 | 9 | 8 | 6 | 7 | |
| 1 | 4 | | | | 5 | 7 | 9 | | | |

**061**

| | | | | | | | | | | |
|---|---|---|---|---|---|---|---|---|---|---|
| 1 | 2 | 4 | | | 9 | 8 | | 9 | 6 | 7 |
| 3 | 1 | 2 | 4 | | 7 | 4 | 6 | 8 | 5 | 9 |
| | 3 | 6 | 1 | 2 | | 5 | 9 | 7 | 8 | |
| | | 5 | 3 | 1 | 4 | 2 | 7 | | 9 | 5 |
| | 1 | 3 | | 5 | 8 | 9 | | 8 | 7 | 9 |
| 2 | 4 | 1 | 5 | | 9 | 7 | 8 | 4 | | |
| 1 | 3 | | 8 | 9 | 6 | | 9 | 7 | 8 | |
| | | 8 | 9 | 7 | 5 | 3 | | 9 | 7 | 4 |
| | 8 | 9 | 6 | | 7 | 9 | 6 | | 3 | 1 |
| 8 | 4 | 5 | 7 | 9 | | 1 | 5 | 3 | 6 | 2 |
| 5 | 1 | | 3 | 4 | 1 | | 1 | 2 | 9 | |
| 2 | 3 | 5 | | 7 | 2 | 3 | 4 | 1 | | |
| | 2 | 4 | 1 | | 5 | 1 | 2 | | 2 | 6 |
| | | 2 | 3 | 5 | 6 | | 3 | 1 | 4 | 2 |
| 3 | 2 | 1 | | 1 | 4 | 2 | | 3 | 1 | |
| 1 | 5 | | 1 | 2 | 3 | 4 | 6 | 5 | | |
| | 3 | 1 | 2 | 4 | | 1 | 3 | 2 | 6 | |
| 1 | 4 | 3 | 5 | 6 | 2 | | 8 | 4 | 9 | 7 |
| 2 | 1 | 5 | | 3 | 1 | | 6 | 8 | 9 | |

**062**

| | | | | | | | | | | |
|---|---|---|---|---|---|---|---|---|---|---|
| | | 8 | 6 | 9 | | | | 8 | 3 | |
| | 6 | 9 | 8 | 7 | 5 | | 1 | 4 | 2 | |
| 8 | 4 | 7 | 9 | | 2 | 4 | 3 | 6 | 5 | 1 |
| 9 | 2 | | 7 | 4 | 1 | 2 | | 2 | 1 | 3 |
| 5 | 1 | 2 | | 2 | 3 | 5 | 9 | 7 | | |
| | 9 | 8 | 6 | | 1 | 4 | 3 | 2 | | |
| 1 | 5 | | 9 | 3 | 8 | | 2 | 5 | 3 | 1 |
| 3 | 6 | 2 | 5 | 1 | 4 | 7 | | 1 | 4 | 2 |
| 2 | 4 | 1 | 3 | | 6 | 8 | 5 | 9 | 7 | 4 |
| | | 6 | 8 | 7 | 9 | 4 | | | | |
| 4 | 8 | 6 | 7 | 5 | 9 | | 7 | 9 | 8 | 6 |
| 2 | 9 | 5 | | 6 | 5 | 4 | 2 | 8 | 1 | 3 |
| 1 | 6 | 3 | 2 | | 3 | 2 | 1 | | 2 | 1 |
| | 7 | 8 | 4 | 9 | | 1 | 3 | 4 | | |
| | 2 | 1 | 6 | 4 | 3 | | 3 | 8 | 1 | |
| 6 | 8 | 9 | | 8 | 9 | 5 | 7 | | 9 | 3 |
| 2 | 5 | 4 | 6 | 3 | 1 | | 1 | 3 | 4 | 2 |
| | 7 | 1 | 8 | | 6 | 8 | 3 | 9 | 7 | |
| | 9 | 7 | | | 4 | 2 | 1 | | | |

**063**

| | | | | | | | | | | |
|---|---|---|---|---|---|---|---|---|---|---|
| | | 1 | 2 | | | 1 | 2 | 4 | | |
| | 4 | 3 | 1 | 2 | | 3 | 1 | 2 | 4 | |
| 9 | 7 | | 3 | 1 | 4 | 2 | 5 | | 5 | 1 |
| 8 | 9 | 7 | | 5 | 1 | | 3 | 4 | 1 | 2 |
| 6 | 5 | 4 | 7 | 3 | 2 | 1 | | 1 | 2 | 3 |
| | 8 | 5 | 9 | | 3 | 2 | 1 | 6 | | |
| | 9 | 8 | 7 | | 4 | 3 | 2 | 1 | | |
| 9 | 6 | 8 | | 9 | 8 | 6 | | 3 | 4 | 1 |
| 1 | 5 | 6 | 2 | | 9 | 5 | 8 | | 5 | 9 |
| | 4 | 2 | 1 | 5 | 6 | 3 | 9 | 8 | 7 | |
| 9 | 7 | | 9 | 8 | 5 | | 1 | 5 | 3 | 2 |
| 8 | 9 | 7 | | 9 | 7 | 3 | | 3 | 2 | 1 |
| | 8 | 9 | 6 | 7 | | 1 | 2 | 4 | | |
| | 4 | 1 | 3 | 2 | | 1 | 2 | 4 | | |
| 9 | 7 | 8 | | 6 | 4 | 2 | 3 | 7 | 5 | 1 |
| 8 | 5 | 6 | 9 | | 1 | 3 | | 1 | 2 | 4 |
| 6 | 9 | | 8 | 6 | 3 | 7 | 9 | | 1 | 3 |
| | 8 | 9 | 6 | 7 | | 1 | 2 | 4 | 3 | |
| | | 8 | 7 | 9 | | | 6 | 5 | | |

**064**

| | | | | | | | | | | |
|---|---|---|---|---|---|---|---|---|---|---|
| 9 | 7 | | 8 | 9 | | 1 | 3 | | 3 | 1 |
| 6 | 8 | 5 | 9 | 7 | | 2 | 1 | 3 | 6 | 4 |
| 8 | 9 | 7 | | 8 | 9 | 7 | | 4 | 1 | 2 |
| | 9 | 7 | 6 | 8 | | 2 | 1 | | | |
| | 7 | 8 | 9 | | 6 | 1 | 4 | 2 | 3 | |
| 4 | 9 | 6 | 8 | 7 | | 3 | 1 | | 2 | 1 |
| 1 | 3 | | 6 | 8 | 9 | 2 | | 1 | 4 | 2 |
| 2 | 1 | 3 | | 9 | 7 | | 2 | 3 | 1 | 5 |
| | 2 | 1 | 3 | | 8 | 1 | 3 | | 5 | 3 |
| | | 2 | 1 | 3 | | 2 | 1 | 6 | | |
| 1 | 3 | | 4 | 2 | 1 | | 4 | 8 | 6 | |
| 3 | 5 | 1 | 2 | | 8 | 9 | | 9 | 8 | 6 |
| 4 | 6 | 2 | | 6 | 7 | 8 | 9 | | 9 | 8 |
| 2 | 1 | | 7 | 9 | | 6 | 8 | 4 | 7 | 9 |
| | 4 | 6 | 9 | 8 | 7 | | 6 | 2 | 5 | |
| | 8 | 4 | | 9 | 8 | 7 | 6 | | | |
| 8 | 9 | 7 | | 9 | 8 | 7 | | 3 | 2 | 1 |
| 6 | 8 | 9 | 5 | 1 | | 6 | 3 | 1 | 4 | 2 |
| 9 | 7 | | 9 | 7 | | 9 | 7 | | 1 | 3 |

SOLUTION

065

| | | | | | | | | | | |
|---|---|---|---|---|---|---|---|---|---|---|
| 1 | 3 | | | 4 | 1 | 2 | | | 7 | 9 |
| 2 | 4 | 1 | | 2 | 3 | 1 | | 7 | 9 | 8 |
| | 7 | 4 | 2 | 1 | | 5 | 7 | 9 | 8 | 6 |
| | 2 | 3 | 1 | | 7 | 6 | 9 | 8 | | |
| 3 | 1 | | | 6 | 9 | 8 | | 5 | 1 | 6 |
| 1 | 5 | 3 | 2 | 4 | | 4 | 9 | 6 | 7 | 8 |
| | | 2 | 1 | | 9 | 7 | 8 | | 8 | 9 |
| 2 | 4 | 1 | | 6 | 8 | 9 | | 7 | 9 | |
| 3 | 1 | | 3 | 1 | | 3 | 1 | 2 | | |
| 1 | 2 | 4 | 5 | | | | 3 | 1 | 5 | 2 |
| | | 2 | 1 | 7 | | 1 | 2 | | 2 | 1 |
| | 2 | 1 | | 1 | 2 | 3 | | 2 | 1 | 3 |
| 9 | 1 | | 9 | 6 | 8 | | 2 | 1 | | |
| 8 | 5 | 6 | 7 | 9 | | 3 | 1 | 4 | 5 | 2 |
| 6 | 3 | 1 | | 3 | 2 | 1 | | | 2 | 1 |
| | | 2 | 3 | 4 | 1 | | 8 | 9 | 6 | |
| 2 | 4 | 3 | 1 | 5 | | 2 | 1 | 5 | 3 | |
| 1 | 2 | 4 | | 2 | 7 | 1 | | 2 | 4 | 1 |
| 3 | 1 | | | 8 | 9 | 6 | | | 1 | 2 |

066

| | | | | | | | | | | |
|---|---|---|---|---|---|---|---|---|---|---|
| 3 | 1 | | | 5 | 1 | | 1 | 5 | | |
| 8 | 5 | 9 | | 2 | 3 | | 4 | 1 | 3 | |
| | 2 | 5 | 1 | 3 | | | | 4 | 2 | 1 |
| | | 6 | 2 | 1 | 3 | | 2 | 6 | 1 | 3 |
| 9 | 5 | 8 | | 4 | 5 | 3 | 1 | 2 | | |
| 7 | 8 | | | | 2 | 1 | 4 | 3 | 6 | |
| 8 | 9 | 6 | | 9 | 7 | | | 7 | 9 | 6 |
| | 6 | 2 | 3 | 5 | 4 | 1 | | | 7 | 9 |
| | | 1 | 5 | | 1 | 2 | 3 | | 4 | 8 |
| | 4 | 3 | 1 | | | | 2 | 1 | 8 | |
| 9 | 8 | | 2 | 1 | 4 | | 1 | 3 | | |
| 7 | 9 | | | 2 | 5 | 1 | 6 | 4 | 3 | |
| 8 | 6 | 9 | | | 9 | 7 | | 2 | 1 | 5 |
| | 7 | 4 | 8 | 9 | 6 | | | | 2 | 8 |
| | | 5 | 6 | 8 | 7 | 9 | | 8 | 6 | 9 |
| 1 | 5 | 2 | 4 | | 8 | 5 | 9 | 6 | | |
| 8 | 9 | 7 | | | | 7 | 8 | 9 | 4 | |
| | 8 | 6 | 9 | | 3 | 8 | | 5 | 1 | 2 |
| | | 8 | 7 | | 1 | 6 | | | 3 | 1 |

067

| | | | | | | | | | | |
|---|---|---|---|---|---|---|---|---|---|---|
| | | 2 | 3 | 1 | 5 | | 9 | 8 | 7 | |
| | 8 | 4 | 7 | 6 | 9 | | 7 | 1 | 2 | 4 |
| 2 | 3 | 1 | 5 | | | | | | 1 | 2 |
| 4 | 1 | | 8 | 2 | 1 | | 2 | 4 | 3 | 1 |
| 1 | 2 | | 9 | 8 | 7 | | 5 | 7 | | |
| | | | | | 9 | 4 | 6 | 5 | 7 | 8 |
| 9 | 7 | | 9 | 6 | 8 | 7 | 4 | | 8 | 9 |
| 8 | 9 | | 4 | 8 | | 3 | 1 | 4 | 2 | 6 |
| 6 | 5 | 8 | 7 | 9 | | 2 | 3 | 1 | | |
| | 8 | 9 | | | | | | 2 | 4 | |
| | | 1 | 4 | 2 | | 5 | 1 | 3 | 2 | 4 |
| 2 | 4 | 3 | 5 | 1 | | 1 | 2 | | 3 | 1 |
| 3 | 1 | | 6 | 3 | 1 | 2 | 4 | | 1 | 2 |
| 1 | 2 | 6 | 3 | 5 | 4 | | | | | |
| | | 3 | 1 | | 2 | 3 | 1 | | 1 | 7 |
| 5 | 3 | 1 | 2 | | 3 | 1 | 4 | | 2 | 8 |
| 1 | 5 | | | | | | 2 | 1 | 3 | 9 |
| 2 | 1 | 3 | 9 | | 6 | 1 | 3 | 2 | 4 | |
| | 2 | 1 | 3 | | 7 | 8 | 9 | 4 | | |

068

| | | | | | | | | | | |
|---|---|---|---|---|---|---|---|---|---|---|
| | 2 | 1 | | 3 | 1 | | 2 | 3 | 8 | |
| 2 | 1 | 3 | | 2 | 4 | | 6 | 7 | 9 | 8 |
| 1 | 3 | | 4 | 1 | 2 | 3 | 5 | | 7 | 9 |
| 7 | 5 | 9 | 8 | | | 7 | 8 | 9 | | |
| | | 7 | 9 | 3 | 1 | | 4 | 2 | 1 | 3 |
| 1 | 3 | | 7 | 5 | 2 | 1 | 3 | | 5 | 1 |
| 4 | 1 | 3 | 6 | 2 | | 2 | 1 | 4 | | |
| 2 | 6 | 9 | | 1 | 2 | 3 | | 2 | 1 | 8 |
| | | 8 | 7 | 6 | 9 | | 5 | 8 | 7 | 9 |
| 4 | 8 | | 1 | 4 | | 1 | 2 | | 2 | 6 |
| 2 | 6 | 1 | 3 | | 2 | 3 | 1 | 4 | | |
| 1 | 9 | 3 | | 4 | 1 | 5 | | 7 | 8 | 9 |
| | | 7 | 9 | 8 | | 7 | 4 | 9 | 6 | 8 |
| 9 | 8 | | 6 | 2 | 3 | 4 | 1 | | 9 | 7 |
| 7 | 9 | 6 | 8 | | 1 | 2 | 6 | 3 | | |
| | | 1 | 7 | 3 | | | 2 | 4 | 3 | 1 |
| 9 | 7 | | 5 | 1 | 2 | 4 | 3 | | 1 | 9 |
| 5 | 1 | 3 | 2 | | 1 | 5 | | 8 | 9 | 7 |
| | 2 | 1 | 4 | | 3 | 1 | | 9 | 7 | |

SOLUTION

069

| | | | | | | | | | | |
|---|---|---|---|---|---|---|---|---|---|---|
| | 9 | 8 | 6 | | 9 | 7 | | | 8 | 9 |
| 8 | 5 | 9 | 7 | | 8 | 3 | 6 | 9 | 5 | 7 |
| 9 | 7 | | 9 | 6 | 7 | | 7 | 8 | 9 | |
| 6 | 8 | 7 | 4 | 9 | | 7 | 9 | | 7 | 9 |
| | | 2 | 8 | | 3 | 9 | 8 | 7 | 6 | 5 |
| 3 | 6 | 1 | 5 | 2 | 4 | | 5 | 9 | | |
| 1 | 2 | 4 | | 3 | 1 | 7 | | 8 | 6 | 9 |
| | | 5 | 4 | 1 | | 8 | 5 | 6 | 9 | 7 |
| 2 | 6 | 3 | 1 | | 8 | 9 | 6 | 4 | 7 | |
| 1 | 7 | | 3 | 2 | 4 | 6 | 1 | | 8 | 9 |
| | 4 | 5 | 2 | 1 | 3 | | 3 | 1 | 4 | 7 |
| 9 | 8 | 7 | 6 | 5 | | 1 | 2 | 3 | | |
| 6 | 9 | 8 | | 4 | 1 | 2 | | 2 | 4 | 1 |
| | | 9 | 7 | | 2 | 4 | 1 | 5 | 6 | 3 |
| 3 | 2 | 6 | 4 | 1 | 5 | | 3 | 7 | | |
| 1 | 3 | | 8 | 2 | | 7 | 6 | 4 | 9 | 8 |
| | 6 | 8 | 9 | | 1 | 2 | 4 | | 7 | 9 |
| 1 | 4 | 2 | 6 | 3 | 5 | | 2 | 1 | 5 | 3 |
| 3 | 1 | | | 1 | 2 | | 9 | 3 | 8 | |

070

| | | | | | | | | | | |
|---|---|---|---|---|---|---|---|---|---|---|
| | | | | 2 | 4 | 1 | | 3 | 1 | 2 |
| 9 | 7 | | 5 | 1 | 2 | 3 | | 1 | 6 | 4 |
| 6 | 4 | 5 | 2 | 3 | 1 | | | | 3 | 1 |
| 8 | 9 | 7 | | | 5 | 9 | | 1 | 2 | |
| | 8 | 9 | | | 3 | 7 | 2 | 4 | 5 | 1 |
| | | 8 | 9 | 5 | 7 | | 1 | 2 | 4 | 3 |
| | 9 | 6 | 8 | 7 | | | | 5 | 7 | |
| 8 | 5 | 4 | 6 | 9 | 7 | | 1 | 3 | | |
| 6 | 8 | | | 8 | 9 | 5 | 3 | 6 | 7 | |
| 9 | 7 | | | 6 | 8 | 7 | | | 9 | 7 |
| | 6 | 5 | 1 | 3 | 4 | 2 | | | 4 | 6 |
| | | 8 | 3 | | 6 | 4 | 5 | 7 | 8 | 9 |
| | 8 | 9 | | | | 3 | 1 | 2 | 6 | |
| 9 | 7 | 6 | 8 | | 3 | 1 | 2 | 4 | | |
| 7 | 3 | 4 | 5 | 1 | 2 | | | 1 | 2 | |
| | 5 | 7 | | 3 | 1 | | | 3 | 1 | 9 |
| 9 | 4 | | | | 7 | 4 | 9 | 5 | 6 | 8 |
| 6 | 9 | 7 | | 3 | 5 | 1 | 2 | | 3 | 7 |
| 8 | 6 | 9 | | 1 | 4 | 2 | | | | |

071

| | | | | | | | | | | |
|---|---|---|---|---|---|---|---|---|---|---|
| | 9 | 7 | 8 | | | | 6 | 9 | 7 | |
| 8 | 4 | 9 | 6 | 7 | | 5 | 9 | 8 | 6 | 7 |
| 9 | 7 | | 9 | 5 | 7 | 1 | 8 | | 8 | 9 |
| | 8 | 9 | | 8 | 9 | 6 | | 8 | 9 | |
| | | 8 | 6 | 9 | | 8 | 6 | 9 | | |
| | 6 | 7 | 9 | | | | 9 | 7 | 6 | |
| 7 | 1 | | 7 | 3 | | 9 | 7 | | 9 | 1 |
| 9 | 3 | 8 | | 6 | 9 | 8 | | 1 | 7 | 3 |
| | 2 | 9 | 4 | 5 | 7 | 6 | 1 | 3 | 8 | |
| | | 4 | 1 | 2 | | 7 | 2 | 4 | | |
| | 9 | 7 | 2 | 4 | 1 | 5 | 3 | 6 | 8 | |
| 1 | 2 | 6 | | 7 | 3 | 4 | | 2 | 5 | 1 |
| 9 | 8 | | 5 | 1 | | 3 | 7 | | 7 | 3 |
| | 1 | 3 | 2 | | | | 8 | 7 | 9 | |
| | | 2 | 1 | 5 | | 5 | 9 | 8 | | |
| | 3 | 1 | | 4 | 1 | 2 | | 9 | 1 | |
| 1 | 2 | | 5 | 1 | 3 | 4 | 2 | | 5 | 2 |
| 3 | 5 | 9 | 1 | 2 | | 1 | 4 | 6 | 2 | 3 |
| | 1 | 7 | 2 | | | | 1 | 2 | 4 | |

072

| | | | | | | | | | | |
|---|---|---|---|---|---|---|---|---|---|---|
| | 5 | 2 | 3 | 1 | | | 8 | 9 | 6 | |
| 2 | 6 | 1 | 5 | 4 | 3 | | 9 | 7 | 8 | 6 |
| 1 | 3 | | 1 | 2 | 6 | 4 | 3 | | 7 | 9 |
| | 1 | 3 | 2 | | 2 | 1 | | 7 | 9 | 8 |
| 3 | 2 | 1 | | 1 | 4 | 2 | 3 | 6 | | |
| 1 | 4 | 2 | | 3 | 1 | | 1 | 8 | 2 | 3 |
| | | 4 | 8 | 2 | | 7 | 5 | 9 | 6 | 8 |
| 3 | 1 | | 9 | 4 | 3 | 8 | 2 | | 1 | 9 |
| 9 | 8 | 7 | 5 | | 2 | 5 | 4 | 1 | 3 | |
| 8 | 2 | 1 | | 2 | 1 | 9 | | 2 | 4 | 1 |
| | 7 | 9 | 4 | 6 | 8 | | 9 | 7 | 5 | 8 |
| 1 | 3 | | 2 | 1 | 4 | 7 | 3 | | 7 | 9 |
| 4 | 6 | 2 | 1 | 3 | | 8 | 1 | 3 | | |
| 8 | 9 | 5 | 7 | | 3 | 9 | | 2 | 6 | 1 |
| | | 1 | 3 | 4 | 2 | 6 | | 1 | 7 | 3 |
| 4 | 1 | 3 | | 3 | 1 | | 2 | 4 | 9 | |
| 1 | 3 | | 2 | 6 | 4 | 1 | 3 | | 3 | 1 |
| 2 | 5 | 1 | 3 | | 6 | 3 | 5 | 9 | 8 | 7 |
| | 2 | 5 | 1 | | | 2 | 1 | 3 | 5 | |

073

| | | | | | | | | | | |
|---|---|---|---|---|---|---|---|---|---|---|
| | | 4 | 2 | | | | 6 | 7 | | |
| | 2 | 3 | 5 | 1 | | 9 | 8 | 5 | 7 | |
| 1 | 3 | | 3 | 4 | | 6 | 9 | 8 | 4 | 7 |
| 4 | 6 | 5 | 1 | 2 | 3 | 7 | | | 8 | 9 |
| 2 | 1 | 3 | | | 2 | 8 | | 7 | 9 | 6 |
| | 4 | 2 | | 2 | 1 | 5 | 4 | 3 | 6 | |
| | | 4 | 1 | 3 | | | 2 | 1 | | |
| | 6 | 1 | 3 | | 4 | 2 | 1 | 5 | 3 | |
| 8 | 9 | | 2 | 3 | 1 | 5 | | 4 | 1 | 2 |
| 6 | 8 | | 4 | 2 | 3 | 1 | 5 | | 5 | 1 |
| 9 | 7 | 6 | | 4 | 2 | 3 | 1 | | 2 | 3 |
| | 4 | 8 | 6 | 1 | 5 | | 2 | 1 | 4 | |
| | | 9 | 8 | | | 2 | 4 | 3 | | |
| | 6 | 5 | 9 | 4 | 8 | 7 | | 4 | 3 | |
| 8 | 9 | 7 | | 6 | 9 | | | 2 | 1 | 3 |
| 9 | 7 | | | 7 | 5 | 1 | 3 | 6 | 4 | 2 |
| 6 | 5 | 9 | 4 | 8 | | 4 | 2 | | 2 | 1 |
| | 8 | 6 | 7 | 9 | | 2 | 1 | 3 | 5 | |
| | | 8 | 9 | | | | 5 | 1 | | |

074

| | | | | | | | | | | |
|---|---|---|---|---|---|---|---|---|---|---|
| 2 | 8 | | 1 | 5 | | 9 | 7 | | 3 | 1 |
| 4 | 9 | | 3 | 4 | 1 | 6 | 2 | | 1 | 2 |
| 1 | 4 | 2 | | 2 | 3 | 4 | | 1 | 2 | 4 |
| | 7 | 1 | 2 | 3 | | 8 | 5 | 9 | 7 | |
| 1 | 5 | | 3 | 1 | | 7 | 9 | | 5 | 9 |
| 3 | 6 | 2 | 1 | | | | 8 | 9 | 4 | 7 |
| | | 1 | 5 | 6 | 3 | 9 | 7 | 8 | | |
| | 9 | 7 | | 2 | 1 | 4 | | 7 | 9 | |
| 6 | 4 | 3 | 2 | 1 | | 6 | 7 | 5 | 8 | 2 |
| 9 | 7 | | 1 | 3 | | 3 | 1 | | 4 | 1 |
| 8 | 6 | 7 | 4 | 9 | | 8 | 9 | 6 | 7 | 4 |
| | 8 | 9 | | 7 | 8 | 5 | | 1 | 6 | |
| | | 8 | 5 | 4 | 9 | 7 | 2 | 3 | | |
| 8 | 3 | 5 | 7 | | | | 1 | 2 | 3 | 5 |
| 9 | 7 | | 8 | 9 | | 1 | 3 | | 7 | 9 |
| | 5 | 3 | 9 | 7 | | 2 | 4 | 7 | 5 | |
| 2 | 4 | 1 | | 6 | 7 | 4 | | 9 | 6 | 8 |
| 1 | 2 | | 7 | 8 | 9 | 6 | 5 | | 8 | 9 |
| 3 | 1 | | 9 | 5 | | 3 | 1 | | 9 | 7 |

075

| | | | | | | | | | | |
|---|---|---|---|---|---|---|---|---|---|---|
| | | 6 | 8 | 9 | | 5 | 2 | 1 | 4 | |
| | 6 | 8 | 9 | 7 | | 3 | 1 | 5 | 2 | 4 |
| 5 | 8 | 9 | 7 | | 3 | 1 | 4 | | 3 | 1 |
| 1 | 7 | | 5 | 1 | 2 | 4 | | 3 | 1 | 2 |
| 2 | 9 | 4 | | 5 | 1 | 2 | 3 | 4 | | |
| 3 | 4 | 1 | 6 | 2 | | | 2 | 1 | 5 | 3 |
| | | 6 | 3 | 4 | 2 | 5 | 1 | | 9 | 1 |
| 4 | 5 | 2 | 1 | | 4 | 1 | | 9 | 8 | |
| 1 | 2 | 3 | | 4 | 1 | 3 | 6 | 7 | 2 | 5 |
| 3 | 1 | | 1 | 6 | | 2 | 8 | | 4 | 8 |
| 5 | 6 | 2 | 3 | 8 | 1 | 4 | | 6 | 7 | 9 |
| | 3 | 1 | | 7 | 3 | | 1 | 2 | 6 | 7 |
| 9 | 7 | | 1 | 9 | 2 | 4 | 5 | 3 | | |
| 1 | 4 | 3 | 2 | | | 1 | 2 | 4 | 3 | 5 |
| | | 1 | 3 | 6 | 4 | 2 | | 1 | 2 | 3 |
| 8 | 9 | 7 | | 1 | 2 | 3 | 5 | | 6 | 1 |
| 9 | 7 | | 6 | 3 | 1 | | 1 | 5 | 4 | 2 |
| 6 | 8 | 7 | 9 | 4 | | 5 | 3 | 2 | 1 | |
| | 6 | 9 | 8 | 2 | | 3 | 2 | 1 | | |

076

| | | | | | | | | | | |
|---|---|---|---|---|---|---|---|---|---|---|
| 9 | 6 | | 1 | 3 | | | 3 | 1 | | |
| 5 | 4 | 7 | 6 | 9 | 8 | | 1 | 2 | 5 | 3 |
| | 2 | 1 | | | 6 | 1 | 2 | | 7 | 1 |
| 2 | 1 | 4 | | 8 | 9 | 7 | | 5 | 9 | |
| 6 | 3 | 2 | 1 | 4 | | 2 | 4 | 1 | 6 | 3 |
| | | 3 | 8 | 6 | 9 | | 9 | 3 | 8 | 7 |
| 2 | 6 | | 3 | 9 | 7 | 8 | 6 | 2 | | |
| 1 | 4 | 3 | 2 | 7 | | 9 | 7 | | 2 | 1 |
| | 1 | 2 | | | 9 | 7 | 8 | 5 | 6 | 3 |
| | 3 | 5 | | 1 | 2 | 4 | | 2 | 1 | |
| 3 | 5 | 1 | 2 | 4 | 8 | | | 1 | 3 | |
| 1 | 2 | | 1 | 3 | | 1 | 2 | 3 | 4 | 7 |
| | | 1 | 3 | 2 | 5 | 4 | 7 | | 5 | 9 |
| 1 | 6 | 2 | 4 | | 1 | 3 | 9 | 7 | | |
| 8 | 7 | 9 | 6 | 2 | | 7 | 8 | 9 | 6 | 4 |
| | 9 | 8 | | 1 | 4 | 2 | | 3 | 1 | 2 |
| 9 | 8 | | 9 | 6 | 8 | | | 8 | 2 | |
| 7 | 5 | 9 | 8 | | 9 | 7 | 8 | 6 | 4 | 2 |
| | | 1 | 6 | | | 9 | 1 | | 3 | 1 |

SOLUTION

077

| | | | | | | | | | | |
|---|---|---|---|---|---|---|---|---|---|---|
| 7 | 9 | | | 1 | 4 | 2 | | 2 | 8 | |
| 9 | 6 | | 2 | 3 | 1 | 5 | | 3 | 5 | 1 |
| 5 | 8 | 7 | 9 | | | 1 | 3 | 4 | 7 | 2 |
| | | 9 | 5 | | 8 | 3 | 6 | 7 | 9 | 5 |
| | 9 | 8 | 6 | 7 | 3 | | 2 | 1 | | |
| 2 | 8 | | | 8 | 9 | | 1 | 5 | 4 | 2 |
| 9 | 7 | | 7 | 9 | 5 | | | | 7 | 3 |
| 4 | 5 | 2 | 1 | | 7 | 8 | 4 | | 9 | 5 |
| | | 9 | 5 | | 6 | 9 | 7 | | 6 | 1 |
| | 2 | 1 | 3 | | | | 5 | 9 | 8 | |
| 1 | 3 | | 4 | 1 | 2 | | 2 | 8 | | |
| 8 | 4 | | 2 | 3 | 1 | | 3 | 6 | 1 | 2 |
| 2 | 1 | | | | 3 | 7 | 1 | | 3 | 1 |
| 9 | 6 | 5 | 8 | | 6 | 8 | | | 2 | 4 |
| | | 3 | 9 | | 5 | 9 | 6 | 8 | 7 | |
| 5 | 8 | 6 | 7 | 9 | 4 | | 7 | 9 | | |
| 9 | 7 | 4 | 6 | 8 | | | 9 | 5 | 8 | 6 |
| 2 | 5 | 1 | | 7 | 9 | 5 | 8 | | 7 | 9 |
| | 9 | 2 | | 6 | 8 | 9 | | | 9 | 8 |

078

| | | | | | | | | | | |
|---|---|---|---|---|---|---|---|---|---|---|
| | | 2 | 8 | 7 | 9 | | | 6 | 9 | 8 |
| | 4 | 6 | 7 | 5 | 8 | 9 | | 4 | 7 | 9 |
| 4 | 2 | 1 | 6 | 3 | | 7 | 2 | 1 | 4 | |
| 1 | 3 | | 9 | 1 | 2 | | 1 | 3 | | |
| 2 | 1 | 3 | | 4 | 1 | 8 | | 2 | 8 | 6 |
| | | 1 | 8 | 2 | | 7 | 9 | | 7 | 9 |
| | 8 | 2 | 9 | | 9 | 5 | 8 | 6 | 4 | 7 |
| 1 | 7 | | 7 | 6 | 8 | 9 | | 8 | 9 | |
| 4 | 9 | 6 | | 2 | 6 | | 8 | 5 | | |
| 2 | 3 | 1 | 5 | 4 | | 8 | 9 | 7 | 4 | 6 |
| | | 3 | 1 | | 9 | 7 | | 9 | 6 | 8 |
| | 1 | 2 | | 5 | 8 | 9 | 7 | | 7 | 9 |
| 5 | 2 | 4 | 1 | 3 | 6 | | 9 | 7 | 8 | |
| 8 | 5 | | 5 | 1 | | 6 | 8 | 9 | | |
| 9 | 3 | 8 | | 2 | 3 | 1 | | 8 | 6 | 9 |
| | | 7 | 9 | | 1 | 2 | 4 | | 1 | 8 |
| | 5 | 9 | 8 | 7 | | 3 | 6 | 1 | 2 | 4 |
| 8 | 9 | 6 | | 9 | 6 | 5 | 8 | 3 | 7 | |
| 9 | 7 | 4 | | | 1 | 4 | 9 | 2 | | |

079

| | | | | | | | | | | |
|---|---|---|---|---|---|---|---|---|---|---|
| 3 | 9 | | | 9 | 1 | 2 | | | 7 | 9 |
| 1 | 3 | | 6 | 4 | 3 | 1 | 2 | | 2 | 8 |
| 2 | 1 | 3 | 4 | | | | 7 | 2 | 1 | 3 |
| | 2 | 4 | | 1 | 9 | 6 | | 8 | 3 | |
| | | 9 | 4 | 3 | 6 | 5 | 2 | 1 | | |
| 4 | 3 | 8 | 1 | 2 | | 9 | 7 | 3 | 8 | |
| 9 | 7 | | 8 | 5 | 9 | 7 | | 4 | 9 | 8 |
| 8 | 9 | 6 | 7 | | 7 | 8 | 9 | | 3 | 1 |
| | 8 | 7 | | 2 | 8 | | 5 | 3 | 1 | 2 |
| | | 9 | 6 | 8 | | 8 | 6 | 9 | | |
| 7 | 6 | 8 | 9 | | 8 | 2 | | 1 | 5 | |
| 9 | 2 | | 8 | 6 | 9 | | 1 | 2 | 3 | 5 |
| 8 | 1 | 2 | | 8 | 7 | 5 | 9 | | 2 | 1 |
| | 3 | 1 | 2 | 7 | | 3 | 2 | 1 | 6 | 4 |
| | | 3 | 1 | 4 | 2 | 9 | 7 | 8 | | |
| | 1 | 9 | | 9 | 1 | 7 | | 6 | 8 | |
| 9 | 6 | 8 | 7 | | | | 6 | 7 | 9 | 8 |
| 8 | 9 | | 8 | 2 | 7 | 1 | 9 | | 7 | 9 |
| 7 | 8 | | | 8 | 9 | 7 | | | 1 | 3 |

080

| | | | | | | | | | | |
|---|---|---|---|---|---|---|---|---|---|---|
| | 4 | 1 | 2 | | | 8 | 9 | | 1 | 3 |
| 4 | 2 | 3 | 1 | 6 | | 6 | 8 | 7 | 5 | 9 |
| 7 | 6 | | 3 | 8 | 6 | 5 | 7 | 9 | | |
| 1 | 3 | 5 | | 9 | 7 | | 6 | 8 | 9 | |
| 2 | 1 | 8 | 3 | | 8 | 9 | | | 3 | 7 |
| | | 3 | 1 | 2 | | 7 | 9 | 4 | 6 | 8 |
| | 8 | 7 | 6 | 4 | 9 | | 7 | 6 | 8 | 9 |
| 5 | 6 | 9 | 2 | | 8 | 1 | | 9 | 7 | 5 |
| 9 | 7 | | | 9 | 7 | 6 | 5 | 8 | | |
| | 9 | 7 | 2 | 8 | | 9 | 6 | 7 | 8 | |
| | | 3 | 1 | 4 | 6 | 2 | | | 7 | 9 |
| 5 | 7 | 9 | | 7 | 9 | | 6 | 4 | 9 | 8 |
| 3 | 9 | 8 | 6 | | 8 | 9 | 7 | 6 | 5 | |
| 1 | 6 | 4 | 2 | 3 | | 4 | 1 | 2 | | |
| 2 | 4 | | | 7 | 9 | | 3 | 1 | 6 | 2 |
| | 8 | 1 | 2 | | 8 | 7 | | 3 | 7 | 1 |
| | | 3 | 5 | 8 | 6 | 9 | 7 | | 8 | 4 |
| 5 | 8 | 7 | 9 | 6 | | 8 | 3 | 6 | 9 | 7 |
| 7 | 9 | | 7 | 9 | | | 1 | 4 | 2 | |

081

| | | | | | | | | | | |
|---|---|---|---|---|---|---|---|---|---|---|
| 9 | 8 | 6 | | 8 | 6 | 9 | | 9 | 8 | 3 |
| 7 | 9 | 8 | | 3 | 1 | 2 | | 7 | 2 | 1 |
| | 7 | 9 | 2 | 5 | 3 | 4 | 6 | 8 | 1 | |
| | | | 7 | 9 | | 1 | 2 | | | |
| | 4 | 2 | 1 | 7 | | 5 | 4 | 9 | 3 | |
| 4 | 2 | 1 | 3 | 6 | | 3 | 1 | 7 | 4 | 2 |
| 7 | 1 | 3 | | | | | | 5 | 2 | 1 |
| 8 | 6 | 5 | 9 | 7 | | 7 | 9 | 8 | 6 | 4 |
| 9 | 3 | | 8 | 4 | 7 | 9 | 6 | | 1 | 3 |
| | | | | 1 | 9 | 8 | | | | |
| 5 | 9 | | 1 | 3 | 4 | 5 | 2 | | 4 | 2 |
| 1 | 4 | 6 | 3 | 2 | | 6 | 1 | 9 | 3 | 7 |
| 3 | 8 | 9 | | | | | | 7 | 2 | 1 |
| 2 | 6 | 7 | 8 | 9 | | 6 | 5 | 8 | 7 | 9 |
| | 7 | 8 | 9 | 5 | | 4 | 3 | 2 | 1 | |
| | | | 6 | 8 | | 2 | 1 | | | |
| | 1 | 3 | 7 | 6 | 4 | 5 | 2 | 8 | 9 | |
| 8 | 3 | 9 | | 4 | 1 | 3 | | 2 | 8 | 1 |
| 4 | 2 | 1 | | 7 | 2 | 1 | | 1 | 6 | 3 |

082

| | | | | | | | | | | |
|---|---|---|---|---|---|---|---|---|---|---|
| | 3 | 7 | | 1 | 2 | 4 | | 7 | 9 | |
| 1 | 2 | 4 | | 3 | 8 | 9 | | 9 | 8 | 7 |
| 3 | 1 | 6 | 4 | 2 | | 2 | 1 | 5 | 6 | 3 |
| | | 9 | 7 | | | | 4 | 8 | | |
| 5 | 2 | 8 | | 6 | 2 | 3 | | 6 | 1 | 3 |
| 9 | 4 | | 6 | 9 | 7 | 8 | 4 | | 2 | 6 |
| 7 | 3 | 9 | 5 | 8 | | 6 | 3 | 2 | 4 | 1 |
| 8 | 1 | 7 | | 4 | 3 | 7 | 2 | 1 | | |
| | | 8 | 9 | | 8 | 9 | 6 | | 7 | 9 |
| 3 | 1 | 5 | 4 | 2 | | 5 | 1 | 2 | 3 | 8 |
| 1 | 2 | | 7 | 5 | 3 | | 5 | 3 | | |
| | | 3 | 6 | 1 | 2 | 4 | | 1 | 7 | 2 |
| 1 | 3 | 2 | 5 | 4 | | 7 | 9 | 6 | 8 | 5 |
| 2 | 6 | | 8 | 7 | 5 | 1 | 4 | | 9 | 3 |
| 4 | 1 | 3 | | 3 | 1 | 2 | | 5 | 6 | 1 |
| | | 5 | 6 | | | | 8 | 9 | | |
| 8 | 9 | 4 | 7 | 6 | | 4 | 2 | 6 | 1 | 3 |
| 2 | 8 | 1 | | 1 | 7 | 5 | | 7 | 2 | 5 |
| | 6 | 2 | | 8 | 9 | 6 | | 8 | 4 | |

083

| | | | | | | | | | | |
|---|---|---|---|---|---|---|---|---|---|---|
| 9 | 7 | | | 2 | 1 | 5 | 4 | 3 | | |
| 8 | 9 | 5 | | 4 | 9 | 7 | 8 | 5 | 6 | |
| 6 | 8 | 7 | 9 | 5 | | 6 | 7 | | 2 | 4 |
| | | 9 | 8 | 6 | | 8 | 9 | | 3 | 1 |
| 1 | 2 | 3 | | 3 | 8 | 9 | | 3 | 1 | 2 |
| 3 | 1 | 6 | | 1 | 5 | | 2 | 1 | | |
| 5 | 6 | 8 | 9 | | 7 | 3 | 1 | 4 | 2 | 5 |
| 2 | 4 | | 2 | 3 | 6 | 1 | 5 | | 3 | 9 |
| | 3 | 1 | 4 | 5 | 9 | 2 | | 9 | 1 | |
| | | 3 | 1 | 6 | | 5 | 9 | 8 | | |
| | 1 | 2 | | 9 | 6 | 4 | 8 | 7 | 5 | |
| 7 | 9 | | 4 | 8 | 9 | 6 | 7 | | 3 | 5 |
| 1 | 2 | 6 | 3 | 7 | 4 | | 5 | 3 | 2 | 1 |
| | | 9 | 1 | | 8 | 4 | | 1 | 4 | 2 |
| 4 | 9 | 7 | | 4 | 7 | 2 | | 5 | 1 | 3 |
| 2 | 8 | | 4 | 2 | | 1 | 4 | 2 | | |
| 1 | 6 | | 1 | 3 | | 6 | 8 | 4 | 7 | 9 |
| | 7 | 9 | 3 | 6 | 8 | 5 | | 7 | 9 | 8 |
| | | 7 | 2 | 1 | 9 | 3 | | | 2 | 6 |

084

| | | | | | | | | | | |
|---|---|---|---|---|---|---|---|---|---|---|
| 3 | 1 | 2 | | | 2 | 4 | | 3 | 1 | |
| 1 | 2 | 4 | | | 1 | 6 | 3 | 2 | 4 | |
| | 6 | 1 | 3 | 2 | 4 | | 6 | 1 | 2 | 3 |
| 1 | 3 | | 1 | 6 | | 8 | 9 | | 5 | 1 |
| 2 | 4 | 1 | | 3 | 8 | 9 | 7 | 5 | | |
| 3 | 5 | 2 | | 1 | 3 | | 8 | 2 | | |
| | | 7 | 8 | 4 | 9 | 2 | | 4 | 3 | 1 |
| 3 | 1 | 6 | 2 | | | 4 | 3 | 1 | 6 | 2 |
| 9 | 7 | 8 | | 3 | 1 | 6 | 2 | | 2 | 5 |
| | 5 | 9 | | 1 | 2 | 3 | | 2 | 4 | |
| 2 | 3 | | 4 | 2 | 5 | 1 | | 5 | 1 | 4 |
| 1 | 4 | 3 | 2 | 6 | | | 1 | 3 | 5 | 2 |
| 4 | 2 | 1 | | 4 | 8 | 6 | 9 | 7 | | |
| | | 9 | 6 | | 9 | 7 | | 1 | 3 | 4 |
| | | 7 | 4 | 8 | 6 | 9 | | 4 | 1 | 2 |
| 5 | 2 | | 9 | 7 | | 8 | 4 | | 5 | 1 |
| 9 | 5 | 8 | 7 | | 1 | 4 | 6 | 3 | 2 | |
| | 1 | 6 | 8 | 3 | 2 | | | 8 | 6 | 9 |
| | 3 | 9 | | 1 | 4 | | | 9 | 4 | 7 |

085

| | | | | | | | | | | |
|---|---|---|---|---|---|---|---|---|---|---|
| 1 | 3 | | 5 | 6 | 8 | 9 | 7 | | 7 | 1 |
| 2 | 1 | | 2 | 1 | 4 | 6 | 3 | | 8 | 2 |
| 4 | 2 | 3 | 1 | | | 8 | 6 | 7 | 9 | 4 |
| | | 7 | 3 | 8 | 9 | | 2 | 6 | | |
| 9 | 7 | 2 | | 2 | 8 | | 5 | 9 | 7 | 8 |
| 7 | 5 | 1 | | 1 | 2 | 5 | 4 | | 3 | 7 |
| 8 | 6 | 5 | 9 | | | 7 | 1 | | 2 | 9 |
| | 8 | 4 | 7 | 5 | 9 | 6 | | 2 | 1 | 4 |
| 7 | 9 | | 1 | 2 | 3 | 4 | 7 | 5 | | |
| 2 | 4 | 6 | 3 | 1 | | 3 | 4 | 1 | 2 | 5 |
| | | 7 | 8 | 4 | 5 | 9 | 6 | | 3 | 1 |
| 8 | 5 | 9 | | 3 | 7 | 8 | 9 | 6 | 5 | |
| 9 | 1 | | 9 | 8 | | | 8 | 9 | 6 | 7 |
| 7 | 2 | | 4 | 6 | 1 | 7 | | 8 | 4 | 1 |
| 6 | 3 | 1 | 2 | | 2 | 9 | | 3 | 1 | 2 |
| | | 3 | 8 | | 5 | 8 | 9 | 7 | | |
| 8 | 6 | 4 | 7 | 9 | | | 1 | 5 | 3 | 2 |
| 6 | 9 | | 6 | 8 | 9 | 4 | 7 | | 1 | 5 |
| 9 | 7 | | 5 | 6 | 3 | 1 | 2 | | 2 | 1 |

086

| | | | | | | | | | | |
|---|---|---|---|---|---|---|---|---|---|---|
| 1 | 2 | 4 | | | 8 | 2 | | | 9 | 8 |
| 3 | 1 | 2 | | 2 | 4 | 1 | | 9 | 6 | 1 |
| | 3 | 5 | 4 | 1 | | 3 | 6 | 7 | 8 | |
| 3 | 8 | | 1 | 3 | 7 | 4 | 2 | 5 | | |
| 1 | 5 | 3 | 2 | | 8 | 6 | | 6 | 1 | 3 |
| | | 1 | 3 | 2 | 5 | | 6 | 8 | 5 | 9 |
| 4 | 1 | 2 | | 8 | 6 | 9 | 7 | | 2 | 1 |
| 7 | 8 | 6 | 9 | | 4 | 1 | 5 | 2 | 3 | |
| 9 | 5 | | 8 | 7 | 9 | | 3 | 1 | | |
| | 2 | 3 | 5 | 1 | | 2 | 1 | 4 | 5 | |
| | | 2 | 4 | | 1 | 3 | 2 | | 9 | 7 |
| | 2 | 1 | 6 | 7 | 4 | | 4 | 2 | 7 | 1 |
| 2 | 6 | | 7 | 8 | 6 | 9 | | 9 | 8 | 3 |
| 1 | 3 | 6 | 2 | | 2 | 7 | 9 | 1 | | |
| 4 | 1 | 7 | | 2 | 5 | | 5 | 8 | 9 | 7 |
| | | 9 | 7 | 5 | 3 | 6 | 8 | | 5 | 9 |
| | 2 | 4 | 3 | 1 | | 9 | 7 | 6 | 8 | |
| 9 | 6 | 8 | | 4 | 2 | 8 | | 8 | 7 | 9 |
| 7 | 3 | | | 3 | 1 | | | 1 | 6 | 2 |

087

| | | | | | | | | | | |
|---|---|---|---|---|---|---|---|---|---|---|
| 5 | 3 | 2 | 1 | | 5 | 1 | | 8 | 6 | 9 |
| 8 | 9 | 7 | 4 | | 2 | 3 | 1 | 5 | 4 | 7 |
| | | 5 | 3 | 2 | 1 | | 7 | 9 | 8 | |
| 3 | 7 | 9 | | 1 | 4 | 2 | 3 | | 7 | 2 |
| 6 | 9 | 8 | 7 | 3 | | 4 | 2 | 1 | 5 | 3 |
| 1 | 2 | | 8 | 6 | 9 | 5 | | 2 | 9 | 1 |
| 2 | 8 | 3 | 9 | | 5 | 1 | 2 | 3 | | |
| | | 1 | 3 | 2 | 6 | | 1 | 5 | 2 | 4 |
| 1 | 8 | 2 | | 7 | 8 | 9 | 3 | | 1 | 7 |
| 2 | 9 | 7 | 8 | 6 | | 6 | 4 | 8 | 7 | 9 |
| 3 | 5 | | 7 | 9 | 5 | 8 | | 6 | 9 | 8 |
| 5 | 6 | 8 | 9 | | 1 | 7 | 8 | 9 | | |
| | | 5 | 4 | 1 | 2 | | 9 | 7 | 8 | 4 |
| 8 | 6 | 9 | | 2 | 3 | 1 | 6 | | 9 | 3 |
| 9 | 5 | 7 | 8 | 6 | | 2 | 3 | 4 | 7 | 1 |
| 7 | 1 | | 9 | 3 | 7 | 8 | | 1 | 5 | 2 |
| | 4 | 2 | 5 | | 6 | 3 | 1 | 2 | | |
| 8 | 3 | 5 | 6 | 7 | 9 | | 2 | 3 | 4 | 1 |
| 4 | 2 | 1 | | 9 | 8 | | 8 | 6 | 9 | 7 |

088

| | | | | | | | | | | |
|---|---|---|---|---|---|---|---|---|---|---|
| | 4 | 1 | 2 | | | | 1 | 3 | 2 | |
| | 1 | 3 | 4 | 2 | | 1 | 2 | 9 | 3 | |
| 1 | 2 | | 1 | 3 | 5 | 2 | 6 | | 5 | 1 |
| 3 | 5 | 2 | 6 | 1 | 4 | | 4 | 2 | 1 | 3 |
| | | 1 | 3 | | 1 | 8 | 3 | 9 | | |
| 8 | 9 | 5 | | 1 | 2 | 7 | | 1 | 2 | 8 |
| 6 | 4 | 3 | 1 | 2 | | 5 | 8 | 4 | 3 | 9 |
| 9 | 7 | | 8 | 3 | 7 | 9 | 6 | | 1 | 5 |
| | 8 | 9 | | 5 | 9 | | 9 | 8 | 5 | |
| | | 8 | 9 | 6 | | 1 | 7 | 3 | | |
| | 6 | 7 | 8 | | 2 | 3 | | 1 | 3 | |
| 4 | 8 | | 7 | 6 | 4 | 8 | 9 | | 5 | 1 |
| 1 | 7 | 9 | 5 | 8 | | 5 | 7 | 8 | 9 | 6 |
| 2 | 9 | 8 | | 4 | 1 | 2 | | 9 | 7 | 3 |
| | | 7 | 4 | 5 | 2 | | 1 | 7 | | |
| 3 | 2 | 5 | 1 | | 3 | 6 | 4 | 5 | 2 | 1 |
| 9 | 1 | | 5 | 3 | 4 | 1 | 2 | | 9 | 8 |
| | 6 | 5 | 3 | 1 | | 9 | 6 | 7 | 8 | |
| | 4 | 1 | 2 | | | | 3 | 9 | 1 | |

**089**

| | | | | | | | | | | |
|---|---|---|---|---|---|---|---|---|---|---|
| | | 6 | 9 | 8 | | 2 | 4 | 1 | | |
| | 4 | 1 | 7 | 9 | | 9 | 8 | 4 | 7 | |
| 2 | 1 | 3 | | 2 | 4 | 1 | | 2 | 1 | 3 |
| 1 | 3 | | 7 | 6 | 8 | 4 | 9 | | 8 | 9 |
| 4 | 6 | 8 | 9 | 7 | | 5 | 8 | 6 | 9 | 7 |
| | 2 | 6 | | 4 | 2 | 3 | 6 | 1 | | |
| | 1 | 2 | 5 | 3 | | 4 | 3 | 5 | 9 | |
| 3 | 1 | 2 | 4 | | 1 | 2 | 7 | | 1 | 5 |
| 1 | 2 | | 3 | 1 | 6 | 4 | | 1 | 2 | 8 |
| | 6 | 3 | 1 | 2 | | 1 | 2 | 3 | 4 | |
| 2 | 4 | 1 | | 5 | 2 | 3 | 1 | | 7 | 9 |
| 7 | 3 | | 4 | 3 | 1 | | 7 | 6 | 3 | 8 |
| 9 | 5 | 1 | 2 | | 3 | 6 | 9 | 8 | | |
| | 3 | 6 | 2 | 5 | 1 | | 9 | 4 | | |
| 8 | 2 | 5 | 3 | 1 | | 5 | 2 | 3 | 1 | 4 |
| 9 | 7 | | 1 | 7 | 9 | 8 | 6 | | 3 | 1 |
| 6 | 3 | 1 | | 4 | 1 | 3 | | 3 | 5 | 2 |
| | 1 | 4 | 2 | 5 | | 4 | 3 | 1 | 2 | |
| | 2 | 1 | 3 | | 2 | 4 | 6 | | | |

**090**

| | | | | | | | | | | |
|---|---|---|---|---|---|---|---|---|---|---|
| 1 | 3 | | 5 | 6 | 8 | 9 | 7 | | 7 | 1 |
| 4 | 1 | | 4 | 1 | 5 | 3 | 2 | | 9 | 7 |
| 2 | 4 | 1 | 3 | | | 6 | 1 | 4 | 3 | 2 |
| | 7 | 2 | 1 | 3 | 5 | 4 | | 9 | 8 | 3 |
| 1 | 6 | | 2 | 1 | 4 | | 1 | 6 | | |
| 9 | 8 | 6 | | 2 | 6 | | 4 | 8 | 9 | 6 |
| 7 | 9 | 8 | 6 | | 7 | 4 | 2 | 5 | 3 | 1 |
| | | 7 | 9 | 5 | 8 | 6 | | 7 | 5 | |
| 8 | 6 | 9 | | 4 | 9 | 8 | 7 | | 7 | 9 |
| 9 | 4 | | 9 | 3 | | 7 | 1 | | 6 | 8 |
| 7 | 5 | | 2 | 1 | 3 | 5 | | 9 | 8 | 7 |
| | 3 | 9 | | 7 | 6 | 9 | 8 | 5 | | |
| 6 | 1 | 3 | 4 | 2 | 5 | | 9 | 7 | 5 | 8 |
| 9 | 2 | 8 | 1 | | 7 | 1 | | 8 | 6 | 9 |
| | 7 | 2 | | 9 | 8 | 7 | | 4 | 7 | |
| 2 | 4 | 5 | | 1 | 8 | 6 | 9 | 7 | 3 | |
| 3 | 1 | 6 | 4 | 2 | | | 5 | 3 | 1 | 2 |
| 5 | 3 | | 9 | 5 | 6 | 7 | 8 | | 8 | 5 |
| 1 | 2 | | 7 | 3 | 1 | 2 | 4 | | 2 | 4 |

**091**

| | | | | | | | | | | |
|---|---|---|---|---|---|---|---|---|---|---|
| 6 | 1 | | | 3 | 1 | 5 | | | 2 | 1 |
| 7 | 2 | | 3 | 1 | 2 | 4 | 5 | | 1 | 3 |
| 5 | 3 | 1 | 2 | 4 | | 1 | 6 | 3 | 4 | 2 |
| 8 | 5 | 9 | 7 | | | 9 | 1 | 3 | 5 | |
| 9 | 7 | | 1 | 2 | | 1 | 7 | | 5 | 9 |
| | | 2 | 5 | 4 | 7 | 6 | 8 | 9 | | |
| 1 | 5 | 4 | | 3 | 6 | | 8 | 6 | 9 | |
| 2 | 6 | | 5 | 1 | 9 | 8 | 7 | | 5 | 8 |
| 4 | 7 | | 6 | 5 | | 9 | 5 | 6 | 8 | 7 |
| | 2 | 1 | 3 | | | 9 | 4 | 7 | | |
| 9 | 8 | 2 | 1 | 7 | | 7 | 8 | | 9 | 5 |
| 7 | 9 | | 2 | 8 | 7 | 9 | 6 | | 4 | 2 |
| 1 | 4 | 5 | | | 9 | 6 | | 2 | 3 | 1 |
| | | 2 | 1 | 4 | 6 | 8 | 3 | 5 | | |
| 5 | 1 | | 3 | 9 | | 5 | 7 | | 3 | 7 |
| 4 | 2 | 1 | 6 | | | 5 | 8 | 6 | 9 | |
| 9 | 7 | 3 | 8 | 5 | | 5 | 9 | 2 | 1 | 4 |
| 7 | 3 | | 9 | 4 | 6 | 7 | 8 | | 4 | 8 |
| 8 | 9 | | | 2 | 5 | 1 | | | 2 | 5 |

**092**

| | | | | | | | | | | |
|---|---|---|---|---|---|---|---|---|---|---|
| 1 | 3 | | | 4 | 3 | 1 | | | 7 | 9 |
| 2 | 1 | | 4 | 1 | 2 | 6 | 3 | | 9 | 6 |
| 4 | 6 | 1 | 3 | 2 | | 5 | 9 | 7 | 6 | 8 |
| | 4 | 2 | 1 | | 7 | 3 | | 6 | 4 | |
| 1 | 2 | 3 | | 5 | 1 | 2 | | 4 | 5 | 8 |
| 2 | 5 | 4 | 1 | 3 | | 4 | 7 | 9 | 8 | 6 |
| | | 5 | 2 | 1 | 3 | | 9 | 3 | | |
| 2 | 7 | 6 | | 2 | 5 | 1 | | 8 | 3 | 1 |
| 5 | 9 | 7 | 8 | | 1 | 4 | 2 | 5 | 7 | 3 |
| 4 | 8 | | 9 | 7 | | 2 | 6 | | 8 | 4 |
| 3 | 4 | 2 | 5 | 1 | 7 | | 1 | 8 | 9 | 6 |
| 1 | 6 | 3 | | 6 | 9 | 7 | | 3 | 1 | 2 |
| | | 1 | 3 | | 6 | 9 | 4 | 7 | | |
| 1 | 9 | 6 | 7 | 2 | | 6 | 8 | 5 | 9 | 7 |
| 2 | 7 | 5 | | 6 | 9 | 8 | | 6 | 8 | 9 |
| | 8 | 7 | | 1 | 8 | | 8 | 9 | 6 | |
| 1 | 3 | 4 | 2 | 5 | | 3 | 1 | 4 | 7 | 2 |
| 2 | 5 | | 3 | 4 | 6 | 1 | 2 | | 5 | 4 |
| 4 | 6 | | | 3 | 1 | 2 | | | 3 | 1 |

093

| | | | | | | | | | | |
|---|---|---|---|---|---|---|---|---|---|---|
| | | 1 | 2 | | 6 | 9 | 7 | | 5 | 2 |
| | 1 | 3 | 4 | | 5 | 7 | 6 | | 6 | 4 |
| 6 | 2 | | 1 | 3 | 4 | | 3 | 1 | 2 | |
| 8 | 3 | | 5 | 9 | 8 | | 9 | 7 | 8 | 6 |
| 9 | 5 | 8 | 7 | | 9 | 7 | 8 | | 1 | 2 |
| | | 7 | 3 | | 2 | 1 | 5 | 6 | 4 | 3 |
| | 8 | 9 | | 5 | 7 | | | 4 | 3 | 1 |
| 1 | 6 | 4 | 2 | 3 | | 4 | 5 | 8 | | |
| 2 | 5 | | 4 | 2 | 5 | 1 | 3 | 7 | 6 | |
| 4 | 9 | 7 | | 1 | 8 | 5 | | 9 | 8 | 6 |
| | 7 | 5 | 8 | 4 | 9 | 6 | 3 | | 7 | 8 |
| | | 8 | 9 | 6 | | 2 | 1 | 5 | 4 | 3 |
| 1 | 3 | 2 | | | 5 | 3 | | 8 | 9 | |
| 4 | 8 | 9 | 7 | 5 | 6 | | 5 | 6 | | |
| 3 | 9 | | 3 | 1 | 2 | | 7 | 9 | 5 | 8 |
| 2 | 5 | 1 | 4 | | 8 | 9 | 6 | | 7 | 9 |
| | 4 | 2 | 1 | | 4 | 1 | 3 | | 9 | 6 |
| 9 | 7 | | 5 | 7 | 3 | | 9 | 5 | 8 | |
| 8 | 6 | | 2 | 4 | 1 | | 8 | 3 | | |

094

| | | | | | | | | | | |
|---|---|---|---|---|---|---|---|---|---|---|
| | 4 | 2 | | 7 | 9 | | 7 | 9 | 8 | 5 |
| | 2 | 1 | 6 | 3 | 4 | | 4 | 1 | 3 | 2 |
| 2 | 1 | 3 | 5 | | 7 | 4 | 9 | 8 | | |
| 1 | 3 | | 9 | 5 | 8 | 7 | 6 | | 3 | 1 |
| 4 | 6 | 9 | 8 | 7 | | 9 | 8 | 7 | 6 | 5 |
| | | 4 | 7 | 9 | 6 | 8 | | 3 | 1 | |
| 6 | 8 | 7 | | | 3 | 6 | 5 | 1 | 4 | 2 |
| 7 | 4 | 5 | 3 | 1 | 2 | | 3 | 5 | 2 | 1 |
| 9 | 7 | | 5 | 3 | 1 | 7 | 4 | 2 | | |
| 8 | 9 | 7 | 6 | 4 | | 9 | 7 | 4 | 6 | 8 |
| | | 5 | 4 | 2 | 3 | 8 | 1 | | 2 | 9 |
| 1 | 4 | 3 | 2 | | 5 | 4 | 2 | 1 | 3 | 7 |
| 3 | 6 | 4 | 1 | 5 | 2 | | | 2 | 1 | 4 |
| | 3 | 1 | | 9 | 7 | 8 | 6 | 4 | | |
| 3 | 1 | 2 | 4 | 8 | | 7 | 9 | 5 | 8 | 6 |
| 4 | 2 | | 6 | 7 | 5 | 9 | 8 | | 7 | 9 |
| | | 2 | 3 | 6 | 1 | | 7 | 9 | 5 | 8 |
| 2 | 5 | 4 | 1 | | 2 | 3 | 4 | 1 | 6 | |
| 5 | 3 | 1 | 2 | | 4 | 1 | | 7 | 9 | |

095

| | | | | | | | | | | |
|---|---|---|---|---|---|---|---|---|---|---|
| | | 8 | 9 | 7 | 5 | | 2 | 6 | | |
| 3 | 4 | 6 | 2 | 5 | 1 | | 1 | 4 | 2 | 3 |
| 1 | 2 | 4 | | | 2 | 4 | 3 | 7 | 1 | 5 |
| | | 9 | 4 | 7 | 3 | 6 | 5 | 8 | | |
| 3 | 1 | 7 | 5 | 2 | | | | 5 | 1 | 2 |
| 1 | 2 | | 2 | 6 | 3 | 4 | 7 | 9 | 5 | 8 |
| 5 | 8 | | 3 | 4 | 1 | 2 | 6 | | | |
| 2 | 4 | 7 | 1 | | | 1 | 3 | 4 | 6 | 2 |
| | | 9 | 6 | 4 | 8 | 7 | | 6 | 8 | 1 |
| 2 | 1 | 6 | | 1 | 6 | 3 | | 8 | 9 | 7 |
| 1 | 3 | 4 | | 3 | 9 | 5 | 8 | 7 | | |
| 4 | 6 | 8 | 9 | 7 | | | 7 | 9 | 1 | 8 |
| | | | 4 | 2 | 6 | 1 | 3 | | 3 | 9 |
| 3 | 9 | 4 | 7 | 5 | 8 | 2 | 6 | | 2 | 5 |
| 9 | 8 | 6 | | | | 5 | 9 | 8 | 6 | 7 |
| | | 8 | 4 | 6 | 9 | 3 | 5 | 7 | | |
| 3 | 4 | 5 | 1 | 2 | 7 | | | 9 | 1 | 7 |
| 1 | 3 | 7 | 2 | | 5 | 1 | 7 | 4 | 3 | 2 |
| | | 9 | 7 | | 8 | 3 | 9 | 6 | | |

096

| | | | | | | | | | | |
|---|---|---|---|---|---|---|---|---|---|---|
| 5 | 9 | 7 | 8 | | 1 | 5 | 2 | | 3 | 1 |
| 1 | 7 | 3 | 6 | | 7 | 3 | 1 | 5 | 2 | 4 |
| 2 | 6 | | 4 | 3 | 2 | 1 | | 3 | 1 | 2 |
| 4 | 8 | | 9 | 8 | | 2 | 9 | 1 | | |
| | | 9 | 7 | 6 | | 4 | 3 | 2 | 6 | 1 |
| 9 | 5 | 8 | | 9 | 7 | | | 6 | 9 | 8 |
| 8 | 2 | | 6 | 5 | 1 | 2 | 3 | 4 | 8 | |
| 5 | 1 | | 5 | 7 | | 1 | 2 | | 4 | 6 |
| 6 | 3 | 1 | 2 | 4 | | 5 | 6 | 8 | 7 | 9 |
| | | 3 | 8 | | | | 5 | 9 | | |
| 8 | 6 | 4 | 7 | 9 | | 3 | 4 | 1 | 2 | 6 |
| 9 | 7 | | 4 | 8 | | 6 | 1 | | 1 | 7 |
| | 8 | 5 | 9 | 6 | 3 | 4 | 7 | | 3 | 8 |
| 8 | 9 | 7 | | | 1 | 7 | | 6 | 8 | 9 |
| 2 | 5 | 3 | 1 | 4 | | 2 | 4 | 1 | | |
| | | 6 | 3 | 1 | | 5 | 3 | | 3 | 9 |
| 1 | 8 | 9 | | 3 | 6 | 1 | 2 | | 1 | 7 |
| 4 | 7 | 8 | 6 | 5 | 9 | | 5 | 9 | 7 | 8 |
| 2 | 9 | | 1 | 2 | 8 | | 1 | 3 | 2 | 4 |

097

| | | | | | | | | | | |
|---|---|---|---|---|---|---|---|---|---|---|
| 9 | 7 | | 2 | 4 | | 9 | 1 | | 2 | 8 |
| 8 | 5 | 9 | 6 | 7 | | 6 | 5 | 8 | 7 | 9 |
| | | 8 | 5 | 6 | 7 | 4 | 2 | 9 | | |
| 8 | 2 | | 4 | 8 | 9 | 7 | 6 | | 7 | 4 |
| 4 | 6 | 8 | 7 | 9 | | 8 | 9 | 7 | 5 | 6 |
| | | 2 | 1 | | | | 8 | 9 | | |
| 1 | 2 | | 9 | 7 | | 6 | 4 | | 2 | 8 |
| 2 | 4 | 1 | 3 | 5 | | 8 | 7 | 6 | 5 | 9 |
| | 6 | 2 | 8 | 4 | 9 | 5 | 3 | 7 | 1 | |
| | 1 | 3 | | 6 | 7 | 9 | | 8 | 4 | |
| | 5 | 4 | 2 | 3 | 8 | 1 | 6 | 9 | 7 | |
| 4 | 8 | 6 | 7 | 9 | | 4 | 2 | 5 | 3 | 1 |
| 2 | 3 | | 9 | 8 | | 7 | 9 | | 6 | 2 |
| | | 1 | 3 | | | | 7 | 9 | | |
| 1 | 3 | 2 | 5 | 4 | | 9 | 8 | 7 | 4 | 6 |
| 2 | 1 | | 8 | 6 | 9 | 7 | 4 | | 1 | 3 |
| | | 5 | 4 | 2 | 8 | 6 | 3 | 1 | | |
| 2 | 4 | 3 | 6 | 1 | | 8 | 5 | 9 | 6 | 7 |
| 1 | 3 | | 1 | 3 | | 5 | 1 | | 4 | 9 |

098

| | | | | | | | | | | |
|---|---|---|---|---|---|---|---|---|---|---|
| | 2 | 3 | 1 | | | 7 | 5 | 8 | 9 | 6 |
| 8 | 4 | 7 | 2 | | | 3 | 2 | 6 | 7 | 1 |
| 9 | 7 | | 4 | 9 | 5 | 2 | 1 | 7 | | |
| 5 | 1 | 2 | | 8 | 2 | | 3 | 9 | | |
| | | 3 | 2 | 5 | 1 | 7 | | 5 | 8 | 9 |
| | | 1 | 8 | 7 | | 2 | 1 | 4 | 3 | 8 |
| 9 | 8 | 7 | | 2 | 9 | 3 | 7 | | 1 | 7 |
| 7 | 9 | | 9 | 6 | 7 | 4 | | 1 | 2 | 5 |
| 2 | 6 | 3 | 5 | 1 | | 1 | 2 | 4 | | |
| | | 2 | 8 | | | | 1 | 2 | | |
| | | 6 | 7 | 8 | | 6 | 3 | 5 | 1 | 2 |
| 9 | 3 | 1 | | 9 | 5 | 8 | 7 | | 6 | 9 |
| 7 | 2 | | 8 | 5 | 2 | 9 | | 9 | 3 | 8 |
| 8 | 5 | 9 | 2 | 7 | | 2 | 1 | 4 | | |
| 4 | 1 | 3 | | 1 | 2 | 5 | 9 | 7 | | |
| | | 7 | 1 | | 1 | 3 | | 1 | 2 | 8 |
| | | 6 | 2 | 1 | 4 | 7 | 3 | | 1 | 5 |
| 5 | 6 | 8 | 9 | 4 | | | 2 | 7 | 6 | 9 |
| 1 | 3 | 5 | 4 | 2 | | | 1 | 9 | 3 | |

099

| | | | | | | | | | | |
|---|---|---|---|---|---|---|---|---|---|---|
| | | 4 | 8 | | | | 9 | 8 | | |
| | 4 | 1 | 6 | 2 | | 7 | 8 | 6 | 9 | |
| | 5 | 3 | | 5 | 3 | 1 | | 9 | 7 | |
| 2 | 1 | | | 4 | 1 | 2 | | | 8 | 2 |
| 6 | 2 | 3 | 4 | 1 | | 3 | 8 | 2 | 5 | 1 |
| | 3 | 1 | 2 | | | | 9 | 1 | 6 | |
| | | 5 | 7 | 2 | 8 | 9 | 6 | 4 | | |
| | 1 | 2 | | 1 | 2 | 7 | | 9 | 8 | |
| 1 | 2 | 6 | 4 | 3 | | 2 | 1 | 3 | 6 | 9 |
| 2 | 3 | | 6 | 5 | | 6 | 4 | | 9 | 7 |
| 4 | 7 | 5 | 9 | 8 | | 3 | 2 | 1 | 5 | 6 |
| | 5 | 2 | | 6 | 9 | 8 | | 5 | 7 | |
| | | 1 | 7 | 4 | 6 | 5 | 3 | 2 | | |
| | 8 | 7 | 9 | | | | 9 | 6 | 8 | |
| 6 | 2 | 3 | 5 | 1 | | 2 | 1 | 4 | 7 | 3 |
| 9 | 7 | | | 2 | 4 | 1 | | | 6 | 1 |
| | 4 | 9 | | 6 | 1 | 5 | | 5 | 9 | |
| | 1 | 2 | 5 | 3 | | 4 | 1 | 2 | 3 | |
| | | 1 | 3 | | | | 3 | 1 | | |

100

| | | | | | | | | | | |
|---|---|---|---|---|---|---|---|---|---|---|
| | | 9 | 7 | 8 | | 2 | 1 | 4 | | |
| | 8 | 5 | 9 | 6 | | 3 | 5 | 1 | 2 | |
| 2 | 1 | | 8 | 9 | 5 | 7 | | 2 | 5 | 1 |
| 5 | 2 | 1 | 4 | | 4 | 1 | 3 | | 3 | 2 |
| 1 | 4 | 3 | | 2 | 1 | | 2 | 3 | 1 | 4 |
| | | 2 | 3 | 4 | | 4 | 1 | 2 | | |
| 1 | 3 | 4 | 2 | | 6 | 1 | | 1 | 3 | 2 |
| 3 | 5 | | 1 | 4 | 3 | | 2 | 5 | 1 | 4 |
| 2 | 1 | 4 | | 6 | 2 | 1 | 3 | | | |
| 4 | 2 | 3 | 5 | 1 | | 2 | 1 | 6 | 3 | 5 |
| | | | 1 | 2 | 4 | 5 | | 8 | 4 | 7 |
| 7 | 8 | 9 | 6 | | 2 | 3 | 1 | | 2 | 8 |
| 1 | 4 | 7 | | 1 | 3 | | 2 | 8 | 7 | 9 |
| | | 3 | 1 | 5 | | 9 | 4 | 7 | | |
| 7 | 9 | 8 | 4 | | 4 | 6 | | 9 | 8 | 6 |
| 9 | 6 | | 2 | 4 | 3 | | 7 | 5 | 9 | 8 |
| 4 | 8 | 9 | | 3 | 1 | 2 | 8 | | 7 | 9 |
| | 5 | 3 | 2 | 1 | | 7 | 9 | 8 | 6 | |
| | | 1 | 4 | 2 | | 9 | 5 | 7 | | |

101

| | | | | | | | | | | |
|---|---|---|---|---|---|---|---|---|---|---|
| 7 | 5 | 9 | 8 | | | | 1 | 2 | 4 | 7 |
| 5 | 8 | 6 | 9 | 7 | | 2 | 3 | 1 | 5 | 9 |
| | 9 | 7 | | 3 | 2 | 1 | | 3 | 1 | |
| 9 | 7 | | | 9 | 7 | 6 | | | 2 | 1 |
| 8 | 6 | 7 | 9 | 5 | | 4 | 5 | 1 | 3 | 2 |
| | | 5 | 7 | 6 | 9 | 3 | 8 | 4 | | |
| | 9 | 4 | 6 | 8 | 7 | | 1 | 2 | 4 | |
| 3 | 5 | 1 | 2 | | 3 | 6 | | 3 | 2 | 1 |
| 1 | 4 | 2 | | 7 | 5 | 8 | 9 | | 1 | 3 |
| | 7 | 3 | 9 | 2 | 1 | 4 | 8 | 5 | 6 | |
| 1 | 2 | | 7 | 8 | 6 | 9 | | 8 | 5 | 7 |
| 3 | 6 | 7 | | 9 | 8 | | 3 | 7 | 8 | 9 |
| | 8 | 9 | 7 | | 2 | 5 | 1 | 6 | 3 | |
| | | 6 | 8 | 2 | 4 | 7 | 5 | 9 | | |
| 7 | 6 | 8 | 9 | 3 | | 4 | 2 | 3 | 6 | 1 |
| 9 | 5 | | | 1 | 2 | 3 | | | 9 | 7 |
| | 7 | 9 | | 4 | 1 | 2 | | 1 | 7 | |
| 7 | 8 | 6 | 9 | 5 | | 1 | 7 | 2 | 4 | 3 |
| 5 | 9 | 8 | 7 | | | | 9 | 5 | 8 | 7 |

102

| | | | | | | | | | | |
|---|---|---|---|---|---|---|---|---|---|---|
| 1 | 8 | 4 | 5 | | 8 | 7 | 9 | 6 | | |
| 3 | 5 | 1 | 2 | | 5 | 9 | 8 | 2 | 1 | 3 |
| | | 2 | 3 | 1 | 4 | 6 | | 4 | 2 | 1 |
| 9 | 8 | 6 | | 2 | 1 | | 3 | 1 | 5 | |
| 1 | 3 | | 4 | 5 | 3 | 2 | 1 | | 3 | 1 |
| | 1 | 3 | 2 | | 9 | 1 | | 8 | 6 | 9 |
| 8 | 9 | 6 | | 1 | 6 | 4 | 3 | 2 | | |
| 4 | 2 | 1 | 5 | 3 | 7 | | 1 | 6 | 2 | 3 |
| | | 9 | 7 | | 2 | 1 | | 4 | 1 | 2 |
| 6 | 1 | 8 | 9 | 3 | | 3 | 2 | 9 | 4 | 1 |
| 8 | 3 | 4 | | 1 | 5 | | 1 | 5 | | |
| 9 | 5 | 7 | 8 | | 2 | 1 | 3 | 7 | 4 | 5 |
| | | 5 | 2 | 1 | 9 | 3 | | 3 | 1 | 2 |
| 5 | 4 | 2 | | 2 | 4 | | 3 | 1 | 2 | |
| 9 | 7 | | 9 | 3 | 6 | 2 | 1 | | 3 | 1 |
| | 9 | 8 | 7 | | 3 | 1 | | 7 | 6 | 9 |
| 9 | 8 | 7 | | 6 | 1 | 4 | 2 | 3 | | |
| 5 | 6 | 9 | 3 | 8 | 7 | | 1 | 8 | 9 | 3 |
| | | 4 | 7 | 9 | 8 | | 4 | 2 | 7 | 1 |

103

| | | | | | | | | | | |
|---|---|---|---|---|---|---|---|---|---|---|
| | 9 | 8 | 3 | 1 | | 8 | 4 | 6 | 9 | 7 |
| | 6 | 2 | 1 | 4 | | 9 | 6 | 2 | 7 | 1 |
| 2 | 4 | | | 6 | 9 | 7 | 8 | 4 | | |
| 3 | 7 | 1 | 5 | 2 | 4 | | | 1 | 4 | 3 |
| 1 | 5 | 2 | 3 | | 8 | 5 | 7 | 3 | 9 | 6 |
| 4 | 8 | 3 | 9 | | 7 | 3 | 9 | | 8 | 2 |
| | | | 2 | 3 | 6 | 1 | 4 | | 6 | 1 |
| 2 | 3 | 6 | 4 | 1 | | | 8 | 5 | 7 | 4 |
| 5 | 1 | 7 | | 2 | 1 | 4 | 6 | 3 | | |
| 8 | 6 | 9 | | 9 | 6 | 8 | | 1 | 3 | 9 |
| | | 4 | 1 | 5 | 3 | 7 | | 9 | 6 | 8 |
| 7 | 9 | 8 | 3 | | | 6 | 4 | 2 | 1 | 3 |
| 1 | 6 | | 6 | 7 | 4 | 9 | 8 | | | |
| 3 | 7 | | 4 | 2 | 1 | | 6 | 1 | 3 | 2 |
| 5 | 4 | 6 | 2 | 1 | 3 | | 9 | 5 | 7 | 8 |
| 2 | 8 | 3 | | | 2 | 8 | 7 | 3 | 4 | 1 |
| | | 4 | 7 | 8 | 6 | 9 | | | 5 | 9 |
| 8 | 7 | 1 | 3 | 9 | | 7 | 3 | 8 | 1 | |
| 5 | 3 | 2 | 1 | 6 | | 3 | 1 | 5 | 2 | |

104

| | | | | | | | | | | |
|---|---|---|---|---|---|---|---|---|---|---|
| 5 | 1 | | 3 | 1 | 4 | | 2 | 5 | 1 | |
| 8 | 4 | 7 | 9 | 5 | 6 | | 8 | 7 | 5 | 9 |
| | 3 | 4 | | 6 | 9 | 8 | | 1 | 2 | 6 |
| | | 1 | 5 | 2 | | 7 | 2 | 3 | 4 | |
| 7 | 5 | 2 | 9 | 3 | 8 | 1 | 6 | 4 | | |
| 9 | 6 | 5 | 8 | | 7 | 9 | | 6 | 8 | |
| | 8 | 3 | | 8 | 5 | 6 | 1 | 2 | 4 | 3 |
| 4 | 7 | | 2 | 1 | 4 | | 8 | 9 | 7 | 5 |
| 6 | 9 | 8 | 7 | | 9 | 8 | 6 | | 9 | 1 |
| | | 9 | 8 | 4 | | 7 | 4 | 2 | | |
| 1 | 2 | | 3 | 1 | 2 | | 9 | 8 | 6 | 7 |
| 2 | 3 | 5 | 1 | | 6 | 9 | 7 | | 5 | 9 |
| 4 | 6 | 8 | 9 | 7 | 3 | 5 | | 7 | 8 | |
| | 1 | 3 | | 9 | 1 | | 3 | 6 | 2 | 1 |
| | | 6 | 1 | 5 | 4 | 7 | 2 | 8 | 9 | 3 |
| | 8 | 4 | 3 | 6 | | 3 | 1 | 5 | | |
| 8 | 6 | 9 | | 8 | 9 | 2 | | 9 | 1 | |
| 5 | 9 | 7 | 8 | | 7 | 4 | 5 | 3 | 2 | 1 |
| | 2 | 1 | 4 | | 6 | 1 | 9 | | 4 | 3 |

**105**

| | 1 | 2 | 3 | | | 2 | 3 | 1 | |
|---|---|---|---|---|---|---|---|---|---|
| 2 | 4 | 5 | 1 | 3 | | 5 | 2 | 3 | 1 |
| 1 | 2 | 3 | | 2 | 3 | 1 | 5 | 4 | 6 |
| | | 1 | 3 | | 2 | 4 | 1 | | 3 | 1 |
| 1 | 2 | | 4 | 2 | 1 | | | 1 | 2 | 4 |
| 3 | 6 | 4 | 2 | 1 | | 8 | 9 | 6 | 7 |
| | 5 | 2 | 1 | 3 | | 6 | 7 | 4 | 5 | 3 |
| 2 | 4 | 1 | | 4 | 3 | 7 | | 2 | 4 | 1 |
| 5 | 1 | 3 | 2 | | 6 | 9 | 8 | 3 | |
| 1 | 3 | | 1 | 3 | 2 | 4 | 6 | | 5 | 9 |
| | 3 | 4 | 2 | 1 | | 9 | 5 | 8 | 7 |
| 2 | 3 | 1 | | 1 | 4 | 3 | | 3 | 9 | 8 |
| 8 | 7 | 4 | 9 | 6 | | 1 | 3 | 2 | 4 |
| | 1 | 2 | 8 | 4 | | 4 | 2 | 1 | 6 | 3 |
| 1 | 2 | 6 | | 1 | 2 | 5 | | 7 | 2 |
| 2 | 6 | | 1 | 4 | 2 | | 1 | 3 | |
| | 4 | 7 | 5 | 2 | 3 | 1 | | 1 | 2 | 3 |
| | 5 | 2 | 3 | 1 | | 3 | 2 | 4 | 5 | 1 |
| | | 9 | 2 | 3 | | | 1 | 2 | 3 |

**106**

| 3 | 1 | | 9 | 3 | | 3 | 1 | | 2 | 9 |
|---|---|---|---|---|---|---|---|---|---|---|
| 6 | 3 | 2 | 4 | 1 | | 5 | 2 | 4 | 1 | 3 |
| 9 | 4 | 6 | 8 | 7 | | 9 | 4 | 6 | 7 | 8 |
| 8 | 2 | 1 | | 4 | 1 | 2 | | 9 | 8 | 6 |
| | | 5 | 4 | 9 | 3 | 6 | 7 | 8 | | |
| 9 | 5 | 3 | 7 | 8 | | 4 | 9 | 7 | 6 | 8 |
| 2 | 1 | 4 | | 6 | 9 | 8 | | 5 | 3 | 2 |
| 8 | 2 | | 4 | 2 | 3 | 1 | 6 | | 2 | 1 |
| | 3 | 4 | 2 | 5 | 8 | 7 | 9 | 6 | 1 | |
| | | 1 | 3 | | | | 7 | 9 | | |
| | 9 | 2 | 1 | 5 | 3 | 7 | 4 | 8 | 6 | |
| 9 | 7 | | 6 | 2 | 1 | 4 | 8 | | 7 | 9 |
| 6 | 3 | 1 | | 9 | 8 | 6 | | 7 | 9 | 8 |
| 8 | 6 | 5 | 9 | 7 | | 9 | 7 | 5 | 8 | 6 |
| | | 3 | 8 | 4 | 7 | 5 | 9 | 6 | | |
| 1 | 4 | 2 | | 6 | 9 | 8 | | 9 | 2 | 4 |
| 7 | 9 | 6 | 4 | 8 | | 1 | 2 | 4 | 6 | 3 |
| 3 | 7 | 4 | 2 | 1 | | 2 | 4 | 8 | 3 | 1 |
| 2 | 8 | | 1 | 3 | | 3 | 1 | | 1 | 2 |

**107**

| 9 | 6 | 8 | | 3 | 1 | 5 | | 4 | 8 | |
|---|---|---|---|---|---|---|---|---|---|---|
| 7 | 8 | 9 | | 1 | 2 | 4 | | 2 | 4 | 1 |
| | 5 | 3 | 1 | 2 | | 6 | 4 | 1 | 2 | 3 |
| 2 | 7 | | 6 | 8 | 3 | 9 | 7 | 5 | |
| 4 | 3 | 1 | 2 | | 6 | 8 | | 3 | 2 | 1 |
| 1 | 9 | 3 | | 9 | 5 | 7 | 8 | | 1 | 3 |
| | | 4 | 2 | 5 | 1 | | 5 | 1 | 4 | 2 |
| 4 | 1 | 2 | 5 | | 2 | 1 | 6 | 4 | |
| 7 | 3 | | 1 | 2 | 4 | 3 | | 5 | 3 | 2 |
| 6 | 2 | 4 | 3 | 1 | | 5 | 3 | 2 | 4 | 1 |
| 1 | 5 | 3 | | 5 | 1 | 2 | 4 | | 1 | 3 |
| | | 2 | 1 | 3 | 4 | | 1 | 4 | 2 | 5 |
| 4 | 2 | 1 | 3 | | 3 | 4 | 2 | 1 | |
| 5 | 1 | | 2 | 6 | 7 | 1 | | 8 | 7 | 9 |
| 1 | 3 | 8 | | 9 | 5 | | 9 | 7 | 5 | 8 |
| | | 6 | 1 | 3 | 2 | 4 | 7 | | 9 | 6 |
| 8 | 1 | 9 | 3 | 7 | | 2 | 4 | 1 | 3 | |
| 9 | 5 | 7 | | 5 | 2 | 1 | | 5 | 6 | 9 |
| | 2 | 5 | | 8 | 6 | 9 | | 9 | 8 | 7 |

**108**

| 9 | 6 | 8 | | | 2 | 1 | 3 | | 1 | 2 |
|---|---|---|---|---|---|---|---|---|---|---|
| 1 | 2 | 4 | 5 | | 3 | 5 | 6 | 8 | 7 | 9 |
| 6 | 4 | | 8 | 9 | 7 | | 2 | 4 | 3 | 1 |
| | 5 | 9 | 7 | 6 | 4 | 8 | | 9 | 5 | |
| 6 | 7 | 8 | 9 | | 1 | 6 | | 5 | 4 | 3 |
| 4 | 1 | | | 4 | 5 | 7 | 3 | 6 | 2 | 1 |
| | 3 | 5 | 1 | 2 | | 4 | 2 | 1 | |
| | 7 | 4 | | 8 | 5 | | 3 | 2 | 1 | |
| | 8 | 9 | 7 | | 6 | 9 | 4 | 7 | 5 | 8 |
| 3 | 7 | | 2 | 4 | 5 | 3 | 1 | | 3 | 2 |
| 1 | 4 | 5 | 3 | 2 | 7 | | 2 | 4 | 1 | |
| 6 | 9 | 8 | | 5 | 9 | | 3 | 5 | | |
| | 7 | 8 | 9 | | 3 | 6 | 2 | 1 | |
| 8 | 9 | 2 | 4 | 6 | 5 | 7 | | | 3 | 1 |
| 7 | 8 | 9 | | 7 | 3 | | 5 | 7 | 8 | 9 |
| | 6 | 3 | | 8 | 6 | 7 | 4 | 9 | 5 | |
| 1 | 3 | 4 | 2 | | 4 | 1 | 2 | | 4 | 8 |
| 2 | 5 | 6 | 8 | 3 | 1 | | 1 | 4 | 2 | 3 |
| 3 | 7 | | 4 | 1 | 2 | | | 8 | 6 | 9 |

**109**

| | 4 | 5 | 2 | 7 | 1 | 3 | | 9 | 4 | |
|---|---|---|---|---|---|---|---|---|---|---|
| 8 | 7 | 9 | 4 | 5 | 6 | 2 | | 8 | 1 | 6 |
| 6 | 9 | | 1 | 3 | | 5 | 8 | 7 | 6 | 9 |
| 7 | 6 | 9 | | | 4 | 1 | 3 | 6 | 2 | 7 |
| 5 | 8 | 6 | 3 | 9 | 7 | 4 | 2 | | 3 | 8 |
| | | 8 | 2 | 7 | 5 | 6 | 4 | 9 | | |
| 4 | 9 | 7 | 1 | 6 | 8 | | 7 | 5 | 8 | 9 |
| 1 | 3 | | 5 | 8 | | 5 | 9 | 7 | 6 | 8 |
| 2 | 5 | 1 | | | 3 | 2 | 1 | | 9 | 7 |
| | | 3 | 5 | 4 | 2 | 8 | 6 | 1 | | |
| 8 | 9 | | 7 | 2 | 1 | | | 3 | 2 | 1 |
| 6 | 4 | 3 | 2 | 1 | | 5 | 2 | | 4 | 8 |
| 9 | 6 | 1 | 8 | | 2 | 7 | 5 | 4 | 1 | 3 |
| | | 2 | 4 | 5 | 3 | 8 | 1 | 6 | | |
| 9 | 1 | | 6 | 4 | 5 | 9 | 3 | 8 | 7 | 2 |
| 7 | 4 | 5 | 3 | 2 | 1 | | | 9 | 8 | 3 |
| 6 | 2 | 4 | 1 | 3 | | 1 | 3 | | 3 | 1 |
| 8 | 6 | 7 | | 7 | 8 | 3 | 6 | 4 | 9 | 5 |
| | 3 | 9 | | 1 | 6 | 2 | 4 | 3 | 5 | |

**110**

| | 8 | 7 | 9 | 5 | | | 9 | 8 | 6 | |
|---|---|---|---|---|---|---|---|---|---|---|
| | 7 | 6 | 3 | 8 | 4 | 9 | | 5 | 2 | 1 |
| | 3 | 9 | | 3 | 1 | 2 | 5 | 6 | 4 | |
| 9 | 4 | | | 2 | 3 | 1 | 4 | | | |
| 7 | 2 | 8 | | 6 | 3 | | 2 | 8 | 6 | |
| 6 | 1 | 4 | 2 | 3 | | 9 | 4 | 7 | 8 | 6 |
| | 1 | 6 | 2 | 3 | 5 | | | 9 | 8 | |
| | 8 | 9 | | 1 | 7 | 8 | 4 | | 7 | 9 |
| 3 | 2 | 6 | 1 | 4 | | 7 | 1 | 4 | 2 | |
| 8 | 3 | 7 | 9 | | | 7 | 8 | 5 | 9 | |
| | 7 | 5 | 8 | 9 | | 1 | 2 | 6 | 3 | 8 |
| 3 | 5 | | 4 | 6 | 1 | 2 | | 5 | 1 | |
| 2 | 1 | | 8 | 6 | 4 | 9 | 7 | | | |
| 1 | 6 | 3 | 2 | 4 | | 3 | 7 | 1 | 2 | 4 |
| | 4 | 2 | 1 | | 1 | 6 | | 9 | 7 | 8 |
| | 7 | 5 | 8 | 9 | | | | | 5 | 9 |
| | 3 | 1 | 4 | 2 | 6 | 5 | | 9 | 4 | |
| 3 | 1 | 5 | | 1 | 5 | 2 | 9 | 8 | 3 | |
| 1 | 2 | 4 | | | 2 | 1 | 3 | 6 | | |

**111**

| | 9 | 4 | 2 | 8 | | 2 | 4 | | | 4 | 8 |
|---|---|---|---|---|---|---|---|---|---|---|---|
| 6 | 7 | 3 | 4 | 9 | 2 | 1 | 8 | 5 | | 4 | 2 | 1 |
| 3 | 6 | 2 | 1 | | 3 | 7 | | 9 | 7 | 8 | 6 | 2 |
| 8 | 3 | 1 | | 4 | 1 | 3 | 2 | | 8 | 9 | 5 | 7 |
| 9 | 8 | 6 | 3 | 1 | 5 | | 8 | 7 | 9 | 6 | 3 | |
| 7 | 1 | | 9 | 2 | | 3 | 1 | 4 | 2 | | 7 | 8 |
| 2 | 5 | 6 | 1 | | 6 | 1 | 5 | 3 | | 6 | 8 | 9 |
| 4 | 2 | 1 | | 7 | 8 | 6 | 3 | 9 | 2 | 5 | 1 | 4 |
| | 4 | 8 | 7 | 5 | | 7 | 9 | | 7 | 8 | 9 | |
| | | 3 | 5 | 1 | 4 | | 7 | 2 | 4 | 1 | | |
| | 1 | 2 | 4 | | 6 | 9 | | 5 | 1 | 2 | 3 | |
| 6 | 3 | 5 | 9 | 2 | 1 | 8 | 7 | 4 | | 4 | 1 | 2 |
| 8 | 9 | 4 | | 1 | 3 | 5 | 2 | | 3 | 7 | 5 | 1 |
| 9 | 7 | | 1 | 4 | 2 | 7 | | 2 | 7 | | 9 | 5 |
| | 2 | 1 | 3 | 9 | 7 | | 3 | 4 | 9 | 6 | 7 | 8 |
| 4 | 6 | 9 | 7 | | 5 | 8 | 7 | 9 | | 4 | 6 | 3 |
| 1 | 4 | 3 | 2 | 6 | | 4 | 2 | | 3 | 1 | 2 | 4 |
| 2 | 5 | 8 | | 5 | 4 | 2 | 1 | 9 | 7 | 3 | 8 | 6 |
| 7 | 8 | | | 7 | 1 | | 5 | 1 | 2 | 4 | | |

**112**

| | 8 | 6 | 9 | | | 1 | 2 | 9 | | |
|---|---|---|---|---|---|---|---|---|---|---|
| | 6 | 9 | 8 | 7 | 5 | | 4 | 2 | 6 | 3 | 1 |
| 7 | 8 | 5 | 9 | | 7 | 6 | 9 | 5 | 8 | | 8 | 2 |
| 8 | 9 | 7 | | 6 | 9 | 7 | 8 | 4 | | 5 | 7 | 9 |
| 9 | 5 | | 8 | 1 | 4 | 2 | 5 | | 2 | 4 | 3 | 1 |
| | 7 | 2 | 9 | 5 | 8 | | 7 | 8 | 5 | 6 | 9 | |
| | | 5 | 7 | 9 | | 6 | 2 | 3 | 4 | 1 | |
| | 4 | 1 | 5 | 3 | 2 | 8 | 6 | | 6 | 2 | 5 | |
| 2 | 1 | 3 | | 7 | 4 | 9 | | 7 | 1 | 3 | 2 | 4 |
| 1 | 3 | | 8 | 4 | 1 | 5 | 2 | 6 | 3 | | 7 | 9 |
| 4 | 6 | 7 | 9 | 8 | | 2 | 1 | 4 | | 2 | 1 | 8 |
| | 2 | 3 | 1 | | 8 | 7 | 3 | 9 | 6 | 5 | 4 | |
| | | 6 | 3 | 2 | 1 | 4 | | 2 | 1 | 4 | |
| | 6 | 8 | 7 | 9 | 4 | | 6 | 3 | 2 | 1 | 4 | |
| 1 | 3 | 5 | 2 | | 2 | 1 | 4 | 5 | 3 | | 3 | 1 |
| 4 | 7 | 9 | | 7 | 5 | 6 | 9 | 8 | | 3 | 2 | 4 |
| 2 | 8 | | 1 | 5 | 3 | 2 | 7 | | 3 | 5 | 1 | 2 |
| | 9 | 7 | 4 | 8 | 6 | | 8 | 7 | 9 | 1 | 6 | |
| | 1 | 8 | 9 | | | 9 | 8 | 2 | | |

SOLUTION

261

113

| | | | | | | | | | | | | |
|---|---|---|---|---|---|---|---|---|---|---|---|---|
| | 3 | 1 | 6 | 2 | 4 | | | 5 | 7 | 8 | 6 | 9 |
| 5 | 6 | 4 | 8 | 7 | 9 | | 4 | 1 | 2 | 3 | 7 | 5 |
| 2 | 4 | 3 | 9 | 8 | | 7 | 6 | 3 | 5 | 9 | 8 | |
| 9 | 8 | 7 | | 5 | 4 | 1 | 7 | 2 | 3 | | 9 | 7 |
| | 5 | 2 | 3 | 9 | 7 | 6 | 8 | | 1 | 3 | 4 | 2 |
| 9 | 7 | | 1 | 6 | 2 | | 9 | 8 | 4 | 7 | | |
| 8 | 9 | 7 | 5 | | 9 | 8 | 5 | 7 | | 8 | 6 | 9 |
| | | 9 | 4 | 7 | 8 | 6 | | 4 | 3 | 2 | 1 | 6 |
| 5 | 3 | 1 | 2 | 4 | | 3 | 8 | 5 | 9 | 4 | 2 | 1 |
| 6 | 1 | 4 | | 8 | 7 | 5 | 9 | 6 | | 5 | 3 | 7 |
| 8 | 5 | 2 | 1 | 6 | 3 | 4 | | 9 | 7 | 6 | 4 | 8 |
| 7 | 8 | 6 | 5 | 9 | | 2 | 9 | 3 | 4 | 1 | | |
| 9 | 7 | 8 | | 2 | 3 | 1 | 5 | | 8 | 9 | 6 | 2 |
| | | 3 | 9 | 5 | 1 | | 8 | 5 | 9 | | 3 | 1 |
| 8 | 9 | 5 | 7 | | 4 | 7 | 6 | 3 | 5 | 1 | 2 | |
| 9 | 7 | | 8 | 5 | 6 | 9 | 7 | 4 | | 3 | 1 | 9 |
| | 4 | 1 | 5 | 3 | 2 | 6 | | 1 | 3 | 2 | 4 | 8 |
| 9 | 8 | 3 | 6 | 7 | 5 | | 3 | 2 | 1 | 4 | 5 | 6 |
| 3 | 6 | 2 | 4 | 1 | | | 4 | 7 | 9 | 6 | 8 | |

114

| | | | | | | | | | | | | |
|---|---|---|---|---|---|---|---|---|---|---|---|---|
| 1 | 2 | | 1 | 5 | | 2 | 5 | | 4 | 1 | 2 | |
| 3 | 1 | 6 | 2 | 4 | | 5 | 9 | 8 | 6 | 2 | 7 | 4 |
| | | 7 | 3 | 2 | 8 | 1 | | 9 | 7 | | 3 | 1 |
| 9 | 6 | 8 | | 1 | 7 | 3 | 5 | | 5 | 3 | 1 | 2 |
| 7 | 4 | 2 | | 3 | 9 | | 2 | 5 | 3 | 1 | | |
| | | 4 | 2 | | 4 | 1 | | 8 | 1 | 2 | 9 | 3 |
| 3 | 9 | | 1 | 2 | 6 | 3 | | 7 | 2 | | 3 | 1 |
| 2 | 5 | 3 | 4 | 1 | | 7 | 2 | 9 | | 2 | 1 | |
| | | 1 | 3 | | 4 | 8 | 5 | 6 | 2 | 9 | 7 | 3 |
| 9 | 8 | 5 | 7 | | 3 | 2 | 1 | | 4 | 3 | 2 | 1 |
| 1 | 7 | 4 | 5 | 8 | 2 | 6 | 3 | | 1 | 5 | | |
| | 1 | 2 | | 2 | 1 | 4 | | 9 | 6 | 8 | 5 | 7 |
| 1 | 9 | | 3 | 1 | | 9 | 8 | 7 | 5 | | 8 | 9 |
| 2 | 5 | 1 | 8 | 3 | | 5 | 6 | | 3 | 2 | | |
| | | 7 | 9 | 5 | 2 | | 7 | 9 | | 4 | 1 | 2 |
| 3 | 1 | 2 | 4 | | 4 | 1 | 3 | 2 | | 1 | 3 | 6 |
| 1 | 2 | | 5 | 1 | | 7 | 9 | 8 | 4 | 6 | | |
| 2 | 5 | 8 | 6 | 3 | 1 | 4 | | 4 | 2 | 3 | 5 | 1 |
| | 3 | 9 | 7 | | 3 | 2 | | 3 | 1 | | 4 | 2 |

115

| | | | | | | | | | | | | |
|---|---|---|---|---|---|---|---|---|---|---|---|---|
| | 2 | 1 | | 4 | 8 | | 2 | 4 | 1 | | 8 | 3 |
| 8 | 5 | 3 | 7 | 6 | 9 | | 5 | 6 | 3 | 4 | 2 | 1 |
| 5 | 3 | | 2 | 1 | 4 | 6 | 3 | | 5 | 6 | | |
| 2 | 1 | 4 | | 2 | 6 | 8 | 1 | 3 | | 5 | 1 | 3 |
| 9 | 4 | 8 | 1 | | 7 | 9 | | 7 | 4 | | 2 | 7 |
| | | | 6 | 2 | | 7 | 1 | 5 | 2 | 3 | 4 | 6 |
| 5 | 7 | 6 | 4 | 8 | 9 | | 5 | 9 | | 1 | 3 | 8 |
| 8 | 6 | 4 | 3 | | 8 | 1 | | 8 | 7 | 5 | 6 | 9 |
| 7 | 9 | | 2 | 1 | 5 | 3 | 4 | | 2 | 4 | | |
| 9 | 8 | 7 | | 3 | 7 | | 2 | 6 | | 2 | 1 | 3 |
| | | 9 | 7 | | 4 | 2 | 1 | 8 | 3 | | 2 | 8 |
| 3 | 2 | 5 | 8 | 1 | | 5 | 3 | | 1 | 2 | 3 | 7 |
| 9 | 7 | 8 | | 3 | 1 | | 6 | 7 | 5 | 8 | 4 | 9 |
| 8 | 4 | 6 | 3 | 5 | 2 | 1 | | 3 | 7 | | | |
| 7 | 1 | | 1 | 2 | | 2 | 6 | | 2 | 5 | 1 | 3 |
| 6 | 3 | 1 | | 4 | 1 | 3 | 8 | 2 | | 4 | 6 | 2 |
| | | 3 | 5 | | 3 | 4 | 9 | 5 | 8 | | 8 | 4 |
| 8 | 9 | 4 | 6 | 7 | 5 | | 4 | 3 | 9 | 2 | 5 | 1 |
| 3 | 1 | 2 | | 3 | 2 | | 7 | 1 | | 8 | 9 | |

116

| | | | | | | | | | | | | |
|---|---|---|---|---|---|---|---|---|---|---|---|---|
| | | 3 | 9 | | 2 | 1 | 4 | | | 9 | 7 | |
| | 4 | 2 | 1 | | 1 | 3 | 2 | | 9 | 8 | 6 | 7 |
| 7 | 2 | 1 | | 1 | 3 | | 5 | 9 | 7 | 6 | 2 | 8 |
| 9 | 3 | | 8 | 2 | 4 | 1 | 3 | 6 | 5 | | 3 | 9 |
| 8 | 1 | 2 | 4 | | 6 | 2 | 1 | | 3 | 2 | 1 | 6 |
| | | 3 | 2 | | | | | | 8 | 1 | | |
| 3 | 2 | 1 | 5 | | 9 | 6 | 8 | | 4 | 5 | 2 | 1 |
| 1 | 4 | | 7 | 5 | 3 | 2 | 4 | 1 | 6 | | 4 | 3 |
| | 1 | 3 | 6 | 2 | 4 | | 9 | 2 | | 4 | 1 | |
| | | 8 | 9 | 6 | | | | 4 | 3 | 1 | | |
| | 3 | 9 | | 1 | 9 | | 4 | 3 | 6 | 2 | 1 | |
| 1 | 4 | | 5 | 3 | 6 | 1 | 2 | 7 | 4 | | 2 | 3 |
| 2 | 1 | 5 | 3 | | 8 | 9 | 3 | | 2 | 3 | 4 | 1 |
| | | 2 | 8 | | | | | | 5 | 1 | | |
| 3 | 5 | 1 | 2 | | 3 | 2 | 1 | | 1 | 2 | 4 | 3 |
| 1 | 9 | | 4 | 3 | 6 | 7 | 5 | 9 | 8 | | 5 | 1 |
| 2 | 7 | 3 | 1 | 4 | 5 | | 3 | 1 | | 6 | 1 | 2 |
| 4 | 8 | 9 | 6 | | 2 | 1 | 4 | | 3 | 1 | 2 | |
| | 6 | 8 | | | 1 | 3 | 2 | | 1 | 5 | | |

**117**

| 9 | 8 | 7 |   | 6 | 9 | 8 |   | 1 | 3 | 2 | 4 |   |
|---|---|---|---|---|---|---|---|---|---|---|---|---|
| 7 | 9 | 6 | 3 | 4 | 8 | 5 |   | 5 | 9 | 7 | 8 |   |
|   |   | 8 | 2 | 9 |   | 4 | 1 | 2 |   | 8 | 9 | 7 |
| 8 | 5 | 9 | 6 |   | 8 | 9 | 2 |   | 2 | 1 | 7 | 3 |
| 7 | 1 |   | 1 | 5 | 7 | 6 | 3 | 2 | 4 |   |   |   |
| 9 | 3 | 7 |   | 2 | 9 | 7 |   | 3 | 1 | 2 | 6 | 4 |
| 5 | 2 | 3 | 4 | 1 | 6 |   | 8 | 4 |   | 3 | 1 | 2 |
|   |   | 6 | 2 | 3 |   | 8 | 7 | 5 | 9 |   | 3 | 1 |
| 2 | 3 | 5 | 1 |   | 3 | 6 | 4 | 1 | 7 | 5 | 2 |   |
| 8 | 7 | 9 |   | 8 | 4 | 7 | 9 | 6 |   | 9 | 5 | 8 |
|   | 4 | 8 | 2 | 7 | 5 | 9 | 6 |   | 1 | 6 | 4 | 2 |
| 3 | 1 |   | 1 | 3 | 2 | 5 |   | 9 | 7 | 8 |   |   |
| 1 | 5 | 2 |   | 9 | 1 |   | 3 | 5 | 2 | 4 | 7 | 1 |
| 4 | 2 | 3 | 1 | 6 |   | 5 | 1 | 6 |   | 7 | 6 | 2 |
|   |   | 3 | 5 | 1 | 4 | 2 | 8 | 6 |   | 9 | 3 |   |
| 9 | 8 | 6 | 7 |   | 2 | 7 | 4 |   | 9 | 7 | 8 | 6 |
| 7 | 9 | 8 |   | 9 | 5 | 8 |   | 1 | 7 | 5 |   |   |
|   | 5 | 9 | 8 | 6 |   | 6 | 4 | 2 | 8 | 9 | 5 | 7 |
|   | 7 | 5 | 9 | 8 |   | 9 | 8 | 6 |   | 8 | 6 | 9 |

**118**

|   | 8 | 9 | 6 |   | 2 | 1 | 4 |   | 8 | 9 | 6 |   |
|---|---|---|---|---|---|---|---|---|---|---|---|---|
| 2 | 4 | 3 | 1 |   | 1 | 3 | 2 | 6 | 5 | 7 | 4 |   |
| 1 | 6 |   | 9 | 1 | 3 |   | 8 | 9 |   | 2 | 6 |   |
| 4 | 7 | 9 | 8 | 6 |   | 5 | 9 | 7 | 6 | 3 | 8 |   |
| 5 | 9 | 8 |   | 2 | 4 |   | 1 | 7 |   | 8 | 1 | 9 |
|   | 1 | 8 | 3 | 2 |   | 2 | 4 | 1 | 5 |   |   |   |
| 8 | 6 | 7 | 9 |   | 3 | 9 | 4 |   | 6 | 9 | 7 | 8 |
| 5 | 9 |   | 7 | 4 | 5 | 8 | 6 | 9 | 3 |   | 1 | 2 |
| 9 | 4 | 7 |   | 3 | 1 |   | 3 | 7 | 4 | 2 | 5 | 1 |
|   | 7 | 8 | 9 | 2 |   | 4 | 2 | 3 | 6 |   |   |   |
| 3 | 8 | 9 | 6 | 5 | 7 |   | 4 | 6 |   | 1 | 3 | 4 |
| 2 | 5 |   | 5 | 1 | 6 | 4 | 3 | 8 | 2 |   | 2 | 1 |
| 1 | 2 | 3 | 7 |   | 4 | 1 | 2 |   | 1 | 5 | 4 | 2 |
|   | 7 | 8 | 5 | 9 |   | 5 | 9 | 6 | 8 |   |   |   |
| 3 | 9 | 2 |   | 4 | 8 |   | 1 | 6 |   | 9 | 7 | 3 |
| 2 | 4 | 1 | 7 | 3 | 5 |   | 7 | 9 | 6 | 8 | 5 |   |
| 1 | 8 |   | 5 | 1 |   | 9 | 8 | 7 |   | 9 | 2 |   |
|   | 6 | 7 | 9 | 2 | 4 | 8 | 5 |   | 5 | 2 | 4 | 1 |
|   | 7 | 9 | 8 |   | 6 | 9 | 8 |   | 8 | 9 | 6 |   |

**119**

|   |   | 9 | 7 | 8 |   |   | 9 | 3 | 1 |   |   |   |
|---|---|---|---|---|---|---|---|---|---|---|---|---|
|   | 7 | 5 | 1 | 3 | 2 |   | 9 | 8 | 5 | 3 | 1 |   |
| 1 | 5 | 3 |   | 1 | 4 | 2 | 7 | 3 |   | 8 | 3 | 4 |
| 2 | 8 | 6 | 9 |   | 3 | 1 | 4 |   | 7 | 4 | 2 | 1 |
| 4 | 9 |   | 3 | 1 | 6 | 7 | 8 | 2 | 9 |   | 4 | 9 |
|   |   |   | 2 | 1 |   | 5 | 1 |   |   |   |   |   |
| 6 | 4 |   | 3 | 8 |   | 9 | 5 |   | 2 | 1 |   |   |
| 9 | 7 | 6 | 5 | 4 | 8 |   | 4 | 3 | 1 | 6 | 5 | 2 |
| 7 | 5 | 1 |   | 5 | 9 | 7 | 8 | 6 |   | 9 | 8 | 6 |
| 4 | 2 |   |   | 3 | 1 | 6 |   |   | 9 | 8 |   |   |
| 8 | 6 | 9 |   | 4 | 7 | 2 | 9 | 8 |   | 1 | 4 | 3 |
| 5 | 3 | 7 | 4 | 1 | 2 |   | 7 | 2 | 1 | 8 | 6 | 4 |
| 3 | 1 |   | 9 | 6 |   | 4 | 3 |   | 7 | 5 |   |   |
|   |   | 9 | 5 |   | 4 | 9 |   |   |   |   |   |   |
| 3 | 9 |   | 5 | 7 | 4 | 2 | 3 | 6 | 1 |   | 5 | 7 |
| 1 | 6 | 2 | 3 |   | 6 | 1 | 7 |   | 5 | 3 | 1 | 2 |
| 2 | 8 | 3 |   | 1 | 9 | 7 | 8 | 6 |   | 7 | 4 | 9 |
|   | 7 | 4 | 9 | 6 | 8 |   | 9 | 7 | 4 | 1 | 2 |   |
|   | 1 | 5 | 2 |   |   | 9 | 7 | 2 |   |   |   |   |

**120**

|   | 1 | 2 | 5 | 7 | 3 |   |   | 9 | 6 | 8 |   |   |
|---|---|---|---|---|---|---|---|---|---|---|---|---|
| 8 | 6 | 3 | 7 | 9 | 4 | 5 |   | 7 | 9 | 6 | 8 |   |
| 2 | 5 | 3 | 1 |   | 8 | 9 | 7 | 4 | 6 |   | 5 | 9 |
| 4 | 7 |   | 5 | 8 |   | 1 | 9 | 3 |   | 8 | 9 | 7 |
| 1 | 9 | 2 |   | 7 | 4 | 6 | 8 | 5 | 9 | 2 |   |   |
|   | 6 | 4 | 9 | 8 | 7 |   | 2 | 3 | 6 | 4 | 1 |   |
|   | 4 | 1 | 3 | 5 |   | 2 | 3 | 1 |   | 1 | 2 | 3 |
| 1 | 5 | 3 | 2 |   | 6 | 8 | 9 |   | 3 | 5 | 1 | 2 |
| 2 | 1 |   | 1 | 3 | 2 | 5 |   | 8 | 7 | 9 |   |   |
| 4 | 2 | 1 |   | 1 | 5 |   | 9 | 5 |   | 3 | 1 | 4 |
|   | 4 | 1 | 2 |   | 8 | 7 | 9 | 6 |   | 3 | 1 |   |
| 2 | 1 | 5 | 3 |   | 9 | 6 | 8 |   | 3 | 1 | 5 | 2 |
| 1 | 4 | 3 |   | 8 | 7 | 9 |   | 5 | 1 | 2 | 4 |   |
| 4 | 9 | 8 | 7 | 6 |   | 2 | 1 | 3 | 4 | 6 |   |   |
|   | 6 | 1 | 5 | 7 | 4 | 3 | 2 |   | 3 | 2 | 1 |   |
| 1 | 3 | 2 |   | 9 | 8 | 7 |   | 1 | 9 |   | 1 | 3 |
| 2 | 1 |   | 3 | 7 | 9 | 5 | 8 |   | 6 | 9 | 5 | 8 |
| 4 | 2 | 3 | 1 |   | 5 | 3 | 9 | 6 | 7 | 8 | 4 |   |
|   | 4 | 1 | 2 |   | 1 | 6 | 2 | 8 | 5 |   |   |   |

121

| | | | | | | | | | | | | |
|---|---|---|---|---|---|---|---|---|---|---|---|---|
| 2 | 8 | | 4 | 1 | 2 | | 1 | 3 | 8 | | 2 | 1 |
| 3 | 1 | | 6 | 3 | 8 | 2 | 5 | 1 | 4 | | 6 | 4 |
| 1 | 5 | 2 | 7 | | 4 | 1 | 3 | | 1 | 7 | 4 | 2 |
| | 4 | 1 | 3 | 2 | 6 | | 2 | 8 | 7 | 9 | 3 | |
| 1 | 9 | | 9 | 1 | | | | 7 | 2 | | 1 | 3 |
| 2 | 6 | 1 | 5 | 3 | 4 | | 4 | 9 | 6 | 8 | 5 | 7 |
| | | 5 | 8 | | 1 | 9 | 3 | | 9 | 7 | | |
| 4 | 1 | 2 | | 6 | 2 | 3 | 1 | 4 | | 5 | 1 | 3 |
| 8 | 2 | 3 | 1 | 9 | 7 | | 8 | 7 | 4 | 9 | 5 | 6 |
| 9 | 4 | | 4 | 8 | | | | 6 | 1 | | 2 | 1 |
| 6 | 3 | 1 | 2 | 4 | 5 | | 7 | 9 | 2 | 5 | 4 | 8 |
| 7 | 6 | 9 | | 7 | 6 | 9 | 5 | 8 | | 8 | 6 | 9 |
| | | 8 | 9 | | 9 | 7 | 8 | | 8 | 9 | | |
| 8 | 3 | 2 | 5 | 1 | 7 | | 9 | 6 | 5 | 7 | 3 | 8 |
| 9 | 7 | | 7 | 3 | | | | 9 | 7 | | 1 | 3 |
| | 4 | 1 | 3 | 2 | 5 | | 7 | 8 | 4 | 9 | 6 | |
| 9 | 8 | 2 | 6 | | 7 | 8 | 9 | | 2 | 8 | 5 | 4 |
| 8 | 2 | | 4 | 1 | 8 | 2 | 5 | 3 | 6 | | 4 | 2 |
| 7 | 9 | | 8 | 7 | 9 | | 8 | 1 | 9 | | 2 | 1 |

122

| | | | | | | | | | | | | |
|---|---|---|---|---|---|---|---|---|---|---|---|---|
| 2 | 1 | 3 | | 3 | 2 | 4 | 1 | | | 9 | 7 | |
| 1 | 3 | 5 | 7 | 9 | 8 | 6 | 4 | 2 | | 6 | 9 | 8 |
| | | 1 | 9 | | | 3 | 2 | 1 | 6 | 7 | 5 | 4 |
| | 3 | 2 | | 2 | 4 | 1 | | | 2 | 8 | | |
| 9 | 1 | | 6 | 5 | 3 | 2 | 4 | 1 | | 5 | 6 | |
| 8 | 4 | | 8 | 3 | 1 | | 1 | 2 | 3 | | 3 | 2 |
| | 5 | 3 | 4 | 1 | 2 | | 7 | 4 | 9 | | 2 | 1 |
| 8 | 6 | 4 | 9 | 7 | | 7 | 5 | | 5 | 3 | 1 | |
| 9 | 8 | 6 | | | 5 | 3 | 2 | 1 | 7 | 4 | | |
| | 2 | 1 | 3 | 6 | 4 | | 6 | 7 | 8 | 5 | 9 | |
| | | 5 | 2 | 4 | 1 | 7 | 3 | | | 1 | 2 | 7 |
| | 1 | 2 | 4 | | 3 | 1 | | 7 | 8 | 2 | 6 | 9 |
| 5 | 3 | | 5 | 1 | 8 | | 6 | 8 | 9 | 7 | 4 | |
| 4 | 2 | | 1 | 2 | 6 | | 1 | 6 | 2 | | 5 | 3 |
| | 6 | 4 | | 4 | 2 | 1 | 3 | 5 | 7 | | 7 | 9 |
| | | 8 | 6 | | | 4 | 7 | 9 | | 4 | 8 | |
| 9 | 8 | 5 | 4 | 7 | 6 | 2 | | | 4 | 1 | | |
| 8 | 6 | 9 | | 9 | 8 | 3 | 4 | 6 | 5 | 2 | 7 | 1 |
| | 9 | 7 | | | 9 | 6 | 8 | 5 | | 3 | 9 | 8 |

123

| | | | | | | | | | | | | |
|---|---|---|---|---|---|---|---|---|---|---|---|---|
| 3 | 1 | 2 | | | 6 | 8 | 9 | | | 4 | 3 | 7 |
| 7 | 5 | 6 | 4 | | 9 | 3 | 7 | | 7 | 8 | 6 | 9 |
| | | 7 | 1 | | 2 | 1 | 4 | | 8 | 5 | | |
| 6 | 1 | 3 | 2 | 5 | 4 | | 5 | 7 | 9 | 6 | 8 | 4 |
| 9 | 8 | | | 9 | 7 | | 8 | 9 | | | 6 | 2 |
| 7 | 9 | 5 | 8 | | 8 | 9 | 6 | | 5 | 9 | 3 | 1 |
| | | 2 | 9 | 4 | 5 | 7 | 3 | 8 | 1 | 6 | | |
| 4 | 1 | 6 | 7 | 2 | | | | 9 | 2 | 8 | 1 | 3 |
| 9 | 5 | | 6 | 1 | 4 | 8 | 2 | 5 | 3 | | 4 | 6 |
| 8 | 3 | | | | 3 | 9 | 1 | | | | 8 | 4 |
| 6 | 2 | | 2 | 3 | 6 | 7 | 4 | 5 | 1 | | 6 | 2 |
| 5 | 4 | 3 | 1 | 2 | | | | 4 | 3 | 7 | 5 | 1 |
| | | 2 | 4 | 1 | 9 | 3 | 7 | 6 | 5 | 8 | | |
| 7 | 3 | 1 | 8 | | 6 | 1 | 2 | | 6 | 9 | 7 | 4 |
| 9 | 8 | | | 9 | 5 | | 3 | 2 | | | 2 | 1 |
| 8 | 5 | 6 | 9 | 7 | 4 | | 5 | 1 | 4 | 7 | 3 | 2 |
| | | 1 | 4 | | 7 | 2 | 6 | | 1 | 2 | | |
| 3 | 1 | 2 | 8 | | 2 | 1 | 4 | | 2 | 3 | 4 | 7 |
| 9 | 8 | 7 | | | 8 | 3 | 1 | | | 6 | 8 | 9 |

124

| | | | | | | | | | | | | |
|---|---|---|---|---|---|---|---|---|---|---|---|---|
| 9 | 7 | | | | 8 | 2 | | | | 9 | 7 | 4 |
| 8 | 9 | 7 | | 3 | 5 | 1 | 2 | | 5 | 3 | 2 | 1 |
| 6 | 8 | 3 | 7 | 5 | 9 | | 1 | 3 | 7 | 5 | 4 | 2 |
| | 6 | 9 | 8 | 7 | | | | 9 | 8 | 7 | 1 | |
| | | 8 | 6 | 1 | 3 | | 7 | 6 | 9 | 8 | | |
| | 3 | 5 | 9 | 4 | 2 | 7 | 1 | 8 | | 1 | 3 | |
| 7 | 5 | 6 | | 2 | 5 | 1 | 3 | | | | 2 | 1 |
| 3 | 1 | | | | 1 | 9 | 4 | 3 | | 7 | 9 | 8 |
| 9 | 8 | 3 | | 3 | 4 | | 2 | 1 | 3 | 4 | 7 | 5 |
| 6 | 4 | 2 | 3 | 1 | | | | 2 | 1 | 3 | 6 | 4 |
| 8 | 6 | 5 | 9 | 7 | 4 | | 7 | 4 | | 9 | 8 | 6 |
| 4 | 2 | 1 | | 2 | 1 | 8 | 4 | | | | 1 | 3 |
| 5 | 9 | | | | 6 | 9 | 8 | 7 | | 1 | 4 | 2 |
| | 7 | 9 | | 1 | 2 | 6 | 9 | 8 | 7 | 4 | 5 | |
| | | 6 | 1 | 5 | 3 | | 6 | 9 | 8 | 5 | | |
| | 9 | 8 | 2 | 6 | | | | 6 | 9 | 7 | 8 | |
| 8 | 6 | 5 | 3 | 7 | 9 | | 4 | 2 | 1 | 3 | 9 | 8 |
| 9 | 8 | 7 | 5 | | 3 | 5 | 2 | 1 | | 2 | 4 | 1 |
| 2 | 1 | 4 | | | | 3 | 1 | | | | 7 | 9 |

## 125

| 9 | 6 | 8 |   |   | 8 | 7 |   | 8 | 9 | 7 |   |   |
|---|---|---|---|---|---|---|---|---|---|---|---|---|
| 8 | 9 | 4 | 7 |   | 5 | 9 |   | 7 | 8 | 5 | 9 |   |
| 7 | 3 |   | 8 | 6 | 4 | 5 | 7 | 9 |   | 6 | 8 | 9 |
|   | 8 | 6 | 9 | 7 |   | 3 | 9 | 5 | 7 | 4 | 6 | 8 |
| 3 | 5 | 1 |   |   | 9 | 8 |   |   | 9 | 8 |   |   |
| 4 | 1 | 2 |   | 8 | 7 | 6 | 9 |   | 6 | 9 | 8 |   |
| 2 | 4 | 3 | 5 | 1 |   |   | 7 | 9 | 8 |   | 7 | 9 |
| 1 | 7 |   | 7 | 4 |   | 6 | 5 | 8 | 4 | 1 | 3 | 2 |
|   |   | 3 | 6 | 2 | 5 | 1 | 4 |   |   | 5 | 9 | 8 |
| 3 | 1 | 2 |   | 3 | 1 |   | 8 | 2 |   | 3 | 6 | 7 |
| 1 | 7 | 5 |   |   | 4 | 1 | 6 | 5 | 3 | 2 |   |   |
| 2 | 6 | 1 | 4 | 5 | 7 | 3 |   | 3 | 1 |   | 8 | 9 |
| 5 | 3 |   | 3 | 1 | 2 |   |   | 4 | 2 | 1 | 3 | 6 |
|   | 4 | 1 | 2 |   | 3 | 2 | 4 | 1 |   | 6 | 7 | 8 |
|   | 3 | 1 |   |   | 1 | 3 |   |   | 2 | 1 | 4 |   |
| 6 | 7 | 8 | 5 | 2 | 9 | 4 |   | 8 | 7 | 9 | 4 |   |
| 1 | 3 | 2 |   | 6 | 7 | 5 | 8 | 3 | 9 |   | 9 | 7 |
|   | 1 | 5 | 2 | 3 |   | 8 | 9 |   | 8 | 7 | 5 | 9 |
|   |   | 4 | 3 | 1 |   | 3 | 7 |   |   | 9 | 6 | 8 |

## 126

|   | 2 | 3 | 4 | 1 |   | 3 | 2 | 1 | 5 |   |   |   |
|---|---|---|---|---|---|---|---|---|---|---|---|---|
| 6 | 2 | 4 | 1 | 3 | 5 |   | 5 | 6 | 3 | 2 | 4 | 1 |
| 7 | 3 | 1 |   |   | 4 | 1 | 2 |   |   | 1 | 2 | 3 |
| 2 | 5 | 3 | 1 |   | 2 | 3 | 1 | 4 |   | 9 | 8 | 6 |
|   | 7 | 3 | 1 | 9 |   |   | 1 | 2 | 4 |   |   |   |
| 9 | 6 | 5 | 4 | 7 | 8 | 2 |   | 5 | 1 | 3 | 4 | 2 |
| 5 | 2 |   |   | 6 | 1 | 4 | 2 | 3 |   | 2 | 3 |   |
| 8 | 3 |   | 1 | 9 | 7 | 3 | 8 |   |   | 5 | 1 |   |
| 7 | 1 | 2 | 4 | 5 | 3 |   | 2 | 7 | 1 | 4 | 3 | 5 |
|   | 3 | 9 | 7 |   |   |   | 9 | 2 | 7 |   |   |   |
| 5 | 4 | 1 | 2 | 8 | 3 |   | 6 | 8 | 5 | 9 | 3 | 7 |
| 4 | 2 |   |   | 1 | 4 | 2 | 6 | 3 |   | 4 | 2 |   |
| 3 | 1 |   | 6 | 7 | 8 | 9 | 4 |   |   | 1 | 3 |   |
| 6 | 3 | 4 | 2 | 1 |   | 8 | 5 | 6 | 3 | 4 | 2 | 1 |
|   | 5 | 1 | 3 |   |   | 3 | 2 | 1 | 8 |   |   |   |
| 2 | 4 | 1 |   | 8 | 4 | 7 | 9 |   | 2 | 7 | 1 | 5 |
| 1 | 2 | 7 |   |   | 6 | 9 | 8 |   |   | 5 | 3 | 1 |
| 4 | 3 | 2 | 7 | 5 | 1 |   | 1 | 2 | 5 | 6 | 4 | 3 |
|   | 3 | 1 | 4 | 2 |   | 7 | 5 | 8 | 9 |   |   |   |

## 127

| 9 | 4 |   | 3 | 1 |   | 6 | 7 | 9 |   | 7 | 8 | 9 |
|---|---|---|---|---|---|---|---|---|---|---|---|---|
| 8 | 2 |   | 7 | 4 | 2 | 1 | 9 | 3 |   | 1 | 9 | 6 |
| 7 | 5 | 8 | 9 |   | 1 | 4 |   | 6 | 1 | 2 | 3 | 8 |
| 2 | 1 | 6 | 5 | 4 |   | 3 | 1 |   | 3 | 9 |   |   |
|   | 7 | 9 |   | 1 | 3 | 7 | 2 | 4 | 5 | 6 | 8 |   |
| 9 | 8 |   | 3 | 2 | 1 | 5 |   | 8 | 2 |   | 3 | 1 |
| 8 | 6 | 7 | 9 |   | 8 | 2 | 6 | 9 | 4 | 1 | 7 | 3 |
| 4 | 3 | 5 | 7 | 1 | 2 |   | 1 | 6 |   | 8 | 9 | 2 |
| 7 | 9 |   | 1 | 3 | 7 | 2 |   | 7 | 9 | 5 | 6 |   |
|   |   | 7 | 4 |   | 9 | 3 | 1 |   | 8 | 2 |   |   |
|   | 9 | 8 | 2 | 7 |   | 1 | 4 | 3 | 6 |   | 2 | 1 |
| 2 | 1 | 6 |   | 8 | 9 |   | 2 | 1 | 5 | 3 | 6 | 4 |
| 4 | 3 | 9 | 1 | 5 | 6 | 8 | 7 |   | 4 | 1 | 5 | 3 |
| 1 | 4 |   | 8 | 9 |   | 9 | 5 | 8 | 7 |   | 4 | 2 |
|   | 5 | 6 | 2 | 4 | 8 | 7 | 3 | 9 |   | 3 | 1 |   |
|   | 9 | 4 |   | 1 | 5 |   | 6 | 8 | 9 | 7 | 5 |   |
| 6 | 9 | 8 | 3 | 2 |   | 4 | 3 |   | 1 | 8 | 3 | 2 |
| 3 | 6 | 5 |   | 5 | 3 | 6 | 1 | 2 | 4 |   | 8 | 7 |
| 1 | 2 | 4 |   | 4 | 1 | 2 |   | 1 | 2 |   | 9 | 1 |

## 128

|   | 8 | 9 |   | 6 | 9 | 8 |   | 3 | 1 | 4 |   |   |
|---|---|---|---|---|---|---|---|---|---|---|---|---|
|   | 4 | 8 | 6 | 9 | 2 | 7 | 5 |   | 2 | 3 | 1 |   |
| 3 | 6 | 7 | 9 | 8 | 5 |   | 3 | 6 | 4 | 2 | 5 | 1 |
| 5 | 9 |   |   | 7 | 8 |   | 9 | 8 |   |   | 2 | 3 |
| 2 | 7 | 5 | 3 |   | 9 | 6 | 7 | 4 | 8 | 3 |   |   |
|   | 4 | 2 |   | 7 | 2 | 6 | 9 | 4 | 1 | 8 | 3 |   |
| 1 | 4 | 7 | 5 | 2 | 3 |   | 3 | 2 |   | 2 | 1 |   |
| 3 | 2 | 6 | 4 | 1 |   | 5 | 2 | 1 | 3 |   | 3 | 2 |
|   | 5 | 2 | 1 | 3 |   | 2 | 4 | 7 | 1 | 8 | 9 | 5 |
|   | 7 | 9 |   | 4 | 1 | 3 |   |   | 3 | 1 |   |   |
| 5 | 6 | 1 | 3 | 4 | 2 | 7 |   | 1 | 8 | 9 | 6 |   |
| 7 | 9 |   | 2 | 8 | 1 | 3 |   | 3 | 9 | 6 | 4 | 1 |
| 2 | 1 |   | 6 | 9 |   |   | 1 | 2 | 4 | 5 | 7 | 3 |
| 1 | 8 | 3 | 7 | 6 | 4 | 9 | 2 |   | 7 | 1 |   |   |
|   | 1 | 9 | 5 | 3 | 8 | 4 |   | 5 | 2 | 1 | 3 |   |
| 9 | 7 |   |   | 2 | 1 |   | 9 | 8 |   |   | 2 | 1 |
| 8 | 9 | 5 | 4 | 7 | 6 |   | 3 | 7 | 9 | 6 | 8 | 5 |
|   | 8 | 9 | 6 |   | 2 | 7 | 5 | 9 | 6 | 8 | 4 |   |
|   | 5 | 4 | 1 |   | 5 | 9 | 8 |   | 9 | 5 |   |   |

129

| | | | | | | | | | | | | |
|---|---|---|---|---|---|---|---|---|---|---|---|---|
| | | 1 | 2 | 5 | | 8 | 9 | 7 | 3 | 6 | | |
| | 8 | 3 | 9 | 7 | | 6 | 5 | 9 | 8 | 4 | 7 | |
| 8 | 5 | | 8 | 6 | 7 | 9 | | 6 | 7 | | 5 | 9 |
| 7 | 1 | | | 9 | 8 | | | | 4 | 8 | 9 | 7 |
| 6 | 3 | | 2 | 3 | 4 | 1 | | 9 | 6 | 5 | 8 | |
| 9 | 4 | 6 | 7 | 8 | | 3 | 1 | 4 | 2 | 6 | | |
| 4 | 2 | 1 | 5 | | | | 4 | 8 | 9 | 7 | 5 | |
| | 6 | 2 | 4 | 3 | | 8 | 2 | | 5 | 3 | 2 | 1 |
| | | | 3 | 1 | 5 | 2 | | | | 4 | 1 | 3 |
| | 5 | 2 | 1 | | 1 | 3 | 2 | | 8 | 9 | 4 | |
| 2 | 7 | 4 | | | | 1 | 7 | 2 | 3 | | | |
| 8 | 9 | 6 | 7 | | 8 | 9 | | 1 | 2 | 3 | 6 | |
| | 8 | 5 | 9 | 7 | 6 | | | | 4 | 7 | 9 | 8 |
| | | 1 | 3 | 5 | 2 | 7 | | 3 | 1 | 2 | 5 | 4 |
| | 3 | 7 | 8 | 9 | | 8 | 6 | 4 | 9 | | 8 | 6 |
| 2 | 1 | 3 | 6 | | | | 9 | 7 | | | 4 | 7 |
| 1 | 5 | | 4 | 1 | | 7 | 8 | 5 | 9 | | 7 | 9 |
| | 2 | 1 | 5 | 3 | 6 | 4 | | 1 | 8 | 4 | 2 | |
| | | 3 | 1 | 2 | 4 | 5 | | 2 | 5 | 1 | | |

130

| | | | | | | | | | | | | |
|---|---|---|---|---|---|---|---|---|---|---|---|---|
| 8 | 9 | | | 9 | 1 | 7 | | | 7 | 9 | 3 | |
| 9 | 6 | 3 | | 8 | 6 | 9 | 7 | | 8 | 1 | 9 | 3 |
| 4 | 5 | 1 | 3 | 7 | 2 | | 8 | 5 | 9 | | 5 | 1 |
| | 8 | 2 | 9 | 5 | 3 | | 9 | 8 | 6 | 5 | 7 | |
| | 7 | 6 | | | | 1 | 5 | 6 | 4 | 2 | 8 | 3 |
| | | 4 | 7 | 8 | 9 | 6 | | | | 3 | 4 | 1 |
| 8 | 9 | 5 | 4 | 6 | 7 | | 4 | 3 | 2 | 1 | 6 | |
| 3 | 1 | | | 9 | 5 | | 2 | 1 | 3 | | | |
| | 2 | 1 | 4 | | 2 | 7 | 1 | | 5 | 8 | 7 | 9 |
| 7 | 5 | 9 | 8 | | 8 | 6 | 9 | | 4 | 1 | 2 | 3 |
| 1 | 3 | 2 | 6 | | 1 | 2 | 8 | | 1 | 2 | 3 | |
| | | | 7 | 1 | 3 | | 3 | 1 | | | 1 | 9 |
| | 5 | 8 | 9 | 7 | 4 | | 5 | 7 | 6 | 9 | 4 | 8 |
| 8 | 2 | 1 | | | | 9 | 6 | 2 | 1 | 8 | | |
| 4 | 6 | 3 | 1 | 2 | 5 | 7 | | | | 5 | 1 | |
| | 4 | 7 | 9 | 6 | 8 | | 9 | 8 | 6 | 7 | 4 | |
| 7 | 3 | | 7 | 1 | 9 | | 1 | 7 | 4 | 3 | 5 | 2 |
| 5 | 1 | 3 | 2 | | 7 | 8 | 6 | 9 | | 6 | 2 | 4 |
| | 8 | 9 | 6 | | | 9 | 7 | 5 | | | 3 | 1 |

131

| | | | | | | | | | | | | |
|---|---|---|---|---|---|---|---|---|---|---|---|---|
| | 2 | 3 | 6 | | 7 | 8 | 9 | 5 | | 6 | 2 | 4 |
| 9 | 5 | 7 | 8 | | 6 | 4 | 7 | 9 | 8 | 3 | 1 | 2 |
| 8 | 9 | | 9 | 7 | 8 | 5 | | 6 | 2 | 4 | 5 | 1 |
| 6 | 8 | 9 | | 9 | 4 | 7 | 6 | 8 | 3 | 1 | | |
| | 4 | 2 | 1 | | 9 | 6 | 8 | | 1 | 2 | 5 | 3 |
| 9 | 7 | 8 | 4 | 6 | | 9 | 7 | 8 | 6 | | 2 | 1 |
| 2 | 1 | | 3 | 9 | 4 | | 9 | 2 | 7 | 3 | 4 | |
| 7 | 6 | 9 | 5 | 8 | 2 | 4 | | 1 | 5 | 2 | 7 | 4 |
| | | 1 | 2 | | 1 | 3 | 2 | 4 | 9 | | 1 | 2 |
| 8 | 9 | 7 | | 8 | 7 | | 6 | 3 | | 2 | 3 | 1 |
| 9 | 7 | | 3 | 9 | 6 | 8 | 7 | | 7 | 1 | | |
| 6 | 4 | 9 | 8 | 7 | | 6 | 5 | 2 | 3 | 4 | 8 | 1 |
| | 6 | 5 | 1 | 2 | 3 | | 3 | 4 | 1 | | 6 | 2 |
| 9 | 8 | | 7 | 6 | 8 | 9 | | 1 | 2 | 6 | 3 | 4 |
| 8 | 5 | 7 | 9 | | 1 | 2 | 6 | | 4 | 3 | 1 | |
| | | 3 | 5 | 2 | 9 | 6 | 7 | 8 | | 2 | 5 | 1 |
| 6 | 3 | 1 | 2 | 4 | | 1 | 5 | 3 | 2 | | 2 | 3 |
| 7 | 2 | 5 | 6 | 1 | 4 | 8 | 9 | | 3 | 2 | 9 | 4 |
| 4 | 1 | 2 | | 3 | 1 | 7 | 8 | | 1 | 3 | 4 | |

132

| | | | | | | | | | | | | |
|---|---|---|---|---|---|---|---|---|---|---|---|---|
| | 7 | 2 | | 5 | 4 | 1 | | 1 | 9 | | 8 | 5 |
| 4 | 9 | 1 | 3 | 8 | 7 | 2 | | 6 | 8 | 3 | 7 | 9 |
| 1 | 8 | | 4 | 9 | 8 | 3 | 7 | 5 | 6 | 1 | | |
| 2 | 5 | 3 | 1 | | 9 | 4 | 8 | 7 | | 4 | 8 | 9 |
| | | 1 | 2 | 4 | | 5 | 9 | | 9 | 5 | 7 | 8 |
| 4 | 9 | | 5 | 9 | 2 | 6 | | 1 | 7 | 2 | 3 | |
| 3 | 8 | 9 | 7 | | 5 | 7 | 9 | 3 | 8 | | 9 | 7 |
| 1 | 5 | 7 | 6 | 9 | | 8 | 7 | 2 | 4 | 9 | 1 | 3 |
| 2 | 7 | | | 7 | 1 | 9 | | | 6 | 8 | | |
| 5 | 6 | 9 | 7 | 8 | 4 | | 8 | 9 | 5 | 6 | 3 | 7 |
| | | 7 | 6 | | | 1 | 2 | 5 | | | 1 | 3 |
| 7 | 8 | 4 | 5 | 3 | 1 | 2 | | 8 | 1 | 4 | 2 | 6 |
| 9 | 7 | | 9 | 8 | 7 | 3 | 2 | | 2 | 8 | 4 | 9 |
| | 2 | 4 | 3 | 1 | | 4 | 1 | 2 | 3 | | 6 | 8 |
| 5 | 9 | 7 | 8 | | 2 | 5 | | 9 | 7 | 8 | | |
| 8 | 6 | 9 | | 3 | 1 | 6 | 2 | | 4 | 3 | 1 | 2 |
| | | 6 | 8 | 4 | 3 | 7 | 1 | 2 | 5 | | 4 | 1 |
| 9 | 6 | 8 | 7 | 2 | | 8 | 3 | 1 | 6 | 2 | 5 | 4 |
| 7 | 8 | | 6 | 1 | | 9 | 4 | 3 | | 1 | 3 | |

133

| | | | | | | | | | | | | |
|---|---|---|---|---|---|---|---|---|---|---|---|---|
| | | 7 | 9 | 8 | 5 | | 1 | 3 | 6 | 4 | 2 | |
| | 6 | 9 | 4 | 7 | 8 | | 7 | 1 | 3 | 2 | 5 | 4 |
| 9 | 5 | 8 | | 5 | 9 | | 4 | 2 | 1 | | 3 | 1 |
| 5 | 2 | | 7 | 9 | 6 | 8 | 3 | 5 | | 3 | 1 | 2 |
| 6 | 4 | 3 | 1 | 2 | | 9 | 5 | | 1 | 2 | 4 | |
| 8 | 7 | 9 | 4 | | 4 | 7 | 2 | 3 | 5 | 1 | | |
| 3 | 1 | 4 | 2 | 6 | 8 | 5 | | 1 | 3 | | 3 | 1 |
| 7 | 9 | | 6 | 8 | 9 | | 3 | 6 | 2 | 5 | 1 | 4 |
| | | 8 | 5 | 9 | 7 | 4 | 6 | 2 | | 1 | 4 | 2 |
| | 8 | 1 | 3 | | 6 | 2 | 1 | | 1 | 3 | 2 | |
| 8 | 9 | 6 | | 3 | 5 | 1 | 4 | 8 | 6 | 2 | | |
| 6 | 5 | 4 | 2 | 1 | 3 | | 2 | 1 | 4 | | 2 | 4 |
| 9 | 7 | | 3 | 7 | | 9 | 5 | 2 | 7 | 4 | 6 | 8 |
| | | 9 | 5 | 8 | 3 | 6 | 7 | | 3 | 2 | 1 | 5 |
| | 3 | 6 | 1 | | 7 | 8 | | 4 | 2 | 1 | 5 | 6 |
| 1 | 2 | 8 | | 9 | 4 | 7 | 8 | 6 | 5 | | 3 | 9 |
| 3 | 1 | | 1 | 5 | 2 | | 5 | 9 | | 9 | 8 | 7 |
| 2 | 4 | 1 | 3 | 7 | 5 | | 7 | 8 | 9 | 6 | 4 | |
| | 5 | 2 | 4 | 8 | 1 | | 9 | 7 | 5 | 8 | | |

134

| | | | | | | | | | | | | |
|---|---|---|---|---|---|---|---|---|---|---|---|---|
| | | | 8 | 1 | 2 | 9 | | | 9 | 5 | | |
| | | 8 | 9 | 3 | 1 | 6 | | 5 | 7 | 9 | 8 | |
| | 7 | 9 | | 2 | 5 | 8 | 1 | 4 | | 6 | 9 | 8 |
| 1 | 3 | 6 | | 7 | 3 | | 6 | 1 | 3 | 4 | 7 | 5 |
| 8 | 6 | | 4 | 9 | | 5 | 3 | 2 | 1 | 7 | | |
| 2 | 9 | 8 | 1 | 6 | | 7 | 2 | | 9 | 8 | 6 | 3 |
| 9 | 8 | 6 | 2 | | 3 | 9 | 4 | 6 | | | 2 | 1 |
| | | 9 | 3 | 7 | 6 | 8 | | 5 | 9 | 1 | 7 | |
| 9 | 2 | | | 1 | 2 | 6 | | 8 | 6 | 4 | 9 | 7 |
| 8 | 7 | 4 | 2 | 9 | 1 | | 7 | 3 | 5 | 2 | 8 | 9 |
| 4 | 3 | 2 | 1 | 6 | | 3 | 9 | 7 | | | 5 | 1 |
| | 9 | 5 | 3 | 8 | | 2 | 5 | 1 | 4 | 3 | | |
| 3 | 1 | | | 2 | 3 | 1 | 6 | | 2 | 1 | 4 | 8 |
| 1 | 8 | 2 | 3 | | 1 | 6 | | 1 | 7 | 8 | 6 | 9 |
| | | 3 | 1 | 2 | 6 | 4 | | 2 | 8 | | 1 | 5 |
| 3 | 1 | 5 | 2 | 7 | 4 | | 2 | 4 | | 1 | 2 | 7 |
| 1 | 2 | 4 | | 3 | 2 | 1 | 5 | 6 | | 2 | 3 | |
| | 3 | 1 | 8 | 4 | | 2 | 1 | 9 | 7 | 3 | | |
| | | 7 | 9 | | | 7 | 3 | 8 | 9 | | | |

135

| | | | | | | | | | | | | |
|---|---|---|---|---|---|---|---|---|---|---|---|---|
| 1 | 3 | 6 | | 4 | 1 | 8 | 9 | | | 8 | 6 | 9 |
| 2 | 1 | 9 | 4 | 3 | 6 | 7 | 8 | | | 4 | 1 | 2 |
| 6 | 5 | 8 | 9 | | 3 | 9 | | 9 | 8 | | 3 | 7 |
| 4 | 2 | | 3 | 4 | 2 | 5 | 9 | 1 | 6 | 8 | 7 | |
| | | 3 | 1 | 2 | | 4 | 1 | | 3 | 5 | 2 | 1 |
| | | 8 | 6 | 7 | 9 | | | 6 | 5 | | 4 | 7 |
| 1 | 8 | | 2 | 3 | 1 | | | 9 | 7 | 2 | | |
| 4 | 9 | 5 | 7 | 8 | | 2 | 1 | | 9 | 8 | | |
| 2 | 4 | 1 | | 5 | 9 | 4 | 3 | 1 | 2 | | 8 | 2 |
| 3 | 5 | 2 | 1 | 6 | 4 | | 4 | 5 | 1 | 2 | 7 | 3 |
| 6 | 7 | | 7 | 9 | 8 | 5 | 2 | 6 | | 3 | 6 | 5 |
| | | 9 | 4 | | 7 | 9 | | 3 | 2 | 6 | 4 | 1 |
| | | 8 | 9 | 5 | | | 1 | 8 | 3 | | 9 | 7 |
| 3 | 7 | | 3 | 6 | | | 4 | 2 | 1 | 5 | | |
| 1 | 3 | 5 | 2 | | 9 | 1 | | 7 | 8 | 9 | | |
| | 6 | 7 | 8 | 1 | 2 | 3 | 9 | 4 | 5 | | 7 | 3 |
| 9 | 5 | | 6 | 9 | | 4 | 6 | | 4 | 1 | 5 | 2 |
| 8 | 9 | 5 | | | 5 | 6 | 8 | 3 | 7 | 2 | 9 | 4 |
| 7 | 8 | 9 | | | 3 | 2 | 5 | 1 | | 3 | 8 | 1 |

136

| | | | | | | | | | | | | |
|---|---|---|---|---|---|---|---|---|---|---|---|---|
| | 6 | 9 | 1 | 7 | | | | 2 | 9 | 8 | 6 | |
| 7 | 4 | 5 | 3 | 2 | 1 | | 5 | 1 | 7 | 9 | 3 | 6 |
| 6 | 3 | 1 | | 4 | 2 | 1 | 8 | 5 | | 7 | 1 | 8 |
| 5 | 2 | | 3 | 5 | 4 | 2 | 9 | 6 | 1 | | 4 | 2 |
| 9 | 7 | 8 | 1 | 3 | | | | 4 | 6 | 7 | 8 | 9 |
| 3 | 1 | 5 | | 1 | 6 | | 7 | 3 | | 1 | 2 | 5 |
| 8 | 5 | 7 | 6 | | 8 | 9 | 6 | | 1 | 2 | 5 | 3 |
| | | 9 | 2 | 3 | 1 | 7 | 8 | | 9 | 5 | | |
| 7 | 5 | | 8 | 4 | 5 | | 9 | 8 | 7 | 3 | 6 | 4 |
| 3 | 1 | 4 | 5 | 2 | | | | 1 | 6 | 4 | 5 | 2 |
| 9 | 2 | 8 | 7 | 6 | 5 | | 5 | 9 | 8 | | 3 | 1 |
| | | 1 | 9 | | 6 | 9 | 1 | 2 | 4 | 8 | | |
| 3 | 1 | 2 | 4 | | 8 | 6 | 2 | | 2 | 9 | 8 | 5 |
| 5 | 4 | 3 | | 7 | 9 | | 3 | 9 | | 1 | 4 | 2 |
| 6 | 2 | 9 | 4 | 5 | | | | 2 | 1 | 3 | 7 | 4 |
| 9 | 7 | | 7 | 6 | 9 | 3 | 8 | 4 | 5 | | 3 | 1 |
| 8 | 9 | 2 | | 8 | 7 | 5 | 9 | 6 | | 7 | 9 | 8 |
| 7 | 3 | 1 | 2 | 4 | 5 | | 6 | 1 | 7 | 2 | 5 | 3 |
| | 8 | 5 | 7 | 9 | | | | 3 | 5 | 1 | 6 | |

137

| | | | | | | | | | | | | |
|---|---|---|---|---|---|---|---|---|---|---|---|---|
| | 7 | 9 | 8 | 6 | 5 | | 4 | 8 | 9 | 7 | 6 | |
| 4 | 2 | 5 | 6 | 3 | 1 | | 5 | 7 | 4 | 1 | 2 | 3 |
| 3 | 1 | | 9 | 2 | | 3 | 1 | 2 | | 9 | 4 | 5 |
| 7 | 9 | 8 | | 5 | 4 | 2 | 7 | 1 | 3 | | 9 | 8 |
| 8 | 3 | 2 | 5 | 4 | 1 | | 6 | 9 | 5 | 8 | 7 | 4 |
| 9 | 8 | | 7 | 8 | | 1 | 2 | 3 | | 9 | 5 | 1 |
| 5 | 4 | 2 | | 1 | 2 | 5 | 3 | | 4 | 3 | 1 | 2 |
| 6 | 5 | 1 | 4 | | 1 | 3 | | 8 | 3 | | 8 | 6 |
| | 6 | 7 | 9 | 8 | | 9 | 4 | 7 | 6 | 8 | 3 | |
| | | 4 | 7 | 9 | 3 | 8 | 1 | 5 | 2 | 6 | | |
| | 4 | 3 | 6 | 2 | 1 | 7 | | 9 | 5 | 7 | 8 | |
| 7 | 9 | | 8 | 1 | | 2 | 1 | | 1 | 5 | 3 | 2 |
| 3 | 1 | 5 | 2 | | 2 | 4 | 5 | 1 | | 9 | 7 | 8 |
| 4 | 7 | 3 | | 2 | 1 | 6 | | 2 | 1 | | 5 | 7 |
| 2 | 5 | 9 | 4 | 1 | 3 | | 2 | 6 | 4 | 3 | 1 | 5 |
| 1 | 2 | | 8 | 5 | 4 | 6 | 7 | 9 | | 1 | 2 | 4 |
| 6 | 8 | 9 | | 3 | 7 | 1 | | 8 | 5 | | 9 | 6 |
| 5 | 6 | 3 | 8 | 7 | 9 | | 5 | 7 | 6 | 8 | 4 | 9 |
| | 3 | 1 | 2 | 4 | 6 | | 1 | 4 | 3 | 2 | 6 | |

138

| | | | | | | | | | | | | |
|---|---|---|---|---|---|---|---|---|---|---|---|---|
| | | 9 | 7 | | 1 | 7 | | 3 | 6 | 8 | | |
| | 2 | 4 | 1 | 8 | 3 | 9 | | 2 | 8 | 9 | 6 | |
| 2 | 1 | 6 | 3 | 4 | | 8 | 9 | 5 | 7 | | 3 | 1 |
| 9 | 3 | 7 | | 7 | 9 | 5 | 8 | | 5 | 3 | 1 | 2 |
| | | 8 | 7 | 9 | 6 | | 7 | 5 | 3 | 1 | 2 | 4 |
| 8 | 9 | 5 | 4 | | 8 | 5 | 6 | 3 | 9 | 7 | | |
| 2 | 6 | | 1 | 5 | 7 | 3 | 4 | 2 | | 5 | 7 | 4 |
| | 7 | 5 | 2 | 3 | 4 | 1 | | 4 | 7 | 8 | 9 | 6 |
| 3 | 4 | 1 | 6 | 2 | | 4 | 7 | 8 | 9 | 6 | | |
| 9 | 8 | 6 | | 4 | 7 | 8 | 9 | 6 | | 2 | 1 | 3 |
| | | 4 | 7 | 8 | 9 | 6 | | 7 | 6 | 4 | 8 | 9 |
| 4 | 7 | 8 | 9 | 6 | | 7 | 6 | 1 | 8 | 9 | 5 | |
| 2 | 9 | 7 | | 1 | 6 | 2 | 3 | 9 | 4 | | 6 | 9 |
| | | 3 | 6 | 7 | 8 | 9 | 5 | | 1 | 3 | 9 | 7 |
| 4 | 5 | 2 | 3 | 9 | 7 | | 4 | 3 | 2 | 1 | | |
| 5 | 8 | 9 | 7 | | 3 | 1 | 9 | 7 | | 5 | 1 | 2 |
| 1 | 4 | | 8 | 6 | 9 | 7 | | 5 | 9 | 6 | 4 | 8 |
| | 1 | 4 | 5 | 2 | | 6 | 5 | 9 | 8 | 7 | 3 | |
| | | 6 | 9 | 8 | | 9 | 1 | | 7 | 9 | | |

139

| | | | | | | | | | | | | |
|---|---|---|---|---|---|---|---|---|---|---|---|---|
| 6 | 1 | | 4 | 2 | 6 | 8 | | | 2 | 5 | 1 | 3 |
| 8 | 2 | 4 | 6 | 1 | 3 | 9 | | 1 | 4 | 8 | 2 | 9 |
| 9 | 4 | 6 | 8 | 5 | 7 | | 8 | 2 | 6 | 9 | 3 | 7 |
| | | 1 | 9 | | 2 | 8 | 9 | 6 | 5 | 7 | 4 | |
| | 9 | 3 | 7 | 8 | 5 | 6 | | 4 | 9 | | 9 | 2 |
| 4 | 5 | 2 | | 9 | 4 | | 9 | 8 | 7 | 5 | 6 | 3 |
| 1 | 7 | | 4 | 6 | 1 | 2 | 5 | 3 | | 9 | 7 | 1 |
| 2 | 3 | 4 | 1 | 5 | | 4 | 8 | 5 | 9 | 7 | | |
| | 1 | 6 | | 3 | 2 | 1 | 4 | | 8 | 4 | 7 | 9 |
| 9 | 2 | 8 | 1 | 7 | 3 | | 7 | 9 | 6 | 3 | 8 | 5 |
| 7 | 8 | 9 | 6 | | 8 | 2 | 6 | 1 | | 1 | 9 | |
| | | 7 | 5 | 8 | 9 | 6 | | 5 | 1 | 2 | 4 | 7 |
| 4 | 2 | 1 | | 6 | 7 | 1 | 3 | 4 | 2 | | 1 | 9 |
| 2 | 6 | 3 | 7 | 4 | 1 | | 4 | 2 | | 9 | 6 | 8 |
| 1 | 4 | | 9 | 7 | | 1 | 5 | 3 | 9 | 7 | 2 | |
| | 8 | 5 | 6 | 9 | 2 | 3 | 7 | | 8 | 6 | | |
| 2 | 7 | 4 | 5 | 3 | 1 | | 6 | 5 | 7 | 8 | 9 | 4 |
| 3 | 9 | 7 | 8 | 5 | | 9 | 1 | 3 | 6 | 4 | 5 | 2 |
| 1 | 5 | 2 | 3 | | | 3 | 2 | 1 | 5 | | 3 | 1 |

140

| | | | | | | | | | | | | |
|---|---|---|---|---|---|---|---|---|---|---|---|---|
| 4 | 7 | | | | 7 | 6 | 9 | | | | 1 | 2 |
| 8 | 9 | 6 | | 1 | 3 | 5 | 4 | 2 | | 1 | 4 | 3 |
| | 8 | 7 | 5 | 9 | | 1 | 7 | 5 | 4 | 3 | 2 | |
| | | 3 | 8 | | 9 | 3 | 8 | | 9 | 2 | | |
| | 5 | 9 | 7 | 6 | 8 | 4 | | 9 | 8 | 7 | 2 | |
| 6 | 7 | 8 | 9 | 5 | | 2 | 3 | 5 | 7 | 4 | 1 | 6 |
| 9 | 4 | | 6 | 8 | 9 | | 2 | 7 | 6 | | 4 | 8 |
| 8 | 9 | 1 | | 9 | 7 | 6 | 4 | 8 | | 8 | 3 | 9 |
| | 8 | 2 | 9 | 7 | | 2 | 1 | 4 | 3 | 5 | 6 | |
| | | 3 | 5 | | 9 | 3 | 6 | | 1 | 7 | | |
| | 2 | 5 | 7 | 4 | 3 | 1 | | 8 | 7 | 9 | 6 | |
| 2 | 3 | 4 | | 8 | 6 | 4 | 7 | 9 | | 6 | 1 | 3 |
| 1 | 5 | | 1 | 7 | 8 | | 8 | 7 | 9 | | 3 | 2 |
| 4 | 6 | 8 | 3 | 9 | 7 | 5 | | 6 | 8 | 9 | 7 | 4 |
| | 1 | 4 | 2 | 5 | | 4 | 3 | 5 | 6 | 1 | 2 | |
| | | 9 | 5 | | 8 | 2 | 1 | | 3 | 2 | | |
| | 8 | 7 | 6 | 9 | 5 | 3 | | 8 | 7 | 4 | 9 | |
| 7 | 9 | 6 | | 3 | 6 | 1 | 2 | 4 | | 3 | 1 | 2 |
| 9 | 6 | | | | 9 | 7 | 4 | | | | 6 | 9 |

141

| | | | | | | | | | | | | |
|---|---|---|---|---|---|---|---|---|---|---|---|---|
| | | 4 | 3 | | 3 | 1 | 2 | | | 9 | 7 | |
| | 3 | 2 | 1 | | 5 | 3 | 1 | | 7 | 8 | 9 | |
| 3 | 5 | 1 | 4 | 2 | 6 | | 5 | 7 | 9 | 6 | 8 | 4 |
| 1 | 2 | | 5 | 1 | 4 | | 3 | 6 | | | 5 | 7 |
| | 7 | 1 | 2 | | 2 | 1 | | 4 | 1 | 3 | 6 | 2 |
| 1 | 4 | 2 | | 2 | 1 | 5 | | 3 | 2 | 1 | | |
| 3 | 1 | 4 | | 4 | 7 | 6 | 8 | 9 | | 2 | 1 | 4 |
| | | 5 | 2 | 1 | | 4 | 9 | 5 | | 7 | 9 | 8 |
| 6 | 2 | 3 | 1 | | 9 | 3 | 7 | 8 | 6 | 5 | | |
| 9 | 8 | 6 | | 1 | 3 | 2 | 4 | | 9 | 4 | 7 | 8 |
| 8 | 6 | | 9 | 2 | | | | 9 | 7 | | 1 | 6 |
| 7 | 9 | 5 | 8 | | 2 | 3 | 1 | 5 | | 2 | 4 | 9 |
| | | 1 | 2 | 7 | 4 | 5 | 3 | | 1 | 3 | 2 | 5 |
| 2 | 1 | 3 | | 4 | 5 | 6 | | 1 | 3 | 4 | | |
| 1 | 5 | 2 | | 2 | 1 | 4 | 5 | 3 | | 1 | 3 | 2 |
| | | 6 | 9 | 8 | | 1 | 4 | 2 | | 7 | 8 | 9 |
| 8 | 6 | 4 | 7 | 9 | | 2 | 3 | | 8 | 5 | 9 | |
| 7 | 9 | | | 6 | 8 | | 8 | 9 | 6 | | 5 | 1 |
| 9 | 8 | 6 | 3 | 5 | 7 | | 1 | 5 | 4 | 2 | 7 | 3 |
| | 4 | 3 | 1 | | 3 | 1 | 2 | | 7 | 1 | 6 | |
| | 7 | 9 | | | 9 | 8 | 6 | | 9 | 4 | | |

142

| | | | | | | | | | | | | |
|---|---|---|---|---|---|---|---|---|---|---|---|---|
| 9 | 8 | 6 | | 1 | 2 | | 8 | 6 | 9 | | 2 | 6 |
| 6 | 2 | 1 | 4 | 3 | 5 | | 9 | 8 | 7 | 6 | 4 | 5 |
| | | 3 | 1 | | 4 | 8 | 7 | 9 | | 9 | 6 | 8 |
| 5 | 6 | 2 | 3 | 7 | 1 | 4 | | 7 | 1 | | 3 | 9 |
| 1 | 9 | | | 9 | 3 | | 3 | 4 | 2 | 6 | 1 | |
| 2 | 7 | 9 | 5 | 8 | | 1 | 2 | | 5 | 3 | | |
| | | 7 | 9 | | 3 | 5 | 1 | 2 | | 2 | 3 | 8 |
| 1 | 3 | 6 | | 4 | 1 | 2 | | 3 | 4 | 1 | 2 | 6 |
| 5 | 4 | 2 | 3 | 1 | | 4 | 2 | 5 | 1 | | 1 | 7 |
| | | 8 | 9 | 6 | | 3 | 1 | 4 | | 8 | 5 | 9 |
| | 7 | 5 | | 3 | 1 | | 4 | 8 | | 9 | 4 | |
| 2 | 6 | 4 | | 7 | 9 | 6 | | 9 | 8 | 7 | | |
| 3 | 8 | | 1 | 5 | 2 | 4 | | 7 | 4 | 6 | 8 | 9 |
| 4 | 9 | 6 | 7 | 8 | | 8 | 9 | 6 | | 3 | 9 | 7 |
| 1 | 5 | 2 | | 9 | 4 | 7 | 8 | | 1 | 5 | | |
| | | 1 | 4 | | 2 | 9 | | 1 | 3 | 4 | 2 | 6 |
| | 6 | 3 | 2 | 4 | 1 | | 6 | 4 | | | 1 | 9 |
| 4 | 8 | | 1 | 9 | | 2 | 5 | 6 | 3 | 1 | 4 | 8 |
| 2 | 5 | 1 | | 7 | 8 | 5 | 9 | | 1 | 2 | | |
| 3 | 9 | 8 | 5 | 6 | 7 | | 7 | 5 | 4 | 3 | 2 | 1 |
| 1 | 7 | | 6 | 8 | 9 | | 8 | 9 | | 8 | 9 | 6 |

143

| | | | | | | | | | | | | |
|---|---|---|---|---|---|---|---|---|---|---|---|---|
| 7 | 8 | 9 | | 8 | 9 | | 8 | 4 | | 7 | 9 | |
| 9 | 5 | 8 | 4 | 6 | 7 | | 9 | 5 | | 8 | 6 | 9 |
| | | 6 | 8 | 9 | | 9 | 6 | 3 | 4 | 5 | 8 | 7 |
| 8 | 6 | 7 | 9 | | 9 | 7 | | 6 | 8 | 9 | | |
| 9 | 7 | | 7 | 2 | 3 | 8 | 1 | | | 6 | 8 | 9 |
| 6 | 3 | 1 | | 4 | 1 | 5 | 2 | 8 | 6 | 3 | 9 | 7 |
| | 5 | 3 | 2 | 1 | | | | 9 | 5 | | | |
| 7 | 9 | | 1 | 3 | 2 | 8 | 4 | | 8 | 5 | 7 | 9 |
| 5 | 2 | 1 | 3 | | 7 | 9 | 8 | | 7 | 6 | 2 | 1 |
| 8 | 4 | 2 | | 4 | 5 | | 7 | 2 | 9 | 8 | | |
| 9 | 8 | 7 | | 1 | 3 | | 3 | 1 | | 4 | 1 | 2 |
| | | 3 | 1 | 2 | 4 | | 9 | 4 | | 9 | 8 | 6 |
| 1 | 3 | 4 | 2 | | 1 | 2 | 6 | | 5 | 7 | 9 | 8 |
| 2 | 7 | 5 | 4 | | 8 | 7 | 5 | 4 | 6 | | 7 | 9 |
| | | | 3 | 1 | | | | 2 | 3 | 1 | 5 | |
| 1 | 8 | 6 | 5 | 2 | 9 | 7 | 4 | 3 | | 2 | 3 | 1 |
| 2 | 9 | 7 | | | 8 | 4 | 2 | 1 | 3 | | 2 | 3 |
| | | 8 | 9 | 7 | | 3 | 1 | | 1 | 3 | 4 | 2 |
| 1 | 6 | 4 | 8 | 5 | 3 | 2 | | 1 | 4 | 2 | | |
| 3 | 2 | 5 | | 8 | 2 | | 1 | 4 | 2 | 5 | 3 | 7 |
| | 7 | 9 | | 9 | 7 | | 3 | 2 | | 4 | 1 | 2 |

144

| | | | | | | | | | | | | |
|---|---|---|---|---|---|---|---|---|---|---|---|---|
| | 4 | 2 | 1 | 3 | | | 8 | 9 | 7 | 5 | 6 | |
| 4 | 2 | 1 | 3 | 5 | | 8 | 9 | 6 | 4 | 3 | 5 | 7 |
| 1 | 3 | | 2 | 4 | 8 | 9 | 7 | | 2 | 1 | 4 | 9 |
| 2 | 1 | 3 | | 1 | 2 | 7 | | 4 | 1 | | 1 | 5 |
| | | 1 | 3 | 2 | | 6 | 1 | 2 | 5 | 4 | 3 | 8 |
| | 3 | 2 | 1 | 6 | 5 | | 5 | 1 | 3 | 2 | | |
| 2 | 6 | | 5 | 7 | 8 | 6 | 3 | 9 | | 1 | 2 | 4 |
| 3 | 1 | 6 | 2 | | 7 | 9 | | 3 | 1 | | 1 | 2 |
| 1 | 2 | 5 | | | 9 | 8 | 7 | | 5 | 2 | 3 | 1 |
| | 4 | 7 | 9 | 8 | 6 | | 9 | 5 | | 6 | 4 | |
| | | 9 | 8 | 6 | | | | 1 | 2 | 3 | | |
| | 4 | 8 | | 9 | 1 | | 2 | 3 | 1 | 4 | 6 | |
| 1 | 3 | 4 | 2 | | 2 | 1 | 4 | | | 1 | 3 | 6 |
| 2 | 1 | | 1 | 3 | | 2 | 1 | | 3 | 5 | 9 | 8 |
| 4 | 2 | 1 | | 2 | 4 | 3 | 6 | 5 | 1 | | 7 | 9 |
| | | 2 | 3 | 5 | 1 | | 3 | 9 | 6 | 7 | 8 | |
| 3 | 6 | 4 | 7 | 1 | 2 | 5 | | 4 | 2 | 1 | | |
| 1 | 3 | | 2 | 4 | | 3 | 9 | 8 | | 2 | 1 | 4 |
| 2 | 4 | 3 | 1 | | 4 | 1 | 7 | 3 | 2 | | 2 | 1 |
| 4 | 1 | 7 | 5 | 3 | 6 | 2 | | 6 | 4 | 1 | 3 | 2 |
| | 2 | 6 | 4 | 1 | 3 | | | 7 | 1 | 2 | 5 | |

**145**

| | | | | | | | | | | | | |
|---|---|---|---|---|---|---|---|---|---|---|---|---|
| | 1 | 3 | 2 | | 1 | 2 | 4 | | 4 | 9 | 8 | |
| 3 | 2 | 1 | 5 | | 3 | 6 | 1 | | 2 | 7 | 6 | 4 |
| 1 | 5 | | 3 | 8 | 2 | | 3 | 2 | 1 | | 3 | 1 |
| | 3 | 5 | 1 | 2 | | 4 | 2 | 1 | | 3 | 1 | 2 |
| | | 2 | 4 | | 1 | 3 | | 3 | 1 | 2 | 5 | |
| | 2 | 1 | | 3 | 5 | 2 | 1 | | 3 | 1 | 2 | 5 |
| 1 | 4 | 3 | 5 | 2 | | 1 | 3 | 2 | | | 7 | 1 |
| 3 | 1 | | 3 | 1 | 2 | 5 | | 7 | 1 | 5 | 4 | 2 |
| | 3 | 2 | 1 | 4 | 6 | | 7 | 8 | 6 | 9 | | |
| | | 5 | 2 | | 3 | 9 | 5 | 6 | 2 | 4 | 8 | 7 |
| 9 | 8 | 6 | | 6 | 5 | 7 | 8 | 9 | | 8 | 6 | 9 |
| 7 | 4 | 3 | 6 | 5 | 1 | 8 | 9 | | 2 | 6 | | |
| | | 1 | 3 | 2 | 4 | | 6 | 4 | 1 | 3 | 2 | |
| 4 | 3 | 7 | 1 | 8 | | 1 | 3 | 2 | 5 | | 3 | 1 |
| 1 | 2 | | | 1 | 2 | 4 | | 1 | 3 | 5 | 4 | 2 |
| 2 | 5 | 3 | 1 | | 1 | 5 | 2 | 3 | | 3 | 1 | |
| | 4 | 2 | 3 | 1 | | 3 | 1 | | 3 | 1 | | |
| 8 | 9 | 7 | | 4 | 1 | 2 | | 1 | 5 | 2 | 3 | |
| 9 | 7 | | 1 | 2 | 3 | | 3 | 2 | 1 | | 4 | 1 |
| 6 | 1 | 5 | 3 | | 2 | 3 | 1 | | 4 | 1 | 2 | 3 |
| | 8 | 9 | 7 | | 4 | 1 | 2 | | 2 | 3 | 1 | |

**146**

| | | | | | | | | | | | | |
|---|---|---|---|---|---|---|---|---|---|---|---|---|
| 8 | 7 | 6 | 9 | | | | 5 | 8 | 9 | | | |
| 3 | 2 | 1 | 5 | | 8 | 9 | 1 | 5 | 7 | | 1 | 3 |
| | 9 | 7 | | 8 | 5 | 7 | 3 | 9 | | 1 | 4 | 2 |
| | 8 | 9 | 7 | 4 | 6 | | 2 | 4 | 1 | 3 | 6 | 5 |
| | | 8 | 5 | 3 | 9 | 1 | | 7 | 6 | | 2 | 1 |
| 8 | 2 | | 9 | 6 | 7 | 2 | 8 | | 5 | 9 | | |
| 7 | 4 | 9 | 8 | | | 3 | 9 | | 4 | 1 | 3 | |
| 6 | 3 | 1 | | 3 | 2 | 4 | 5 | 6 | 8 | 7 | 1 | |
| 9 | 5 | | 2 | 1 | 4 | | 7 | 9 | | 4 | 2 | 1 |
| 2 | 1 | 4 | 3 | | 3 | 8 | | 8 | 7 | | 4 | 3 |
| | | 1 | 5 | | 1 | 2 | 7 | | 9 | 7 | | |
| 9 | 7 | | 1 | 2 | | 9 | 8 | | 8 | 5 | 6 | 2 |
| 8 | 1 | 3 | | 4 | 3 | | 9 | 8 | 6 | | 7 | 3 |
| | 4 | 2 | 7 | 1 | 6 | 3 | 5 | 9 | | 9 | 8 | 6 |
| | 2 | 1 | 3 | | 9 | 7 | | | 9 | 7 | 5 | 1 |
| | | 4 | 5 | | 8 | 9 | 6 | 7 | 4 | | 9 | 4 |
| 9 | 7 | | 1 | 3 | | 8 | 7 | 9 | 2 | 4 | | |
| 6 | 3 | 9 | 8 | 5 | 7 | | 3 | 5 | 1 | 2 | 8 | |
| 2 | 1 | 8 | | 1 | 4 | 2 | 9 | 8 | | 1 | 6 | |
| 8 | 9 | | 9 | 4 | 6 | 7 | 8 | | 2 | 3 | 7 | 1 |
| | | | 8 | 2 | 3 | | | | 5 | 8 | 9 | 7 |

**147**

| | | | | | | | | | | | | |
|---|---|---|---|---|---|---|---|---|---|---|---|---|
| 3 | 2 | 1 | | 7 | 9 | 8 | 5 | | | 1 | 3 | |
| 1 | 4 | 2 | | 6 | 7 | 9 | 2 | | 7 | 5 | 9 | 4 |
| | 5 | 3 | 1 | 2 | | 3 | 1 | 2 | 5 | | 2 | 1 |
| 1 | 3 | | 9 | 8 | 5 | | 3 | 1 | 8 | | 1 | 3 |
| 9 | 6 | 7 | 8 | | 8 | 9 | | 3 | 9 | 4 | 8 | 5 |
| | 8 | 3 | 2 | 1 | 6 | 7 | 5 | 4 | | 1 | 4 | 2 |
| 2 | 1 | 4 | | 3 | 7 | | 7 | 8 | 9 | 5 | | |
| 6 | 7 | 1 | 3 | | 9 | 7 | 8 | | 7 | 2 | 1 | |
| | | 8 | 9 | | | 5 | 9 | 2 | | 3 | 2 | 1 |
| 3 | 4 | 2 | 1 | | 1 | 3 | | 1 | 3 | | 3 | 9 |
| 2 | 6 | 5 | 4 | | 2 | 6 | 7 | | 5 | 7 | 9 | 8 |
| 5 | 2 | | 8 | 9 | | 8 | 9 | | 4 | 9 | 8 | 6 |
| 1 | 3 | 2 | | 7 | 5 | 4 | | | 1 | 3 | | |
| | 1 | 4 | 7 | | 8 | 9 | 6 | | 2 | 4 | 7 | 1 |
| | | 6 | 9 | 8 | 7 | | 8 | 9 | | 1 | 3 | 2 |
| 1 | 2 | 3 | | 6 | 9 | 3 | 5 | 7 | 8 | 2 | 4 | |
| 4 | 6 | 1 | 2 | 5 | | 2 | 7 | | 7 | 8 | 5 | 9 |
| 3 | 1 | | 6 | 9 | 8 | | 9 | 8 | 6 | | 1 | 2 |
| 2 | 5 | | 8 | 7 | 9 | 6 | | 5 | 9 | 7 | 8 | |
| 5 | 4 | 2 | 1 | | 5 | 9 | 8 | 7 | | 9 | 2 | 7 |
| | 3 | 1 | | | 7 | 8 | 6 | 9 | | 8 | 6 | 9 |

**148**

| | | | | | | | | | | | | |
|---|---|---|---|---|---|---|---|---|---|---|---|---|
| | | | 5 | 1 | | | | 7 | 9 | | | |
| 1 | 3 | | 2 | 3 | 6 | | 1 | 2 | 4 | | 8 | 1 |
| 2 | 1 | 5 | 3 | | 9 | 8 | 2 | 4 | 7 | 5 | 6 | 3 |
| | 2 | 8 | | | 7 | 9 | | 5 | 8 | 7 | 9 | |
| | | 9 | 7 | 6 | 8 | | 3 | 1 | 6 | 2 | | |
| 5 | 3 | 7 | 2 | 1 | 4 | | 9 | 3 | | 6 | 3 | |
| 9 | 7 | | 9 | 7 | 5 | | 8 | 6 | | 4 | 2 | 1 |
| | | 9 | 8 | 3 | | 3 | 7 | | 2 | 1 | 5 | 3 |
| 8 | 9 | 7 | | 9 | 7 | 1 | 5 | | 1 | 3 | | |
| 6 | 8 | 4 | | 5 | 8 | | 6 | 9 | 4 | 8 | 7 | |
| 9 | 7 | | 2 | 8 | | | | 7 | 3 | | 1 | 3 |
| | 5 | 2 | 1 | 4 | 3 | | 8 | 2 | | 3 | 2 | 1 |
| | | 1 | 4 | | 6 | 7 | 9 | 8 | | 1 | 4 | 2 |
| 2 | 1 | 5 | 3 | | 2 | 1 | | 6 | 9 | 8 | | |
| 9 | 8 | 6 | | 3 | 1 | | 4 | 1 | 2 | | 7 | 9 |
| | 5 | 9 | | 9 | 5 | | 6 | 4 | 7 | 9 | 5 | 8 |
| | | 7 | 3 | 6 | 4 | | 5 | 3 | 1 | 2 | | |
| | 1 | 3 | 2 | 5 | | 5 | 1 | | | 7 | 9 | |
| 3 | 7 | 4 | 5 | 8 | 1 | 9 | 2 | | 4 | 8 | 6 | 9 |
| 1 | 2 | | 6 | 4 | 2 | | 3 | 1 | 2 | | 8 | 7 |
| | | | 1 | 7 | | | | 3 | 1 | | | |

**149**

| 3 | 2 |   |   | 3 | 8 | 9 |   |   | 2 | 4 | 1 |
|---|---|---|---|---|---|---|---|---|---|---|---|
| 7 | 9 | 5 | 8 |   | 2 | 3 | 1 |   | 2 | 1 | 5 | 3 |
| 2 | 5 | 3 | 6 | 4 | 1 |   | 8 | 5 | 6 | 7 | 9 |
|   |   |   | 4 | 9 | 7 | 6 | 8 |   | 2 | 1 |   | 7 | 9 |
| 3 | 4 | 1 |   | 5 | 4 | 2 | 3 | 1 |   | 2 | 6 | 8 |
| 1 | 5 |   | 7 | 9 |   |   | 2 | 4 | 5 | 1 | 3 | 7 |
|   | 8 | 6 | 9 |   | 2 | 3 | 1 |   | 9 | 7 | 8 |
|   | 3 | 5 | 2 | 4 | 1 |   | 9 | 8 |
|   | 8 | 1 | 6 | 7 | 9 |   | 1 | 4 | 7 | 2 | 3 |
| 1 | 6 |   | 8 | 9 | 6 | 7 | 4 |   | 3 | 9 | 4 |
| 2 | 5 | 1 | 3 |   | 5 | 1 | 2 |   | 3 | 1 | 6 | 2 |
| 8 | 7 | 3 |   | 8 | 9 | 7 | 6 | 5 |   | 7 | 1 |
|   | 9 | 4 | 6 | 8 | 7 |   | 3 | 1 | 4 | 2 | 8 |
|   |   |   | 7 | 9 |   | 2 | 5 | 3 | 1 | 4 |
|   | 1 | 6 | 8 |   | 9 | 8 | 6 |   | 2 | 3 | 1 |
| 2 | 5 | 7 | 9 | 8 | 6 |   | 9 | 6 |   | 3 | 1 |
| 1 | 2 | 3 |   | 6 | 1 | 2 | 3 | 4 |   | 1 | 4 | 2 |
| 4 | 8 |   | 9 | 7 |   | 4 | 1 | 8 | 2 | 3 |
|   | 4 | 8 | 6 | 9 | 7 |   | 4 | 7 | 1 | 2 | 3 | 5 |
| 9 | 6 | 7 | 8 |   | 1 | 2 | 5 |   | 7 | 5 | 8 | 9 |
| 8 | 3 | 9 |   | 3 | 1 | 2 |   | 4 | 9 |

**150**

| 3 | 2 |   | 8 | 9 | 6 |   | 1 | 3 |
|---|---|---|---|---|---|---|---|---|
| 1 | 4 | 2 |   | 9 | 7 | 1 |   | 4 | 2 | 1 | 3 |
|   | 3 | 1 | 2 | 5 |   | 2 | 1 | 3 |   | 2 | 4 | 1 |
|   | 6 | 8 | 7 | 9 |   | 6 | 8 | 4 | 5 | 9 | 7 |
|   | 8 | 5 | 9 |   | 8 | 6 | 7 | 9 | 2 |
| 1 | 2 | 3 |   | 9 | 7 | 8 |   | 5 | 1 | 2 | 4 | 3 |
| 3 | 1 | 4 | 2 | 6 |   | 9 | 2 | 7 |   | 6 | 8 | 9 |
|   | 1 | 8 | 2 | 4 | 3 | 6 | 5 |   | 7 | 1 |
| 9 | 8 | 6 | 7 |   | 3 | 7 | 4 |   | 8 | 7 | 9 |
| 7 | 9 | 1 |   | 2 | 1 |   | 1 | 9 | 7 | 3 |
|   | 6 | 2 | 3 | 1 |   |   | 8 | 9 | 1 | 3 |
|   | 3 | 1 | 4 | 2 |   | 9 | 7 |   | 4 | 2 | 1 |
|   | 1 | 4 | 2 |   | 1 | 5 | 6 |   | 4 | 2 | 1 | 3 |
| 8 | 3 |   | 5 | 4 | 6 | 7 | 8 | 9 | 2 |
| 4 | 2 | 1 |   | 1 | 3 | 9 |   | 4 | 1 | 6 | 2 | 3 |
| 9 | 4 | 6 | 8 | 7 |   | 8 | 9 | 7 |   | 8 | 6 | 9 |
|   |   | 7 | 2 | 1 | 6 | 5 |   | 2 | 5 | 1 |
| 8 | 6 | 7 | 9 | 5 | 3 |   | 8 | 5 | 9 | 7 |
| 6 | 9 | 5 |   | 3 | 2 | 1 |   | 1 | 3 | 4 | 2 |
|   | 8 | 9 | 7 | 6 |   | 4 | 5 | 2 |   | 9 | 7 | 5 |
|   | 8 | 9 |   |   | 2 | 1 | 3 |   | 3 | 1 |

**151**

| 1 | 2 | 4 |   | 1 | 2 | 4 |   | 9 | 7 |
|---|---|---|---|---|---|---|---|---|---|
| 3 | 6 | 2 | 1 |   | 5 | 1 | 3 |   | 7 | 8 | 5 | 9 |
|   |   | 5 | 3 | 1 | 2 |   | 2 | 1 | 5 |   | 4 | 8 |
|   | 5 | 1 | 4 | 3 |   | 2 | 1 | 3 |   | 7 | 9 | 6 |
| 2 | 1 | 3 | 6 |   | 7 | 3 | 5 |   | 9 | 5 | 8 |
| 3 | 2 |   | 2 | 8 | 4 | 1 | 6 | 3 | 7 | 9 |
| 1 | 4 | 3 |   | 9 | 8 | 6 |   | 1 | 5 |   | 4 | 2 |
|   | 2 | 1 |   | 9 | 5 | 6 |   | 8 | 9 | 7 | 4 |
| 6 | 8 | 1 | 3 | 2 | 5 | 4 | 9 | 7 |   | 8 | 3 | 1 |
| 8 | 9 | 6 |   | 4 | 6 |   | 8 | 9 | 5 | 7 |
| 9 | 7 |   | 2 | 1 |   |   | 4 | 3 |   | 8 | 4 |
|   | 2 | 3 | 6 | 9 |   | 4 | 8 |   | 3 | 6 | 1 |
| 9 | 7 | 5 |   | 3 | 8 | 4 | 7 | 6 | 5 | 1 | 9 | 2 |
| 8 | 9 | 1 | 6 |   | 7 | 9 | 3 |   | 9 | 7 |
| 6 | 8 |   | 8 | 1 |   | 1 | 2 | 4 |   | 2 | 3 | 1 |
|   | 8 | 9 | 3 | 7 | 2 | 5 | 1 | 6 |   | 2 | 4 |
|   | 6 | 9 | 7 |   | 3 | 7 | 1 |   | 5 | 3 | 1 | 2 |
| 5 | 9 | 7 |   | 6 | 1 | 5 |   | 4 | 1 | 2 | 6 |
| 8 | 7 |   | 1 | 2 | 4 |   | 9 | 7 | 3 | 1 |
| 9 | 8 | 7 | 5 |   | 5 | 9 | 8 |   | 2 | 4 | 1 | 3 |
|   | 4 | 3 |   | 2 | 1 | 6 |   | 6 | 8 | 9 |

**152**

|   | 1 | 2 | 5 |   | 1 | 2 | 9 |   | 9 | 7 | 1 |
|---|---|---|---|---|---|---|---|---|---|---|---|
|   | 2 | 5 | 1 | 3 |   | 8 | 5 | 7 | 4 | 6 | 9 | 3 |
| 7 | 4 | 9 |   | 2 | 3 | 5 | 1 |   | 3 | 8 |
| 9 | 7 |   |   | 8 | 9 | 3 |   | 1 | 5 | 2 | 4 |
| 4 | 1 | 9 |   | 9 | 5 |   |   |   | 1 | 2 |
|   | 7 | 3 | 4 | 2 | 8 | 5 |   | 9 | 5 | 3 | 1 |
| 7 | 3 | 5 | 1 |   | 1 | 6 | 3 |   | 7 | 9 | 5 | 3 |
| 9 | 7 | 8 | 5 |   | 4 | 9 | 8 | 5 | 6 | 7 |
| 2 | 1 |   |   | 1 | 3 |   | 8 | 7 | 9 |
|   | 2 | 1 | 4 |   | 4 | 2 | 6 | 1 | 3 |   | 4 | 8 |
| 1 | 5 | 3 | 2 |   | 1 | 3 | 2 |   | 4 | 1 | 5 | 6 |
| 3 | 4 |   | 3 | 6 | 2 | 1 | 4 |   | 9 | 7 | 8 |
| 7 | 6 | 9 |   | 9 | 8 |   |   |   | 9 | 7 |
|   | 7 | 9 | 8 | 5 | 2 | 6 |   | 2 | 1 | 6 | 3 |
| 9 | 7 | 5 | 8 |   | 6 | 8 | 9 |   | 1 | 3 | 2 | 4 |
| 6 | 9 | 8 | 7 |   | 3 | 1 | 7 | 2 | 4 | 5 |
| 8 | 5 |   |   | 3 | 1 |   | 2 | 8 | 3 |
| 7 | 8 | 6 | 1 |   | 2 | 1 | 5 |   | 2 | 1 |
|   | 9 | 8 |   | 5 | 7 | 8 | 9 |   | 8 | 9 | 6 |
| 3 | 1 | 8 | 2 | 6 | 4 | 5 |   | 8 | 2 | 9 | 1 |
| 1 | 2 | 7 |   | 2 | 1 | 4 |   | 6 | 1 | 2 |

153

| | | | | | | | | | | | | |
|---|---|---|---|---|---|---|---|---|---|---|---|---|
| | 3 | 1 | | | | 2 | 1 | | 1 | 4 | 2 | |
| 5 | 1 | 2 | 3 | | 1 | 3 | 2 | | 3 | 1 | 4 | |
| 8 | 4 | | 2 | 1 | 5 | | 3 | 9 | | 2 | 5 | 8 |
| 7 | 2 | 4 | 1 | 5 | 3 | | 4 | 8 | 7 | 5 | 6 | 9 |
| 9 | 6 | 8 | | | 4 | 1 | | 7 | 9 | | 1 | 3 |
| | | 6 | 1 | 4 | 2 | 3 | | 4 | 2 | 1 | 3 | 6 |
| | | 7 | 9 | 8 | | | 9 | 6 | 8 | 5 | | |
| 8 | 6 | 9 | | 7 | 8 | 9 | 6 | | | 2 | 3 | 1 |
| 7 | 3 | | 6 | 9 | 4 | 5 | 8 | 7 | 2 | | 6 | 5 |
| 9 | 7 | 6 | 8 | | 7 | 8 | | 6 | 1 | 3 | 4 | 2 |
| | 1 | 9 | | 8 | 9 | | 2 | 9 | | 2 | 8 | |
| 6 | 5 | 7 | 8 | 9 | | 9 | 1 | | 2 | 1 | 5 | 3 |
| 1 | 4 | | 9 | 7 | 3 | 8 | 6 | 5 | 4 | | 2 | 1 |
| 5 | 2 | 1 | | | 2 | 6 | 3 | 1 | | 2 | 1 | 4 |
| | | 3 | 5 | 2 | 1 | | | 4 | 2 | 1 | | |
| 9 | 5 | 7 | 8 | 6 | | 4 | 5 | 2 | 1 | 3 | | |
| 7 | 1 | | 9 | 4 | | 9 | 8 | | | 4 | 8 | 9 |
| 8 | 6 | 5 | 7 | 3 | 9 | | 9 | 7 | 5 | 6 | 4 | 8 |
| 5 | 2 | 1 | | 1 | 8 | | 6 | 9 | 8 | | 9 | 5 |
| | 3 | 2 | 4 | | 6 | 9 | 7 | | 9 | 8 | 6 | 7 |
| | 4 | 3 | 1 | | 5 | 3 | | | | 9 | 7 | |

154

| | | | | | | | | | | | | |
|---|---|---|---|---|---|---|---|---|---|---|---|---|
| | | 2 | 3 | 7 | | | 4 | 2 | 7 | 1 | | |
| | | 8 | 1 | 5 | 4 | 7 | 3 | 6 | 9 | 2 | | |
| 2 | 4 | 1 | | 8 | 6 | 9 | | | | 4 | 1 | 2 |
| 1 | 6 | 3 | | 9 | 8 | | | | 7 | 3 | 4 | 9 |
| 5 | 9 | | | | 9 | 8 | 6 | | 9 | 5 | 7 | 8 |
| 4 | 8 | | 1 | 8 | 7 | 3 | 4 | 2 | 5 | | 2 | 7 |
| 3 | 7 | 1 | 2 | 5 | | | 1 | 3 | 8 | 9 | | |
| | | 8 | 3 | 9 | | | 2 | 1 | 6 | 3 | | |
| | | 9 | 5 | 7 | 4 | 6 | 3 | 8 | | 7 | 9 | 8 |
| 8 | 9 | 7 | 4 | | 1 | 3 | | | | 8 | 6 | 9 |
| 3 | 8 | | | | 2 | 1 | 3 | | | | 3 | 7 |
| 1 | 7 | 3 | | | | 2 | 6 | | 1 | 3 | 2 | 5 |
| 2 | 4 | 1 | | 7 | 6 | 4 | 1 | 3 | 2 | 5 | | |
| | | 8 | 9 | 2 | 7 | | | 1 | 3 | 2 | | |
| | | 4 | 7 | 1 | 2 | | | 5 | 8 | 9 | 7 | 2 |
| 5 | 7 | | 5 | 6 | 8 | 3 | 1 | 2 | 4 | | 9 | 3 |
| 9 | 8 | 7 | 6 | | 4 | 1 | 2 | | | | 6 | 4 |
| 7 | 9 | 5 | 8 | | | | 3 | 5 | | 9 | 8 | 6 |
| 8 | 6 | 9 | | | | 1 | 4 | 2 | | 7 | 3 | 1 |
| | | 8 | 7 | 2 | 4 | 3 | 5 | 1 | 9 | 6 | | |
| | | 4 | 2 | 1 | 3 | | | 3 | 7 | 8 | | |

155

| | | | | | | | | | | | | |
|---|---|---|---|---|---|---|---|---|---|---|---|---|
| | 3 | 1 | | 8 | 2 | | 7 | 9 | | 9 | 7 | |
| 3 | 6 | 2 | 1 | 9 | 4 | | 1 | 6 | 9 | 2 | 5 | 4 |
| 9 | 7 | | 6 | 7 | 5 | 9 | 3 | 8 | 4 | | 1 | 3 |
| | 1 | 2 | 3 | | 8 | 7 | 9 | | 7 | 8 | 9 | |
| 5 | 4 | 9 | 2 | | 1 | 8 | 2 | | 8 | 1 | 6 | 5 |
| 1 | 2 | 3 | | 9 | 3 | | 5 | 1 | | 7 | 8 | 9 |
| | | 8 | 1 | 7 | 9 | 5 | 6 | 3 | 2 | 4 | | |
| | 9 | 7 | 4 | | 7 | 9 | 8 | | 7 | 9 | 8 | |
| 3 | 6 | 1 | 2 | 4 | | | | 4 | 1 | 2 | 3 | 6 |
| 6 | 4 | | 3 | 8 | 5 | 9 | 7 | 6 | 4 | | 1 | 8 |
| 9 | 7 | | | | 6 | 8 | 9 | | | | 2 | 4 |
| 8 | 5 | | 1 | 5 | 4 | 6 | 8 | 2 | 3 | | 6 | 9 |
| 7 | 8 | 5 | 6 | 9 | | | | 8 | 6 | 9 | 4 | 7 |
| | 2 | 1 | 3 | | 1 | 7 | 3 | | 2 | 3 | 5 | |
| | | 6 | 2 | 3 | 7 | 9 | 4 | 5 | 1 | 8 | | |
| 2 | 1 | 3 | | 1 | 5 | | 9 | 7 | | 1 | 9 | 3 |
| 4 | 7 | 2 | 3 | | 9 | 3 | 7 | | 6 | 2 | 4 | 1 |
| | 2 | 4 | 1 | | 3 | 1 | 2 | | 9 | 7 | 8 | |
| 1 | 3 | | 5 | 9 | 4 | 2 | 6 | 7 | 8 | | 2 | 8 |
| 3 | 4 | 1 | 2 | 7 | 8 | | 5 | 2 | 4 | 3 | 1 | 7 |
| | 5 | 9 | | 8 | 2 | | 1 | 3 | | 9 | 7 | |

156

| | | | | | | | | | | | | |
|---|---|---|---|---|---|---|---|---|---|---|---|---|
| | | 5 | 4 | 1 | 3 | 2 | | 4 | 1 | 2 | | |
| | 6 | 9 | 7 | 5 | 8 | 3 | | 6 | 9 | 5 | 8 | |
| 7 | 9 | | 1 | 3 | | 1 | 3 | 2 | | 1 | 9 | 2 |
| 3 | 8 | 4 | 5 | 2 | 1 | | 9 | 5 | 8 | 4 | 6 | 7 |
| | | 1 | 3 | | 3 | 2 | | 1 | 7 | | | |
| 2 | 1 | 3 | | 1 | 4 | 5 | 8 | 3 | 6 | 2 | | |
| 1 | 3 | | 4 | 3 | 2 | 1 | 6 | | 9 | 8 | 6 | |
| 4 | 2 | 3 | 1 | 6 | | | 9 | 8 | | 4 | 9 | 7 |
| | | 6 | 2 | | 8 | 9 | 7 | 6 | 5 | | 8 | 4 |
| | 7 | 9 | | 4 | 2 | 1 | | 4 | 2 | 3 | 5 | 1 |
| 2 | 1 | 7 | | 9 | 1 | | 9 | 7 | | 1 | 3 | 2 |
| 7 | 5 | 8 | 9 | 6 | | 5 | 8 | 9 | | 2 | 7 | |
| 8 | 3 | | 8 | 7 | 4 | 9 | 6 | | 2 | 8 | | |
| 9 | 8 | 7 | | 8 | 7 | | | 8 | 5 | 9 | 6 | 7 |
| | 2 | 9 | 1 | | 8 | 3 | 2 | 9 | 1 | | 5 | 9 |
| | | 8 | 2 | 7 | 9 | 5 | 1 | 6 | | 5 | 9 | 8 |
| | | | 3 | 8 | | 7 | 5 | | 1 | 8 | | |
| 2 | 5 | 3 | 4 | 6 | 1 | | 4 | 6 | 5 | 9 | 7 | 8 |
| 1 | 4 | 2 | | 5 | 9 | 8 | | 4 | 9 | | 6 | 9 |
| | 2 | 1 | 3 | 4 | | 6 | 8 | 3 | 7 | 5 | 9 | |
| | | 5 | 7 | 9 | | 4 | 9 | 7 | 8 | 6 | | |

157

| | | | | | | | | | | | | |
|---|---|---|---|---|---|---|---|---|---|---|---|---|
| | 5 | 3 | 2 | 1 | | | | | 1 | 5 | | |
| 5 | 9 | 2 | 8 | 6 | 7 | 4 | | 5 | 3 | 1 | 2 | |
| 2 | 4 | 1 | | 4 | 6 | 1 | | 9 | 4 | 7 | 6 | 8 |
| 6 | 8 | | 5 | 3 | 8 | | 1 | 7 | 2 | | 7 | 9 |
| | | 4 | 7 | 2 | 9 | 3 | 5 | 8 | 6 | 1 | | |
| | 3 | 2 | 1 | | | 1 | 2 | | | 2 | 1 | |
| 4 | 6 | 1 | | 1 | 3 | | 4 | 1 | 2 | 3 | 5 | 7 |
| 3 | 1 | | 8 | 6 | 5 | 2 | | 4 | 9 | | 2 | 5 |
| | 2 | 5 | 6 | | 6 | 4 | | 2 | 8 | | 3 | 9 |
| | | 3 | 9 | | 2 | 1 | 5 | 3 | | 7 | 6 | 8 |
| | 7 | 1 | | 6 | 4 | | 1 | 5 | | 2 | 4 | |
| 7 | 1 | 2 | | 5 | 1 | 3 | 2 | | 7 | 1 | | |
| 9 | 4 | | 5 | 7 | | 8 | 4 | | 8 | 4 | 6 | |
| 8 | 2 | | 6 | 8 | | 9 | 3 | 8 | 6 | | 1 | 5 |
| 6 | 5 | 2 | 8 | 9 | 7 | | 7 | 9 | | 1 | 2 | 4 |
| | 3 | 1 | | | 4 | 2 | | | 7 | 3 | 9 | |
| | | 4 | 8 | 9 | 5 | 1 | 7 | 3 | 6 | 2 | | |
| 3 | 1 | | 7 | 8 | 9 | | 8 | 5 | 9 | | 5 | 1 |
| 4 | 2 | 1 | 5 | 3 | | 3 | 9 | 7 | | 9 | 8 | 6 |
| | 4 | 8 | 9 | 6 | | 1 | 6 | 2 | 5 | 8 | 4 | 3 |
| | | 2 | 6 | | | | | 1 | 3 | 4 | 2 | |

159

| | | | | | | | | | | | | |
|---|---|---|---|---|---|---|---|---|---|---|---|---|
| 7 | 9 | | | 3 | 8 | | | 1 | 3 | | 3 | 1 |
| 9 | 8 | 6 | | 1 | 7 | 9 | | 2 | 5 | 3 | 1 | 4 |
| | 4 | 2 | 7 | 5 | 9 | 8 | 6 | | 1 | 5 | 4 | |
| | | 1 | 4 | 2 | | 3 | 1 | 5 | 2 | 7 | | |
| 1 | 9 | 4 | | | 9 | 7 | 3 | 6 | 4 | 8 | 5 | 2 |
| 4 | 8 | | 9 | 6 | 8 | | 2 | 7 | | | 8 | 4 |
| 3 | 6 | 9 | 7 | 8 | | 7 | 4 | 9 | | 8 | 9 | 1 |
| | 5 | 1 | 6 | 2 | 4 | 3 | | 8 | 5 | 9 | 7 | |
| | | | 4 | 1 | 3 | | | | 1 | 5 | | |
| 5 | 4 | 2 | 8 | | 1 | 8 | | 5 | 2 | 3 | 1 | |
| 9 | 6 | 7 | | 1 | 2 | 5 | 3 | 8 | | 7 | 8 | 9 |
| | 3 | 1 | 4 | 2 | | 9 | 1 | | 2 | 6 | 4 | 1 |
| | | 5 | 9 | | | | 2 | 5 | 1 | | | |
| | 8 | 4 | 7 | 9 | | 6 | 7 | 4 | 8 | 9 | 5 | |
| 1 | 5 | 3 | | 7 | 5 | 9 | | 2 | 3 | 7 | 1 | 4 |
| 2 | 7 | | | 8 | 1 | | 5 | 1 | 4 | | 3 | 9 |
| 4 | 9 | 6 | 1 | 3 | 2 | 5 | 7 | | | 1 | 2 | 3 |
| | | 8 | 4 | 6 | 3 | 9 | | 4 | 1 | 2 | | |
| | 9 | 7 | 6 | | 4 | 7 | 6 | 2 | 3 | 5 | 1 | |
| 6 | 8 | 9 | 3 | 7 | | 8 | 7 | 3 | | 4 | 3 | 6 |
| 9 | 7 | | 2 | 9 | | | 8 | 1 | | | 2 | 4 |

158

| | | | | | | | | | | | | |
|---|---|---|---|---|---|---|---|---|---|---|---|---|
| | 8 | 6 | 9 | | | 9 | 8 | | | | 8 | 9 |
| 6 | 9 | 4 | 7 | 8 | | 7 | 9 | 8 | | 6 | 9 | 7 |
| 9 | 7 | 8 | | 3 | 6 | 8 | 5 | 2 | 9 | 4 | 7 | |
| 8 | 5 | 3 | 6 | 7 | 9 | | 7 | 1 | 8 | 9 | | |
| | | 5 | 1 | 9 | 8 | 7 | | | 7 | 5 | 8 | 9 |
| | | 2 | 8 | | | 6 | 9 | 1 | 5 | 8 | 4 | 7 |
| 8 | 2 | 1 | 3 | | | 9 | 8 | 6 | | 7 | 9 | |
| 9 | 7 | | | 3 | 9 | 8 | 7 | 2 | 1 | | 7 | 5 |
| | 1 | 2 | 4 | 9 | 8 | | | 3 | 2 | 1 | 6 | 4 |
| 9 | 3 | 1 | 2 | 8 | | 1 | 3 | 5 | 4 | 2 | | |
| 8 | 9 | 7 | | | 2 | 4 | 1 | | | 3 | 2 | 1 |
| | | 3 | 8 | 2 | 1 | 5 | | 1 | 2 | 4 | 6 | 3 |
| 8 | 6 | 5 | 9 | 7 | | | 1 | 2 | 3 | 5 | 4 | |
| 7 | 9 | | 6 | 4 | 1 | 2 | 5 | 3 | | | 5 | 1 |
| | 7 | 9 | | 1 | 2 | 3 | | | 2 | 5 | 1 | 3 |
| 2 | 4 | 1 | 8 | 3 | 5 | 6 | | | 1 | 4 | | |
| 7 | 8 | 6 | 9 | | | 1 | 4 | 2 | 3 | 8 | | |
| | | 3 | 6 | 8 | 1 | | 2 | 1 | 4 | 6 | 5 | 3 |
| | 8 | 4 | 7 | 9 | 2 | 6 | 1 | 3 | | 3 | 7 | 1 |
| 8 | 9 | 7 | | 6 | 9 | 8 | | 5 | 1 | 7 | 9 | 8 |
| 1 | 6 | | | | 7 | 9 | | | 6 | 9 | 8 | |

160

| | | | | | | | | | | | | |
|---|---|---|---|---|---|---|---|---|---|---|---|---|
| 7 | 8 | 9 | | 6 | 7 | 9 | 8 | 4 | | 1 | 2 | 6 |
| 8 | 9 | 6 | | 4 | 1 | 3 | 6 | 2 | | 4 | 1 | 2 |
| | | 7 | 9 | 8 | | | | 3 | 1 | 2 | | |
| 9 | 8 | 5 | 7 | | 9 | 1 | 3 | | 4 | 5 | 1 | 3 |
| 7 | 9 | 8 | | 9 | 8 | 5 | 7 | 6 | | 3 | 2 | 1 |
| 8 | 6 | | 3 | 6 | 5 | 2 | 1 | 4 | 7 | | 4 | 2 |
| 4 | 1 | 3 | 2 | 8 | | 4 | 2 | 3 | 8 | 1 | 6 | 5 |
| | | 4 | 5 | | | | | 1 | 5 | 2 | | |
| 5 | 3 | 2 | 1 | 4 | | 4 | 1 | 2 | | 4 | 7 | 9 |
| 1 | 2 | 6 | | 1 | 5 | 2 | 3 | | | | 6 | 2 |
| 2 | 4 | 1 | | 2 | 3 | | 2 | 4 | | 4 | 8 | 6 |
| 7 | 9 | | | | 2 | 3 | 5 | 1 | | 2 | 9 | 8 |
| 3 | 1 | 4 | | 3 | 1 | 4 | | 3 | 2 | 1 | 4 | 7 |
| | | 2 | 3 | 1 | | | | | 3 | 5 | | |
| 2 | 3 | 1 | 6 | 4 | 7 | 5 | | 6 | 1 | 3 | 5 | 2 |
| 4 | 2 | | 5 | 6 | 8 | 3 | 7 | 9 | 4 | | 8 | 4 |
| 3 | 1 | 7 | | 2 | 5 | 1 | 3 | 8 | | 4 | 6 | 9 |
| 1 | 5 | 4 | 2 | | 9 | 2 | 8 | | 7 | 3 | 9 | 8 |
| | | 9 | 8 | 7 | | | | 8 | 9 | 5 | | |
| 6 | 9 | 8 | | 9 | 4 | 6 | 8 | 7 | | 2 | 3 | 1 |
| 9 | 7 | 6 | | 6 | 9 | 8 | 7 | 5 | | 1 | 2 | 5 |

161

| | | | | | | | | | | | | |
|---|---|---|---|---|---|---|---|---|---|---|---|---|
| | | 7 | 1 | 9 | | | | 2 | 1 | 6 | | |
| | 7 | 6 | 4 | 8 | 9 | | 5 | 7 | 6 | 9 | 8 | |
| 3 | 1 | 5 | | 4 | 2 | 7 | 1 | 3 | | 8 | 2 | 1 |
| 7 | 9 | | | 7 | 8 | 9 | 2 | 6 | | | 1 | 3 |
| 1 | 2 | 3 | 4 | 5 | 6 | | 3 | 8 | 7 | 5 | 6 | 9 |
| | | 1 | 2 | 6 | | | | 5 | 9 | 1 | | |
| 9 | 8 | | 1 | 2 | 3 | | 1 | 4 | 2 | | 7 | 9 |
| 1 | 2 | 3 | | | 8 | 9 | 5 | | | 7 | 9 | 8 |
| 7 | 9 | 5 | | 1 | 2 | 4 | 3 | 6 | | 1 | 4 | 6 |
| | 7 | 4 | 8 | 9 | 6 | | 2 | 5 | 1 | 6 | 8 | |
| | | 2 | 1 | 4 | | | | 9 | 7 | 8 | | |
| | 2 | 1 | 3 | 8 | 6 | | 6 | 7 | 4 | 9 | 8 | |
| 9 | 6 | 8 | | 7 | 4 | 6 | 9 | 8 | | 5 | 2 | 4 |
| 8 | 3 | 6 | | | 2 | 1 | 8 | | | 4 | 1 | 2 |
| 2 | 1 | | 1 | 2 | 5 | | 7 | 3 | 1 | | 3 | 1 |
| | | 1 | 2 | 6 | | | | 2 | 3 | 1 | | |
| 4 | 2 | 9 | 7 | 8 | 1 | | 7 | 6 | 9 | 5 | 8 | 4 |
| 8 | 9 | | | 7 | 8 | 9 | 1 | 5 | | | 7 | 1 |
| 3 | 1 | 2 | | 4 | 3 | 6 | 2 | 1 | | 1 | 5 | 3 |
| | 3 | 4 | 1 | 5 | 2 | | 8 | 7 | 3 | 5 | 9 | |
| | | 8 | 7 | 9 | | | | 4 | 1 | 2 | | |

162

| | | | | | | | | | | | | |
|---|---|---|---|---|---|---|---|---|---|---|---|---|
| | 9 | 1 | | | 1 | 3 | 2 | | | 5 | 7 | |
| 1 | 4 | 2 | | 3 | 2 | 1 | 4 | 6 | | 3 | 2 | 1 |
| 3 | 7 | 5 | 2 | 1 | 4 | | 1 | 5 | 4 | 2 | 6 | 3 |
| | 2 | 3 | 1 | 4 | | | | 3 | 2 | 1 | 5 | |
| 8 | 6 | | 3 | 5 | 6 | 4 | 2 | 8 | 1 | | 4 | 8 |
| 9 | 8 | 6 | | 7 | 8 | 6 | 4 | 9 | | 7 | 8 | 9 |
| 7 | 5 | 4 | 1 | 2 | 3 | | 5 | 7 | 3 | 8 | 9 | 6 |
| | | 7 | 5 | | 9 | 8 | 7 | | 7 | 6 | | |
| | 8 | 9 | | 4 | 5 | 2 | 1 | 3 | | 4 | 6 | |
| 6 | 4 | 8 | 9 | 5 | 7 | | 3 | 5 | 8 | 9 | 7 | 6 |
| 9 | 7 | | 8 | 2 | | | | 1 | 9 | | 9 | 1 |
| 8 | 9 | 6 | 7 | 3 | 5 | | 1 | 2 | 7 | 5 | 4 | 3 |
| | 6 | 4 | | 1 | 6 | 2 | 3 | 4 | | 6 | 8 | |
| | | 2 | 7 | | 9 | 8 | 6 | | 6 | 8 | | |
| 4 | 2 | 1 | 3 | 5 | 7 | | 5 | 3 | 7 | 9 | 6 | 8 |
| 2 | 1 | 3 | | 6 | 3 | 4 | 2 | 1 | | 7 | 8 | 9 |
| 1 | 3 | | 2 | 3 | 8 | 6 | 4 | 5 | 1 | | 3 | 7 |
| | 7 | 9 | 5 | 8 | | | | 2 | 4 | 3 | 1 | |
| 7 | 5 | 6 | 3 | 9 | 8 | | 2 | 4 | 3 | 1 | 5 | 7 |
| 9 | 6 | 8 | | 7 | 9 | 8 | 4 | 6 | | 2 | 4 | 1 |
| | 4 | 7 | | | 7 | 2 | 1 | | | 5 | 2 | |

163

| | | | | | | | | | | | | |
|---|---|---|---|---|---|---|---|---|---|---|---|---|
| | | 2 | 3 | 1 | | 3 | 1 | | 2 | 1 | | |
| 6 | 3 | 4 | 1 | 2 | | 5 | 4 | 7 | 6 | 2 | 9 | 8 |
| 8 | 6 | 9 | | 5 | 3 | 1 | | 1 | 3 | 4 | 2 | 6 |
| | 5 | 7 | 4 | 3 | 1 | 2 | | | 5 | 3 | 7 | 9 |
| | 9 | 8 | 5 | | 2 | 4 | 3 | 6 | 1 | | 8 | 5 |
| 6 | 8 | | | 6 | 4 | | 7 | 9 | 4 | 8 | 6 | |
| 8 | 7 | 6 | | 9 | 5 | 7 | 4 | 8 | | 6 | 5 | 9 |
| | | 8 | 6 | 5 | | 4 | 2 | 5 | 1 | | 3 | 5 |
| 7 | 9 | 5 | 8 | | 3 | 2 | 1 | | 3 | 5 | 1 | 2 |
| 1 | 7 | 2 | 9 | 8 | 4 | 3 | 5 | 6 | | 7 | 4 | |
| | | 1 | 7 | 9 | 2 | 5 | 6 | 8 | 3 | 4 | | |
| | 9 | 4 | | 7 | 5 | 1 | 8 | 9 | 2 | 3 | 4 | 6 |
| 2 | 5 | 3 | 1 | | 7 | 8 | 9 | | 5 | 6 | 8 | 9 |
| 1 | 3 | | 2 | 7 | 8 | 9 | | 7 | 1 | 9 | | |
| 4 | 1 | 3 | | 8 | 9 | 6 | 7 | 5 | | 8 | 9 | 5 |
| | 4 | 5 | 3 | 2 | 1 | | 6 | 9 | | | 7 | 4 |
| 1 | 2 | | 5 | 9 | 6 | 7 | 8 | | 8 | 9 | 5 | |
| 2 | 7 | 1 | 4 | | | 2 | 9 | 1 | 6 | 3 | 4 | |
| 3 | 6 | 2 | 1 | 4 | | 1 | 4 | 5 | | 2 | 6 | 1 |
| 5 | 8 | 3 | 2 | 6 | 1 | 4 | | 4 | 6 | 7 | 8 | 9 |
| | | 5 | 6 | | 7 | 3 | | 2 | 3 | 1 | | |

164

| | | | | | | | | | | | | |
|---|---|---|---|---|---|---|---|---|---|---|---|---|
| | | 8 | 6 | 9 | | 6 | 5 | 3 | 2 | 1 | | |
| 6 | 8 | 4 | 9 | 7 | | 8 | 9 | 7 | 6 | 2 | | |
| 7 | 9 | | 5 | 8 | 6 | 9 | 7 | | 3 | 4 | 2 | 1 |
| 8 | 7 | 9 | 4 | | 9 | 7 | | 1 | 5 | 3 | 4 | 2 |
| 9 | 5 | 6 | 7 | 4 | 8 | | 1 | 3 | | | 1 | 3 |
| | | 1 | 8 | 2 | | 1 | 2 | 4 | 3 | 8 | 6 | 5 |
| 1 | 2 | 3 | | 1 | 7 | 2 | | | 2 | 9 | 8 | |
| 3 | 1 | | 7 | 6 | 9 | 4 | 2 | 8 | 1 | 5 | 3 | |
| 2 | 4 | 1 | 5 | 3 | | | 6 | 9 | 8 | | 7 | 9 |
| | | 5 | 9 | | 8 | 6 | 5 | 7 | 9 | | 9 | 6 |
| 2 | 5 | 3 | 1 | | 7 | 2 | 1 | | 7 | 9 | 5 | 8 |
| 1 | 2 | | 2 | 7 | 9 | 1 | 3 | | 4 | 8 | | |
| 3 | 7 | | 8 | 9 | 6 | | | 7 | 5 | 6 | 9 | 8 |
| | 4 | 7 | 3 | 8 | 5 | 1 | 2 | 9 | 6 | | 7 | 9 |
| | 8 | 9 | 6 | | | 3 | 1 | 4 | | 9 | 8 | 6 |
| 3 | 6 | 8 | 4 | 1 | 5 | 2 | | 8 | 1 | 2 | | |
| 1 | 3 | | | 3 | 1 | | 2 | 6 | 5 | 1 | 4 | 3 |
| 5 | 1 | 4 | 3 | 2 | | 3 | 1 | | 7 | 3 | 1 | 2 |
| 2 | 9 | 1 | 5 | | 1 | 2 | 4 | 6 | 3 | | 5 | 1 |
| | | 3 | 2 | 6 | 4 | 1 | | 3 | 2 | 1 | 6 | 4 |
| | | 2 | 1 | 4 | 3 | 5 | | 1 | 4 | 2 | | |

165

| | | | | | | | | | | | | |
|---|---|---|---|---|---|---|---|---|---|---|---|---|
| | | 2 | 1 | 4 | | 2 | 9 | | 9 | 7 | | |
| 8 | 6 | 4 | 7 | 9 | | 1 | 3 | 8 | 6 | 5 | 2 | 4 |
| 1 | 4 | 3 | 2 | 7 | 5 | 6 | 8 | 9 | | 6 | 3 | 1 |
| | 9 | 7 | | 2 | 1 | 4 | | 6 | 4 | 3 | 1 | 2 |
| 8 | 7 | 5 | 9 | | 8 | 3 | 9 | | 7 | 8 | 9 | |
| 6 | 3 | 1 | 5 | 2 | 4 | | 7 | 5 | 6 | 9 | 4 | 8 |
| 9 | 8 | | 3 | 1 | 7 | 6 | 5 | 9 | 8 | | 7 | 9 |
| | 5 | 9 | 8 | | 3 | 9 | 8 | | 9 | 6 | 8 | |
| 1 | 2 | 4 | | 3 | 2 | 1 | 6 | 4 | | 3 | 5 | 1 |
| 3 | 1 | 8 | 2 | 5 | 6 | 4 | | 3 | 1 | 4 | 6 | 2 |
| | | 7 | 3 | 1 | 9 | 2 | 8 | 6 | 4 | 5 | | |
| 3 | 4 | 6 | 1 | 2 | | 3 | 7 | 9 | 2 | 8 | 1 | 4 |
| 1 | 3 | 2 | | 4 | 6 | 7 | 9 | 8 | | 7 | 6 | 9 |
| | 7 | 5 | 9 | | 9 | 8 | 1 | | 6 | 9 | 8 | |
| 1 | 2 | | 7 | 4 | 2 | 5 | 6 | 3 | 1 | | 7 | 9 |
| 3 | 9 | 7 | 8 | 6 | 5 | | 4 | 1 | 2 | 5 | 3 | 6 |
| | 8 | 9 | 6 | | 8 | 9 | 3 | | 5 | 7 | 9 | 8 |
| 9 | 6 | 8 | 5 | 7 | | 8 | 5 | 3 | | 8 | 4 | |
| 2 | 1 | 5 | | 4 | 8 | 7 | 2 | 1 | 9 | 6 | 5 | 3 |
| 8 | 5 | 6 | 3 | 1 | 2 | 4 | | 4 | 6 | 3 | 2 | 1 |
| | | 3 | 1 | | 1 | 6 | | 5 | 8 | 9 | | |

166

| | | | | | | | | | | | | |
|---|---|---|---|---|---|---|---|---|---|---|---|---|
| | 1 | 2 | | 8 | 4 | 9 | | 1 | 8 | 2 | | |
| 5 | 2 | 3 | | 9 | 1 | 7 | | 7 | 9 | 4 | 5 | 8 |
| 4 | 5 | 8 | 9 | 7 | 2 | 6 | | 5 | 4 | 1 | 2 | 6 |
| 1 | 3 | 6 | 8 | 5 | | 8 | 9 | 3 | 6 | | 7 | 9 |
| | | 1 | 3 | | 4 | 5 | 8 | 2 | 7 | 9 | 6 | |
| 6 | 8 | 9 | | 7 | 1 | 3 | 2 | | | 7 | 4 | 8 |
| 1 | 5 | 4 | 2 | 6 | 3 | | 7 | 2 | 1 | 8 | 3 | 5 |
| 4 | 7 | 5 | 8 | 9 | 2 | 6 | | 1 | 3 | | 9 | 7 |
| 8 | 9 | 7 | 6 | | 5 | 3 | 6 | 4 | 7 | 2 | 1 | |
| | | | 4 | 5 | | 8 | 7 | | 9 | 6 | 8 | |
| | | 8 | 1 | 6 | 9 | 7 | 2 | 3 | 4 | 5 | | |
| | 8 | 6 | 9 | | 8 | 5 | | 2 | 8 | | | |
| | 7 | 2 | 3 | 6 | 5 | 4 | 1 | | 2 | 1 | 3 | 7 |
| 2 | 5 | | 7 | 9 | | 9 | 4 | 2 | 6 | 7 | 5 | 8 |
| 4 | 6 | 9 | 5 | 8 | 7 | | 3 | 1 | 5 | 4 | 2 | 6 |
| 1 | 3 | 7 | | | 9 | 8 | 5 | 7 | | 6 | 8 | 9 |
| | 1 | 8 | 4 | 5 | 6 | 3 | 2 | | 9 | 8 | | |
| 2 | 4 | | 1 | 9 | 8 | 5 | | 3 | 1 | 2 | 4 | 6 |
| 4 | 9 | 8 | 6 | 7 | | 6 | 1 | 4 | 3 | 5 | 2 | 8 |
| 1 | 2 | 5 | 3 | 4 | | 9 | 7 | 8 | | 3 | 1 | 9 |
| | | 9 | 2 | 8 | | 7 | 2 | 9 | | 9 | 7 | |

167

| | | | | | | | | | | | | |
|---|---|---|---|---|---|---|---|---|---|---|---|---|
| 2 | 4 | 1 | | | | 3 | 1 | | | | 7 | 9 |
| 1 | 6 | 3 | 2 | | 3 | 1 | 2 | 6 | | 9 | 6 | 8 |
| 5 | 1 | | 3 | 1 | 6 | 2 | | 8 | 9 | 6 | 4 | 7 |
| 3 | 2 | 5 | 7 | 4 | 1 | | 8 | 9 | 7 | 4 | 5 | 6 |
| | 3 | 1 | 4 | | 2 | 1 | 5 | 4 | | 8 | 9 | |
| | | 2 | 1 | 4 | | 4 | 9 | 7 | 8 | | 8 | 9 |
| | 9 | 3 | 5 | 8 | 4 | 7 | 6 | | 4 | 1 | 2 | 7 |
| 1 | 5 | | 6 | 1 | 2 | 3 | | 1 | 6 | 2 | 3 | |
| 5 | 8 | 9 | | 6 | 1 | 2 | 8 | 4 | 5 | 3 | | |
| 2 | 7 | 1 | 4 | 3 | 5 | | 7 | 8 | 9 | 5 | 3 | |
| 4 | 3 | | 1 | 9 | | | | 3 | 7 | | 7 | 3 |
| | 6 | 1 | 2 | 5 | 3 | | 4 | 6 | 2 | 3 | 1 | 5 |
| | | 5 | 6 | 7 | 4 | 8 | 9 | 2 | | 1 | 4 | 2 |
| | 1 | 4 | 3 | 2 | | 6 | 1 | 5 | 2 | | 2 | 1 |
| 1 | 4 | 2 | 5 | | 8 | 9 | 2 | 7 | 4 | 6 | 5 | |
| 7 | 8 | | 8 | 4 | 9 | 7 | | 9 | 6 | 8 | | |
| | 6 | 9 | | 2 | 6 | 3 | 1 | | 5 | 9 | 8 | |
| 7 | 2 | 4 | 1 | 3 | 5 | | 2 | 5 | 1 | 3 | 7 | 4 |
| 6 | 3 | 8 | 9 | 7 | | 2 | 6 | 1 | 3 | | 3 | 1 |
| 8 | 9 | 7 | | 1 | 2 | 4 | 3 | | 8 | 7 | 9 | 5 |
| 9 | 7 | | | | 3 | 1 | | | | 1 | 5 | 2 |

168

| | | | | | | | | | | | | |
|---|---|---|---|---|---|---|---|---|---|---|---|---|
| | | 3 | 1 | 2 | 5 | | | 2 | 4 | 1 | | |
| | 8 | 7 | 6 | 3 | 9 | | 7 | 1 | 2 | 3 | 4 | 5 |
| 9 | 4 | | | 1 | 2 | 5 | 6 | 4 | 3 | | 6 | 8 |
| 6 | 9 | | 5 | 4 | 8 | 7 | 9 | 6 | | | 7 | 9 |
| 8 | 7 | 9 | 6 | | | 6 | 8 | 3 | 5 | 7 | 9 | |
| | | 7 | 9 | | 7 | 9 | | | 6 | 9 | | |
| | 4 | 6 | 8 | 7 | 9 | 2 | | 3 | 7 | 8 | 9 | 5 |
| 5 | 8 | | | 9 | 6 | 8 | 7 | 5 | | | 7 | 2 |
| 7 | 9 | | 7 | 8 | | | 3 | 1 | | 5 | 3 | 1 |
| 9 | 6 | 7 | 8 | | | 1 | 4 | 2 | 3 | 7 | 5 | |
| | | 6 | 9 | | 2 | 3 | 1 | | 6 | 8 | | |
| | 1 | 8 | 4 | 2 | 3 | 6 | | | 1 | 9 | 3 | 2 |
| 4 | 8 | 9 | | 1 | 4 | | | 4 | 2 | | 1 | 4 |
| 1 | 2 | | | 3 | 6 | 7 | 9 | 8 | | | 5 | 1 |
| 6 | 9 | 4 | 7 | 8 | | 5 | 3 | 1 | 9 | 4 | 2 | |
| | | 1 | 9 | | | 9 | 8 | | 8 | 1 | | |
| | 1 | 3 | 4 | 5 | 2 | 6 | | | 4 | 2 | 1 | 5 |
| 2 | 4 | | | 3 | 6 | 8 | 9 | 5 | 7 | | 2 | 8 |
| 3 | 2 | | 7 | 2 | 1 | 4 | 5 | 3 | | | 7 | 9 |
| 1 | 5 | 2 | 6 | 4 | 3 | | 6 | 1 | 2 | 3 | 4 | |
| | | 3 | 9 | 1 | | | 8 | 2 | 4 | 1 | | |

169

| | | | | | | | | | | | | |
|---|---|---|---|---|---|---|---|---|---|---|---|---|
| | 4 | 1 | 3 | 2 | | 7 | 9 | | 9 | 8 | 4 | |
| 4 | 8 | 2 | 9 | 7 | | 4 | 8 | 3 | 7 | 9 | 5 | 6 |
| 2 | 1 | 3 | | 4 | 1 | 3 | 6 | 2 | | 7 | 9 | 8 |
| 1 | 3 | | 5 | 1 | 3 | 2 | | 1 | 2 | | 7 | 9 |
| | 5 | 1 | 2 | 3 | | 1 | 4 | 5 | 3 | 2 | 6 | |
| 7 | 2 | 3 | 1 | | 9 | 6 | 8 | | 5 | 3 | 2 | 1 |
| 9 | 6 | 5 | 4 | 7 | 8 | | 9 | 2 | 1 | 4 | 8 | 3 |
| | | 6 | 3 | 9 | 7 | 8 | | 8 | 4 | 9 | | |
| 4 | 1 | 2 | | 2 | 1 | 3 | 5 | 4 | | 8 | 5 | 9 |
| 6 | 2 | 4 | 3 | 1 | | 2 | 6 | 3 | 1 | 5 | 4 | 8 |
| 9 | 5 | | 8 | 6 | 3 | 5 | 9 | 7 | 4 | | 1 | 3 |
| 7 | 3 | 8 | 9 | 4 | 2 | 6 | | 1 | 2 | 5 | 3 | 7 |
| 8 | 4 | 9 | | 3 | 1 | 4 | 5 | 9 | | 1 | 2 | 6 |
| | | 7 | 6 | 8 | | 1 | 3 | 6 | 8 | 4 | | |
| 7 | 2 | 4 | 1 | 5 | 3 | | 1 | 5 | 9 | 3 | 8 | 2 |
| 9 | 4 | 5 | 3 | | 1 | 3 | 2 | | 7 | 8 | 9 | 5 |
| | 1 | 6 | 4 | 3 | 2 | 5 | | 1 | 3 | 2 | 7 | |
| 1 | 3 | | 2 | 1 | | 2 | 1 | 3 | 5 | | 4 | 2 |
| 9 | 6 | 8 | | 2 | 1 | 4 | 3 | 6 | | 4 | 2 | 1 |
| 8 | 5 | 6 | 3 | 9 | 4 | 7 | | 4 | 1 | 2 | 6 | 3 |
| | 7 | 9 | 1 | | 2 | 1 | | 2 | 3 | 1 | 5 | |

170

| | | | | | | | | | | | | |
|---|---|---|---|---|---|---|---|---|---|---|---|---|
| | 7 | 3 | | 5 | 1 | 3 | 2 | | 8 | 2 | | |
| 8 | 9 | 6 | | 7 | 4 | 5 | 6 | | 6 | 1 | 3 | |
| 4 | 8 | 5 | 9 | 6 | 2 | | 1 | 5 | 7 | 3 | 2 | 4 |
| | | 1 | 4 | 2 | | 1 | 3 | 7 | 9 | | 1 | 3 |
| 6 | 3 | 2 | 7 | 8 | 1 | 5 | 4 | 9 | | 3 | 6 | 1 |
| 9 | 6 | 8 | | 9 | 8 | 7 | | 3 | 1 | 4 | | |
| 8 | 1 | | 1 | 3 | | | 9 | 6 | 3 | 7 | 5 | 8 |
| | 5 | 3 | 9 | 4 | 1 | 6 | 7 | 8 | 2 | | 1 | 9 |
| 7 | 9 | 6 | | 1 | 3 | 2 | | | 5 | 6 | 2 | 7 |
| 5 | 2 | 1 | 3 | | 4 | 8 | 2 | 9 | | 1 | 3 | 5 |
| | | 2 | 7 | 9 | 6 | 4 | 3 | 1 | 8 | 5 | | |
| 6 | 9 | 8 | | 3 | 2 | 5 | 1 | | 9 | 3 | 1 | 7 |
| 1 | 5 | 4 | 7 | | | 7 | 4 | 3 | | 2 | 4 | 9 |
| 3 | 7 | | 8 | 3 | 2 | 9 | 6 | 7 | 1 | 4 | 5 | |
| 9 | 8 | 5 | 6 | 7 | 3 | | | 8 | 2 | | 3 | 1 |
| | | 1 | 9 | 2 | | 8 | 2 | 9 | | 6 | 2 | 3 |
| 1 | 9 | 2 | | 4 | 5 | 3 | 1 | 6 | 9 | 8 | 7 | 2 |
| 2 | 8 | | 9 | 5 | 8 | 7 | | 5 | 7 | 9 | | |
| 3 | 4 | 2 | 5 | 1 | 7 | | 9 | 4 | 8 | 5 | 6 | 7 |
| | 2 | 1 | 7 | | 2 | 5 | 7 | 1 | | 7 | 8 | 9 |
| | | 4 | 8 | | 3 | 1 | 5 | 2 | | 3 | 4 | |

171

| | | | | | | | | | | | | |
|---|---|---|---|---|---|---|---|---|---|---|---|---|
| 1 | 3 | | | 2 | 1 | | 2 | 1 | | | 7 | 9 |
| 2 | 4 | 1 | | 4 | 6 | 2 | 1 | 3 | | 7 | 9 | 8 |
| | 2 | 4 | 6 | 1 | 5 | 3 | | 2 | 7 | 9 | 8 | 6 |
| 1 | 5 | 2 | 3 | | 3 | 1 | 2 | | 9 | 8 | | |
| 3 | 1 | | 8 | 6 | 9 | | 1 | 3 | | 6 | 1 | |
| | | 5 | 1 | 2 | 7 | 3 | | 1 | 5 | 4 | 3 | 2 |
| 7 | 1 | 6 | 2 | | 4 | 1 | 2 | | 3 | 5 | 2 | 1 |
| 9 | 6 | 8 | | 1 | 2 | | 1 | 2 | 4 | | 4 | 3 |
| | 5 | 9 | 7 | 6 | 8 | | | 3 | 1 | 2 | | |
| 3 | 2 | | 9 | 8 | | 9 | 1 | 5 | 2 | 4 | 3 | |
| 1 | 4 | 2 | | 5 | 9 | 8 | 6 | 7 | | 9 | 5 | 8 |
| | 3 | 1 | 4 | 2 | 5 | 6 | | 1 | 3 | | 7 | 9 |
| | | 3 | 1 | 4 | | | 8 | 4 | 1 | 3 | 2 | |
| 9 | 7 | | 2 | 3 | 1 | | 9 | 6 | | 5 | 1 | 3 |
| 8 | 9 | 7 | 5 | | 2 | 1 | 3 | | 8 | 2 | 4 | 1 |
| 6 | 4 | 2 | 3 | 1 | | 2 | 4 | 3 | 6 | 1 | | |
| | 8 | 1 | | 3 | 1 | | 2 | 1 | 4 | | 7 | 9 |
| | | 5 | 1 | | 3 | 1 | 7 | | 9 | 7 | 6 | 8 |
| 4 | 2 | 3 | 6 | 1 | | 4 | 5 | 3 | 7 | 1 | 2 | |
| 2 | 1 | 4 | | 4 | 3 | 2 | 6 | 1 | | 8 | 9 | 7 |
| 1 | 3 | | | 2 | 1 | | 1 | 2 | | | 8 | 9 |

172

| | | | | | | | | | | | | |
|---|---|---|---|---|---|---|---|---|---|---|---|---|
| | 8 | 9 | | | 1 | 2 | | | 5 | 9 | | |
| 8 | 9 | 7 | | 6 | 3 | 1 | 2 | | 2 | 1 | 3 | |
| 9 | 7 | | 3 | 9 | | 4 | 8 | 9 | 7 | | 9 | 7 |
| 6 | 4 | 3 | 1 | 5 | 2 | | | 7 | 4 | 6 | 8 | 9 |
| | 6 | 1 | | 7 | 1 | 2 | | | 1 | 2 | | |
| | | 6 | 7 | 8 | 5 | 4 | 9 | | 3 | 1 | 2 | |
| 1 | 3 | 2 | 4 | | 3 | 1 | 2 | 4 | | 4 | 1 | 2 |
| 2 | 1 | | 1 | 3 | | | | 2 | 1 | 3 | 5 | 4 |
| | | 6 | 2 | 4 | 3 | 1 | | 1 | 3 | | 3 | 1 |
| | 6 | 3 | | | 1 | 2 | 3 | 6 | | 1 | 6 | 3 |
| 4 | 1 | 2 | | 8 | 2 | | 1 | 3 | | 9 | 8 | 6 |
| 8 | 3 | 1 | | 3 | 5 | 1 | 2 | | | 2 | 4 | |
| 9 | 4 | | 9 | 7 | | 2 | 4 | 1 | 6 | 3 | | |
| 7 | 5 | 6 | 8 | 9 | | | | 3 | 2 | | 1 | 7 |
| 6 | 2 | 1 | | 5 | 1 | 2 | 3 | | 1 | 2 | 5 | 3 |
| | 7 | 2 | 1 | | 2 | 4 | 6 | 1 | 3 | 5 | | |
| | | 3 | 5 | | | 1 | 2 | 3 | | 1 | 2 | |
| 3 | 1 | 4 | 6 | 2 | | | 1 | 4 | 7 | 3 | 5 | 2 |
| 1 | 2 | | 3 | 1 | 2 | 9 | | 6 | 1 | | 1 | 3 |
| | 4 | 1 | 2 | | 1 | 5 | 3 | 2 | | 2 | 4 | 1 |
| | | 2 | 4 | | | 8 | 7 | | | 1 | 3 | |

**173**

| 1 | 3 |   | 2 | 4 | 1 |   | 4 | 3 |   | 2 | 4 | 1 |
|---|---|---|---|---|---|---|---|---|---|---|---|---|
| 2 | 5 | 4 | 1 | 6 | 3 |   | 7 | 2 | 4 | 1 | 5 | 3 |
|   | 2 | 1 | 3 | 7 |   | 9 | 3 | 1 | 2 |   | 7 | 2 |
|   | 1 | 5 |   | 8 | 1 | 3 | 2 |   | 1 | 5 | 3 |   |
|   |   | 3 | 7 | 9 | 8 |   | 5 | 3 | 6 | 9 | 8 | 7 |
| 3 | 4 | 2 | 1 |   | 3 | 5 | 1 | 2 |   | 8 | 6 | 9 |
| 1 | 2 |   | 3 | 4 | 2 | 1 |   | 1 | 4 | 7 | 2 |   |
|   | 5 | 4 | 2 | 1 |   | 3 | 9 | 6 | 8 |   | 1 | 5 |
| 1 | 3 | 2 |   | 3 | 1 | 2 | 5 |   | 7 | 8 | 9 | 6 |
| 4 | 6 | 1 | 2 | 5 | 3 |   | 7 | 8 | 9 | 5 |   |   |
| 2 | 1 |   | 1 | 2 |   |   | 4 | 6 |   | 3 | 1 |   |
|   |   | 9 | 5 | 7 | 8 |   | 6 | 3 | 5 | 1 | 2 | 4 |
| 2 | 4 | 1 | 3 |   | 9 | 8 | 7 | 5 |   | 3 | 1 | 2 |
| 1 | 3 |   | 4 | 1 | 2 | 9 |   | 1 | 3 | 2 | 4 |   |
|   | 8 | 9 | 7 | 6 |   | 4 | 3 | 2 | 1 |   | 5 | 7 |
| 9 | 7 | 8 |   | 3 | 1 | 7 | 2 |   | 5 | 7 | 8 | 9 |
| 5 | 1 | 7 | 4 | 2 | 3 |   | 1 | 4 | 2 | 6 |   |   |
|   | 2 | 1 | 3 |   | 2 | 1 | 4 | 6 |   | 9 | 7 |   |
| 7 | 9 |   | 1 | 2 | 5 | 3 |   | 7 | 1 | 8 | 9 |   |
| 9 | 5 | 7 | 6 | 8 | 4 |   | 9 | 8 | 3 | 5 | 6 | 7 |
| 8 | 6 | 9 |   | 9 | 7 |   | 7 | 9 | 6 |   | 8 | 9 |

**174**

| | 9 | 8 | 7 | | 5 | 1 | | 3 | 2 | 1 | | |
|---|---|---|---|---|---|---|---|---|---|---|---|---|
| 2 | 3 | 6 | 4 | 1 |   | 9 | 6 |   | 9 | 8 | 4 |   |
| 1 | 2 | 8 | 3 |   |   | 2 | 4 |   | 4 | 3 | 8 |   |
| 4 | 8 |   | 5 | 7 |   | 4 | 3 | 6 | 1 | 5 | 2 | 7 |
|   | 2 | 6 | 3 | 4 | 1 |   | 9 | 7 |   | 5 | 9 |   |
| 2 | 5 | 3 | 1 |   | 1 | 2 | 4 | 8 |   |   |   |   |
| 1 | 3 |   | 2 | 5 | 3 |   | 1 | 7 | 2 |   | 3 | 1 |
|   |   | 3 | 2 | 9 | 6 |   | 3 | 5 | 1 | 2 |   |   |
| 9 | 7 |   | 1 | 2 |   | 6 | 3 | 5 | 1 | 8 | 2 | 4 |
| 5 | 1 | 2 | 4 | 6 | 3 | 8 | 7 | 9 |   | 6 | 4 |   |
|   | 1 | 2 | 8 | 9 |   | 2 | 4 | 1 | 7 |   |   |   |
|   | 6 | 4 |   | 1 | 4 | 6 | 5 | 7 | 2 | 9 | 3 | 8 |
| 6 | 8 | 3 | 5 | 4 | 7 | 9 |   | 6 | 3 |   | 7 | 9 |
| 8 | 9 | 5 | 7 |   | 6 | 8 | 9 | 2 |   |   |   |   |
| 9 | 7 |   | 9 | 7 | 8 |   | 7 | 8 | 5 |   | 3 | 1 |
|   |   | 1 | 5 | 2 | 8 |   | 6 | 1 | 4 | 5 |   |   |
| 9 | 3 |   | 7 | 2 |   | 1 | 6 | 2 | 4 | 3 |   |   |
| 8 | 6 | 1 | 4 | 5 | 2 | 3 |   | 7 | 9 |   | 6 | 2 |
| 6 | 1 | 3 |   | 3 | 1 |   | 8 | 2 | 9 | 1 |   |   |
|   | 4 | 2 | 1 |   | 9 | 1 |   | 9 | 7 | 4 | 8 | 6 |
|   | 2 | 5 | 3 |   | 8 | 3 |   | 3 | 2 | 1 |   |   |

**175**

|   |   | 4 | 1 | 2 |   | 9 | 7 |   |   | 2 | 6 |   |
|---|---|---|---|---|---|---|---|---|---|---|---|---|
|   | 8 | 9 | 6 | 7 | 5 |   | 8 | 9 | 5 |   | 1 | 9 |
| 9 | 5 |   | 9 | 4 | 1 | 6 | 5 | 7 | 2 | 3 | 8 |   |
| 7 | 9 | 6 |   | 3 | 1 | 2 |   | 9 | 4 |   |   |   |
|   | 7 | 1 | 5 | 2 | 3 | 4 |   | 3 | 1 | 2 |   |   |
|   | 7 | 9 | 5 | 8 |   | 9 | 7 | 8 |   | 3 | 1 |   |
| 1 | 6 |   | 1 | 2 |   | 1 | 3 | 6 | 2 | 4 | 5 |   |
| 4 | 9 |   | 6 | 4 | 9 | 8 | 7 |   | 3 | 1 |   |   |
| 2 | 4 | 1 | 3 |   | 6 | 5 | 4 |   | 8 | 6 | 9 |   |
|   | 8 | 6 | 4 |   | 1 | 9 | 8 | 2 | 4 | 6 | 5 | 3 |
|   | 5 | 1 | 2 | 3 |   | 3 | 1 | 2 | 4 |   |   |   |
| 7 | 5 | 4 | 2 | 3 | 8 | 9 | 6 |   | 1 | 5 | 9 |   |
| 9 | 6 | 8 |   | 7 | 9 | 6 |   | 3 | 1 | 6 | 2 |   |
|   | 7 | 3 |   | 7 | 8 | 9 | 5 | 6 |   | 8 | 4 |   |
| 1 | 3 | 2 | 5 | 4 | 6 |   | 7 | 2 |   | 4 | 1 |   |
| 3 | 8 |   | 4 | 1 | 2 |   | 8 | 9 | 5 | 7 |   |   |
|   | 9 | 8 | 6 |   | 4 | 1 | 5 | 3 | 7 | 2 |   |   |
|   | 9 | 1 |   | 2 | 4 | 1 |   | 1 | 4 | 5 |   |   |
| 8 | 6 | 5 | 3 | 2 | 9 | 4 | 1 | 7 |   | 3 | 1 |   |
| 9 | 1 |   | 2 | 1 | 5 |   | 2 | 6 | 4 | 3 | 1 |   |
| 7 | 2 |   |   | 4 | 8 |   | 4 | 2 | 1 |   |   |   |

**176**

|   | 8 | 5 |   | 7 | 1 | 4 | 9 |   | 8 | 9 | 6 |   |
|---|---|---|---|---|---|---|---|---|---|---|---|---|
| 1 | 5 | 3 |   | 9 | 3 | 6 | 8 |   | 7 | 3 | 9 | 8 |
| 6 | 9 | 4 | 7 | 8 |   | 8 | 7 | 5 | 9 |   | 7 | 9 |
|   | 2 | 9 |   | 9 | 7 |   | 9 | 4 | 7 | 8 | 6 |   |
| 3 | 6 | 1 |   | 8 | 5 | 9 | 7 |   | 6 | 8 |   |   |
| 2 | 8 |   | 8 | 9 | 6 |   | 8 | 9 |   | 9 | 7 | 8 |
| 6 | 9 | 8 | 4 | 7 |   | 9 | 6 | 5 | 8 |   | 9 | 5 |
| 1 | 3 | 2 |   | 5 | 7 | 8 | 9 |   | 7 | 5 | 8 | 9 |
|   | 6 | 2 |   | 9 | 5 |   | 8 | 9 | 6 |   |   |   |
| 3 | 6 | 5 | 1 | 2 |   | 7 | 1 | 9 |   | 3 | 1 | 7 |
| 2 | 8 | 9 | 4 | 1 | 3 |   | 2 | 5 | 3 | 1 | 4 | 6 |
| 1 | 9 | 4 |   | 6 | 9 | 8 |   | 7 | 5 | 8 | 2 | 9 |
|   | 1 | 2 | 3 |   | 9 | 7 |   | 7 | 9 |   |   |   |
| 5 | 2 | 3 | 1 |   | 5 | 7 | 2 | 3 |   | 2 | 5 | 6 |
| 3 | 1 |   | 4 | 1 | 2 | 5 |   | 5 | 1 | 4 | 2 | 3 |
| 1 | 4 | 9 |   | 3 | 1 |   | 4 | 1 | 2 |   | 3 | 1 |
|   | 6 | 4 |   | 3 | 4 | 1 | 2 |   | 3 | 1 | 4 |   |
| 5 | 9 | 8 | 6 | 7 |   | 1 | 3 |   | 7 | 2 |   |   |
| 3 | 8 |   | 1 | 5 | 4 | 2 |   | 2 | 9 | 4 | 3 | 1 |
| 1 | 5 | 3 | 2 |   | 1 | 6 | 7 | 4 |   | 1 | 2 | 3 |
|   | 2 | 1 | 3 |   | 2 | 3 | 5 | 1 |   | 5 | 1 |   |

177

| | | | | | | | | | | | | |
|---|---|---|---|---|---|---|---|---|---|---|---|---|
| 1 | 4 | 2 | | | 6 | 8 | 9 | | | 9 | 8 | 6 |
| 3 | 9 | 7 | | 1 | 2 | 3 | 4 | 6 | | 7 | 2 | 1 |
| | 8 | 9 | 7 | 6 | | | | 8 | 6 | 4 | 1 | |
| | | 5 | 2 | 3 | 1 | | 5 | 7 | 9 | 8 | | |
| | 3 | 6 | 1 | 2 | 4 | | 4 | 9 | 8 | 5 | 7 | |
| 2 | 7 | 8 | | | 2 | 3 | 1 | | | 6 | 2 | 1 |
| 1 | 6 | | | 5 | 3 | 4 | 2 | 1 | | | 5 | 9 |
| 3 | 1 | | 1 | 9 | | | | 8 | 9 | | 3 | 8 |
| 4 | 9 | 7 | 8 | | 7 | 1 | 8 | | 5 | 2 | 1 | 3 |
| | 8 | 9 | 6 | | 9 | 3 | 7 | 5 | 8 | 6 | 4 | |
| | | 3 | 2 | 1 | 4 | | 9 | 8 | 7 | 4 | | |
| | 3 | 1 | 4 | 2 | 6 | 7 | 5 | | 2 | 1 | 4 | |
| 3 | 1 | 2 | 5 | | 8 | 9 | 6 | | 6 | 3 | 1 | 2 |
| 9 | 7 | | 3 | 1 | | | | 1 | 4 | | 5 | 8 |
| 8 | 4 | | | 2 | 6 | 1 | 4 | 3 | | | 3 | 7 |
| 7 | 2 | 1 | | | 9 | 7 | 8 | | | 8 | 7 | 9 |
| | 5 | 6 | 9 | 7 | 8 | | 1 | 4 | 3 | 6 | 2 | |
| | | 3 | 2 | 1 | 7 | | 2 | 3 | 1 | 5 | | |
| | 7 | 5 | 8 | 9 | | | | 8 | 2 | 7 | 9 | |
| 3 | 1 | 2 | | 8 | 7 | 9 | 4 | 6 | | 3 | 6 | 1 |
| 1 | 2 | 4 | | | 2 | 3 | 1 | | | 9 | 8 | 7 |

178

| | | | | | | | | | | | | |
|---|---|---|---|---|---|---|---|---|---|---|---|---|
| | 3 | 1 | | | 4 | 1 | 2 | | | 9 | 7 | 8 |
| 1 | 4 | 2 | 8 | | 2 | 3 | 6 | 1 | | 8 | 9 | 6 |
| 3 | 1 | 4 | 6 | 2 | 5 | | | 3 | 2 | 1 | 5 | |
| 4 | 2 | | 9 | 4 | 6 | 8 | 7 | | 9 | 6 | 8 | 7 |
| 2 | 5 | 3 | | | 3 | 2 | 1 | 4 | | | 3 | 1 |
| | | 4 | 3 | 2 | 1 | 6 | | 1 | 3 | 7 | 4 | 9 |
| | 7 | 9 | 5 | 8 | | | 4 | 7 | 8 | 9 | 6 | |
| 9 | 8 | 6 | | | 2 | 5 | 1 | 3 | 4 | 6 | | |
| 7 | 9 | 5 | 8 | 2 | 6 | 4 | | | 5 | 8 | 9 | 7 |
| | | 7 | 9 | 1 | | 1 | 7 | 6 | | | 5 | 9 |
| | 7 | 8 | 6 | 5 | 9 | | 9 | 4 | 8 | 6 | 7 | |
| 3 | 9 | | | 3 | 7 | 1 | | 1 | 9 | 8 | | |
| 2 | 6 | 4 | 1 | | | 4 | 9 | 2 | 6 | 5 | 7 | 8 |
| | | 1 | 3 | 4 | 7 | 2 | 5 | | | 7 | 8 | 9 |
| | 4 | 3 | 2 | 6 | 1 | | | 8 | 7 | 4 | 9 | |
| 8 | 3 | 2 | 5 | 1 | | 4 | 2 | 6 | 1 | 3 | | |
| 7 | 1 | | | 2 | 1 | 7 | 4 | | | 9 | 8 | 6 |
| 9 | 7 | 8 | 5 | | 8 | 9 | 6 | 7 | 4 | | 9 | 7 |
| | 5 | 7 | 2 | 9 | | | 3 | 1 | 2 | 6 | 4 | 5 |
| 9 | 2 | 5 | | 7 | 9 | 8 | 5 | | 3 | 8 | 6 | 9 |
| 8 | 6 | 9 | | | 4 | 2 | 1 | | | 9 | 7 | |

179

| | | | | | | | | | | | | |
|---|---|---|---|---|---|---|---|---|---|---|---|---|
| 3 | 8 | | 1 | 3 | | 2 | 1 | | 1 | 2 | 3 | |
| 1 | 7 | | 2 | 6 | 1 | 4 | 3 | | 2 | 4 | 1 | 3 |
| 2 | 5 | 1 | | 4 | 2 | 1 | | 7 | 3 | | 6 | 9 |
| | 9 | 2 | | 5 | 4 | 3 | | 4 | 5 | | 2 | 8 |
| | | 4 | 1 | 2 | | 5 | 8 | 9 | | 9 | 4 | 7 |
| 1 | 3 | 5 | 2 | 7 | 4 | | 6 | 8 | | 3 | 5 | |
| 2 | 1 | 6 | | 1 | 2 | | 7 | 6 | 9 | 8 | | |
| | 2 | 3 | 1 | | 6 | 8 | 9 | | 1 | 6 | 3 | 2 |
| | | 8 | 2 | | 3 | 2 | | 1 | 2 | 5 | 4 | 3 |
| 2 | 4 | | 5 | 9 | 7 | | 1 | 3 | | 7 | 2 | 1 |
| 3 | 9 | | 3 | 2 | 1 | | 3 | 2 | 5 | | 6 | 4 |
| 1 | 7 | 2 | | 1 | 5 | | 8 | 6 | 9 | | 1 | 5 |
| 4 | 6 | 1 | 2 | 3 | | 9 | 6 | | 7 | 5 | | |
| 6 | 8 | 7 | 9 | | 2 | 1 | 4 | | 8 | 6 | 9 | |
| | | 4 | 1 | 2 | 3 | | 5 | 6 | | 7 | 8 | 9 |
| | 1 | 3 | | 3 | 1 | | 2 | 1 | 7 | 4 | 3 | 5 |
| 1 | 2 | 5 | | 1 | 5 | 2 | | 4 | 1 | 2 | | |
| 3 | 7 | | 3 | 5 | | 4 | 1 | 2 | | 3 | 6 | |
| 6 | 3 | | 6 | 4 | | 1 | 2 | 3 | | 1 | 2 | 4 |
| 2 | 5 | 3 | 1 | | 8 | 6 | 3 | 7 | 9 | | 3 | 1 |
| | 4 | 1 | 2 | | 9 | 3 | | 5 | 1 | | 1 | 2 |

180

| | | | | | | | | | | | | |
|---|---|---|---|---|---|---|---|---|---|---|---|---|
| 1 | 2 | | | | 9 | 8 | | | 1 | 2 | 5 | 3 |
| 3 | 1 | 2 | 5 | | 7 | 1 | | 7 | 4 | 6 | 9 | 8 |
| | 4 | 1 | 6 | 3 | 5 | 2 | | 9 | 3 | 8 | | |
| | | | 3 | 1 | 8 | 5 | 2 | | | 1 | 3 | |
| 3 | 1 | 2 | 4 | | | 3 | 4 | 1 | | 9 | 8 | |
| 7 | 4 | 6 | 9 | 8 | | 4 | 1 | 2 | | 4 | 7 | 3 |
| | | 8 | 7 | 9 | | 6 | 5 | 4 | 8 | 7 | 9 | 2 |
| | 9 | 4 | 8 | 6 | 7 | | | | 2 | 3 | 5 | 1 |
| | 8 | 5 | | | 8 | 9 | 5 | | 7 | 5 | 6 | |
| 2 | 5 | 1 | | 1 | 3 | 8 | 2 | 4 | 9 | | | |
| 1 | 7 | 3 | | 2 | 5 | | 3 | 1 | | 9 | 4 | 3 |
| | | | 8 | 5 | 6 | 9 | 4 | 7 | | 4 | 2 | 1 |
| | 5 | 2 | 1 | | 9 | 8 | 7 | | | 3 | 1 | |
| 8 | 7 | 6 | 9 | | | | 1 | 4 | 2 | 6 | 3 | |
| 1 | 6 | 3 | 5 | 7 | 2 | 4 | | 9 | 6 | 8 | | |
| 2 | 4 | 1 | | 8 | 1 | 2 | | 6 | 5 | 7 | 9 | 8 |
| | 9 | 7 | | 9 | 8 | 6 | | | 1 | 5 | 3 | 2 |
| | 8 | 9 | | | 6 | 7 | 9 | 8 | 4 | | | |
| | | 8 | 9 | 1 | | 5 | 6 | 9 | 7 | 3 | 8 | |
| 2 | 1 | 5 | 4 | 3 | | 1 | 2 | | 3 | 1 | 2 | 5 |
| 1 | 3 | 4 | 2 | | | 3 | 1 | | | | 9 | 7 |

181

| | | | | | | | | | | | | |
|---|---|---|---|---|---|---|---|---|---|---|---|---|
| | 2 | 1 | 4 | | | | | | 1 | 2 | | |
| 2 | 6 | 3 | 1 | 5 | 4 | | 4 | 1 | 3 | 6 | 2 | |
| 1 | 7 | | 3 | 1 | 2 | | 8 | 2 | | 4 | 1 | 3 |
| 4 | 1 | 3 | 2 | | 6 | 8 | 9 | 7 | 3 | 5 | 4 | 1 |
| | | 7 | 5 | 8 | 3 | 9 | 6 | | 2 | 1 | | |
| | 3 | 1 | | 2 | 1 | | 7 | 9 | | 7 | 9 | |
| 4 | 1 | 2 | 3 | 6 | | | | 1 | 2 | 3 | 6 | 4 |
| 2 | 5 | | 4 | 9 | 6 | 7 | 8 | 3 | 5 | | 7 | 8 |
| 1 | 2 | 3 | 5 | | 8 | 9 | 7 | | 1 | 2 | 4 | |
| | | 2 | 1 | 5 | 3 | | 6 | 2 | 3 | 4 | 5 | 1 |
| 1 | 2 | 4 | | 3 | 4 | | 3 | 4 | | 7 | 8 | 9 |
| 5 | 3 | 6 | 8 | 7 | 9 | | 5 | 1 | 2 | 3 | | |
| | 4 | 1 | 5 | | 7 | 8 | 9 | | 4 | 1 | 3 | 2 |
| 9 | 5 | | 7 | 6 | 5 | 1 | 4 | 2 | 3 | | 2 | 1 |
| 7 | 6 | 4 | 9 | 8 | | | | 3 | 1 | 2 | 5 | 4 |
| | 1 | 3 | | 9 | 1 | | 1 | 4 | | 3 | 1 | |
| | | 2 | 1 | | 5 | 2 | 3 | 1 | 6 | 4 | | |
| 9 | 3 | 7 | 8 | 4 | 2 | 1 | 6 | | 3 | 1 | 5 | 2 |
| 1 | 2 | 5 | | 1 | 3 | | 4 | 1 | 2 | | 3 | 1 |
| | 1 | 6 | 2 | 3 | 4 | | 2 | 3 | 1 | 5 | 6 | 4 |
| | | 1 | 3 | | | | | | 4 | 1 | 2 | |

182

| | | | | | | | | | | | | |
|---|---|---|---|---|---|---|---|---|---|---|---|---|
| 6 | 2 | 3 | 1 | | 2 | 1 | | 1 | 2 | 4 | | |
| 7 | 4 | 1 | 2 | 6 | 5 | 3 | | 5 | 1 | 2 | 4 | |
| 9 | 1 | | 3 | 4 | 1 | | | | 3 | 5 | 1 | 2 |
| | | | | 9 | 4 | 7 | | 3 | 6 | 1 | 2 | 4 |
| 9 | 8 | | 1 | 7 | 3 | 6 | 2 | 5 | 4 | | 3 | 1 |
| 7 | 9 | 4 | 6 | 8 | | 3 | 1 | 4 | | | | |
| | 5 | 1 | 2 | | | | 3 | 1 | 2 | | 3 | 1 |
| | | 2 | 4 | 1 | | 3 | 6 | 2 | 4 | 1 | 7 | 5 |
| | 8 | 5 | 3 | 2 | 1 | 6 | 4 | | 1 | 3 | 2 | |
| 9 | 7 | | 5 | 4 | 2 | 1 | | | | 5 | 6 | 4 |
| 8 | 4 | 9 | 7 | | 5 | 8 | 9 | | 3 | 2 | 5 | 1 |
| 6 | 9 | 7 | | | | 5 | 8 | 7 | 9 | | 1 | 3 |
| | 6 | 8 | 9 | | 7 | 2 | 6 | 9 | 8 | 5 | 4 | |
| 7 | 2 | 5 | 1 | 3 | 6 | 4 | | 8 | 6 | 9 | | |
| 9 | 5 | | 2 | 1 | 4 | | | | 7 | 8 | 9 | |
| | | | | 6 | 9 | 7 | | 9 | 4 | 7 | 6 | 8 |
| 9 | 5 | | 7 | 2 | 8 | 9 | 4 | 6 | 5 | | 7 | 9 |
| 8 | 6 | 7 | 9 | 4 | | 6 | 2 | 8 | | | | |
| 7 | 9 | 5 | 8 | | | | 6 | 7 | 9 | | 7 | 9 |
| | 8 | 9 | 4 | 7 | | 9 | 3 | 5 | 7 | 4 | 6 | 8 |
| | | 8 | 6 | 9 | | 7 | 1 | | 8 | 5 | 9 | 6 |

183

| | | | | | | | | | | | | |
|---|---|---|---|---|---|---|---|---|---|---|---|---|
| 9 | 6 | | 9 | 7 | | 1 | 2 | 4 | | 8 | 6 | 9 |
| 6 | 4 | 7 | 8 | 9 | | 3 | 6 | 5 | 4 | 9 | 8 | 7 |
| 8 | 5 | 9 | | 6 | 8 | 9 | | 6 | 5 | 7 | | |
| | 1 | 6 | 3 | 5 | 7 | 2 | 4 | | 2 | 3 | 1 | 6 |
| 1 | 3 | | 7 | 8 | 9 | | 7 | 9 | 8 | | 4 | 9 |
| 5 | 2 | 1 | 4 | | 5 | 1 | 2 | 4 | 3 | | 3 | 8 |
| | | 3 | 9 | | 6 | 2 | 5 | | 6 | 5 | 2 | 7 |
| 3 | 4 | 2 | 6 | 1 | | 3 | 1 | | 1 | 2 | | |
| 1 | 8 | | 5 | 2 | 6 | 4 | 3 | 1 | | 1 | 4 | 2 |
| | 5 | 2 | 1 | | 4 | 5 | | 3 | 1 | | 9 | 4 |
| 4 | 6 | 5 | 2 | 1 | 3 | | 3 | 4 | 2 | 5 | 7 | 1 |
| 1 | 7 | | 8 | 2 | | 9 | 8 | | 6 | 9 | 8 | |
| 3 | 9 | 4 | | 5 | 7 | 6 | 9 | 8 | 3 | | 5 | 9 |
| | | 2 | 1 | | 9 | 7 | | 9 | 4 | 7 | 6 | 8 |
| 2 | 8 | 1 | 3 | | 3 | 5 | 7 | | 8 | 9 | | |
| 3 | 9 | | 5 | 7 | 6 | 8 | 9 | | 7 | 8 | 5 | 9 |
| 1 | 7 | | 4 | 2 | 5 | | 8 | 7 | 9 | | 1 | 8 |
| 5 | 6 | 9 | 8 | | 8 | 2 | 6 | 9 | 5 | 7 | 4 | |
| | | 7 | 2 | 3 | | 1 | 5 | 6 | | 9 | 6 | 8 |
| 3 | 4 | 8 | 6 | 2 | 1 | 5 | | 4 | 1 | 6 | 3 | 2 |
| 1 | 2 | 4 | | 1 | 3 | 4 | | 8 | 9 | | 2 | 1 |

184

| | | | | | | | | | | | | |
|---|---|---|---|---|---|---|---|---|---|---|---|---|
| 3 | 6 | 1 | | 4 | 3 | 2 | | | 7 | 8 | 9 | |
| 1 | 2 | 4 | | 2 | 1 | 3 | 5 | | 1 | 2 | 4 | 7 |
| | | 2 | 4 | 1 | | 1 | 3 | 4 | 2 | | 8 | 9 |
| 2 | 1 | 3 | 6 | | | | 6 | 2 | | 4 | 6 | |
| 6 | 9 | 5 | 8 | 7 | | 2 | 7 | 1 | 3 | 6 | | |
| 1 | 3 | | 9 | 6 | 4 | 1 | 2 | 3 | 5 | 7 | 8 | |
| | 7 | 2 | | 9 | 7 | 6 | 8 | 5 | | 8 | 9 | 7 |
| | | 3 | 4 | 8 | | 3 | 9 | | 7 | 9 | 6 | 8 |
| | 8 | 1 | 2 | | 5 | 4 | 1 | 7 | 3 | 2 | | |
| 5 | 6 | 4 | 1 | 2 | 3 | | 4 | 6 | | 5 | 1 | |
| 9 | 7 | | 3 | 5 | | | | 8 | 2 | | 3 | 1 |
| | 9 | 6 | | 1 | 9 | | 7 | 9 | 6 | 8 | 4 | 5 |
| | | 8 | 9 | 3 | 7 | 6 | 5 | | 1 | 9 | 2 | |
| 9 | 8 | 5 | 7 | | 6 | 4 | | 2 | 3 | 5 | | |
| 7 | 9 | 3 | | 7 | 4 | 2 | 3 | 1 | | 7 | 9 | |
| | 7 | 2 | 8 | 9 | 5 | 3 | 6 | 4 | 1 | | 2 | 6 |
| | | 4 | 2 | 6 | 3 | 1 | | 7 | 6 | 4 | 8 | 9 |
| | 4 | 1 | | 4 | 2 | | | | 2 | 3 | 1 | 8 |
| 1 | 3 | | 9 | 8 | 1 | 7 | | 1 | 4 | 2 | | |
| 2 | 1 | 3 | 5 | | 8 | 9 | 7 | 3 | | 1 | 7 | 2 |
| | 2 | 7 | 1 | | | 4 | 1 | 2 | | 6 | 9 | 8 |

## SOLUTION

185

| | | | | | | | | | | | | |
|---|---|---|---|---|---|---|---|---|---|---|---|---|
| | | | 8 | 6 | 9 | | | | 1 | 5 | | |
| | 6 | 8 | 9 | 4 | 7 | | 2 | 7 | 3 | 4 | 5 | 1 |
| 8 | 9 | 7 | | 7 | 8 | 9 | 5 | 6 | | 3 | 4 | 9 |
| 9 | 7 | 5 | | 2 | 4 | 3 | 1 | 5 | | 8 | 2 | |
| | | 4 | 2 | 1 | | | | 3 | 5 | 2 | 1 | |
| 4 | 2 | 6 | 1 | 3 | | 5 | 7 | 9 | 8 | 6 | | |
| 8 | 5 | 9 | | 5 | 7 | 9 | 6 | 8 | | 1 | 3 | 2 |
| 7 | 1 | | | | 3 | 8 | 4 | | | | 1 | 4 |
| 9 | 6 | 7 | | 4 | 1 | 6 | 8 | 3 | | 6 | 2 | 1 |
| | 4 | 6 | 3 | 1 | 2 | | 9 | 4 | 8 | 7 | | |
| | 3 | 4 | 1 | 2 | | | | 2 | 1 | 4 | 5 | |
| | | 8 | 5 | 7 | 9 | | 5 | 6 | 9 | 8 | 7 | |
| 7 | 8 | 9 | | 3 | 6 | 2 | 4 | 1 | | 9 | 6 | 8 |
| 9 | 7 | | | | 7 | 3 | 1 | | | | 8 | 9 |
| 6 | 2 | 3 | | 3 | 4 | 1 | 2 | 6 | | 4 | 9 | 7 |
| | | 9 | 7 | 4 | 8 | 6 | | 4 | 2 | 1 | 3 | 6 |
| | 5 | 4 | 1 | 2 | | | | 8 | 9 | 5 | | |
| | 7 | 5 | | 1 | 3 | 4 | 2 | 5 | | 3 | 2 | 1 |
| 9 | 8 | 6 | | 5 | 1 | 9 | 3 | 7 | | 2 | 1 | 5 |
| 7 | 9 | 8 | 5 | 6 | 4 | | 6 | 9 | 8 | 7 | 4 | |
| | | 7 | 9 | | | | 1 | 2 | 4 | | | |

186

| | | | | | | | | | | | | |
|---|---|---|---|---|---|---|---|---|---|---|---|---|
| | | 4 | 7 | 3 | 5 | 1 | 2 | | | 4 | 2 | 1 |
| | 7 | 6 | 8 | 2 | 9 | 4 | 5 | | 5 | 2 | 1 | 3 |
| 7 | 5 | 8 | 9 | 1 | | 2 | 4 | 1 | 6 | 5 | 3 | |
| 8 | 3 | 9 | | | 7 | 3 | | 3 | 4 | 1 | | |
| 6 | 2 | 7 | | | 9 | 7 | 8 | | | 6 | 9 | 8 |
| 9 | 4 | | 9 | 6 | 8 | 5 | 7 | | | 3 | 2 | 1 |
| 4 | 1 | 7 | 2 | 3 | 5 | | 9 | 7 | 4 | | 8 | 2 |
| | | 3 | 1 | | | 3 | 5 | 9 | 6 | 8 | 7 | |
| | 8 | 9 | 4 | | | 1 | 4 | | 3 | 1 | | |
| 8 | 1 | 2 | | 1 | 3 | 5 | 6 | 8 | 2 | 9 | 7 | 4 |
| 9 | 6 | 8 | 5 | 4 | 7 | | 3 | 7 | 1 | 4 | 5 | 2 |
| 7 | 3 | 6 | 4 | 2 | 5 | 8 | 1 | 9 | | 2 | 3 | 1 |
| | | 1 | 3 | | 8 | 9 | | | 2 | 7 | 1 | |
| | 7 | 4 | 1 | 3 | 2 | 5 | | | 1 | 3 | | |
| 7 | 9 | | 2 | 8 | 9 | | 9 | 7 | 3 | 6 | 8 | 5 |
| 1 | 6 | 8 | | | 6 | 7 | 8 | 9 | 5 | | 9 | 3 |
| 3 | 8 | 9 | | | 4 | 1 | 7 | | | 1 | 3 | 2 |
| | | 6 | 8 | 9 | | 2 | 5 | | | 3 | 6 | 1 |
| | 6 | 5 | 9 | 7 | 8 | 4 | | 8 | 9 | 6 | 7 | 4 |
| 7 | 1 | 4 | 2 | | 7 | 3 | 1 | 4 | 6 | 2 | 5 | |
| 9 | 8 | 7 | | | 9 | 5 | 6 | 7 | 8 | 4 | | |

187

| | | | | | | | | | | | | |
|---|---|---|---|---|---|---|---|---|---|---|---|---|
| | | 3 | 6 | | 1 | 4 | 2 | | 3 | 2 | | |
| 8 | 7 | 9 | 5 | | 3 | 1 | 4 | | 5 | 9 | 7 | 8 |
| 5 | 2 | | 1 | 2 | | | 1 | 4 | 2 | | 3 | 2 |
| 9 | 1 | | 2 | 8 | 5 | 7 | 3 | 6 | 1 | 9 | 4 | |
| | | 1 | 3 | | 1 | 8 | | | | 8 | 5 | |
| 7 | 8 | 5 | 4 | 6 | 9 | | 3 | 6 | 4 | 1 | 2 | 7 |
| 6 | 9 | | | 5 | 4 | | 6 | 9 | 8 | | 1 | 9 |
| | 4 | 1 | 3 | | 6 | 4 | 8 | 7 | 9 | | 9 | 8 |
| | 7 | 4 | 2 | | 3 | 1 | | | | 3 | 8 | |
| | 6 | 2 | 1 | | 7 | 3 | 4 | 2 | 5 | 1 | 6 | |
| | | | 4 | 3 | 2 | | 5 | 6 | 1 | | | |
| | 5 | 7 | 9 | 2 | 8 | 4 | 6 | | 3 | 2 | 4 | |
| | 1 | 4 | | | | 2 | 9 | | 8 | 5 | 9 | |
| 9 | 7 | | 8 | 4 | 2 | 1 | 3 | | 2 | 1 | 7 | |
| 8 | 9 | | 6 | 3 | 1 | | 2 | 1 | | | 8 | 9 |
| 5 | 6 | 8 | 9 | 7 | 4 | | 8 | 9 | 4 | 7 | 6 | 5 |
| | 2 | 1 | | | | 9 | 7 | | 6 | 8 | | |
| | 4 | 5 | 7 | 6 | 9 | 8 | 1 | 3 | 2 | | 2 | 3 |
| 9 | 8 | | 9 | 7 | 8 | | | 4 | 1 | | 3 | 1 |
| 1 | 3 | 2 | 4 | | 5 | 1 | 3 | | 3 | 2 | 1 | 4 |
| | | 3 | 8 | | 7 | 9 | 8 | | 7 | 9 | | |

188

| | | | | | | | | | | | | |
|---|---|---|---|---|---|---|---|---|---|---|---|---|
| | 7 | 5 | 1 | 4 | 3 | 2 | | 6 | 8 | 9 | 4 | 7 |
| 2 | 8 | 7 | 5 | 9 | 6 | 3 | | 1 | 4 | 3 | 2 | 5 |
| 1 | 5 | 4 | 2 | | 1 | 5 | 2 | 3 | | 8 | 3 | 9 |
| 3 | 9 | 8 | | | 2 | 1 | 4 | | | | 6 | 8 |
| | 1 | 3 | 8 | 2 | 4 | | 1 | 3 | | 9 | 1 | |
| | | 2 | 4 | 1 | | | | 1 | 3 | 8 | | |
| 2 | 3 | 1 | | 5 | 2 | | 3 | 4 | 5 | 7 | 2 | 1 |
| 5 | 1 | | | | 5 | 3 | 2 | 6 | 1 | | 7 | 9 |
| 1 | 2 | 4 | | 3 | 1 | 5 | 4 | 2 | | 9 | 4 | 7 |
| 3 | 4 | 6 | 2 | 1 | | 2 | 1 | | 2 | 5 | 1 | 3 |
| | | 8 | 5 | 4 | 1 | | 5 | 2 | 1 | 3 | | |
| 2 | 5 | 7 | 1 | | 3 | 7 | | 1 | 4 | 2 | 5 | 3 |
| 6 | 8 | 9 | | 4 | 2 | 6 | 1 | 3 | | 1 | 2 | 4 |
| 3 | 9 | | 7 | 8 | 4 | 9 | 5 | | | | 3 | 1 |
| 1 | 7 | 9 | 2 | 6 | 5 | | 2 | 1 | | 4 | 1 | 2 |
| | | 8 | 1 | 9 | | | | 6 | 9 | 8 | | |
| | 3 | 1 | | 7 | 8 | | 5 | 3 | 7 | 1 | 2 | |
| 1 | 4 | | | | 9 | 3 | 8 | | | 5 | 1 | 9 |
| 2 | 1 | 7 | | 2 | 6 | 1 | 3 | | 9 | 7 | 6 | 8 |
| 5 | 6 | 9 | 8 | 7 | | 6 | 9 | 7 | 8 | 2 | 3 | 5 |
| 3 | 2 | 6 | 4 | 1 | | 2 | 7 | 1 | 5 | 3 | 4 | |

**189**

| | | | | | | | | | | | | |
|---|---|---|---|---|---|---|---|---|---|---|---|---|
| | 9 | 8 | | 9 | 5 | | 8 | 4 | | 1 | 7 | |
| 9 | 3 | 5 | 6 | 7 | 8 | | 6 | 8 | 7 | 5 | 9 | 3 |
| 7 | 6 | 9 | 8 | | 7 | 6 | 9 | | 3 | 2 | 4 | 1 |
| | 5 | 7 | 3 | 9 | 6 | 8 | | 5 | 1 | 3 | 2 | |
| 9 | 8 | | 5 | 7 | 9 | 4 | 2 | 8 | 6 | | 8 | 9 |
| 8 | 7 | 9 | 4 | 6 | | 7 | 3 | 9 | 8 | 5 | 6 | 4 |
| | 3 | 1 | | 3 | 9 | 1 | | 2 | 8 | | | |
| 9 | 6 | 8 | 7 | 3 | 5 | | 6 | 3 | 9 | 7 | 5 | 8 |
| 8 | 1 | | 9 | 2 | 1 | 8 | | 7 | 4 | 9 | 8 | 6 |
| 6 | 4 | 3 | 2 | 1 | | 4 | 1 | 2 | 5 | | 7 | 9 |
| | 2 | 1 | | 6 | 8 | 7 | 9 | 5 | | 7 | 9 | |
| 2 | 5 | | 2 | 4 | 3 | 6 | | 4 | 1 | 3 | 6 | 2 |
| 1 | 3 | 2 | 4 | 5 | | 9 | 8 | 6 | 2 | | 3 | 1 |
| 3 | 8 | 5 | 6 | 7 | 9 | | 5 | 1 | 7 | 2 | 4 | 3 |
| | 1 | 9 | | 7 | 4 | 9 | | 3 | 1 | | | |
| 7 | 4 | 3 | 5 | 2 | 6 | 1 | | 3 | 6 | 4 | 1 | 2 |
| 9 | 1 | | 7 | 4 | 5 | 2 | 6 | 9 | 8 | | 3 | 1 |
| | 5 | 2 | 3 | 1 | | 3 | 1 | 7 | 4 | 5 | 2 | |
| 9 | 7 | 5 | 8 | | 1 | 5 | 2 | | 9 | 8 | 5 | 7 |
| 7 | 2 | 3 | 1 | 5 | 4 | | 3 | 2 | 5 | 7 | 4 | 1 |
| | 3 | 1 | | 1 | 3 | | 4 | 1 | | 9 | 7 | |

**190**

| | | | | | | | | | | | | |
|---|---|---|---|---|---|---|---|---|---|---|---|---|
| 1 | 4 | 2 | | 5 | 1 | | | 6 | 7 | | | |
| 3 | 2 | 1 | | 8 | 3 | 6 | 7 | 5 | 9 | | 7 | 9 |
| | 7 | 3 | 1 | 6 | 2 | 5 | 4 | | 5 | 7 | 9 | 8 |
| 2 | 3 | | 2 | 1 | | | 9 | 7 | 8 | 6 | 5 | |
| 1 | 5 | 4 | 3 | 2 | | | 8 | 9 | | | 8 | 7 |
| 4 | 1 | 2 | | 3 | 2 | 1 | 6 | 4 | | 8 | 6 | 9 |
| | 1 | 2 | 4 | 5 | 3 | | 8 | 7 | 9 | | | |
| | 5 | 1 | | 4 | 8 | 6 | 9 | 3 | 5 | 7 | | |
| 2 | 1 | 3 | 4 | | 2 | 9 | | | 6 | 8 | 9 | |
| 1 | 4 | | 8 | 9 | 4 | 6 | 7 | | | 5 | 6 | |
| | 6 | 4 | 3 | 2 | 1 | | 6 | 4 | 8 | 7 | 9 | |
| | 2 | 1 | | 3 | 1 | 4 | 2 | 6 | | 7 | 5 | |
| 1 | 3 | 5 | | 6 | 2 | | | 7 | 9 | 3 | 8 | |
| 8 | 5 | 6 | 9 | 7 | 2 | 4 | | 4 | 7 | | | |
| | 3 | 8 | 9 | | 6 | 7 | 4 | 9 | 8 | | | |
| 3 | 1 | 2 | | 6 | 4 | 3 | 1 | 2 | | 6 | 2 | 1 |
| 1 | 5 | | 8 | 1 | | 6 | 1 | 4 | 3 | 2 | | |
| | 3 | 4 | 1 | 5 | 2 | | 7 | 5 | | 6 | 4 | |
| 3 | 4 | 1 | 2 | | 6 | 8 | 4 | 1 | 2 | 3 | 5 | |
| 1 | 2 | | 4 | 7 | 3 | 1 | 2 | 5 | | 1 | 4 | 2 |
| | 3 | 1 | | 1 | 3 | | 2 | 1 | 3 | | | |

**191**

| | | | | | | | | | | | | |
|---|---|---|---|---|---|---|---|---|---|---|---|---|
| | 2 | 1 | 4 | | 6 | 8 | 9 | | | 8 | 9 | |
| 1 | 5 | 3 | 2 | | 7 | 9 | 4 | 8 | 6 | | 9 | 7 |
| 8 | 3 | | 6 | 9 | 8 | | 7 | 9 | 3 | 6 | 5 | 8 |
| 9 | 1 | 5 | 3 | 7 | 4 | 6 | 8 | | 2 | 7 | 6 | |
| | 2 | 1 | | 1 | 3 | | 2 | 1 | 4 | | | |
| 2 | 3 | 1 | | 3 | 9 | 7 | 1 | 5 | 4 | 8 | 6 | |
| 4 | 6 | 3 | 2 | 1 | | 4 | 3 | 1 | | 3 | 4 | 1 |
| 1 | 5 | | 3 | 4 | 7 | 1 | 2 | | 1 | 5 | 2 | 3 |
| 3 | 7 | 1 | 4 | 2 | 6 | 5 | | 3 | 2 | 1 | | |
| | 4 | 3 | 1 | | 3 | 2 | 6 | 1 | | 2 | 4 | 1 |
| 3 | 1 | | 6 | 9 | 8 | | 4 | 2 | 1 | | 2 | 3 |
| 1 | 2 | 3 | | 7 | 9 | 6 | 8 | | 4 | 2 | 1 | |
| | 1 | 2 | 4 | | 7 | 9 | 8 | 2 | 6 | 5 | 4 | |
| 3 | 1 | 2 | 4 | | 8 | 5 | 7 | 1 | 3 | | 3 | 7 |
| 1 | 2 | 4 | | 8 | 7 | 9 | | 9 | 6 | 4 | 7 | 8 |
| | 3 | 8 | 7 | 6 | 9 | 4 | 5 | 2 | | 8 | 6 | 9 |
| | 6 | 8 | 9 | | 8 | 9 | | 8 | 9 | | | |
| | 8 | 7 | 9 | | 2 | 1 | 3 | 9 | 4 | 7 | 5 | 8 |
| 6 | 5 | 9 | 4 | 8 | 7 | | 8 | 7 | 9 | | 9 | 7 |
| 9 | 7 | | 6 | 9 | 8 | 4 | 7 | | 7 | 8 | 6 | 9 |
| 8 | 9 | | | 9 | 8 | 6 | | 6 | 9 | 8 | | |

**192**

| | | | | | | | | | | | | |
|---|---|---|---|---|---|---|---|---|---|---|---|---|
| | 4 | 1 | 2 | | 3 | 4 | 2 | 1 | | 8 | 9 | |
| 4 | 8 | 3 | 6 | 7 | 2 | 9 | 1 | 5 | | 7 | 8 | 9 |
| 1 | 5 | | 3 | 2 | 1 | 6 | | 3 | 6 | 2 | 1 | 4 |
| 2 | 6 | 3 | 1 | 4 | | 7 | 1 | 2 | 9 | 4 | 3 | |
| | 2 | 1 | | 9 | 7 | 8 | 4 | | 8 | 6 | 5 | 9 |
| 9 | 7 | | 6 | 8 | 9 | | 5 | 7 | | 9 | 6 | 8 |
| 8 | 9 | 4 | 7 | 6 | | 4 | 3 | 8 | 1 | 5 | 2 | |
| | 6 | 8 | 5 | 4 | 1 | 2 | 3 | 7 | | 7 | 9 | |
| 8 | 5 | 7 | 9 | | 5 | 3 | | 9 | 2 | 3 | 4 | 1 |
| 9 | 7 | 8 | | 1 | 3 | 2 | 6 | | 3 | 1 | | |
| 6 | 1 | 5 | 4 | 3 | 2 | | 7 | 1 | 4 | 5 | 2 | 3 |
| | 3 | 6 | | 1 | 2 | 5 | 3 | | 4 | 1 | 2 | |
| 7 | 4 | 9 | 8 | 6 | | 5 | 9 | | 2 | 6 | 4 | 1 |
| 9 | 8 | | 9 | 2 | 6 | 1 | 8 | 5 | 3 | 7 | | |
| | 2 | 4 | 7 | 1 | 5 | 3 | | 3 | 1 | 2 | 4 | 5 |
| 8 | 9 | 6 | | 3 | 1 | | 9 | 8 | 7 | | 3 | 1 |
| 9 | 5 | 7 | 8 | | 4 | 7 | 2 | 1 | | 9 | 7 | |
| | 1 | 3 | 7 | 9 | 2 | 8 | | 4 | 1 | 5 | 6 | 3 |
| 7 | 3 | 5 | 9 | 8 | | 6 | 1 | 2 | 3 | | 2 | 1 |
| 9 | 6 | 8 | | 7 | 3 | 9 | 4 | 6 | 5 | 1 | 8 | 2 |
| | 7 | 9 | | 5 | 1 | 3 | 2 | | 2 | 3 | 1 | |

193

| | | | | | | | | | | | | |
|---|---|---|---|---|---|---|---|---|---|---|---|---|
| 9 | 8 | | 6 | 2 | 9 | 7 | 4 | 8 | | 9 | 7 | |
| 8 | 5 | | 7 | 1 | 4 | 3 | 5 | 9 | 2 | 8 | 6 | |
| 6 | 7 | 8 | 9 | 5 | | | | 2 | 1 | 6 | 3 | 4 |
| | 9 | 7 | | 3 | 2 | 6 | 1 | 4 | 5 | | 9 | 7 |
| | | 6 | 5 | 4 | 1 | 2 | 3 | | 3 | 2 | 8 | 9 |
| | 2 | 5 | 1 | | 3 | 1 | | | | 1 | 5 | 8 |
| 2 | 1 | 4 | | | | 4 | 6 | | 5 | 3 | | |
| 8 | 7 | 9 | 5 | | 2 | 3 | 5 | 7 | 6 | 4 | 1 | 8 |
| 1 | 3 | | 7 | 9 | 6 | | 3 | 2 | 1 | | 7 | 9 |
| 3 | 4 | | 2 | 5 | 4 | 1 | 9 | 8 | 7 | 3 | 6 | |
| | 9 | 8 | 6 | | 1 | 2 | 4 | | 2 | 1 | 4 | |
| | 5 | 9 | 4 | 1 | 3 | 6 | 7 | 2 | 8 | | 2 | 8 |
| 1 | 8 | | 9 | 2 | 8 | | 2 | 1 | 4 | | 9 | 7 |
| 2 | 6 | 5 | 3 | 4 | 7 | 9 | 8 | | 3 | 2 | 5 | 1 |
| | | 2 | 8 | | 9 | 8 | | | | 5 | 8 | 9 |
| 1 | 2 | 3 | | | | 7 | 3 | | 2 | 1 | 3 | |
| 2 | 4 | 1 | 3 | | 1 | 5 | 7 | 2 | 3 | 4 | | |
| 3 | 1 | | 2 | 5 | 3 | 6 | 4 | 1 | | 3 | 1 | |
| 5 | 7 | 4 | 8 | 9 | | | | 3 | 1 | 6 | 2 | 4 |
| | 5 | 2 | 1 | 8 | 6 | 3 | 9 | 7 | 4 | | 3 | 1 |
| | 3 | 1 | | 7 | 3 | 1 | 5 | 4 | 2 | | 6 | 2 |

194

| | | | | | | | | | | | | |
|---|---|---|---|---|---|---|---|---|---|---|---|---|
| 8 | 9 | | | 7 | 1 | 9 | 4 | | 2 | 5 | 4 | 1 |
| 9 | 7 | 8 | | 9 | 7 | 8 | 5 | | 1 | 9 | 6 | 7 |
| 6 | 2 | 5 | 1 | 3 | | | 6 | 9 | 4 | 8 | | |
| | | 6 | 9 | 8 | | 4 | 1 | 2 | | 7 | 4 | 8 |
| | 8 | 9 | | | | 1 | 2 | 5 | 3 | | 2 | 5 |
| 7 | 6 | 4 | | 9 | 7 | 5 | 8 | | 7 | 8 | 5 | 9 |
| 5 | 4 | 7 | 9 | 6 | 8 | 2 | 3 | 1 | | 5 | 1 | 7 |
| 8 | 9 | | 7 | 8 | 9 | | | 2 | 1 | 3 | | |
| 9 | 7 | 5 | 8 | | 5 | 1 | | 4 | 5 | 7 | 2 | 9 |
| | | 1 | 4 | 3 | 6 | 2 | | | | 1 | 4 | 2 |
| 3 | 9 | 7 | | 1 | 3 | 4 | 2 | 6 | | 2 | 1 | 3 |
| 1 | 6 | 3 | | | | 6 | 9 | 8 | 7 | 4 | | |
| 4 | 8 | 6 | 9 | 7 | | 3 | 7 | | 8 | 6 | 9 | 7 |
| | | 2 | 1 | 4 | | | 6 | 8 | 9 | | 8 | 9 |
| 2 | 1 | 4 | | 9 | 3 | 1 | 4 | 7 | 5 | 2 | 6 | 8 |
| 1 | 3 | 9 | 7 | | 6 | 5 | 8 | 9 | | 3 | 4 | 5 |
| 3 | 5 | | 3 | 1 | 5 | 2 | | | | 1 | 7 | |
| 4 | 2 | 1 | | 8 | 9 | 3 | | 9 | 7 | 5 | | |
| | | 8 | 9 | 2 | 7 | | | 8 | 9 | 4 | 6 | 7 |
| 2 | 1 | 3 | 5 | | 4 | 7 | 9 | 5 | | 7 | 9 | 8 |
| 1 | 5 | 2 | 7 | | 8 | 9 | 6 | 7 | | | 5 | 9 |

195

| | | | | | | | | | | | | |
|---|---|---|---|---|---|---|---|---|---|---|---|---|
| 1 | 3 | 2 | 5 | | | | 3 | 1 | 6 | | | |
| 4 | 2 | 1 | 6 | | | 4 | 2 | 3 | 8 | 1 | | |
| 2 | 5 | 3 | 9 | | 4 | 8 | 7 | 5 | 9 | 6 | 3 | |
| | 1 | 4 | 3 | 5 | 2 | 7 | | | 5 | 2 | 1 | 3 |
| | | 6 | 7 | 8 | 5 | 9 | 3 | | | 4 | 2 | 1 |
| | | | 8 | 9 | 6 | | 1 | 7 | 3 | 5 | 4 | 2 |
| 1 | 2 | 5 | 4 | 7 | 3 | | 2 | 4 | 1 | | | |
| 3 | 1 | 2 | | 6 | 8 | 9 | | 6 | 4 | 8 | 9 | 7 |
| 4 | 3 | 1 | 2 | | 1 | 4 | 2 | 5 | | 1 | 2 | 4 |
| | 4 | 3 | 1 | 2 | | 7 | 4 | 2 | 6 | 5 | 8 | 9 |
| | | | 6 | 4 | 2 | 8 | 1 | 3 | 5 | | | |
| 2 | 5 | 8 | 3 | 1 | 4 | 6 | | 1 | 2 | 4 | 7 | |
| 1 | 3 | 6 | | 3 | 1 | 5 | 2 | | 1 | 2 | 3 | 5 |
| 4 | 7 | 9 | 8 | 6 | | 2 | 1 | 4 | | 6 | 8 | 9 |
| | | | 9 | 7 | 8 | | 6 | 8 | 4 | 1 | 9 | 7 |
| 3 | 8 | 7 | 6 | 5 | 9 | | 3 | 6 | 1 | | | |
| 4 | 9 | 2 | | | 4 | 1 | 5 | 7 | 3 | 2 | | |
| 1 | 5 | 3 | 2 | | | 6 | 8 | 9 | 5 | 4 | 7 | |
| | 6 | 1 | 5 | 2 | 8 | 3 | 4 | | 2 | 1 | 5 | 4 |
| | | 6 | 1 | 4 | 9 | 2 | | | 6 | 3 | 8 | 9 |
| | | | 3 | 1 | 5 | | | | 8 | 6 | 9 | 5 |

196

| | | | | | | | | | | | | |
|---|---|---|---|---|---|---|---|---|---|---|---|---|
| | 4 | 2 | 3 | 1 | | | | 5 | 6 | 9 | | |
| 4 | 6 | 1 | 5 | 3 | 2 | | 6 | 7 | 9 | 8 | 5 | |
| 2 | 1 | | 1 | 4 | 5 | 6 | 3 | 2 | 8 | | 3 | 1 |
| 1 | 3 | 4 | 2 | 5 | | 9 | 1 | 4 | | 3 | 1 | 2 |
| | 2 | 6 | | 6 | 9 | 7 | | 3 | 6 | 1 | 2 | 4 |
| | | 1 | 3 | 2 | 6 | | 9 | 1 | 8 | 2 | | |
| 1 | 4 | 5 | 2 | | 8 | 9 | 7 | | 4 | 5 | 1 | 2 |
| 2 | 1 | 3 | | 5 | 7 | 8 | 4 | 6 | 9 | | 3 | 1 |
| | 3 | 2 | 7 | 1 | 4 | 5 | | 9 | 7 | 6 | 8 | |
| 8 | 2 | | 6 | 4 | | 7 | 9 | 8 | | 7 | 9 | 8 |
| 6 | 8 | 7 | 9 | 3 | 5 | | 7 | 3 | 8 | 9 | 5 | 6 |
| 9 | 6 | 8 | | 8 | 9 | 7 | | 7 | 9 | | 7 | 9 |
| | 5 | 9 | 8 | 6 | | 9 | 7 | 5 | 6 | 8 | 4 | |
| 9 | 7 | | 3 | 2 | 7 | 5 | 1 | 4 | | 3 | 6 | 2 |
| 5 | 9 | 8 | 7 | | 9 | 8 | 6 | | 3 | 6 | 2 | 1 |
| | | 5 | 9 | 1 | 8 | | 2 | 3 | 1 | 5 | | |
| 8 | 9 | 7 | 6 | 5 | | 1 | 3 | 4 | | 9 | 8 | |
| 6 | 8 | 9 | | 3 | 1 | 2 | | 6 | 5 | 7 | 9 | 8 |
| 9 | 7 | | 3 | 7 | 2 | 6 | 4 | 5 | 1 | | 7 | 9 |
| | 6 | 3 | 1 | 2 | 4 | | 1 | 2 | 3 | 5 | 4 | 7 |
| | | 1 | 2 | 4 | | | | 1 | 2 | 3 | 6 | |

**197**

| | | | | | | | | | | | | |
|---|---|---|---|---|---|---|---|---|---|---|---|---|
| 9 | 5 |  |  | 2 | 3 | 1 |  |  | 8 | 9 | 6 |  |
| 7 | 9 | 6 |  | 7 | 8 | 4 | 9 |  | 1 | 2 | 6 | 3 |
|  | 7 | 8 | 5 | 9 |  | 1 | 2 | 3 | 5 |  | 5 | 1 |
| 3 | 6 | 5 | 1 | 8 | 4 | 2 |  | 9 | 6 | 7 | 8 |  |
| 5 | 8 | 9 | 7 |  | 9 | 6 | 7 |  | 2 | 6 | 3 | 1 |
| 2 | 4 |  | 2 | 1 | 5 |  | 8 | 2 | 4 |  | 7 | 3 |
|  | 2 | 4 | 3 | 6 | 1 | 9 | 7 | 8 | 5 |  |  |  |
| 7 | 9 | 8 | 3 |  | 7 | 3 |  | 3 | 2 | 1 | 5 |  |
| 9 | 8 | 6 |  | 6 | 8 | 4 | 9 | 7 |  | 9 | 3 | 8 |
|  | 6 | 3 | 1 | 5 | 2 |  | 8 | 5 | 6 | 7 | 4 | 9 |
|  | 7 | 4 | 9 |  |  |  | 2 | 8 | 1 |  |  |  |
| 4 | 3 | 5 | 2 | 7 | 1 |  | 3 | 1 | 9 | 4 | 2 |  |
| 1 | 2 | 9 |  | 8 | 9 | 7 | 5 | 3 |  | 6 | 3 | 8 |
| 2 | 5 | 1 | 3 |  | 8 | 9 |  | 5 | 8 | 7 | 9 |  |
|  | 4 | 6 | 8 | 2 | 9 | 7 | 5 | 1 | 3 |  |  |  |
| 2 | 1 |  | 2 | 4 | 1 |  | 4 | 1 | 2 |  | 4 | 9 |
| 8 | 5 | 9 | 7 |  | 5 | 9 | 8 |  | 4 | 2 | 6 | 8 |
|  | 6 | 8 | 5 | 9 |  | 4 | 6 | 2 | 3 | 1 | 5 | 7 |
| 1 | 2 |  | 4 | 7 | 8 | 6 |  | 7 | 9 | 5 | 8 |  |
| 6 | 3 | 2 | 1 |  | 6 | 7 | 2 | 1 |  | 4 | 7 | 2 |
| 2 | 4 | 1 |  | 9 | 8 | 6 |  |  | 9 | 7 |  |  |

**198**

| | | | | | | | | | | | | |
|---|---|---|---|---|---|---|---|---|---|---|---|---|
| 2 | 3 |  | 8 | 5 |  |  | 9 | 5 | 8 |  | 3 | 9 |
| 4 | 1 | 2 | 3 | 6 |  | 3 | 7 | 4 | 9 | 6 | 5 | 8 |
| 1 | 2 | 3 |  | 3 | 1 | 4 | 6 | 2 |  | 3 | 1 | 6 |
|  | 6 | 8 | 3 | 9 | 5 | 7 |  | 1 | 5 | 2 |  |  |
|  | 6 | 9 | 8 |  | 9 | 8 |  | 2 | 1 | 4 | 7 |  |
| 1 | 2 | 4 |  | 7 | 8 | 5 | 6 | 9 | 4 |  | 1 | 9 |
| 3 | 1 | 5 | 2 |  | 9 | 8 |  | 2 | 1 | 4 | 3 | 8 |
|  | 3 | 1 | 4 | 9 | 7 | 6 | 2 | 8 |  | 1 | 2 |  |
| 1 | 5 |  | 9 | 8 |  |  | 3 | 7 | 1 |  | 5 | 2 |
| 9 | 4 | 3 | 6 | 5 | 7 | 2 | 8 |  | 5 | 8 | 6 | 9 |
|  | 1 | 8 |  | 2 | 1 | 4 |  | 7 | 9 |  |  |  |
| 9 | 8 | 5 | 7 |  | 5 | 3 | 1 | 8 | 4 | 6 | 2 | 7 |
| 4 | 6 |  | 5 | 1 | 9 |  |  | 5 | 3 |  | 5 | 9 |
|  | 9 | 6 |  | 4 | 8 | 7 | 9 | 6 | 2 | 5 | 1 |  |
| 2 | 4 | 1 | 6 | 3 |  | 2 | 6 |  | 8 | 9 | 6 | 7 |
| 8 | 5 |  | 9 | 5 | 7 | 6 | 8 | 3 |  | 4 | 3 | 1 |
| 9 | 7 | 5 | 8 |  | 1 | 9 |  | 6 | 7 | 8 |  |  |
|  | 4 | 5 | 9 |  | 5 | 3 | 1 | 4 | 2 | 7 |  |  |
| 1 | 8 | 2 |  | 7 | 6 | 8 | 9 | 4 |  | 6 | 8 | 1 |
| 4 | 6 | 1 | 5 | 8 | 2 | 3 |  | 5 | 8 | 7 | 9 | 4 |
| 3 | 9 |  | 9 | 6 | 1 |  |  | 2 | 5 |  | 6 | 2 |

**199**

| | | | | | | | | | | | | |
|---|---|---|---|---|---|---|---|---|---|---|---|---|
|  | 6 | 2 |  | 5 | 1 | 3 | 2 |  | 8 | 6 | 9 |  |
| 9 | 7 | 8 |  | 9 | 7 | 1 | 4 |  | 9 | 4 | 7 | 8 |
| 6 | 8 | 3 | 9 | 7 | 5 |  | 1 | 2 |  | 9 | 8 | 6 |
| 8 | 9 | 5 | 7 |  | 2 | 1 |  | 5 | 6 | 8 |  |  |
|  | 4 | 6 |  | 6 | 4 | 9 | 2 | 3 | 1 | 7 | 8 | 5 |
|  | 4 | 1 | 2 | 3 |  | 4 | 1 | 2 |  | 7 | 9 |  |
| 3 | 5 | 1 | 2 |  | 5 | 9 |  | 9 | 8 | 6 |  |  |
| 1 | 6 | 9 | 4 | 8 |  | 7 | 6 | 2 | 5 | 1 | 4 | 3 |
|  | 3 | 7 |  | 9 | 8 | 6 |  | 3 | 7 |  | 9 | 1 |
| 9 | 1 |  | 5 | 7 | 9 | 8 |  | 1 | 4 | 2 |  |  |
| 7 | 8 | 9 | 4 |  | 7 | 3 | 5 |  | 8 | 6 | 9 | 7 |
|  | 7 | 8 | 9 |  | 1 | 4 | 2 | 3 |  | 1 | 9 |  |
| 3 | 7 |  | 3 | 7 |  | 2 | 1 | 3 |  | 9 | 7 |  |
| 1 | 6 | 3 | 2 | 8 | 5 | 4 |  | 1 | 6 | 4 | 3 | 8 |
|  | 8 | 7 | 9 |  | 8 | 9 |  | 8 | 7 | 5 | 9 |  |
| 7 | 9 |  | 6 | 3 | 7 |  | 7 | 8 | 9 | 5 |  |  |
| 3 | 5 | 8 | 7 | 4 | 9 | 1 | 6 | 2 |  | 3 | 9 |  |
|  | 4 | 1 | 2 |  | 3 | 8 |  | 1 | 2 | 5 | 4 |  |
| 4 | 1 | 2 |  | 1 | 3 |  | 4 | 9 | 5 | 6 | 8 | 7 |
| 3 | 5 | 9 | 6 |  | 1 | 2 | 5 | 3 |  | 8 | 7 | 9 |
|  | 4 | 1 | 2 |  | 8 | 5 | 9 | 7 |  | 1 | 3 |  |

**200**

| | | | | | | | | | | | | |
|---|---|---|---|---|---|---|---|---|---|---|---|---|
|  | 1 | 9 |  | 2 | 1 | 8 | 3 |  | 4 | 1 | 2 |  |
| 1 | 3 | 5 |  | 8 | 9 | 7 | 5 |  | 6 | 3 | 1 | 2 |
| 4 | 2 | 6 | 3 | 1 |  | 5 | 1 | 4 | 2 |  | 5 | 1 |
| 2 | 6 | 7 | 4 |  | 1 | 9 |  | 8 | 1 | 2 | 3 | 5 |
|  | 3 | 1 | 5 | 2 |  | 2 | 1 | 3 | 5 |  |  |  |
| 6 | 9 | 8 |  | 8 | 4 | 9 | 5 | 7 |  | 9 | 7 | 1 |
| 9 | 8 |  | 8 | 9 | 5 | 7 |  | 9 | 8 | 7 | 5 | 3 |
| 8 | 7 | 4 | 9 | 6 |  | 6 | 4 | 2 | 5 | 1 | 3 |  |
| 7 | 5 | 2 |  | 4 | 6 | 8 | 7 | 5 | 9 |  | 6 | 2 |
|  | 1 | 7 | 3 | 2 | 4 | 5 |  | 3 | 4 | 2 | 1 |  |
| 6 | 9 | 3 | 8 | 7 | 5 |  | 3 | 2 | 6 | 5 | 1 | 4 |
| 8 | 5 | 7 | 9 |  | 1 | 6 | 2 | 9 | 7 | 8 |  |  |
| 9 | 7 |  | 5 | 2 | 3 | 4 | 1 | 7 |  | 9 | 5 | 3 |
|  | 3 | 7 | 6 | 8 | 4 | 9 |  | 4 | 3 | 7 | 2 | 1 |
| 3 | 1 | 2 | 4 | 5 |  | 7 | 5 | 8 | 9 |  | 1 | 5 |
| 9 | 8 | 6 |  | 7 | 9 | 8 | 4 | 6 |  | 1 | 4 | 2 |
|  | 1 | 2 | 4 | 7 |  | 1 | 5 | 3 | 2 |  |  |  |
| 7 | 1 | 9 | 8 | 6 |  | 9 | 7 |  | 6 | 7 | 9 | 8 |
| 9 | 3 |  | 7 | 9 | 8 | 5 |  | 6 | 8 | 4 | 7 | 9 |
| 8 | 2 | 3 | 6 |  | 6 | 8 | 7 | 9 |  | 3 | 5 | 7 |
|  | 5 | 7 | 9 |  | 9 | 7 | 5 | 8 |  | 5 | 8 |  |

# 슈퍼 스도쿠 01

제임스 E. 릴리 지음 | 4×6판 | 152쪽 | 5,900원

미시간주립대학에서 박사학위를 받은 세계적인 수학자 제임스 E. 릴리 박사가 쓴 최초의 스도쿠 책이다. 영국에서 이른바 '스도쿠 박사' 로 통하는 그는 이 책에서 초급에서 중급까지 스도쿠 입문자들을 위한 최고의 퍼즐을 선사한다.

## 슈퍼 스도쿠 01 – 레벨 2의 53번

| 1 |   |   | 5 | 2 | 3 |   |   | 9 |
|---|---|---|---|---|---|---|---|---|
|   |   |   |   |   | 1 | 3 |   |   |
|   | 7 | 3 | 9 |   | 6 | 4 |   |   |
| 3 |   | 2 | 6 |   | 8 | 7 |   | 5 |
|   |   |   |   | 4 |   |   |   |   |
| 4 |   | 7 | 2 |   | 5 | 8 |   | 6 |
|   |   | 5 |   |   | 9 | 1 | 3 |   |
|   |   | 1 | 7 |   |   |   |   |   |
| 7 |   |   | 3 | 1 | 2 |   |   | 4 |

# 슈퍼 스도쿠 02

제임스 E. 릴리 지음 | 4×6판 | 152쪽 | 5,900원

미시간주립대학에서 박사학위를 받은 세계적인 수학자 제임스 E. 릴리 박사가 쓴 『슈퍼 스도쿠 01』의 후속작이다. 중급에서 고급까지 최고의 문제들을 엄선해 수록했다. 전편을 통해 스도쿠의 길에 들어선 퍼즐러들에게 좀 더 수준 높은 문제들을 선사한다.

## 슈퍼 스도쿠 02 - 레벨 5의 39번

| | 2 | | | | | | | 6 |
|---|---|---|---|---|---|---|---|---|
| | 8 | | | | | 2 | 5 | |
| 7 | | | 2 | 9 | | | | 1 |
| | | 6 | | 5 | | | | 9 |
| | 4 | 7 | | | | 1 | 3 | |
| 5 | | | | 8 | | 7 | | |
| 6 | | | | 7 | 9 | | | 2 |
| | 1 | 3 | | | | | 9 | |
| 9 | | | | | | | 1 | |

## 슈퍼 스도쿠 스페셜

퍼즐러 미디어 리미티드 지음 | 4×6판 | 272쪽 | 6,900원

유럽 최고의 스도쿠 연구팀 '퍼즐러 미디어 리미티드'가 만든 스도쿠 퍼즐이다. 이 책에 수록된 200개의 퍼즐은 컴퓨터 프로그램으로 조합된 기계적 퍼즐이 아니라 퍼즐 전문가들이 오랜 연구 끝에 직접 만들어낸 정통 스도쿠 퍼즐만을 엄선한 것이다. 논리 게임의 진수를 경험하게 해준다.

### 슈퍼 스도쿠 스페셜 – 레벨 2의 152번

| | | | | | | | | |
|---|---|---|---|---|---|---|---|---|
| | | | | | | | | |
| | | | 1 | | 6 | | | |
| | 7 | 3 | | | | 5 | 2 | |
| | | 4 | | | | 3 | | |
| | | 1 | 7 | 6 | 9 | 4 | | |
| 8 | | | | | | | | 2 |
| 4 | | 6 | | 3 | | 2 | | 9 |
| | 8 | | | | | | 3 | |
| 9 | | | 5 | | 2 | | | 4 |

# 슈퍼 스도쿠 마스터

**퍼즐러 미디어 리미티드 지음 | 4×6판 | 280쪽 | 7,500원**

퍼즐러 미디어 리미티드 연구팀의 스도쿠 퍼즐 결정판이다. 슈퍼 스도쿠에서 메가 스도쿠까지 최고 수준의 퍼즐 200개를 수록했다. 특히 메가 스도쿠는 81칸인 기존 스도쿠와 달리 625칸으로 구성되어 있어 가히 스도쿠 퍼즐의 지존이라 할 만 하다. 궁극의 스도쿠 퍼즐을 경험하게 될 것이다.

## 슈퍼 스도쿠 마스터 – 레벨 2의 185번

|   |   |   |   |   |   |   |   |   |
|---|---|---|---|---|---|---|---|---|
|   |   |   |   |   |   |   |   |   |
|   |   |   | 3 |   | 8 |   |   |   |
|   | 9 | 3 |   | 6 |   | 7 | 8 |   |
|   |   | 2 |   | 5 |   | 9 |   |   |
|   |   | 9 |   | 2 |   | 6 |   |   |
|   | 3 |   |   |   |   |   | 1 |   |
|   |   | 6 | 8 |   | 2 | 5 |   |   |
| 9 |   |   | 4 |   | 6 |   |   | 7 |
|   | 8 | 7 |   |   |   | 4 | 6 |   |

# 멘사 스도쿠 챌린지

피터 고든 · 프랭크 롱고 지음 | 4×6판 | 328쪽 | 7,900원

세계를 움직이는 두뇌집단, 브리티시 멘사의 핵심 멤버가 만든 스도쿠 퍼즐의 바이블. 특히 이 책에는 멘사가 연구하고 찾아낸 최고의 스도쿠 해법 29가지가 실려 있다. 스도쿠의 본고장 영국의 퍼즐러들이 '천재들의 두뇌로 만든 스도쿠의 노벨상'이라고 극찬한 책이다.

## 멘사 스도쿠 챌린지 – 프리미엄 레벨의 237번

| 9 |   |   | 5 |   | 7 |   |   |   |
|---|---|---|---|---|---|---|---|---|
| 8 |   |   | 1 |   |   |   | 9 |   |
| 2 | 6 |   |   |   |   |   |   |   |
|   |   |   |   |   | 4 |   | 6 |   |
|   |   | 7 | 9 | 1 | 2 | 3 |   |   |
|   | 2 |   | 7 |   |   |   |   |   |
|   |   |   |   |   |   |   | 4 | 7 |
|   | 5 |   |   |   | 1 |   |   | 3 |
|   |   |   | 2 |   | 5 |   |   | 6 |